Weiteres Lob für *Scaling Up*

„In der Branche der Business-Beratung gibt es keinen wie Verne Harnish."

„Anders als die vielen von Statistiken besessenen Autoren und Gurus, die immer dem neuesten Trend folgen oder berühmt werden wollen, konzentriert sich Verne fest auf den Erfolg und das Wohl von Unternehmern, die ihm als passioniertem Akteur der globalen Business Community Respekt und Vertrauen schenken, und die von seinem Denken, seiner Unterstützung und Fürsprache profitieren."

„Verne widmet sich ganz den Herausforderungen und Ambitionen seiner riesigen Anhängerschaft. Es vergeht kein Tag, an dem er nicht die vielen Bitten um Unterstützung direkt beantwortet. Er besitzt die unglaubliche Fähigkeit, ein Business mit den besten Hilfsmitteln auszustatten, und damit einen unschätzbaren Beitrag zu seinem Erfolg zu leisten."

„Verne hat gerade ein neues Buch voller Einsichten über die Vorteile und Probleme der Skalierbarkeit von Unternehmen veröffentlicht. Und es kommt genau zum richtigen Zeitpunkt für alle, die mehr über Wachstums-Barrieren erfahren möchten, sich vor bösen Überraschungen fürchten, oder an nächtlichen Albträumen von der Zukunft ihres Business leiden, und die dringend eine angriffslustige neue Wachstumsstrategie brauchen. Das Buch ist eine Pflichtlektüre, von unserem derzeit besten Autor für Businessliteratur – Verne Harnish."

— Robert H. Bloom, Strategieberater und Autor
von *The Inside Advantage* und *The New Experts*

„*Scaling Up* ist der Traum jedes Entrepreneurs – und auch ein Albtraum. Hyperwachstum ist furchterregend, und allzu oft gehen Unternehmen ausgerechnet am Erfolg zugrunde. Dieses Buch geht weit über allgemeinen Rat hinaus und bietet bestimmte Prinzipien, Prozesse und Skizzen an, damit Wachstum nicht das Ende, sondern der Anfang des Erfolgs ist. Niemand versteht Hyperwachstum als Alltagsrealität so wie Verne Harnish, und sein Buch quillt über vor Hilfe zur Selbsthilfe, wie man es von einem Mentor erwarten würde: sich der Herausforderungen bewusst, und doch voller Zuversicht, sie überwinden zu können. Die Gedanken sind großartig strukturiert und es ist kein Wort zu viel, frei von bloßer Phrasendrescherei. Dieses Buch wird jedem helfen, der entschlossen und klug genug ist, seinem Rat zu folgen."

— Margaret Heffernan, serielle Entrepreneurin und Autorin
von *Willful Blindness, Women on Top* und *A Bigger Prize*

„Liefert die praktische Unterweisung, die an den meisten Business Schools fehlt. Wenn Sie Ihr Unternehmen noch schneller wachsen lassen möchten, kaufen Sie *Scaling Up*, lesen Sie Kapitel 14 und lesen Sie ‚The Power of One'. Nicht nächste Woche. Nicht morgen. Heute!"

— John Mullins, Professor für Entrepreneurship an der London Business School und Autor
von *The Customer-Funded Business, The New Business Road Test*
und (mit Randy Komisar) *Getting to Plan B*

„*Scaling Up* ist die Blaupause für ein Wachstumsunternehmen. Mit diesem Buch hat Verne den Vorhang gelüftet, wie die am schnellsten wachsenden Firmen ihr Wachstum antreiben. Mit *Scaling Up* erhalten Sie Insider-Wissen über die inneren Gesetzmäßigkeiten der weltweit erfolgreichsten Unternehmen. Ein Muss für jeden ambitionierten Entrepreneur."

— John Warrillow, Gründer von The Sellability Score und Autor
von *The Automatic Customer: Creating a Subscription Business in Any Industry*
und *Built to Sell: Creating a Business That Can Thrive Without You*

„Ich habe nicht geglaubt, dass man die Themen Strategie und Cash im selben Buch behandeln kann – oder genauso People und Execution – aber *Scaling Up* geht alle vier Bereiche auf überzeugende Art und Weise an. Verne Harnish und sein Team haben interessante Beispiele und simple Regeln gefunden, die jedem wachsenden Business teure Fehler ersparen. Eine großartige Lektüre für Entrepreneure und alle, die ein Wachstumsmotor für ihre Unternehmen sein möchten."

— Richard A. Moran, CEO von Accretive Solutions und Autor
von *Navigating Tweets, Feats, and Deletes*

Verne Harnish

SCALING UP

Skalieren auch Sie!

Weshalb es einige Unternehmen packen...und warum andere stranden

Aus dem Amerikanischen von
Nikolai Ladanyi und Ralph Chromik

Herausgeber
Nikolai Ladanyi und Ralph Chromik
Verlag ScaleUp Institut by Masterhouse GmbH

Die Originalausgabe erschien 2014 unter dem Titel *SCALING UP: How a Few Companies Make It… and Why the Rest Don't* bei Gazelles Inc., Ashburn, Virginia

Herausgeber:

scale up (*www.scaleup.de*) ist Zertifizierter Gazelles Coaching- und Marketingpartner für den deutschsprachigen Raum und wird von den Herausgebern Nikolai Ladanyi und Ralph Chromik geführt.

Nikolai Ladanyi ist der erste deutschsprachige von Gazelles zertifizierte Growth Coach und hat sich zusätzlich stark dadurch hervorgetan, Vernes erstes Buch „Rockefeller Habits" nicht nur ins Deutsche zu übersetzen, sondern die Tools an den deutschsprachigen Kulturraum anzupassen. Nikolai ist Betriebswirt, Hypno-Systemischer Coach, Organisationsaufsteller, Investor, Gründer und leidenschaftlicher Unternehmer.

Ralph Chromiks Passion als erfahrener Serial Entrepreneur besteht darin, andere dabei zu unterstützen Unternehmen erfolgreich zu skalieren und Unwegsamkeiten erfolgreich zu meistern. Als zertifizierter Organisationsentwickler gelingt Ralph hervorragend die Verbindung von Theorie und Praxis sowie von Abstraktem und Operativen.

Das besondere Merkmal von scale up besteht in der Kombination von tatsächlicher operativer Erfahrung mit einem tiefen systemischen und psychologischen Verständnis, welches zu einer besonders anschlussfähigen Übersetzung und Anpassung von US-amerikanischen Best Practices an den deutschsprachigen Kulturraum führt.

1. Auflage

SCALING UP Skalieren auch Sie!
Weshalb es einige Unternehmen packen…und warum andere stranden

Lektorat: Simon Rollinger/Kiel
Satz und Layout: Jun-Hi Lutterjohann/München
Druck und Bindung: Friedrich Pustet GmbH & Co. KG/Regensburg
Printed in Germnay

ISBN 978-3-9818017-0-5

Herausgeber: Nikolai Ladanyi und Ralph Chromik
Verlag ScaleUp Institut by Masterhouse GmbH

www.scaleup.de

10 9 8 7 6 5

Vorwort der Herausgeber

Neues Denken für verwegene Ziele – denn kühn kommt weiter!

Freundschaften entstehen zuweilen zu unerwarteten Zeitpunkten und an ungewöhnlichen Orten. Unsere mit Verne war da keine Ausnahme. Sie fand ihren Anfang vor einigen Jahren während einer Veranstaltung der weltweiten Unternehmerorganisation Entrepreneurs Organization (kurz EO) in München. Damals saßen wir gespannt und zugleich mit einer gewissen Skepsis im Auditorium, was dieser „American Guy" uns „alten Unternehmerhasen" wohl zum Thema Unternehmensskalierung zu erzählen hatte. Schnell schlug unsere Skepsis in Begeisterung um, als wir für uns erkannten, wie viel wir noch lernen konnten und wie außerordentlich hilfreich die vorgeschlagenen Tools für die zügige Entwicklung unserer damaligen Unternehmen waren.

Insbesondere zogen uns Klarheit und Konsistenz seiner Ansätze schnell in den Bann. Alle unsere bisherigen Erfahrungen verknüpften sich plötzlich mit neuer Bedeutung zu einem ebenso neuen Denken. Wir fingen sofort an, die Methodik in unseren eigenen Unternehmen anzuwenden. Und da die frei verfügbaren Arbeitsmaterialien zu diesem Zeitpunkt nur in Englisch verfügbar waren, haben wir sofort damit begonnen, alles zu übersetzen. Dabei erkannten wir, dass das „blinde" Übertragen der amerikanischen Ansätze nicht schnell genug zum gewünschten Ziel führte. So hatten wir mit einzelnen Werkzeugen und Übungen immer wieder Schwierigkeiten und begannen sukzessive, die Inhalte sowie die Detailumsetzung der Methodik und Werkzeuge so zu adaptieren und weiterzuentwickeln, dass sie den spezifischen Anforderungen des europäischen Marktes gerecht werden.

Schnell war der Entschluss gefasst, unser Erfahrungswissen bei der Implementierung der Tools auch anderen zugänglich zu machen. Dieses Ziel war wohl am besten zu erreichen, indem wir zunächst das Buch „Mastering the Rockefeller Habits" und später „Scaling Up" komplett übersetzten, den Inhalt an unseren Kulturraum anpassten und weiterentwickelten.

Mehr und mehr erreichten uns Fragen von Nutzern der Methodik, die sich trotz aller Einfachheit in der Anwendung der Tools dennoch schwer bei der Umsetzung in ihren Unternehmen taten. Häufiger Grund hierfür war ein ungünstiger Mindset innerhalb der Organisation, der die Tools auf wenig fruchtbaren Boden fielen ließ. Oft strampelte sich der Unternehmer frustriert ab, ohne sein Team wirklich mitnehmen zu können.

Heute vermitteln wir daher nicht nur die Methodik, sondern auch das, was wir ein „Winning Mindset" nennen. Diese Kombination hilft den Unternehmen, zügig und mit größerer Leichtigkeit zu skalieren, und schafft die Basis, in den heutigen Megatrends wie z.B. der Digitalisierung erfolgreich zu bestehen.

Als offizieller Ausbilder für die Region EMEA bilden wir regelmäßig neue scale up Coaches aus. Seit 2012 skalieren wir scale up selbst: Mehr als 500 Kunden haben wir seitdem auf ihrem unternehmerischen Weg unterstützt. Mit dem scale up Framework bringen wir Führungsteams die nötigen Tools bei, ihre kühnen Ziele zu erreichen.

Warum der Fokus auf Scale-ups?

Generell lieben wir die Idee des lebenslangen Lernens und Sich-Entwickelns und sind daher leidenschaftliche Unterstützer dieser Bereiche. Dynamische Wachstumsunternehmen, also die sogenannten Scale-ups[1], haben hier noch einen zusätzlichen und auch gesellschaftlich äußerst bedeutsamen Einfluss.

In einer Studie des Economy Council UK aus dem Jahr 2014 wird auf frappierend deutliche Weise erklärt, wie eine Verdopplung, von aktuell 1% auf 2%, solcher Wachstumsunternehmen in Großbritannien zu 238.000 zusätzlichen Jobs und 1,5% BSP-Wachstum führen würde – und das innerhalb von nur drei Jahren. Wesentlich ist dabei die aus dieser Untersuchung gewonnene Erkenntnis, dass die Hürden dieser Unternehmen nicht vornehmlich im Finanzierungsbereich liegen, sondern wesentlich in der Qualifizierung der 1. und 2. Führungsebene sowie bei der Internationalisierung.

Das heißt: Die wichtigsten Wachstumshemmnisse sind unternehmensinterner Natur und können durch die richtigen Impulse und ohne externe finanzielle Mittel gezielt behoben werden. Genau hier setzen wir mit unserem **scale up Framwork** an und wollen so einen aktiven Beitrag zur Verbesserung der Situation leisten. Mit diesem Programm möchten wir Impulse setzen, damit sich mehr Mittelständler zu dynamisch wachsenden Unternehmen entwickeln und damit einen überproportionalen Beitrag zu unserer Volkswirtschaft und unserem Wohlstand leisten.

Gerade in Zeiten immenser Herausforderungen durch die Digitalisierung (Industrie 4.0, künstliche Intelligenz etc.) benötigen sowohl wachsende junge wie auch etablierte Unternehmen die richtigen Impulse und pragmatische, sofort einsetzbare Werkzeuge, um einerseits im zunehmend internationalen Wettbewerb bestehen zu können und andererseits die eigenen Führungskräfte

[1] Ein Scale-up ist definiert als ein Unternehmen mit einem Mitarbeiter- oder Umsatzwachstum von durchschnittlich mehr als 20% pro Jahr über einen Zeitraum von drei Jahren und mit mehr als zwanzig Mitarbeitern zu Beginn dieses Zeitraums.

zu befähigen, sich zügig an neue Gegebenheiten anpassen zu können. Agilität ist angesagt und angefragt.

Gleichzeitig scheint es, als hätten die Start-ups alle zukunftsrelevanten Themen für sich „gepachtet“. Zugegebenermaßen ist eine gesunde und gut etablierte Gründer- und Gründungsszene die Basis neuer Geschäftsmodelle und Unternehmen. Allerdings scheitern neun von zehn Start-up-Unternehmen in den ersten fünf Jahren ihrer Existenz. Viele Neugründungen reichen alleine nicht aus, um unseren Wirtschaftsstandort nachhaltig zu stärken. Erst mit dem Schritt vom Start-up zum erfolgreichen Scale-up entstehen die volkswirtschaftlich angestrebten Effekte und ein neues Unternehmen im Mittelstand.

Und genau da setzen wir mit unserem Unternehmen scale up an. Für uns ist scale up nicht nur eine Firma, sondern eine Einladung an Gleichgesinnte, gemeinsam eine Bewegung ins Rollen zu bringen. Eine Bewegung, die für Mut, Unternehmertum und kühnes Denken steht, um für uns selbst einen Ort des inneren, als auch des äußeren Wachstums zu schaffen. Von diesem Betriebssystem profitieren Teams und Firmen gleichermaßen wie Standorte.

Kühne Ziele erreichen!

Das ist unser Anliegen - unser Purpose.

Wir leben heutzutage in einer zunehmenden Komplexität, in der wir uns manchmal wie erschlagen fühlen von der schieren Größe der Probleme, die vor uns stehen. Ob das gesellschaftliche Herausforderungen sind, klimatische, demographische, politische oder auch ökonomische, alle haben bisher ungesehene Dimensionen und enden nicht mehr an Landesgrenzen.

Um sie anzugehen, bedarf es aus unserer Sicht Mut und Zuversicht, sprich die Offenheit für „Kühnes Denken und Handeln“. Wir möchten gerne einen Beitrag leisten, indem wir mehr Menschen befähigen, kühn zu denken und zu handeln.

Und um das zu tun, machen wir mit diesem Buch das Wissen zugänglich, das Unternehmen für erfolgreiches Wachstum brauchen. In „Scaling Up“ lernen Sie, wie Sie Ihr Unternehmen auf das nächste Level der Unternehmensentwicklung bringen können.

Nikolai Ladanyi & Ralph Chromik von scale up

Die Widmung

A city with scale-ups moves up – a country with gazelles excels.

An alle Führungskräfte, die ihre Unternehmen voranbringen – und ihre Familien und Teams, die sie dabei unterstützen. Ihr seid der Motor für unsere Wirtschaft und Garant für unsere Freiheit.

Die Danksagungen
Vielen Dank!

Zuerst möchten wir uns bei den vielen CEOs und Geschäftsführern bedanken, die unsere Open-Source-Tools verwenden und ihr Feedback zur Verbesserung und praktischen Umsetzung in wachsenden Unternehmen gegeben haben. Euer Beitrag zu unserer Community von „Gazellen" ist fabelhaft!

Unternehmensführer

Einige dieser Leader und ihre Unternehmen stellen wir in diesem Buch vor. Danke, dass ihr eure Geschichten und Lernprozesse so offen mit uns teilt – wir alle profitieren davon. Der Dank geht insbesondere an: Rob Banks, Jeff Booth, Gene Browne, Dwight Cooper, Fred Crosetto, John DeHart, Gunjan Doshi, Barrett Ersek, Mark Fullerton, Ben Godsey, Sam Goodner, Vishal Gupta, Roger Hardy, Jack Harrington, Alan Higgins, Nelson Jacobson, Mike Jagger, Kees de Jong, Rick Kay, Clate Mask, Henry McGovern, Lois Melbourne, Sanjeev Mohanty, Simon Morrison, Scott Nash, James Perly, David Rich, Stephen Roche, Alan Rudy, Ken Sim, Naomi Simson, Carey Smith, Jerry South, Adam Sproule, John Stepleton, Scott Tannas und Graham Weston.

Zwei Entrepreneure gingen noch einmal weit über diese Art von Unterstützung hinaus, korrigierten unsere Druckfahnen und gaben uns umfangreiches, kritisches und detailliertes Feedback, was zu signifikanten Verbesserungen des Stils, Ansatzes, Formats und Designs des Buches führte: Kevin Daum, serieller Entrepreneur, Autor und brillanter Kolumnist beim *Inc.* Magazine, sowie Jimmy Calano, Gründer von CareerTrack, der Verne beim Start seiner Karriere als Autor half und früh in Gazelles investierte. Alles was Sie an *Scaling Up* mögen, geht auf ihr Konto. Wenn Ihnen etwas nicht gefallen sollte, liegt es höchstwahrscheinlich daran, dass wir uns nicht an ihren Rat gehalten haben.

Visionäre

Wir waren immer überzeugt, dass man eine ganze Kleinstadt von Business-Experten braucht, um ein Unternehmen auf Wachstumskurs zu bringen. Das gilt auch für Gazelles und den Inhalt dieses Buches. Wir möchten uns besonders bei Jim Collins bedanken, beim kürzlich verstorbenen W. Edwards Deming, bei Pat Lencioni, Tom Peters, Hermann Simon und Jack Stack. Ihre Pionierarbeit und ihr Beitrag zur Business-Welt haben Millionen Menschen geholfen und viele der Ideen geformt, die Sie in unserem Buch finden. Außerdem bedanken wir uns bei Greg Alexander, David Allen, John Assaraf, Laurie Bassi, Josh Bernoff, Bob Bloom, Travis Bradberry, Greg Brenneman, Mark Burton, Jim Cecil, Ram Charan, Robert Cialdini, Chip Conley, dem verstorbenen Stephen Covey, Stephen M.R. Covey, Aubrey Daniels, Peter Diamandis, Mohamed Fathelbab, Frances Frei, Seth Godin, Marshall Goldsmith, Mark Goulston, Vijay Govindarajan, Adam Grant, Brian Halligan, Brad Hams, Darren Hardy, Chip Heath, Margaret Heffernan,

Sally Hogshead, Luke Hohmann, Tony Hsieh, Mark Johnson, Rick Kash, Eric Keiles, Dave Kerpen, Todd Klein, Jim Kouzes, Mike Lieberman, Giovanni Livera, Jim Loehr, David Marquet, Ron McMillan, James McQuivey, Ari Meisel, Youngme Moon, Geoffrey Moore, Richard Moran, Anne Morriss, John Mullins, Alexander Osterwalder, Bob Parsons, Daniel Pink, Joe Pulizzi, Fred Reichheld, Rich Russakoff, Tom Sant, David Meerman Scott, Robin Sharma, Brian Souza, Jim Stengel, Jeff Thull, Bill Treasurer, Lynne Twist, John Warrillow, Pat Williams und Liz Wiseman — sie alle haben uns geholfen, die vielen Growth Summits rund um den Globus und unsere Online-Kurse durchzuführen.

Marketing- und Coaching-Partner

Unverzichtbar für die Verbreitung unserer Tools sind unsere Marketingpartner: Patrick Cheo (Südostasien), Daniel Marcos (Lateinamerika), Pieter van Osch (Nord Europa), Christo Popov (Osteuropa, Mittlerer Osten und Afrika), Raghu Potini (Indien), Preston Kuo (China) und Nikolai Ladanyi sowie Ralph Chromik (deutschsprachiger Raum, Frankreich und Italien).

Wir möchten uns auch bei unserer wachsenden Anzahl von Coaching-Partnern auf der ganzen Welt bedanken, die von John Ratliff und seinem Team geleitet werden. Viele unserer zertifizierten Scaling Up Certified Coaches (oder im Prozess der Zertifizierung) haben eine fortgeschrittene Fassung des Buches gelesen und detailliertes Feedback gegeben. Zu diesen Partnern gehören Betsy Allen, John Anderson, David Baney, Kenyon Blunt, Andy Buyting, Elizabeth Crook, Rick Crossland, Doug Diamond, Will Ditzler, Glen Dobbie, Michael Duke, Hayley Erner, Ken Estridge, Robert Fish, Jerry Fons, Brad Giles, Mike Goldman, Lluis Gras, Jeremy Han, Lynn Hartrick, Nicolas Hauff (und sein Sohn Christopher), Jon Iveson, Hazel Jackson, Christopher Kenny, Avtar Hari Singh Khalsa, Cheryl Beth Kuchler, Matt Kuttler, Neale Lewis, Michael Mirau, Jeff Moore, Bahaa Moukadam, Paul O'Kelly, Craig Overmyer, Jeff Redmon, Ted Sarvata, Terry Schaefer, Nicholas Scott, Howard Shore, Rob Simons, Shannon Susko, Monte Wyatt und Nikolai Ladanyi sowie Ralph Chromik.

Wichtige Mitarbeiter

Es gibt eine Reihe von wichtigen Mitarbeitern, ohne die das Buch niemals Realität geworden wäre: Patrick Thean – der eng mit Verne zusammenarbeitete, um die ursprüngliche Version der Wachstums-Tools zu entwickeln, Kevin Lawrence mit seinem enormen Einsatz bei der Weiterentwicklung der Tools und seiner Rolle als „Frühwarnsystem" bei der inhaltlichen Gestaltung des Kapitels „Execution", sowie Greg Crabtree und Alan Miltz (mit seinem Team), die sehr viel zum Kapitel „Cash" beisteuerten, welches im ersten Entwurf noch schmerzlich vermisst wurde. Ein spezielles Dankeschön geht an Sebastian Ross, Peer Coach und guter Freund, für seinen wichtigen Beitrag zum Inhalt von „People". Er sah bei unseren wöchentlichen Treffen das gesamte Manuskript durch und gab uns wertvolles Feedback.

„The Council" und Team

Wichtig waren Unterstützung, Zuspruch und Feedback von Gazelles „Council" während des gesamten Prozesses. Zu diesem Team gehören die CEOs der verschiedenen Scaling Up-Unternehmen: John Ratliff, Daniel Marcos, Andy Bailey und Gil Bonwitt.

Wir möchten auch einen besonderen Dank an das Team von Gazelles HQ aussprechen, unter anderem Joanne Costello, Missy Giltner, Kathleen McKune und Donna Whitwell. Missy übernahm das allgemeine Projektmanagement für das Buch, achtete auf unsere Abgabefristen und kümmerte sich um die umfangreichen Detailarbeiten (Druck, Vertrieb, Lagerung), die bei einer Publikation im Selbstverlag anfallen. Dank auch an unser ausgelagertes IT-Team unter der Leitung von Raghu Potini – mit direkter Unterstützung durch Amruth Mekala, Dayanand Chilveri, Purity Correia und Praveen Salitra, die für die Entwicklung und das Update unserer Seiten *scalingup.com* sowie *gazelles.com* verantwortlich sind und die „weekly insights" verschicken.

Kein Buch schafft es in die Buchläden ohne ein Team aus Autoren, Lektoren und Designern. Ein Dankeschön geht daher an unsere Autorin und Editorin Elaine Pofeldt, die enormen Anteil an diesem Buch hat und uns außerdem bei den Kolumnen für *Fortune* Magazine und Growth Guy unterstützt, Simon Rollinger, der die umfassenden Korrekturen des deutschen Buchs übernahm (Fehler sind nur dort möglich, wo wir uns nicht an seinen Rat hielten!), Hank Gilman – früher Herausgeber und Vorkämpfer bei *Fortune* – der uns beim Titel des Buches half, sowie Jun-Hi Lutterjohann, die das Buchcover, die Growth Tools sowie alle Grafiken entwarf, und schließlich den Schriftsatz für das gesamte Buch besorgte.

Familie und Freunde

Ein Dankeschön geht an Stephen und Shelly Watkins, Derek und Rachel Benham, Craig und Linda Husted, sowie Rajeev und Arpita Agarwal für ihre Unterstützung und ihre Räumlichkeiten, in die wir uns zur Fertigstellung des Buches zurückziehen konnten. Ein besonderer Dank auch an unseren katalanischen Freund und Partner Cesar Martinell.

Schließlich geht ein Dankeschön an Vernes Frau Julie und die vier Kinder Cameron, Cole, Jade und Quinn, für ihre Unterstützung und Geduld während der Arbeiten an diesem Buch. Danke auch an Vernes Mutter, Jan, an deren 80. Geburtstag dieses Buch veröffentlicht wurde.

DAS INHALTSVERZEICHNIS

DIE EINLEITUNG
Scaling Up Tools

Man kann sich die Mühe sparen, Menschen in neuen Denkweisen zu unterrichten. Man sollte ihnen lieber Werkzeuge an die Hand geben, deren Benutzung selbst zu neuen Denkweisen führt.

— R. Buckminster Fuller
Designer, Erfinder, Futurist

Infusionsoft – ein Entwickler von Customer-Relationship-Management-Software aus Arizona – sicherte sich 2013 eine Finanzspritze über 54 Millionen US-Dollar von Goldman Sachs und investierte das Geld in die Verbesserung seiner Produkte und Services, sowie in die Erweiterung seines Kundenstamms. Infusionsoft war im Vorjahr bei einer Run Rate von $50 Millionen um 53% gewachsen. Bis 2020 plant Infusionsoft, auf eine Bewertung von 1 Milliarde US-Dollar zu wachsen und bis 2025 auf 1 Milliarde Dollar Jahresumsatz. Doch im Jahr 2013 hatte die Verbesserung des eigenen Net Promoter Score noch oberste Priorität. Infusionsoft ist eine typische „Gazelle".

Im Gespräch sagte Clate Mask, der CEO von Infusionsoft, zu Verne Harnish: „Ein Mitarbeiter aus meinem Team schoss während der Unterzeichnung des Deals [mit Goldman Sachs] ein Foto. Wir waren gerade auf unserer monatlichen Tagung und arbeiteten an den Plänen für 2013 und die nähere Zukunft. An dem Tag kamen wir immer wieder auf *Mastering the Rockefeller Habits* zu sprechen, wie man auch auf dem Foto sehen kann. Heute sind die „Rockefeller Habits" und ihre Tools regelmäßig Thema in unserem Führungsteam. Ihre Arbeit hatte einen großen Einfluss auf unser Unternehmen."

Seit dem ersten Erscheinen von *Mastering the Rockefeller Habits* sind nun 12 Jahre vergangen, und *Scaling Up (Mastering the Rockefeller Habits 2.0)* stellt die erste große

Neubearbeitung dar. In den 30 Jahren, in denen wir mehr als 40.000 Unternehmern wie Clate Mask bei der Umsetzung ihrer Pläne halfen, merkten wir auch, wonach CEOs und Manager von Wachstumsunternehmen vor allem suchen: nach direkt einsetzbaren Ideen und Praxis-Tools, mit denen sie bestimmte Bereiche ihres Geschäftes verbessern können – und die gleichzeitig auch noch Spaß machen!

...Was unterscheidet dieses Buch nun von *Mastering the Rockefeller Habits*?

Falls Sie *Mastering the Rockefeller Habits* noch nicht gelesen haben, können Sie es getrost überspringen. Falls doch, sind dies hier die wesentlichen Veränderungen:

1. *Scaling Up* ist nach den wichtigsten 4 Handlungsbereichen für Unternehmer gegliedert: People, Strategy, Execution und Cash. Dieser Aufbau verschafft Ihnen einen umfassenden Überblick über alle Fragen, die sich einem Wachstumsbusiness stellen (75% der Inhalte sind neu).
2. Unseren One-Page Strategic Plan haben wir umfangreich überarbeitet und er wird nun von einem verbesserten Tool zum strategischen Denken begleitet: den 7 Facetten der Strategie. Dieses Werkzeug hilft Ihnen, eine branchenführende Strategie zu erarbeiten.
3. Es gibt sechs neue One-Page-Tools, darunter ein vereinfachtes Schema für die Zusammenfassung Ihrer unternehmerischen Zukunftsvision, mit der Sie Ihren Mitarbeitern und anderen Stakeholdern Ihre Ziele noch leichter vermitteln können.
4. Alle Praxis-Beispiele wurden aus über 50 Interviews mit CEOs gewonnen, die unsere Tools bereits nutzen. Sie stehen nun nicht mehr im Anhang des Buches (wer liest schon einen Anhang!), sondern im jeweiligen Hauptkapitel.
5. Wir teilen unsere Erfahrungen mit Ihnen, warum bestimmte Techniken – wie zum Beispiel das Daily Huddle – auch Schwächen haben. Dadurch ersparen Sie sich viel Zeit (und Ärger) bei der Umsetzung der Rockefeller Habits.

Nicht verändert haben wir unseren Stil. Noch während diese Einleitung geschrieben wurde, erreichte Verne eine Nachricht des Unternehmers Ray Lambert mit den Worten: „Ihr Buch ist exakt so, wie ich es mir gewünscht habe. Sie treffen MITTEN INS SCHWARZE! Ich liebe es."

Schon der Vorgänger *Mastering the Rockefeller Habits* verhalf Zehntausenden Unternehmen zu mehr Wachstum. Wir hoffen, dass Sie *Scaling Up* als Praxis-Ratgeber noch einmal weiter voranbringt.

Die wichtigste Routine und Gewohnheit[2]

Leader sind Leser. Als man Googles CEO Larry Page fragte, wie er die Leitung eines Unternehmens erlernt habe, antwortete er: „Ich habe viel gelesen." Zum Beispiel las er allein drei Bücher über Namensgebung. Bill Gates hielt über Jahre hinweg seinen berühmten Brauch der „Denk-Woche" aufrecht – in einer dieser Wochen erreichte er die Rekordzahl von 112 gelesenen Büchern bzw. Artikeln und Whitepapers.

Mark Cuban, der Eigentümer der Dallas Mavericks, liest 3 Stunden pro Tag. Sein Ziel ist es, nur eine einzige Idee zu finden, die er in den über 150 Unternehmen anwenden kann, in die er investiert hat. Mark Zuckerbergs Priorität bei der persönlichen Weiterentwicklung im Jahr 2015 lautete „ein Buch alle zwei Wochen" – also zwei Bücher mehr als nötig, wenn man nach Topgrading-Autor Brad Smart geht. Der fand heraus, dass sich A-Player-Manager von den B- und C-Playern durch die Anzahl der gelesenen Bücher unterscheiden: 24 pro Jahr.

Charlie Munger ließ 2015 das 50-jährige Jubiläum der Investition seines Partners Warren Buffett Revue passieren: „Unabhängig davon, wie alt er (Warren) wurde, seine oberste Priorität war die Reservierung von möglichst viel Zeit für stille Lektüre und Nachdenken, um seine vielen Interessen voranzubringen."

Alle diese großartigen Business-Leader wissen eines: nichts Interessantes kann unserem Gehirn entspringen, das nicht zuvor hineingelegt wurde. Nach unserer Erfahrung unterscheiden eine angeborene Neugierde und Wissensdurst die Guten von den Besseren. Viel Spaß bei der Lektüre!

[2] Im Verlauf des Buches verwenden wir Routine und Gewohnheit als Synonyme

1

DER ÜBERBLICK

People, Strategy, Execution, Cash

EXECUTIVE SUMMARY: *Ein 20-minütiger Überblick für vielbeschäftigte Unternehmer und eine Zusammenfassung aller praktischen Tools und Techniken, mit deren Hilfe Sie Ihr Business skalieren können. Nach den 4 Handlungsbereichen gegliedert, die jeder Unternehmer im Blick haben muss: People, Strategy, Execution und Cash. Das sind gleichzeitig auch die vier Hauptkapitel des Buches, in denen zielgerichtete Anleitungen neben kleineren Fallstudien und Beispielen stehen.*

WARNUNG: *Um diese Übersicht möglichst knapp und präzise zu halten, enthält sie eine Menge an Stichpunkten – bitte entschuldigen Sie die Informationsfülle! Dafür werden Sie optimal auf die folgenden Kapitel vorbereitet, in denen wir unsere Ideen näher erläutern und veranschaulichen. Vielleicht möchten Sie außerdem erst einmal die vier Seiten des letzten Kapitels „Nächste Schritte" lesen.*

Start up, Scale up, Sc@%w up …
… or Stall out (fail to scale)!

Dieser Abschnitt beschreibt den Lebenszyklus der meisten Unternehmen entlang der „s"-förmigen Wachstumskurve. Der Schlüssel zu erfolgreichem Wachstum ist:

1. die richtigen Mitarbeiter gewinnen und sie an sich binden *(People)*,
2. eine wirklich eigenständige Strategie entwickeln *(Strategy)*,
3. die Strategie ohne Reibungsverluste umsetzen *(Execution)* und
4. eine gut gefüllte Kriegskasse für schlechte Zeiten haben *(Cash)*.

Millionen Menschen gründen neue Unternehmen. Von denen, die überleben, bleiben 96% für immer kleine „Mäuse". Nur sehr wenige – die „Scaleups" oder „Gazellen" – wachsen auf Umsätze von 10 Millionen, 100 Millionen oder gar einer Milliarde US-Dollar heran. Das ist der Weg, auf dem sich Clate Masks Firma Infusionsoft gerade befindet (siehe „Die Einleitung"). Scaling Up – Skalieren auch Sie! Mit diesem Buch erhalten auch Sie nun die richtigen Tools für ein Wachstum um den Faktor 10.

Lebenszyklus von Unternehmen

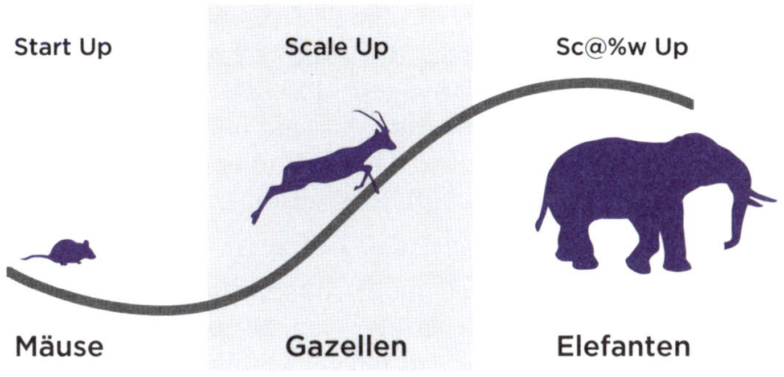

Letztendlich werden viele Wachstumsunternehmen (Gazellen) verkauft – manche davon an große „Elefanten“ (sehr selten werden sie selbst zu Elefanten), und oft verlieren die einst florierenden, wachsenden Firmen dabei die innovative Kultur ihrer Anfangsjahre. Der Kreis schließt sich, wenn viele dieser großen Unternehmen von innen morsch – manchmal geradezu gemeingefährlich – und noch später abgewickelt oder bestenfalls irrelevant werden. (Wenn Sie sich selbst, Ihre Familie, Ihr Unternehmen und Ihr Land gegen derartige Tragödien wappnen möchten, lesen Sie Nassim Nicholas Talebs bahnbrechendes Buch *Antifragile: Things That Gain From Disorder*[3].)

Aufgrund der schieren Masse an Start-ups und kleinen Unternehmensgründungen richten sich ein riesiges Angebot und eine Unzahl von Büchern an Entrepreneure – wir empfehlen Michael E. Gerber: *The E-Myth Revisited*[4], und Eric Ries: *The Lean Startup*[5]. Die Zahl der Gründer ist inzwischen so groß, dass sie sogar als Wählerschicht für Politiker interessant zu werden beginnen.

Umkehrt stellen die Fortune-500- oder die DAX-Unternehmen einen riesigen Futtertrog für Tausende Business-Gurus und ihre 11.000 Neuerscheinungen pro Jahr dar. Große Unternehmen bezahlen teure Lobbyisten, um auf die Politik Einfluss zu nehmen und mögliche Vorteile einzustreichen.

Weitgehend ignoriert von Beratern und Regierungen werden dagegen die etablierten, schlagkräftigen Wachstumsunternehmen. Obwohl sie im Grunde genommen allein für Innovation und neue Arbeitsplätze verantwortlich sind, reicht ihre Zahl nicht aus, um die Aufmerksamkeit von Politikern oder Verlagen auf sich zu ziehen. Verne und sein Team helfen übrigens vielen Städten und Ländern, Scale-up-Ökosysteme aufzubauen, um die bereits etablierten Start-up-Ökosysteme zu bereichern.

3 deutsche Übersetzung: *Antifragilität: Anleitung für eine Welt, die wir nicht verstehen*

4 deutsche Übersetzung: *The E-Myth Revisited: Warum die meisten kleinen Unternehmen nicht funktionieren und was sie dagegen tun können*

5 deutsche Übersetzung: *Lean Startup: Schnell, risikolos und erfolgreich Unternehmen gründen*

Gazellen: Schlagkräftige Unternehmen

In einer Studie im Auftrag der US Small Business Administration mit dem Titel „High-Impact Firms: Gazelles Revisited" schreiben die Autoren: „Schlagkräftige Unternehmen sind relativ alt und selten, aber für einen Großteil des Wirtschaftswachstums verantwortlich. Sie sind im Durchschnitt etwa **25 Jahre alt**, repräsentieren zwischen **2 und 3 Prozent** aller Unternehmen, und auf ihr Konto gehen beinahe alle Beschäftigungs- und Umsatzzuwächse im gesamten privaten Wirtschaftssektor."

Zur Untermauerung dieser scheinbar „alten" Idee sahen wir uns die Entwicklung zweier berühmter Gazellen an: Apple und Starbucks. Apple wurde 1976 gegründet und hatte nur 9.600 Beschäftigte, als es im Jahr 2001 – an seinem 25. Geburtstag – den iPod auf den Markt brachte. Der Rest ist Geschichte. Apples phänomenales Wachstum sowohl beim Umsatz als auch bei den Beschäftigten (123.000 Mitarbeiter im Jahr 2017) geschah erst nach diesem historischen Meilenstein, und machte es zu dem Unternehmen mit der größten Marktkapitalisierung weltweit (zum Zeitpunkt der Veröffentlichung dieses Buches).

Starbucks hatte einen beinahe identischen Wachstumskurs: 1971 gegründet, benötigte das Unternehmen die ersten 20 Jahre zur Perfektionierung des Geschäftsmodells und zum Knacken der 100-Filialen-Marke. An seinem 25. Geburtstag verfügte Starbucks über 1.000 Filialen und expandierte erstmals jenseits der USA. Seitdem ist das Unternehmen rasant auf über 18.000 Filialen in 62 Ländern und mehr als 150.000 Angestellte gewachsen.

Frei nach Steve Jobs: „Mich beeindruckt immer wieder, wie verdammt lange man für diese Übernacht-Erfolge braucht." Wenn Sie noch keine 25 Jahre im Business sind, haben Sie noch viel Zeit, es groß aufzuziehen. Wenn bereits 25 Jahre ohne Wachstum vergangen sind: es ist niemals zu spät!

Scaling Up

„Wie können wir unser Business skalieren?" ist eine Frage, die uns im Laufe der Jahre unzählige Unternehmer gestellt haben – womit sie unserem Buch Namen und Thema vorgaben. „Wie überstehen wir das, ohne unsere Gesundheit oder privaten Beziehungen aufs Spiel zu setzen?" lautet häufig die zweite Frage.

Der Dümmste im Meeting

Wann können erfahrene Manager sicher sein, dass sie ein Unternehmen mit Wachstumspotenzial aufgebaut haben, dessen Führung auch noch Spaß macht? Wenn alle anderen im Meeting besser und schlauer sind! Umgekehrt:

wenn Sie immer alle Antworten haben (oder so tun als ob), bringen Sie ihr Unternehmen garantiert zum Schweigen und verschärfen die Betriebsblindheit (CEOs erfahren ohnehin alles als letzte), und das Führungsteam trägt am Ende das Gewicht der gesamten Firma auf den eigenen Schultern. Die besten Führungskräfte stellen zwar die richtigen Fragen, überlassen die Suche nach Antworten aber ihren Angestellten, Kunden, Beratern oder auch der Öffentlichkeit. Der Wert eines Unternehmens bemisst sich auch nach der organisatorischen Unabhängigkeit von seiner Führungsspitze. Für mehr Informationen zu diesem Thema lesen Sie Margaret Heffernan: *Willful Blindness: Why We Ignore the Obvious at Our Peril* oder Liz Wiseman: *Multipliers: How the Best Leaders Make Everyone Smarter.*

Um ein Business von einigen wenigen Mitarbeitern auf Wachstumskurs zu bringen (d.h. ein Unternehmen zu formen, das seine Branche dominiert und der Welt seinen Stempel aufdrückt), konzentrieren sich unsere Tools und Techniken auf **drei Zielvorgaben**:

- Reduzierung des Zeitaufwandes für die operative Steuerung durch das Führungsteam um 80%
- Verlagerung des Fokus der Führungsspitze auf marktorientierte Aufgaben
- Orientierung der gesamten Belegschaft an der Umsetzung und an Resultaten

Die erfolgreiche Umsetzung unserer Tools bringt Unternehmen diese **vier Ergebnisse:**

- Mindestens eine Verdopplung ihres Cash-Flows
- Verdreifachung der Profitabilität gegenüber dem Branchendurchschnitt
- Höhere Bewertung des Unternehmens gegenüber Wettbewerbern
- Breite Unterstützung des Aufstiegs durch alle Akteure (Mitarbeiter, Kunden, Shareholder)

Doch es gibt auch **drei Barrieren** für das Wachstum, die wir im folgenden Kapitel behandeln:

- **Führungsstil:** die Unfähigkeit, ausreichend Führungskräfte im Unternehmen aus- und weiterzubilden, die delegieren und mitdenken können
- **Skalierbare Infrastruktur:** der Mangel an Systemen und Strukturen (physisch und organisatorisch), um mit komplexer Kommunikation und Entscheidungsfindung umzugehen
- **Marketing:** die Unfähigkeit, ein effektives Marketing aufzubauen, durch das neue Kunden, Talente, Berater und andere wichtige Personen an das Unternehmen gebunden werden

Daher muss Ihr Team – um diese Barrieren zu überwinden – **vier Grundsätze** beachten (unsere Tools helfen dabei):

- **Führung von Mitarbeitern (People)**: Nehmen Sie sich ein Beispiel an der Kindererziehung: Stellen Sie ein paar Regeln auf, wiederholen Sie diese oft und halten Sie sich selbst immer daran. Das ist die Rolle der Core Values und darin liegt ihre Kraft. Einmal entdeckt und effektiv eingesetzt, steuern diese Prinzipien und Einstellungen alle Entscheidungen und Strukturen zum gegenseitigen Umgang im Unternehmen.
- **Entwicklung der Strategie (Strategy)**: Folgen Sie der Definition des großen Business-Strategen Gary Hamel. Sie haben noch keine richtige Strategie, wenn diese nicht zwei Tests besteht: Erstens, dass Sie mit Ihren Plänen genügend Kunden anziehen, und zweitens, dass Sie sich von Ihren Wettbewerbern unterscheiden.
- **Umsetzung der Maßnahmen (Execution)**: Führen Sie drei Grundprinzipien ein: Setzen Sie ein paar *Prioritäten* (je weniger, desto besser). Sammeln Sie für Ihre Entscheidungen täglich quantitative und qualitative *Daten* inklusive wöchentlicher Überprüfung. Etablieren Sie einen effektiven Meeting-*Rhythmus* (täglich, wöchentlich, monatlich, vierteljährlich und jährlich), um alle auf dem Laufenden zu halten. Schneller Pulsschlag führt zu schnellem Wachstum.
- **Umgang mit Geldmitteln (Cash)**: Achten Sie darauf! Das heißt, prüfen Sie jede Entscheidung nicht nur in Bezug auf Umsatz und Profitabilität, sondern genauso in Bezug auf den Cash-Flow.

Mit diesen Grundsätzen im Hinterkopf sind Sie bereit für den Aufstieg.

Aufstieg zum Everest

Ein Unternehmen zu skalieren ähnelt der Besteigung eines Gipfels wie des Mount Everests. Um bei dem Bild zu bleiben: Viele Menschen träumen von einer Besteigung des Mount Everests (oder der jeweiligen Entsprechung in ihrem Leben). Wenn sie es ernst meinen, machen sie vorher einen Plan. Ausgestattet mit einem Gerüst an festen Regeln und ihrer Leidenschaft für die Aufgabe, brechen sie zum Gipfel auf. Unterwegs machen sie Station in einer Reihe von Camps: diese Zwischenstopps markieren oft auch eine Veränderung des Terrains. Sie konzentrieren sich dann auf den nächsten Tag und – beinahe noch wichtiger – Sie unternehmen alles Notwendige, um sich auf die vom Berg diktierten neuen Umstände (Wetter) einzustellen. Alle Rückkehrer von solchen Touren berichten, dass es letztendlich auf die eigene absolute Wachsamkeit ankommt, während man zugleich einen kalkulierten Schritt nach dem anderen macht.

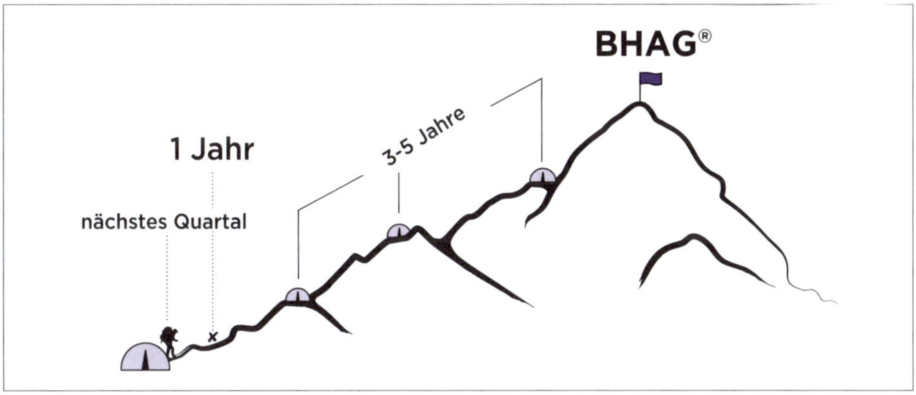

Das Gleiche gilt für Organisationen. Mit einer Reihe von Core Values und einem bestimmten Vorhaben suchen sie sich ein *Big Hairy Audacious Goal (BHAG®)*[6] – also ein bewusst großes, kühn formuliertes Ziel – das sie innerhalb der nächsten 10 bis 25 Jahre erreichen möchten. Ihr Führungsteam teilt das große Abenteuer in kleinere Abschnitte von 3 bis 5 Jahren auf, und diese wiederum in Jahrespläne. Letztere werden wiederum auf bestimmte sofort durchführbare Maßnahmen für die nächsten Wochen oder Monate heruntergebrochen und je nach den herrschenden Marktbedingungen taktisch und operativ angepasst. Schließlich geht es darum, alle Beteiligten auf den Gipfel (BHAG®) zu fokussieren und über die nächsten notwendigen Schritte zu entscheiden (vierteljährliche Prioritäten), während immer die Regeln zur Besteigung des Berges beachtet werden (Values). Denken Sie an Bill Gates Satz, dass „die meisten Menschen überschätzen, was sie in einem Jahr erreichen können, und unterschätzen, was sie in zehn Jahren erreichen können".

Alles zwischen dem Quartalsplan und dem großen Ziel in 10 bis 25 Jahren ist nur eine grobe Schätzung! Weder in der Natur noch im Business gibt es Geraden. Wie ein Fluss auf seinem Weg zum Meer dem Profil der Landschaft folgt, muss sich auch ein Unternehmen auf dem Weg zu seinem großen Ziel an die Gegebenheiten des Marktes anpassen. Wichtig ist, den Blick auf den Gipfel nicht zu verlieren und seine Schritte entsprechend zu planen.

„Mehr Freiheit durch Routine."

Während dieser Reise erleichtern bestimmte Gewohnheiten (Routinen) den Aufstieg. „Mehr Freiheit durch Routine" – so lautet eines der Schlüsselprinzipien unserer Methoden und Tools. Man kann sich das Ziel setzen, ein paar Pfunde abzuspecken. Aber ohne die Veränderung einiger alltäglicher oder wöchentlicher Gewohnheiten wird das Ziel verfehlt. Ziele ohne Routine sind nur Wünsche. Routinen ohne Ziel sind nutzlos. Alle erfolgreichen Unternehmer verfügen über eine klare Vision, und über die Disziplin (Routine), um ihre Vision umzusetzen.

[6] BHAG ist eine eingetragene Marke von Jim Collins und Jerry Porras.

Nutzlose Debatten

Nichts ist frustrierender als Teams, die darüber diskutieren, ob ein bestimmtes Vorhaben besser in das Szenario B2B (Business-to-business) oder B2C (Business-to-customer) passt. Letztendlich sind wir doch alle im gleichen Business: People to people. Wir verkaufen nicht einfach an Firmen, sondern haben es mit den Menschen (Konsumenten) innerhalb dieser Firmen zu tun – und die haben eine ähnliche Motivation, die gleichen Herausforderungen und Gefühle wie jeder andere Mensch auch.

Eine andere unnötige Grenzziehung ist die zwischen Produzenten und Dienstleistern. Langfristig entwickeln die meisten Industrieunternehmen auch Dienstleistungen, um ihre Profitabilität zu steigern; und die meisten Dienstleister bündeln ihre Angebote zu Produkten, um sie einfacher verkaufen zu können. Wir empfehlen, derartige Debatten zu vermeiden. Die meisten Beispiele in diesem Buch sind daher auch auf jede Organisation und jede Branche anwendbar.

4D Framework

McKinsey hat sein 7-S Framework für große Firmen – wir haben unser 4D Framework (4 Decisions, also 4 Handlungsbereiche) für Wachstumsunternehmen. Dieses Rahmenwerk entstand aus den Grundbedingungen, Barrieren und Zielvorgaben, die zuvor bereits erläutert wurden, und orientiert sich außerdem an einem Zitat von Albert Einstein: *„Man soll die Dinge so einfach machen wie möglich - aber nicht noch einfacher."* Ein Unternehmen zu skalieren ist ein komplexes Vorhaben und erfordert bewährte, aber dennoch einfach zu handhabende Tools und Techniken.

Unser Framework enthält folgende Elemente (s. Diagramm auf Seite 11):

1. **Driver:** Führungskräfte treiben die Umsetzung der Rockefeller Habits in ihren Teams voran. Die Umsetzung wird viel einfacher, wenn Sie und Ihre Teams sich regelmäßig Coachings unterziehen, ständig dazulernen und offen für neue Technologien sind, um die Wirkung unserer Tools zu verstärken.

2. **Demands:** Führungskräfte müssen ein Gleichgewicht zwischen zwei oft miteinander konkurrierenden Anforderungen des Business herstellen: Menschen (People) und Prozessen (Process). Dabei müssen sie zugleich auf eine gute Reputation bei den Mitarbeitern, Kunden und Shareholdern achten, und andererseits die Produktivität verbessern – also die Art, wie das Unternehmen produziert, einkauft, verkauft und dokumentiert.

3. **Disciplines:** Zu einer erfolgreichen Umsetzung tragen drei wichtige Gewohnheiten bei: *Prioritäten* setzen, quantitative und qualitative *Daten*

SCALING UP
A GAZELLES COMPANY

Scaling Up 4D Framework Echte Ergebnisse

Eine erprobte Führungssystematik, die sich weltweit bereits bei tausenden von Unternehmen bewährt hat, um echte Ergebnisse zu erzielen..

1 **Driver:** Der Beschleuniger und Coach

Coaching – Berater, Consultants, Coaches
Learning – Kontinuierliches Weiterbilden
Technology – Verbindliche Umsetzungssteuerung

2 **Demands:** Die Treiber und Balance

People (Reputation) – Mitarbeiter, Kunden, Gesellschafter
Process (Productivity) – Make/Buy, Verkaufen, Erfassen/Dokumentieren

3 **Disciplines:** Routinen und Regeln

Priorities – Das Eine Wichtigste
Data – Qualitativ/Quantitativ
Meeting Rhythms – täglich, wöchentlich, monatlich, jährlich

4 **Decisions:** Die richtigen Fragen

People – Freude/Verantwortlichkeit
Strategy – Umsatz/Wachstum
Execution – Gewinn/Zeit
Cash – Sauerstoff/Optionen

! Ergebnis

2x Cash-Flow • 3x Profitabilität • 10x Bewertung • Mehr Zeit!

Ganzseitige Vorlage des Tools zum Download auf *scalingup.com,* die deutsche Version finden Sie auf *scaleup.de*.

sammeln, sowie einen wirksamen Meeting-*Rhythmus* etablieren. In den Meetings und bei der Analyse der gesammelten Daten (den brutalen Fakten!) werden die Prioritäten deutlich.

4. **Decisions:** Schließlich setzt all das ein paar Entscheidungen voraus. Wenn das Business wachsen soll, müssen die vier Schlüsselbereiche – People, Strategy, Execution und Cash – absolut richtig verstanden werden. Hier kann man viel falsch machen. Mogelt man sich bei einem Punkt durch, verschenkt man wertvolles Potenzial.

WARNUNG: *Seit der Veröffentlichung von* Mastering the Rockefeller Habits *wurde unser 4D Framework von anderen Autoren ganz oder teilweise übernommen und von manchen zu stark vereinfacht. Ein paar Prioritäten oder Key Performance Indicators (KPIs) festzulegen ist bestimmt besser als gar nichts – doch das volle Potenzial im Hinblick auf Erlöse und Gewinne kann so nicht ausgeschöpft werden. Unsere Maxime ist Einsteins Warnung: „Einfach, aber nicht noch einfacher".*

Auch wir wissen, dass keine Einzelperson alle Antworten kennen kann, und dass manchmal nur eine ganze Kleinstadt von Business-Experten einem Unternehmen helfen kann. Daher verweisen wir immer wieder auf wichtige Bücher und Ideen, die genau in diese Lücken rund um Themen wie Führung, Vertrieb, Marketing, Personal, etc. vorstoßen.

Richtige Fragen

Unser oberstes Leitbild während der Entwicklung des 4D Frameworks:

Wir haben immer Antworten. Alle Antworten.
Es sind die richtigen Fragen, die wir nicht kennen.

Die meisten Teams, mit denen wir zusammenarbeiten, sind unglaublich smart. Mit genügend Durchhaltevermögen und Entschlossenheit finden sie immer eine Antwort. Unsere Sorge ist eher, dass sie sich die falschen Fragen stellen. Daher konzentriert sich ein Großteil unserer Arbeit darauf, Führungsteams bei der Formulierung der richtigen Fragen zu helfen. Wenn sie erst einmal über die richtigen Fragen verfügen, kommen die Antworten oft wie von selbst.

„Wir haben immer Antworten. Alle Antworten. Es sind die Fragen, die wir nicht kennen."

Jeder der Handlungsbereiche – People, Strategy, Execution und Cash – wird von einer übergreifenden Schlüsselfrage eingeleitet. Und alle werden von unseren Wachstums-Tools begleitet (unsere Bezeichnung für die verschiedenen ganzseitigen Arbeitsblätter, die wir später vorstellen). Diese Tools sind so konzipiert, dass es Teams leicht fällt, sich in jedem Handlungsbereich auf spezifische Fragen und Anforderungen zu konzentrieren, die sich hinsichtlich Wachstum und Performance stellen.

Die erste Frage bei der Umsetzung des 4D Frameworks lautet daher: *„Welchem der 4 Handlungsbereiche – People, Strategy, Execution und Cash – müssen wir als nächstes die meiste Aufmerksamkeit schenken?“* Beginnen Sie hier! Gehen Sie auf *4d.scaleup.de* und nutzen Sie unsere kostenfreies Bewertungs-Assessment bezüglich der 4 Handlungsbereiche, damit Sie Ihren individuellen Ausgangspunkt bestimmen können.

Unsere Methoden und Tools sind im Prinzip wie Kreuzworträtsel oder Sudokus aufgebaut. Starten Sie wo Sie möchten, und arbeiten Sie sich dann durch. Es gibt keine vorgeschriebene Reihenfolge. Um Ihnen den Einstieg zu erleichtern, beschreiben wir dennoch fünf erste „Nächste Schritte“ im letzten Kapitel dieses Buches.

Der folgende Überblick über die Handlungsbereiche hilft ebenfalls bei der Wahl der richtigen Ausgangsbasis für Ihre Gipfeltour bzw. Ihren Wachstumskurs.

People

? **SCHLÜSSELFRAGE:** *Sind die Akteure (Führungskräfte, Mitarbeiter, Kunden, Shareholder etc.) zufrieden und ins Unternehmen eingebunden? Und würden Sie sich jederzeit wieder für sie entscheiden?*

Sind in Ihrem Unternehmen die „richtigen Leute, und machen sie die richtigen Dinge richtig“?

„Die richtigen Leute, die die richtigen Dinge richtig machen.“

Im Anschluss an diese Frage sollten Sie alle wichtigen Beziehungen rund um Ihr Business auswerten. Wollen Sie alle bestehenden Kunden behalten? Sind Sie zufrieden mit Ihren Investoren/Banken? Sind Ihre Zulieferer verlässlich? Passen Ihre Ratgeber – Steuerberater, Anwälte, Berater und Coaches – zur aktuellen Größe Ihres Unternehmens und zu Ihren Zukunftsplänen? Es sind immer die härtesten Entscheidungen, wenn der Betrieb über einige dieser Partner hinausgewachsen ist und personelle Veränderungen anstehen.

Es geht los mit den Zwecken und Prioritäten Ihrer Beziehungen. Danach bestimmen Sie, wer Ihre Leader – die Verantwortlichen für Hauptfunktionen und Kernprozesse im Unternehmen – sind.

Die Tools (ganzseitige Abbildungen finden Sie zu Beginn des Kapitels "People"):

One-Page Personal Plan (OPPP): Unsere privaten und beruflichen Leben sind ineinander verwoben – und bestenfalls auch aufeinander abgestimmt. Dieses Tool beleuchtet vier wichtige Handlungsbereiche im Privatleben – Beziehungen, Erfolge, Bräuche und Vermögen, welche zugleich die vier Handlungsbereiche im Unternehmen widerspiegeln: People, Strategy, Execution und Cash. Ein stabiles und erfülltes Privatleben ist eine hervorragende Voraussetzung für Ihre unternehmerischen Anstrengungen.

Function Accountability Chart (FACe):
Jim Collins, Autor von *„Good to Great: Why Some Companies Make the Leap... And Others Don't"*, unterstreicht die Bedeutung der richtigen Besatzung auf der Brücke des Unternehmens. Der Flaschenhals befindet sich schließlich immer am oberen Ende der Flasche! Das *FACe* Tool verschafft Ihnen eine Liste der Stellen (Funktionen), die jedes Unternehmen besetzen muss.

„Der Flaschenhals ist immer am oberen Ende der Flasche!"

Sie wollen diese Funktionen an Menschen übertragen, die zu Ihrer Kultur passen und zusätzlich zwei Kriterien erfüllen:

1. Sie müssen nicht beaufsichtigt werden.
2. Sie beeindrucken das Team regelmäßig mit ihrem Wissen und ihren Leistungen.

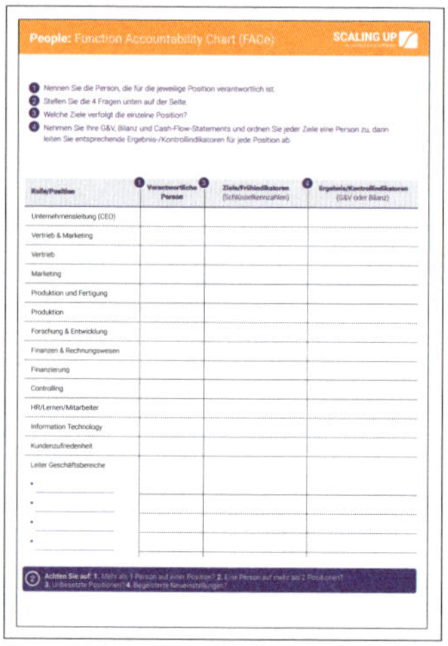

Als nächstes bestimmen Sie einen oder zwei Leistungsindikatoren (Key Performance Indicators, KPIs) für jede Funktion und damit die Hauptaktivitäten, auf die sich jedes Mitglied im Führungsteam tagtäglich konzentrieren soll. Dann legen Sie noch ein paar Resultate/Ergebnisse bezogen auf jede Funktion fest (d.h. wer ist verantwortlich für Umsätze, Roherträge, Gewinne, Cash, etc.). Jede dieser Kennzahlen stellt gewöhnlich auch einen Teil des Jahresabschlusses dar.

Einmal vollständig ausgefüllt, unterstützt Sie dieses Tool dabei, Leistungsdefizite bei einzelnen Mitgliedern Ihres Führungsteams aufzudecken.

Process Accountability Chart (PACe): Die meisten Aufgaben verteilen sich horizontal auf die unterschiedlichen Funktionen. Funktionen stellen keine isolierten Zellen dar. Wenn die Einzelteile nicht zusammenarbeiten, bleibt der Fortschritt des Unternehmens auf der Strecke.
In diesem Diagramm lassen sich die vier bis neun Prozesse skizzieren, die das Business vorantreiben (d.h. die Prozesse, mit denen neue Produkte entwickelt und eingeführt werden, neue Mitarbeiter entdeckt, eingestellt und eingearbeitet werden, Rechnungslegung und Forderungsmanagement betrieben werden, etc.).

Als nächstes bestimmen Sie, wer für jeden Prozess verantwortlich ist. Das kann manchmal knifflig sein, weil die Prozesse sich quer über verschiedene Funktionen erstrecken und es zwischen den Funktionsebenen zu Egoismen und Kontrollansprüchen kommen kann.

Schließlich bestimmen Sie zwei oder drei KPIs, mit denen sich die Prozesse überwachen lassen – vor allem die Dauer jedes bestimmten Prozesses, vom Start bis zur Erledigung. Wir besprechen auch, wie eine Reihe von Organisationen die Prinzipien des Lean Management umsetzen – einer von Toyota entwickelten Management-Praxis, um Prozesse zu verschlanken und zu beschleunigen.

Die Kapitel „Das Team" und „Die Manager": Es gibt einen ständigen „Kampf um Talente". Wir verraten Ihnen Techniken des Guerilla-Marketings, um für eine große Zahl qualifizierter Kandidaten attraktiv zu werden, und wir behandeln die Topgrading-Methode für Vorstellungsgespräche und zur Bewerberauswahl.

Damit Sie die eigenen Mitarbeiter halten und an das Unternehmen binden, behandeln wir die fünf Verhaltensweisen großartiger (vs. guter) Manager (wir bevorzugen eigentlich den Begriff „Coaches" – mehr dazu später):

- Mitarbeitern helfen, ihre Stärken auszuspielen.
- Nicht demotivieren oder unter Druck setzen.
- Klare Erwartungen kommunizieren und für klare Blickrichtung sorgen.
- Anerkennung zollen und Wertschätzung zeigen.
- Weniger Mitarbeiter einstellen, dafür höhere Gehälter zahlen (gilt für einfache Mitarbeiter, nicht für die Führungsebene!).

Strategy

SCHLÜSSELFRAGE: *Können Sie die Strategie Ihres Unternehmens in einfachen Worten beschreiben, und erzielen Sie ein nachhaltiges Wachstum bei Umsätzen und Roherträgen?*

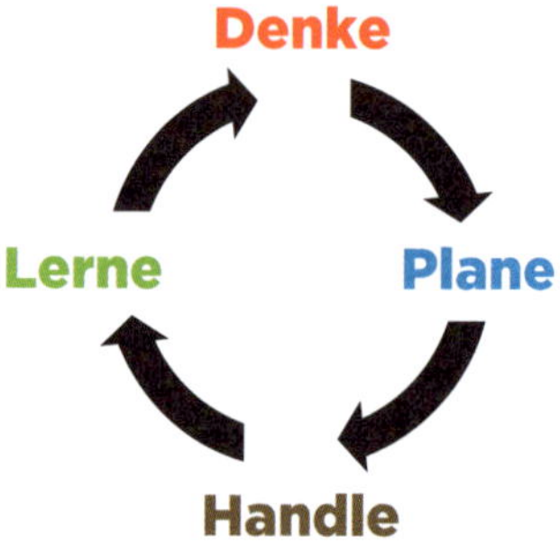

Es ist höchste Zeit, einen 50 Jahre alten Businessbegriff aufzubrechen – *Strategieplanung* – und durch zwei getrennte Aufgaben zu definieren:

- *Strategisches* Denken und
- *Planung* der Umsetzung.

Für beide Vorgänge werden zwei sehr verschiedene Teams und Prozesse benötigt.

Für das strategische Denken sollte eine Handvoll hochrangiger Führungskräfte wöchentlich in einem Gremium zusammentreffen, das Jim Collins „The Council" nennt (vierteljährliche oder gar jährliche Meetings reichen für die Arbeit an einer Strategie nicht aus). Diese Meetings finden zusätzlich zu den regelmäßigen Sitzungen der Führungsspitze statt. Doch anstatt sich in rein betrieblichen Fragen zu verstricken, beschäftigt sich dieses Team mit wenigen großen strategischen Themen. Dazu gehören auch die Schlüsselaspekte unserer Tools SWT-Analyse und 7 Facetten der Strategie, die wir weiter unten vorstellen.

Für die Planung der Umsetzung wird hingegen ein viel größeres Team benötigt, das sich mit der Umsetzung der beschlossenen Strategie befasst. Wenn hier einfache Mitarbeiter bzw. die mittlere Führungsebene beteiligt sind, sollte man am besten spezifische jährliche und vierteljährliche Prioritäten, Resultate und KPIs vorgeben. Diese Mitarbeiter sind näher am Tagesgeschäft und den einfachen betrieblichen Problemen dran. Ihre Einbindung in die Planung der Abläufe schafft nebenbei auch eine größere Identifikation mit dem Unternehmen.

Wenn wir jetzt noch eine disziplinierte Kontrolle der Zielerreichung sowie kontinuierliche Lernprozesse hinzufügen, erhalten wir einen einfachen Denke-Plane-Handle-Lerne-Kreislauf der strategischen Planung.

Die Tools (ganzseitige Abbildungen finden Sie zu Beginn des Kapitels „Strategy"):

Vision Summary: Für Unternehmen, die gerade mit der Umsetzung der Rockefeller Habits beginnen, sowie für Firmen mit weniger als 50 Mitarbeitern, stellt dieses „*Vision Summary*" ein vereinfachtes Rahmenwerk für die strategische Planung (One-Page Strategic Plan, OPSP) zur Verfügung. Für größere

Unternehmen, die den detaillierten Ansatz des OPSP bereits für sich nutzen, stellt das Vision Summary ein praktisches Format zur Kommunikation von Schwerpunkten der Unternehmensphilosophie an Mitarbeiter, Kunden, Investoren und die Öffentlichkeit dar.

SWT: Wir haben den Standardprozess der SWOT-Analyse (*Strengths* – Stärken, *Weaknesses* – Schwächen, *Opportunities* – Chancen und *Threats* – Risiken) in unserem Tool „SWT" erweitert (*Strengths* – Stärken, *Weaknesses* – Schwächen und *Trends* – Trends).

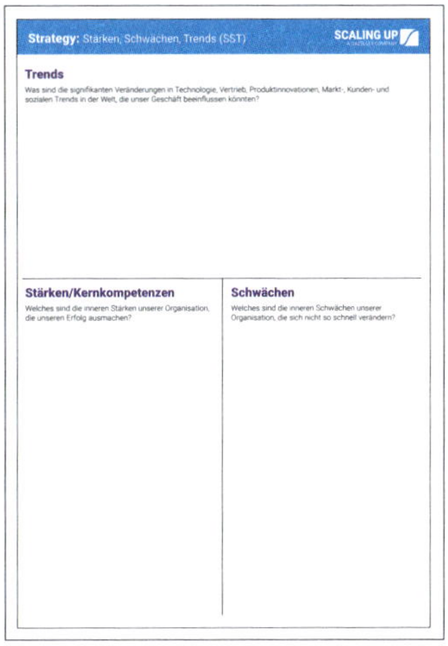

Während die SWOT-Analyse dazu anleitet, nach innen und auf die Herausforderungen sowohl für das eigene Unternehmen als auch für die gesamte Branche zu schauen, konzentriert sich das SWT-Tool darauf, größere externe Trends jenseits des eigenen Branchenhorizonts und der eigenen Reichweite aufzuspüren. Es handelt sich um ein machtvolles Werkzeug, mit dem Sie Chancen noch vor den Wettbewerbern erkennen und eine verkürzte Sicht auf Ihr Unternehmen oder Ihre Branche vermeiden können.

Die 7 Facetten der Strategie: Dieses Tool stellt die sieben Facetten einer stabilen und dennoch einfach zu erklärenden Strategie dar. Es wurde für eine bestimmte Art und Weise der Ausdifferenzierung und Abgrenzung entwickelt, mit der ein Unternehmen seine Marktnische dominieren kann.

Die sieben Komponenten:

1. Welche Wörter „besitzen" Sie? Welche(n) Begriff(e) identifiziert Ihre Zielgruppe mit Ihnen? (Beispiel: Google identifiziert man mit dem Begriff „Suche".)
2. Wo sind Ihre Kunden und welche drei Nutzenversprechen geben Sie ihnen? (Beispiel: Die Fluglinie Southwest Airlines verspricht „Niedrige Preise, Viele Strecken, Viel Spaß".) Wie stellen Sie sicher, dass Sie die Erwartungen erfüllen? („*Kept Promise Indicators*", ein Wortspiel mit „*KPIs*".)

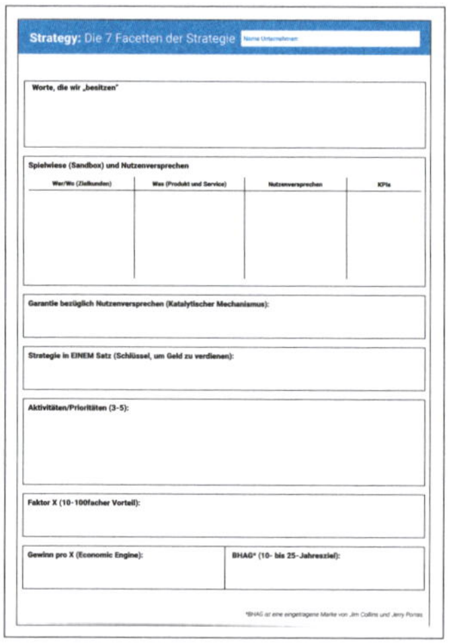
Strategy: Die 7 Facetten der Strategie
Name Unternehmen:
Worte, die wir „besitzen“
Spielwiese (Sandbox) und Nutzenversprechen

Wer/Wo (Zielkunden)	Was (Produkt und Service)	Nutzenversprechen	KPIs

Garantie bezüglich Nutzenversprechen (Katalytischer Mechanismus):
Strategie in EINEM Satz (Schlüssel, um Geld zu verdienen):
Aktivitäten/Prioritäten (3-5):
Faktor X (10-100facher Vorteil):
Gewinn pro X (Economic Engine):
BHAG* (10- bis 25-Jahresziel):
*BHAG ist eine eingetragene Marke von Jim Collins und Jerry Porras

3. Welche Garantie geben Sie auf Ihre Nutzenversprechen? (Beispiel: Oracle hat mit der Chance auf einen 10-Millionen-Dollar-Gewinn geworben, falls seine Exadata-Server die Konkurrenz nicht um den Faktor 5 übertreffen.)
4. Wie lautet mit einem Satz Ihre Strategie, durch die Sie Ihre Kunden möglicherweise verärgern (siehe Apples „geschlossenes System“), allerdings sehr erfolgreich sind, eine Menge Geld verdienen und die Konkurrenz überholen oder gar aussperren?
5. Welche drei bis fünf Ihrer Besonderheiten passen auf die Definition von Alleinstellungsmerkmalen des Harvard-Strategieexperten Michael Porter? (Beispiel: IKEA-Möbel müssen selbst zusammengesetzt werden.)
6. Wie lautet Ihr Faktor X – also Ihre 10- bis 100-fach besseren Startbedingungen gegenüber der Konkurrenz – mit dem Sie jeden Rivalen aus dem Feld schlagen?
7. Wie hoch ist der Profit (eine in Ihrem Unternehmen höchst relevante Finanzkennzahl. Das muss nicht der Gewinn sein – Cash-Flow, Deckungsbeitrag III, Bruttomarge etc. sind auch möglich) Ihres Unternehmens pro X (treibende wirtschaftliche Kraft: von welcher Einheit müssen Sie mehr haben um Ihr Unternehmen anzufeuern. Das ist oft nicht ausschließlich der Kunde) und Ihr BHAG® (Indikatoren, die wir direkt von Jim Collins übernommen haben)?

One-Page Strategic Plan (OPSP): Wenn Sie möchten, dass alle dieselbe Seite im Buch aufschlagen, müssen Sie diese Seite erst einmal schreiben. Der OPSP ist unser bekanntestes und beliebtestes Tool. Es wurde zur Verbesserung der eigenen Orientierung, Festlegung von Verantwortlichkeiten und zur Bestimmung von Schwerpunkten entwickelt.

„Wenn Sie möchten, dass alle dieselbe Buchseite aufschlagen, müssen Sie diese Seite erst einmal schreiben.“

Der Hauptteil des Plans besteht aus sieben Spalten, die um sieben Basisfragen herum aufgebaut sind. Wenn Sie mit dem Plan etwas erreichen möchten, sollten Sie zunächst diese Fragen beantworten: *Wer, Was, Wann, Wo, Wie, Warum,* und zusätzlich *„So ticken wir/nicht“*. Wir haben alles auf die Standardbegriffe der strategischen Planung abgestimmt: Core Values, Zwecke, Jährliche Prioritäten, etc. – dennoch wird der Plan von den genannten einfachen Fragen eingeleitet.

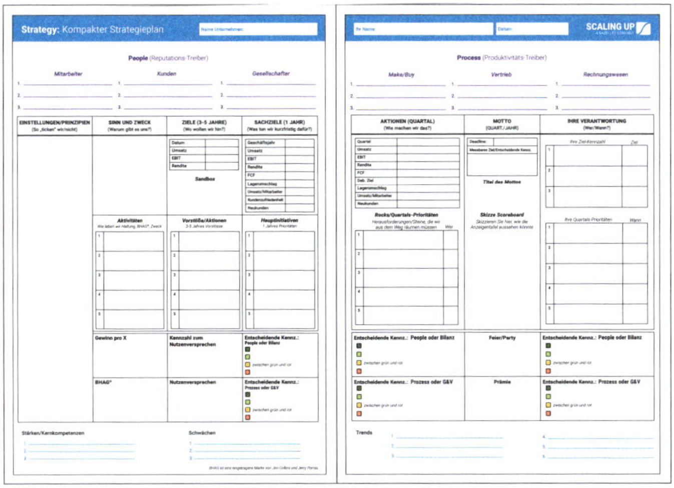

Die ersten drei Spalten des OPSP repräsentieren den bereits in den 7 Facetten bearbeiteten Teil der strategischen Planung. Die letzten vier Spalten stellen den Teil der Ausführungsplanung dar. Jeweils an den Rändern des OPSP haben Sie Platz für Ihre Notizen und Zusammenfassungen der SWT-Analyse (unten) sowie Hauptmerkmale Ihrer Beziehungen (*People*) und Ihrer Produktivität (*Process*).

Execution

SCHLÜSSELFRAGE: *Laufen alle Prozesse rund und führen sie im Branchenvergleich zu überdurchschnittlichen Ergebnissen?*

Sie wissen, dass Sie ein Umsetzungsproblem haben, wenn diese Beobachtungen zutreffen:

„Liegt die Profitabilität des Unternehmens über dem dreifachen Branchendurchschnitt?"

1. Es gibt unnötige Reibungsverluste im Unternehmen (z.B. wurde ein Produkt zu spät verschickt, eine Rechnung war falsch, jemand hat ein Meeting versäumt, etc.)
2. Mitarbeiter scheinen eine immer höhere Arbeitsbelastung zu haben, oder verbringen zu viel Zeit mit der Korrektur von Dingen, die direkt hätten richtig gemacht werden müssen.
3. Der wichtigste Hinweis: Die Produktivität des Unternehmens ist geringer als der dreifache Branchendurchschnitt.

WARNUNG: *Einige Unternehmen können trotz schlechter Umsetzung erfolgreich sein – zum Beispiel wenn sie ein extrem gutes Geschäftsmodell haben oder hochmotivierte Mitarbeiter, die bereit sind, 18 Stunden pro Tag und 8 Tage pro*

Woche zu arbeiten. Sie sollten aber bedenken, dass man dadurch eine Menge Profitabilität und Zeit vergeudet (d.h. Geld und Menschen verbrennt!).

Die Tools (ganzseitige Abbildungen finden Sie zu Beginn des Kapitels „Execution"):

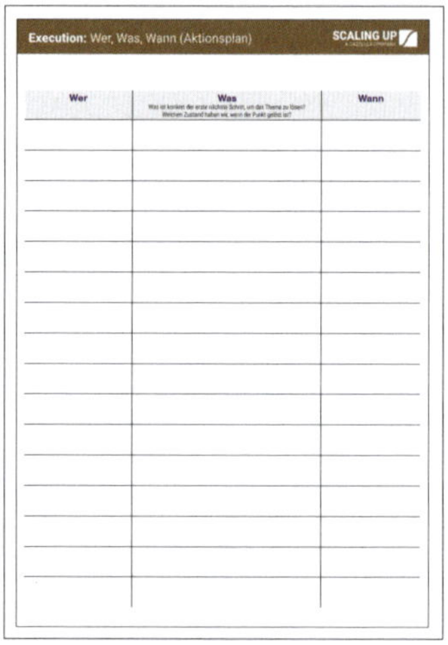

Wer, Was, Wann (WWW): Die Kultur der Rechenschaft. Verbessern Sie die Wirkung Ihrer wöchentlichen Meetings, indem Sie sich am Ende ein paar Minuten Zeit nehmen und kurz skizzieren *Wer* gesagt hat, *Was* er *Wann* tun wird. Es geht hier nicht um Mikromanagement, sondern um exzellentes Management, und um Klarheit in der Kommunikation und bei den Verantwortlichkeiten. Entscheidend ist es, einen Zeitraum (*Wann*) festzulegen, der nicht länger sein darf als die wöchentlichen (oder monatlichen) Meeting-Zyklen. Bei größeren und wichtigeren Aufgaben sollten Sie diese in kleinere Arbeitspakete aufteilen, die sich innerhalb weniger Wochen erledigen lassen (viele kleine Schritte führen zum Ziel).

Rockefeller Habits Checklist™: Es gibt 10 fundamentale Grundsätze, die Ihnen bei der erfolgreichen Umsetzung Ihrer Strategie helfen – Prinzipien, die sich nicht verändert haben, seit John D. Rockefeller sie vor 100 Jahren einführte und zum reichsten Menschen der Geschichte sowie zum Gründer eines der größten heute existierenden Unternehmen wurde: ExxonMobil[7].

Diese Prinzipien steigern die Profitabilität und reduzieren den Zeitaufwand für die Leitung des Unternehmens. Wie die Checklisten der Airlines, mit denen sie die Sicherheit ihrer Flugzeuge überprüfen, sind auch Rockefellers *10 Grundsätze* eine Art Vorflugkontrolle, mit der Ihr Unternehmen durchstarten kann und nicht abstürzt.

[7] Wir sind uns sehr wohl bewusst, dass Rockefeller außerhalb der USA eher als negatives Beispiel eines hyper-kapitalistischen Geschäftsverhaltens angesehen wird. Besonders kritisch werden jene Manöver Rockefellers bewertet, die ihm bzw. seinem Unternehmen eine marktbeherrschende, monopolistische Position verschafften. Doch zum Glück gibt es in Europa mittlerweile ein gut funktionierendes gesetzliches Regelwerk und ein solides kulturelles Wertegerüst, welches derartige Auswüchse wenn auch nicht ganz zu verhindern, so doch abzumildern weiß. Was uns an Rockefeller fasziniert, ist seine Fähigkeit, sein riesiges Unternehmen mit wenigen einfachen Prinzipien zu leiten. Die heutigen Rahmenbedingungen in Europa erlauben es uns, Rockefellers Leistung als eine unternehmerische Leistung zu würdigen und sie als Best Practice anzusehen, aus der wir viel lernen können.

WARNUNG: *Sie werden alle im Unternehmen verrückt machen, wenn Sie die Grundsätze auf einen Schlag einführen. Am besten nehmen Sie sich einen oder zwei pro Quartal vor und geben so allen Beteiligten insgesamt 24 bis 36 Monate Zeit, diese simplen, und dennoch wirkungsvollen Routinen einzuüben. Wenn das Unternehmen danach wächst, ist es nur noch eine Frage der regelmäßigen Auffrischung.*

Die *10 Grundsätze Rockefellers* („Mehr Freiheit durch Routine!"):

1. **Das Führungsteam ist gesund und auf einer Linie.** Hier sei eine Seite aus Patrick M. Lencionis *The Five Dysfunctions of a Team*[8] zitiert – ein Buch, das wir allen Führungskräften ans Herz legen möchten (es ist schnell gelesen). Kurz gesagt: Ihr Führungsteam braucht ein bestimmtes Maß an Vertrauen, damit richtige Debatten und konstruktive Kritik entstehen können. In großen Unternehmen wird das durch Politik verhindert. In kleineren Wachstumsunternehmen sorgen meist Freundschaften für die Blockade. Alle Mitglieder Ihres Teams sollten aber die Vielfalt akzeptieren (je mehr, desto besser) und bereit sein, sich gegenseitig mit Entscheidungen und Erfolgszahlen herauszufordern.
2. **Jeder identifiziert sich mit dem Top-Unternehmensziel für das laufende Quartal.** Wie bereits erwähnt, geht es bei wachsenden Unternehmen darum, einen wichtigen Schritt nach dem anderen zu tun, dabei die Zahlen zu überwachen und sich taktisch anzupassen. Damit die Mannschaft also nicht planlos durch die Gegend läuft, gibt man ein Quartalsziel aus und orientiert sie damit alle 90 Tage an einer Ziellinie. Ganz nebenbei erhält jeder Mitarbeiter die Gelegenheit, Teil des Erfolgs zu sein, ihn zu feiern und Spaß bei der Arbeit zu haben. Wir werden die Kraft dieser Quartalsziele später ausführlich erläutern.
3. **Die Kommunikation bekommt einen Rhythmus und Informationen wandern unverfälscht und schnell durch das gesamte Unternehmen.** Die Top-Herausforderung bei der Zusammenarbeit von zwei oder mehr Menschen ist die Kommunikation (irgendwelche Verheiratete unter Ihnen?). Die Lösung ist ein Rhythmus aus täglichen, wöchentlichen, monatlichen, vierteljährlichen und jährlichen Meetings, die – konsequent durchgeführt – jedem Beteiligten eine Menge Zeit sparen. Bekanntlich ist das kontraintuitiv. Wir werden im Kapitel „Execution" für jedes Meeting eine eigene Tagesordnung ausarbeiten.
4. **In jeder Einheit der Organisation trägt eine Person die Verantwortung für die Erreichung der gesetzten Ziele.** Wenn es stimmt, dass die Kommunikation unsere Top-Herausforderung ist, dann steht die Festlegung von Verantwortlichkeiten in Wachstumsunternehmen auf dem zweiten Platz. Die Zuordnungen müssen im gesamten Unternehmen sowohl vertikal (quer durch die Funktionen) als auch horizontal (quer durch die Prozesse) unmissverständlich sein. Richtig kompliziert wird es, wenn eigenständige Geschäftsbereiche gebildet werden.

[8] deutsche Übersetzung: *Die 5 Dysfunktionen eines Teams*

5. **Feedback der Mitarbeiter wird kontinuierlich aufgenommen, um Barrieren und Chancen zu erkennen.** Ein großer Teil der wöchentlich gesammelten qualitativen Daten für das Business sollte von den Mitarbeitern kommen – insbesondere aus dem Vertrieb und von Mitarbeitern mit direktem Kundenkontakt. Sie sind näher am Geschehen. Wir empfehlen, dass jede Führungskraft einmal pro Woche ein förmliches Gespräch mit einem solchen Mitarbeiter führt und ihn fragt: „Was muss unser Unternehmen jetzt beginnen/unterlassen/fortfahren zu tun?" (engl.: start, stop, keep doing). Widmen Sie insbesondere den „Stoppschildern" Ihre ganze Aufmerksamkeit. Derlei Hürden müssen Sie beseitigen, um Ihre Mitarbeiter bei der Stange zu halten.

6. **Aufzeichnung und Auswertung von Kundenfeedbacks sind so ergiebig und verlässlich wie die wirtschaftlichen Zahlen.** Der zweitgrößte Teil der jede Woche gesammelten qualitativen Daten sollte von den Kunden stammen. Wir schlagen vor, dass jede Führungskraft regelmäßig formell mit Kunden spricht und ihnen Fragen stellt. Dabei geht es weniger darum, ob sie ein bestimmtes Produkt oder einen bestimmten Service mögen, als vielmehr darum, wertvolle Informationen über den Markt zu erhalten, insbesondere über Konkurrenten.

7. **Die Core Values[9] und der Unternehmenszweck (*Purpose*) werden im Unternehmen „gelebt".** Hier geht es um eine Handvoll Regeln (*Core Values = Prinzipien und Einstellungen*), die als Leitbild für alle den Menschen betreffenden Abläufe (*Human Resources, HR*) im Unternehmen dienen: Einstellung neuer Mitarbeiter, Feedbacks, Honorierung und Bestätigung, Handbücher, etc. Und der Zweck (*Purpose*, ein besseres Wort als „*Mission*") sorgt für ein kritisches „Warum" bei allem was Sie tun (d.h. welchen Unterschied macht das Unternehmen in der Welt?).

8. **Mitarbeiter können die folgenden Hauptkomponenten der Unternehmensstrategie korrekt wiedergeben.** Wir möchten, dass alle Mitarbeiter ihre Handlungen auf die Strategie des Unternehmens ausrichten. Zu diesem Zweck müssen sie das Hauptziel der Firma (BHAG®) für die kommenden 10 bis 25 Jahre kennen und verstehen. Welches sind die wichtigsten Kunden? Welche drei Nutzenversprechen muss jeder einlösen? Was macht das Unternehmen eigentlich? All das sollten die Mitarbeiter erklären können (das berühmte Fahrstuhlgespräch oder *Elevator pitch*).

9. **Alle Mitarbeiter können anhand von Kennziffern darlegen, ob sie einen guten Tag/eine gute Woche hatten oder nicht** (siebte Spalte des *OPSP*).

[9] Wir empfehlen, nicht von Werten, Leitbild, Philosophie etc. zu sprechen, da sie den Gehalt des Wortes „Core Values" falsch wiederspiegeln und den ganzen Prozess auf eine falsche Bahn bringen können. Das Wort „Werte" hat im deutschen Sprachgebrauch eine starke Nähe zu moralischen und ethischen Erwartungen – wohingegen „Core Values" davon gänzlich frei ist. Hier geht es nicht darum, ein ethisch und moralisch ambitioniertes „Unternehmensleitbild" oder eine „Unternehmensphilosophie" zu erstellen, sondern um eine ganz pragmatische Orientierung für alle Mitstreiter des Unternehmens. Wir wollen sie ganz einfach und pragmatisch in Kenntnis darüber setzen, wer wir so sind, was unsere Einstellung zur Arbeit und zum Miteinander ist. Je genauer alle wissen, welches unsere Einstellungen und Haltungen sind, desto besser ist ihre Orientierung im Unternehmen, und desto effizienter können sie sich einbringen.

Ist sich jeder Mitarbeiter und jedes Team über seine Prioritäten und KPIs der laufenden Woche im Klaren? Kennen sie ihre Leistungen in der laufenden Woche? Menschen lieben es, ihren „Punktestand" zu erfahren – daher auch die Begeisterung für Videospiele, Sportarten, Fundraising, Wettbewerbe, etc.

10. **Pläne und Performance des Unternehmens sind für jeden sichtbar.** Wir wollen es mit den Sport-Analogien nicht übertreiben, dennoch empfehlen wir wärmstens, folgende Idee aus diesem Bereich zu übernehmen: Große Anzeigetafeln, die für jeden gut sichtbar sind. Wir werden einige Beispiele und Bilder aus Wachstumsunternehmen zeigen, die diese Methode für sich nutzen.

Cash

SCHLÜSSELFRAGE: *Hat Ihr Unternehmen ausreichend Geldmittel – idealerweise aus dem laufenden Betrieb – um wachsen zu können?*

„Wachstum verschlingt Geld". Das ist das erste unternehmerische Gravitationsgesetz. Und nichts sorgt bei CEOs und ihren Teams schneller für graue Haare als ein Mangel an *Cash*. Tatsächlich konnten Jim Collins und Morten T. Hansen in ihrem Bestseller *Great by Choice: Uncertainty, Chaos, and Luck — Why Some Thrive Despite Them All* zeigen, dass erfolgreiche Unternehmen drei- bis zehnmal so große Geldreserven haben als der Durchschnitt ihrer Branche – und zwar von Beginn an. Wir empfehlen Ihnen die Lektüre dieses Buches. Es ist das erste, mit dem sich Collins direkt an Wachstumsunternehmen wendet.

„Wachstum verschlingt Geld – das erste unternehmerische Gravitationsgesetz."

Viele Manager von Wachstumsfirmen ignorieren diese Erkenntnis und die Wichtigkeit des Cash-Flows. Sie schauen mehr auf Umsätze und Gewinne, wenn sie ihre Verträge mit Lieferanten, Kunden, Mitarbeitern (denken Sie an Bonusmodelle), oder Investoren und Banken abschließen. Und wenn sie ihre monatlichen Finanzberichte erhalten, ist darin eine Aufstellung des Cash-Flows entweder gar nicht enthalten oder sie wird einfach nicht beachtet.

Die schnellste Abhilfe schafft hier eine angepasste Cash-Flow-Übersicht, die Sie sich täglich von Ihrem CFO geben lassen – mit einer Auflistung aller Eingänge und Ausgänge der letzten 24 Stunden, sowie eine kurze Prognose für die nächsten 30 oder 90 Tage. Dadurch behalten Sie das Thema immer im Hinterkopf und bekommen zudem ein gutes Gespür für alle Geldflüsse in Ihrem Unternehmen.

Wichtig ist auch, dass Sie Ihren Geldumschlag (Cash Conversion Cycle, CCC) kennen. Dies ist einfach ein technischer Ausdruck für die Zeit, die jeder auf Mieten, Betriebsmittel, Gehälter, Inventar, Marketing, etc. aufgewendete Dollar, Euro oder Yen braucht, um einmal durch Ihr Geschäftsmodell zu laufen und als Erlös wieder in Ihrer Tasche zu landen. Falls Sie wissen möchten, wie man den *Cash Conversion Cycle* berechnet, empfehlen wir Ihnen einen bekannten Artikel von Neil C. Churchill und John W. Mullins in der *Harvard Business Review* mit dem Titel „How Fast Can Your Company Afford to Grow?“.

Die Tools (ganzseitige Abbildungen stehen am Beginn des Kapitels „Cash“):

The Power of One: Die sieben wichtigsten finanziellen Hebel, mit denen Manager ihren Cash-Flow und ihre Rendite erhöhen können:

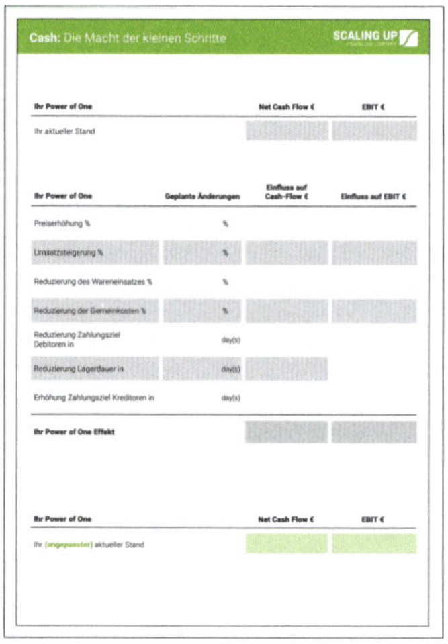

1. **Preis:** Sie können die Preise für Ihre Güter und Dienstleistungen erhöhen.
2. **Menge:** Sie können mehr Einheiten zum gleichen Preis absetzen.
3. **Herstellungskosten/Direkte Kosten:** Sie können den Preis für Ihre Rohstoffe und direkten Arbeitskosten senken.
4. **Betriebsausgaben:** Sie können Ihre operativen Kosten senken.
5. **Forderungen:** Sie können Rückstände Ihrer Schuldner effizienter eintreiben.
6. **Lagerhaltung/Umlaufbestand (Work in progress, WIP):** Sie können die Größe Ihres Lagerbestandes reduzieren.
7. **Verbindlichkeiten:** Sie können Zahlungen an Ihre Gläubiger verzögern.

Mit diesem Tool berechnen Sie Ihre Ersparnis für jeden dieser Hebel und bei jeder Änderung um 1% oder für die Dauer von 1 Tag.

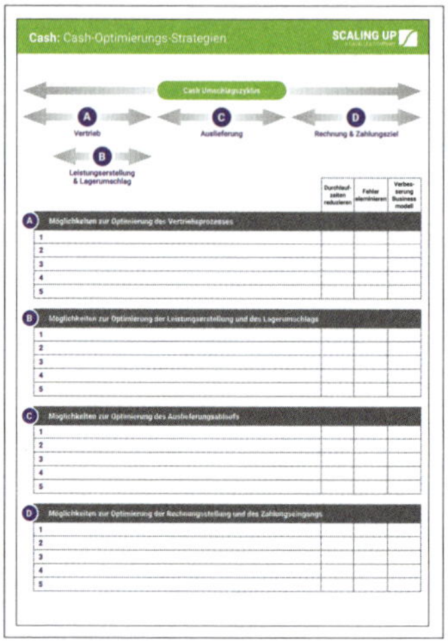

Cash Acceleration Strategies (CASh) – Hier schlüsseln wir den *Cash Conversion Cycle* in vier Bestandteile auf und bestimmen per Brainstorming einen von drei Wegen, wie der Cash-Flow in Ihrem Unternehmen gesteigert werden kann.

Viele unserer Kunden konnten als unmittelbare Folge der Arbeit mit diesem Tool ihren operativen Cash-Flow verdoppeln. Außerdem ist das Tool eine tolle Übung für das mittlere Management, mit der man das Wissen um die Verwendung von Geldmitteln im Unternehmen stärken kann. Sie lernen außerdem, dass jeder zu einer Verbesserung des *Cash Conversion Cycle* beitragen kann.

Das eigentliche Ziel ist, unser erstes unternehmerisches Gravitationsgesetz außer Kraft zu setzen und ein praktikables Geschäftsmodell zu entwickeln, für das die Regel gilt: Je schneller Sie wachsen, desto mehr Cash generieren Sie – durch größere Rücklagen, schnelleres Forderungsmanagement, kürzere Vertriebs- und Lieferzyklen, etc. Dann haben Sie ein Unternehmen geschaffen, das sein Wachstum aus eigenen Mitteln stemmt.

Empfehlungen zum Schluss

Worksheets und Tools

Im DACH-Raum

Viele der im Buch genannten Tools und Worksheets haben wir bei scale up im Laufe der Zeit angepasst und als Workbook veröffentlicht. Seien Sie nicht erstaunt über eine sprachliche, grafische und zeitgemäßere Weiterentwicklung der Worksheets. Die Inhalte sind gleichgeblieben, wir haben allerdings stärker Anwendungsempfehlungen mitaufgenommen. Den One-Page Strategic Plan (OPSP) und die Vision Summary deckt jetzt unser Worksheet zum Growth Canvas ab. Unser Workbook kann unter *scaleup.de/downloads* heruntergeladen werden.

Im US-amerikanischen Raum

Die originalen Tools, die in diesem Buch aufgeführt werden, stehen in mehreren Sprachen auf *scalingup.com* zum Download zur Verfügung. Sie können gerne selbst Anpassungen daran vornehmen oder Änderungen vorschlagen. Die Tools bleiben frei zugänglich und werden kontinuierlich von ihren Anwendern – Führungskräften und Managern in Wachstumsunternehmen – verbessert.

Wöchentlichen Newsletter abonnieren

Im DACH-Raum

Den deutschsprachigen scale up Newsletter können Sie unter *scaleup.de/newsletter* abonnieren. Darin teilen wir regelmäßig die neuesten scale up Hacks, Insights aus unseren Coachings und neues Fachwissen. Im Newsletter erhalten Sie außerdem Updates zu neuen Produkten, anstehenden Events und Webinaren.

Im US-amerikanischen Raum

Im Newsletter von Verne Harnish finden Sie eine prägnante Übersicht aller bewährten Methoden für das Management von Wachstumsunternehmen – Erfolgsrezepte, die wir von Entrepreneuren und Unternehmern wie Ihnen aufgreifen. Senden Sie einfach eine E-Mail mit dem Betreff „weekly insights" an *vharnish@gazelles.com* und werden Sie Teil einer stetig wachsenden Community von mehr als 60.000 Wachstumsunternehmern.

Support durch Technologie und Coaching – die scale up App

Im DACH-Raum

Die scale up App ist unsere neue digitale Lösung für Unternehmer und Führungskräfte. Die App läuft browserbasiert und beinhaltet unser digitales Lern-Programm sowie das scale up Toolset. Sie können sich unter *app.scaleup.de* für die kostenlose Version der App registrieren.

Unser digitales Lern-Programm bringt Ihnen bei, Ihr Unternehmen eigenständig zu skalieren. Das Digital-Programm besteht aus unterschiedlichen Learning Journeys mit interaktiven Lern-Videos, Umfragen und Worksheets. Mit der ersten Learning Journey „Ready to run" erhalten Sie eine Einführung in unser scale up Framework. In der Journey erfahren Sie mehr über die Bereiche STRATEGY und EXECUTION, die auch in diesem Buch behandelt werden. Alle drei Monate erhalten Sie Zugriff auf die nächsten Learning Journeys, um so das Wissen kontinuiuerlich auszubauen, zu festigen und direkt im Unternehmen anzuwenden.

Mit dem Toolset in der scale up App erhalten Sie Zugriff auf zahlreiche Werkzeuge für Ihr Unternehmenswachstum. Mit dem kostenlosen 4D-Assessment können Sie ermitteln, wie Ihr Unternehmen in den Bereichen PEOPLE, STRATEGY, EXECUTION und CASH aufgestellt ist. Mit dem Team-Check können Sie schnell und unkompliziert die Zufriedenheit Ihrer Mitarbeitenden messen. Außerdem bildet das Toolset digital und für das Team zugänglich alle Elemente unseres Growth Canvas ab und eignet sich sehr gut, wenn Sie bereits mit dem scale up Framework in Ihrem Unternehmen arbeiten.

Wir bieten außerdem verschiedene Live Coaching-Programme für Unternehmen und Führungskräfteteams an. Eine Übersicht unserer Programme ist auf *scaleup.de/programmuebersicht* zu finden.

Im US-amerikanischen Raum

Wir haben verschiedene cloudbasierte Tools entwickelt, um die Umsetzung der Rockefeller Habits 2.0 viel einfacher und schneller zu machen. Das erste Tool ist eine Online-Version von Vernes 2½-tägigem Scaling Up Kurs, der Ihrem Team auf anschauliche Art Wissen und eine gemeinsame Sprache rund um unsere Tools und Techniken vermittelt. Besuchen Sie *www.growthinstitute.com.*

Außerdem haben wir *alignwithgazelles.com* entwickelt – eine mobile App, die unsere One-Page Tools enthält und mit der alle Ihre kaskadierenden KPIs und Prioritäten ganz bequem an einem Ort gebündelt werden. Besuchen Sie *scalingup.com* für weitere Informationen und starten Sie noch heute Ihr kostenloses Probeabo. Wir verfügen zudem über zertifizierte Partner-Coaches rund um den Globus, die Sie bei der Umsetzung der Rockefeller Habits 2.0 unterstützen können. Noch selten hat jemand eine Top-Performance ohne die Hilfe eines Coaches erreicht. Besuchen Sie *coaches.scalingup.com* um Zugang zu allen unseren weltweiten Coaches zu bekommen. Deutschsprachige Coaches finden Sie über *www.scaleup.de.*

Entspannen Sie sich

Nichts in diesem Buch ist wirklich kompliziert (außer das Kapitel „Strategy"): Alles, was Sie brauchen, sind ein wenig Disziplin und Durchhaltevermögen. Behandeln Sie unsere Tools so, als wären sie Sudokus oder Kreuzworträtsel. Füllen Sie sie einfach so gut Sie können aus. Noch einmal: Sie müssen sich an keine Reihenfolge halten. Starten Sie einfach, wo es für Ihr Unternehmen am meisten Sinn macht. „Erst aufschreiben, dann perfektionieren" ist eines unserer Mottos.

„Erst aufschreiben – hinterher perfektionieren."

Entscheidend sind Auffrischung und Wiederholung: unsere Tools in jedem Quartal zu überprüfen und zu aktualisieren. Denken Sie daran: Mehr Freiheit durch Routine.

Der Rest des Buches versorgt Sie mit praktischen Anwendungsdetails zu den von uns empfohlenen Prozessen und Tools. Wir wünschen Ihnen viel Spaß damit und alles Gute für das Wachstum Ihres Unternehmens! Und lassen Sie es uns wissen, wenn wir Ihnen irgendwie helfen können.

WACHSTUMSBARRIEREN
Führungsstil, Infrastruktur und Marketing

EXECUTIVE SUMMARY: *Beim Wachstum von Unternehmen gibt es vorhersehbare und unvorhersehbare Entwicklungen. Letztere haben ihren Ursprung in der steigenden Komplexität durch einen wachsenden Mitarbeiter- und Kundenstamm, eine größere Angebotspalette, zusätzliche Standorte, etc. Für ein erfolgreiches Wachstum sind drei Dinge notwendig: (i) eine steigende Zahl von fähigen Führungskräften, (ii) eine skalierbare Infrastruktur und (iii) ein effektives Marketing. Fehlt auch nur ein einziger dieser Faktoren, ergeben sich Wachstumsbarrieren. Erfolgreiches Wachstum braucht deshalb Führungskräfte mit Weitblick und mit der Fähigkeit zu delegieren und sich immer wieder zu wiederholen.*

I'm tired of sailing my little boat
Far inside of the harbor bar;
I want to be out where the big ships float —
Out on the deep where the Great Ones are! ...
And should my frail craft prove too slight
For storms that sweep those wide seas o'er,
Better go down in the stirring fight
Than drowse to death by the sheltered shore!

– Daisy Rinehart

„Müsste ich nicht eigentlich umso mehr Geld verdienen und umso mehr Spaß bei der Arbeit haben, je größer die Firma wird?", wunderte sich Mitte der 90er Jahre Alan Rudy, desillusionierter CEO und Gründer von Express-Med, einem Versandhandel für medizinisches Zubehör aus Ohio. „Ich war so wütend", erinnert sich Rudy. „Das erste Mal seit zehn Jahren hatte ich ein langes Ski-Wochenende mit meinem Vater und meinen beiden Brüdern geplant, musste es jedoch in letzter Minute absagen, weil meine Firma mich brauchte."

Um die Dinge weiter zu verschlimmern, kam im selben Jahr am Ende des 1. Quartals sein kaufmännischer Leiter zu ihm und präsentierte ihm einen Quartalsgewinn von $300.000 – nur um ihm zwei Tage später zu berichten, dass es sich tatsächlich nicht um einen Gewinn, sondern um einen „Verlust" von $350.000 handelte. Heute kann Alan Rudy darüber lachen. „Für einige Stunden dachte ich, es handele sich um einen Aprilscherz. Ich habe die ganze Zeit versucht, die Sache locker zu sehen, am Ende war es jedoch leider wahr." Um noch eins drauf zu setzen, prügelten sich einige Mitarbeiter auf dem Parkplatz, woraufhin einer der beiden Streithähne die Reifen des anderen zerstach – nur wegen einer unbedachten Äußerung während der Arbeit. Rudy musste überall Feuer löschen und arbeitete 80 Stunden in der Woche. Heute sagt Rudy: „Der Stress war wohl ein bisschen zu viel."

Dennoch schaffte es Rudy damals – mit Hilfe von Tools und Techniken, die wir in diesem Buch vorstellen – die Entwicklung binnen zwei Jahren zu drehen, und sein 7 Jahre altes Unternehmen in einen $65 Millionen schweren Branchenführer zu verwandeln. Was für Rudy noch wichtiger war: „Es machte wieder Spaß und wir verdienten Geld." Rudy verkaufte sein Unternehmen schließlich für $40 Millionen, und vollendete damit den Unternehmer-Zyklus: gründen, wachsen, verkaufen.

Beim Wachstum von Express-Med hatte sich Rudy Wissen erworben, mit dem er eine Investmentfirma gründete, die anderen Unternehmen Wachstumspotenziale und höhere Profitabilität erschließt. Die gleichzeitige Betreuung unterschiedlicher Firmen verstärkte den Eindruck, dass Führungspositionen mit den richtigen Leuten besetzt werden müssen. Und weil Rudy ein umtriebiger Leader ist, der „spontan Huddles übernehmen und alle auf ein Ziel einschwören kann", musste er sich etwas zurücknehmen, damit alle Verantwortlichen in den jeweiligen Unternehmen ihren größtmöglichen Anteil am Erfolg haben.

Neben dem Meistern der Herausforderungen in Bezug auf Führungsstil und Delegieren lernte Rudy eine entscheidende Lektion: Man braucht eine klare Strategie. Er nennt das die Suche nach dem „Ping" im Business. (Denken Sie an das Geräusch, wenn man mit dem Finger gegen eine Plastiktasse schnippt – eine schwache Strategie – im Gegensatz zum Kristallglas – eine klare Strategie.) Eine erstklassige Umsetzung führt zu gar nichts, wenn die Strategie falsch ist. Für Rudy hat sich dieses Wissen bereits bei mehreren Investments – darunter Perceptionist – ziemlich gut bezahlt gemacht.

Der „Ping" bei Perceptionist

Perceptionist wurde als Call Center gegründet und machte telefonischen Kundenservice für Unternehmen aus 60 bis 70 verschiedenen Branchen. Um das Wachstumspotenzial seiner Firma freizulegen, setzte sich Rudy drei Monate lang hinters Steuer und machte Kundenbesuche (CEO Lou Gerstner verlangte Ähnliches von seinen Managern bei IBM in einer Initiative namens „Operation Bear Hug"). Einer der Auftraggeber von Perceptionist beschwerte sich darüber, dass er monatliche Gebühren auf Basis eines Minutenpreises von $1 zahlen musste, auch für Fehlanrufe. Zudem war er zunehmend genervt vom Anrufbeantworter-Ping-Pong mit

Kunden, die lediglich einen Termin verabreden wollten. In seinem Frust rief der Kunde Rudy zu: „Vergessen Sie den Dollar pro Minute. Ich zahle Ihnen 25 Dollar, wenn Sie meinen Kalender übernehmen und unsere Termine buchen!"

Rudy ging ein Licht auf. Er stieß alle Aufträge ab, bei denen es ausschließlich um Serviceanfragen ging (darunter auch unseren von Gazelles!) und veränderte die Strategie der Firma, indem er Auftraggebern nur noch Terminierung anbot. Während alle in der Branche einen bestimmten Profit pro Minute erzielen wollten, konzentrierte Rudy sich auf einen vorgegebenen Gewinn pro Terminabschluss. Dadurch veränderte sich die Ausgangslage, bei der Perceptionist im Wettbewerb gegen Anbieter aus Übersee und Minutenpreise von 50 Cents bestehen musste. Mit diesem neuen Fokus und einer kleinen Zahl ausgewählter Branchen – wichtigen Kunden – in denen Termine gebucht werden mussten (Handwerker, Klimatechniker und Haushaltshilfen) konnte das Unternehmen Einnahmen von durchschnittlich $5 pro Minute erzielen – mehr als das Vierfache des Branchendurchschnitts.

Zusätzlich nahm die Komplexität ab. „Unsere Trainingskosten gingen drastisch nach unten, da unsere neuen Kundenbetreuer nicht mehr die Sprachen von 60 verschiedenen Branchen lernen mussten, sondern nur ein paar", berichtet Rudy. „Früher mussten wir häufig neuen Auftraggebern absagen, weil wir das Personal nicht hatten" – ein großes People-Problem in Wachstumsunternehmen.

Rudy verkaufte schließlich seine Anteile an der Firma an den ursprünglichen Eigentümer und er sagt, der Firma gehe es heute sehr gut. Den Wert seines Investments hatte er zwischenzeitlich verdreifacht.

Schuster, bleib bei deinen Leisten

Rudy hatte einige seiner größten Erfolge mit Unternehmen, bei denen er das alte Sprichwort befolgte: „Schuster, bleib bei deinen Leisten." Mit anderen Worten: bleibe bei dem Business und den Märkten, die du am besten kennst. Für Rudy verkürzt dieser Ansatz seine Lernkurve beim Eintritt in eine neue Branche, denn so kann er seine Kontakte und sein Vorwissen viel wirksamer einsetzen, um in jedem neuen Business die vier Handlungsbereiche People, Strategy, Execution und Cash abzuarbeiten. (Zu diesem wichtigen Aspekt können Sie Erfahrungen der Gründer von Pizza Hut, Boston Chicken, Celestial Seasonings und California Closets in einem *Fortune*-Artikel von Verne nachlesen: *http://tiny.cc/worth-repeating*).

In Rudys Fall hieß dort zu wachsen wo er seine Wurzeln hatte, sich auf das medizinische Zubehör und die pharmazeutische Industrie zu konzentrieren. Als er 2003 eine Minderheitsbeteiligung an MemberHealth erwarb – einer Benefits

Management Firma, die Senioren Rabatte auf verschreibungspflichtige Medikamente verschafft – machte das Unternehmen $7 Millionen Umsatz. Rudy half dem 18-köpfigen Team, die Rockefeller Habits umzusetzen und coachte den Gründer von MemberHealth, Chuck Hallberg. Auf Rudys Vorschlag hin wurde das erste Prinzip angewandt und im Unternehmen fand jeden Morgen um 7:30 Uhr ein Huddle statt, so dass jeder auf die Umsetzung fokussiert blieb. Schließlich nahm Rudy die Rolle des Vorstandsvorsitzenden ein, während Hallberg CEO blieb. Die Firma schoss in den Himmel und machte 2006 bereits $1,2 Milliarden Umsatz. Als das Duo sie an Universal American Financial verkaufte – ein Nasdaq-Unternehmen – war sie $630 Millionen wert. Heute arbeitet sie unter dem Dach von CVS Health – einem Branchenriesen.

Und Rudy macht weiter. Im März 2013 erschuf er Sleep Health Supplies und übernahm eine andere Firma, die Verluste machte. Heute ist er CEO und Mehrheitseigner dieses Unternehmens mit Namen Good Night Medical. Durch Maßnahmen wie ein Daily Huddle, um auf wichtige Kennzahlen fokussiert zu bleiben, hat sein Team die Bestellungen pro Jahr verdoppeln können, und seine Patienten bleiben zweimal länger Kunden als bei den meisten Konkurrenten. Durch die starken Beziehungen zu seinen Kunden war es Rudy möglich, die Lieferkosten der Hersteller im Gegensatz zu seinen Rivalen um etwa 30 Prozent herunterzuhandeln. Summa summarum schätzt er, dass Good Night Medical durch den Wert seiner Kunden einen ca. 10-fachen Wettbewerbsvorteil gegenüber Konkurrenten hat.

Als „Serial Entrepreneur" und Investor hat Rudy aus erster Hand erfahren, wie wichtig es ist, die richtigen Leute (**People**) in die richtigen Positionen zu bringen und zu lernen wie man delegiert, welche Kraft eine klar fokussierte Strategie (**Strategy**) entfaltet, indem sie Komplexität reduziert und eine branchenführende Performance ermöglicht, und wie positiv sich eine disziplinierte Ausführung (**Execution**) mit Gewohnheiten wie dem Daily Huddle auf all diese Unternehmungen auswirkt. (Er ist ein großer Huddle-Fan, wie man leicht erraten kann.) Rudy hat sowohl investiert, als auch gutes Geld (**Cash**) verdient – und zugleich gelernt, wie man auf diesem Weg auch Spaß haben kann.

Das Wachstums-Paradox – Anker und Rückenwind

Wie Rudy – der regelmäßig seinen sicheren Hafen verlässt – werden Sie merken, dass die Leitung eines Wachstumsunternehmens zu den berauschenderen Dingen gehört, die man in dieser Welt tun kann. Und als Scaleup inmitten von großen Tankern agil und wendig zu segeln, ist eine unglaublich erfüllende und lohnende Erfahrung.

Jack Harringtons Erfahrung mit Großen Tankern

2006 kaufte Raytheon das Unternehmen Virtual Technology Corporation (VTC) und innerhalb von 30 Tagen musste Jack Harrington – Mitbegründer und CEO von VTC – eine $750 Millionen schwere und 2.000 Mitarbeiter starke Abteilung von Raytheon führen, die auf den Bereich C4I (Command, Control, Communication, Computers und Intelligence) spezialisiert war. Das war zugegeben ein gewagter Schritt für einen wachstumsorientierten CEO, der die Führung des viel kleineren $30-Millionen-Unternehmens gewohnt war. „Ich rief sofort Verne an und sagte: ‚Heiliger Strohsack, jetzt führe ich ein $750-Millionen-Business'", erinnert er sich, „Verne antwortete mir, dass ich alle nötigen Fähigkeiten und das Talent hatte und dass ich es schaffen konnte. Im Grunde wollte ich sehen, ob ich meine Erfahrungen aus dem Wachstum eines dynamischen Jungunternehmens auf ein größeres Business übertragen konnte. Sofort führte ich die Rockefeller Habits ein, zunächst die morgendlichen Huddles, dann die vierteljährlichen Strategie-Treffen und den One-Page Strategic Plan. Es war wirklich unglaublich, wie wir dadurch unsere Orientierung, unser strategisches Denken und den internen Wissensaustausch verbessern konnten."

Später wurde Harrington gebeten, ein noch größeres Unternehmen zu leiten: ThalesRaytheonSystems – ein Joint Venture, das zu gleichen Teilen Raytheon und der französischen Thales S.A. gehörte. Harrington merkt an, dass es dieselben Gewohnheiten und Meeting-Rhythmen waren, die für die Schaffung einer besseren Zusammenarbeit zwischen den französischen und den amerikanischen Teams sorgten. Außerdem erhielten alle Teile der Organisation eine stärkere Ausrichtung auf die strategische Vision des Unternehmens. Der Managementstil – zuvor nach der Maxime „Teile und Herrsche" – änderte sich dramatisch. „Alle bauen Vertrauen und Beziehungen zueinander auf", sagt er. „Das ist wunderbar, denn man trifft sich nicht bloß, um Abläufe zu besprechen. Wir diskutieren die Strategie und debattieren über das Marktsegment, und das verschafft uns allen unglaublichen Überblick und Kraft."

Dennoch ist die Skalierung ihres Business für viele Unternehmer ein Albtraum. Macht Sie auch jede Neueinstellung, jeder neu gewonnene Kunde und jede Erweiterung Ihrer Geschäftsbereiche fertig? Arbeiten Sie länger und mehr, obwohl Sie ursprünglich dachten, dass Ihnen beim Wachstum Skaleneffekte in die Hände spielen würden? Fühlt es sich an, als würde sich jeder einfach an den Anker hängen, den Sie über den Meeresboden schleifen müssen? Das war nicht Ihr eigentlicher Plan. Eigentlich sollte mit dem Wachstum alles einfacher werden – was war also passiert?

Sie erleben gerade das Wachstums-Paradox: Sie glaubten, dass beim Wachstum der Firma – und der Vergrößerung Ihres Wunsch-Teams, Ihrer Erfolgsaussichten und Ressourcen – alles einfacher werden sollte. Das wird es aber nicht. Es wird sogar noch schwerer und komplizierter.

Harringtons Erfahrungen mit dem Wachstum von VTC auf $30 Millionen und der Führung einer 2.000 Mitarbeiter starken Abteilung bei Raytheon zeigen, dass die Techniken aus diesem Buch doch funktionieren – und dass sie sowohl auf einige der größten Unternehmen auf dem Globus, als auch auf Wachstumsunternehmen anwendbar sind.

Warum also schafft es nur ein Bruchteil der Firmen zu skalieren, während alle anderen daran scheitern? Wie geht man das Wachstums-Paradox an? Welche Widerstände musste Harrington bei VTC überwinden, und was davon konnte er bei Raytheon übernehmen?

Kurz gesagt: er musste Komplexität reduzieren (und das müssen auch Sie!).

Komplexität

Denken Sie einmal zurück, als Ihr Unternehmen nur aus dem Gründer und einem Assistenten, und einem Plan auf einer Serviette bestand. Diese Start-up-Situation stellt schon zwei Kommunikationskanäle dar (Komplexitätsgrade), und jeder der in Beziehungen steht, weiß wie schwer das ist. Fügen Sie noch eine dritte Person hinzu (oder einen Kunden, einen Standort, ein Produkt), und der Komplexitätsgrad verdreifacht sich von zwei auf sechs. Das vierte Element verdoppelt ihn auf 12.

Mit dem Sprung von drei auf vier Mitarbeiter wächst das Team zwar um 33%, doch die Komplexität steigt vielleicht um 400%. Die Komplexität wächst exponentiell. Das ist der Grund, warum sich viele Geschäftsinhaber nach den Zeiten zurücksehnen, als die Firma nur aus ihnen, einer weiteren Person und dem Vertrieb eines einzelnen Produkts bestand.

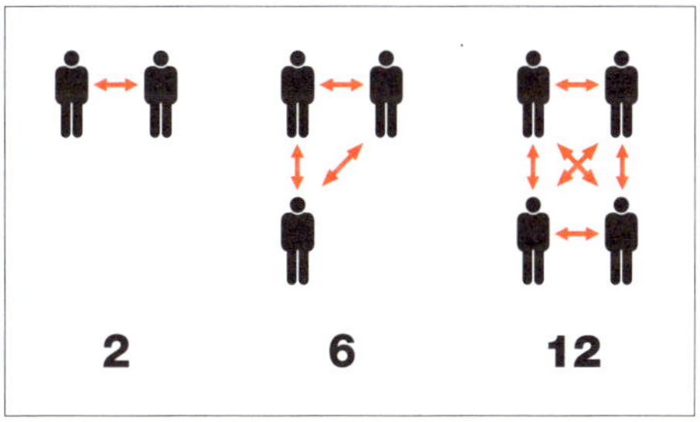

Diese Komplexität erzeugt drei fundamentale Barrieren für das Wachstum eines Unternehmens:

1. **Führungsstil:** das Unvermögen, genug Führungskräfte in der Organisation aus- und weiterzubilden, die delegieren und mitdenken können

2. **Skalierbare Infrastruktur:** der Mangel an Systemen und Strukturen (physisch oder organisatorisch), um im Wachstum mit komplexeren Kommunikationswegen und Entscheidungen umzugehen
3. **Marketing:** die Unfähigkeit, eine effektive Marketingabteilung aufzubauen, sowohl um neue Menschen für das Unternehmen zu gewinnen (Kunden, Talente, etc.), als auch um größeren Konkurrenzdruck und sinkende Gewinnmargen abzufedern, die mit dem Wachstum einhergehen

Wenn Sie diese Hindernisse aus dem Weg räumen, schleifen Sie auf einmal keinen Anker mehr über den Boden, sondern erhalten Rückenwind. Sie können mit Ihrem Schiff noch mehr Fahrt aufnehmen. Sie erleichtern sich die Navigation durch das „Tal des Todes" – jene Punkte im Wachstum Ihrer Firma, wo Sie größer werden, aber noch nicht groß genug sind und über ausreichend Talente und Systeme für weiteres Wachstum verfügen. In dieser rauen See muss Ihr Business von einer schaumgekrönten Welle zur nächsten springen, oder es riskiert den Abgrund (siehe Abbildung).

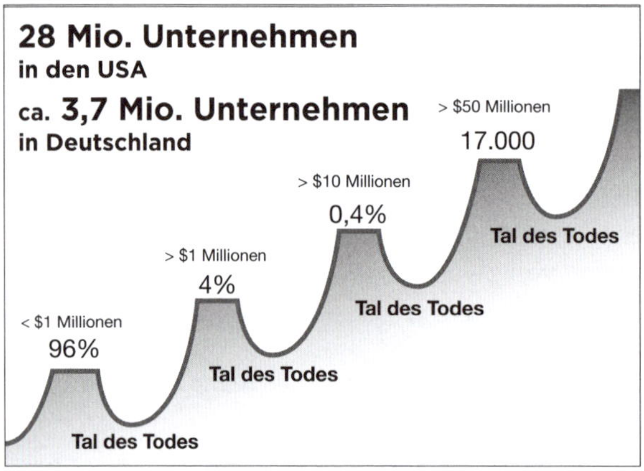

Es gibt grob geschätzt 28 Millionen Unternehmen in den USA, von denen nur 4% überhaupt jemals mehr als $1 Million Umsatz erreichen. Von diesen wenigen schafft es nur eins aus zehn – oder 0,4% aller Unternehmen – jemals auf $10 Millionen Umsatz, und nur 17.000 Firmen insgesamt passieren die $50-Millionen-Marke. Um die Liste zu vervollständigen: die Top 2.500 Unternehmen sind größer als $500 Millionen, und die Top 500 (öffentlichen und privaten) Unternehmen wachsen auf über $5 Milliarden. Studien zeigen, dass die Situation in anderen Ländern ähnlich ist.

Die Wellenberge und -täler lassen sich dabei eher durch die Zahl der Angestellten als durch den Umsatz definieren, da sich durch sie die oben genannte Komplexitätsgleichung verändert. Wenn Sie sich für kleine Firmen ungefähr $100.000 Umsatz pro Mitarbeiter vorstellen und für größere etwa $250.000 (ja, größere Unternehmen sind im Durchschnitt profitabler), und wenn Sie darüber hinaus annehmen, dass eine Person etwa sieben bis zehn andere führen kann, dann erhalten Sie natürliche Häufungspunkte:

- Ein bis drei Mitarbeiter (die Mehrheit der kleinen selbständigen Firmen)
- Acht bis zwölf Mitarbeiter (eine sehr effiziente Firma mit einem Manager und einer Reihe von Angestellten)
- 40 bis 70 Mitarbeiter (ein Leitungsteam mit fünf bis sieben Mitgliedern, die jeweils Teams von sieben bis zehn Mitarbeitern führen – in einer Firma, wo noch jeder jeden Namen kennt)
- 350 bis 500 Mitarbeiter (sieben Manager und je sieben mittlere Führungskräfte, die Teams von sieben bis zehn Mitarbeitern führen – in sehr effizienten Unternehmen)
- 2.500 bis 3.500 Mitarbeiter (weitere Vielfache von sieben bis zehn)

Jedes Unternehmen mit einer Mitarbeiterzahl zwischen diesen natürlichen Häufungen bleibt nicht selten stecken. Alles scheint länger zu dauern. Probleme, die man schon für gelöst hielt, tauchen wieder auf. Und man verspürt dieses „Groß, aber nicht groß genug"-Gefühl – sogar bei kleineren Investitionsentscheidungen wie einem anzuschaffenden Fotokopierer.

Eine Organisation durchlebt auf ihrem Weg entlang dieses Wachstumspfades eine vorhersehbare Serie von Entwicklungen und Umwälzungen. Mehr über diese natürlichen Zyklen können Sie bei Professor Larry E. Greiner nachlesen – sein berühmter Artikel in der *Harvard Business Review* lautet: „Evolution and Revolution as Organizations Grow" und stammt von Juli-August 1972 (überarbeitet im Mai 1998).

Scott Tannas und sein Tal des Todes

Im Jahr 2011 wurde die Western Financial Group (WFG) – ein Unternehmen für Finanzdienstleistungen aus Alberta, Kanada – von der in Quebec ansässigen Desjardins Group zum Preis von $440 Millionen übernommen. Während der 15 Jahre zwischen dem Börsengang der WFG im Jahr 1996 und ihrer Rücknahme in Privatbesitz war der Preis ihrer Aktien um 1.038% gestiegen. Gründer und Vizevorstandsvorsitzender Scott Tannas strebt ein weiteres Wachstum der Firma an und tauscht sich regelmäßig mit anderen Unternehmern über seine Erfahrungen aus. „Verne spricht davon, dass Unternehmen auf Wachstumskurs in ein Tal des Todes geraten können, und wir alle, die große Unternehmen auf diesen Kurs gebracht haben, können das bestätigen", sagt er.

Aufgrund seiner 20-jährigen Erfahrungen als CEO von WFG kann Tannas ein Lied davon singen, dass Firmen beim Wachstum von zwei auf 10 Angestellte in einem „Tal des Todes" ankommen, weil sich die Prozesse ändern müssen. Man braucht einen stellvertretenden Geschäftsführer. „Sie können die Geschäfte nicht mehr alleine stemmen, also müssen Sie die Art, wie Sie

sie führen, verändern. Das begreifen einige Leute nicht", meint Tannas. Bei 25-45 Mitarbeitern tauchen andere Probleme auf. Zum Beispiel müssen Sie jemanden für die Buchführung einstellen und benötigen langsam einen kaufmännischen Leiter. Bei etwa 100-150 Mitarbeitern, sagt Tannas, „benötigen Sie ganz neue interne Kommunikationsabläufe, denn Sie können in einem einzelnen Meeting nicht mehr alle Verantwortlichen erreichen." Politische Spielchen gewinnen an Bedeutung. „Sie haben Mitarbeiter, die meinen, sie wüssten mehr als andere", bemerkt er. „Alle diese unterschiedlichen Herausforderungen kommen in unterschiedlichen Stadien des Wachstums auf Sie zu und verlangen Kursänderungen von Ihnen. Wenn Sie nicht reagieren, fallen Sie entweder zurück oder treten auf der Stelle."

Weil er hoffte, einige seiner Business-Erfahrungen auf das Wachstum der Wirtschaft seines Heimatlandes übertragen zu können, ließ sich Tannas 2013 als Senator ins kanadische Parlament wählen.

Die drei Barrieren für Führungsstil, Infrastruktur und Marketing, die den korrekten Umgang mit Komplexität in Unternehmen verhindern, konnten Rudy, Harrington und Tannas während des Wachstums ihrer Firmen überwinden. Lassen Sie uns diese Barrieren im Detail ansehen.

Führungsstil: Mitdenken, Delegieren und Wiederholen

So wie es dem Führungsteam geht, so geht es auch dem Rest des Unternehmens. Welche Herausforderungen es auch immer innerhalb der Organisation gibt – sie alle lassen sich auf den Zusammenhalt des Führungsteams und seine Fähigkeit zum Mitdenken, zum Delegieren und zur Wiederholung zurückführen.

Mitdenken

Führungskräfte müssen nicht mehrere Jahre in die Zukunft blicken, sondern nur ein paar Minuten schneller sein als der Markt, der Wettbewerb und die eigenen Mitarbeiter. Der Schlüssel ist regelmäßige Kommunikation mit Kunden, Konkurrenten und Angestellten.

Das ist viel leichter, wenn das Unternehmen klein ist und das Führungsteam (oder der einsame Entrepreneur) persönlich den Vertrieb macht, die Software programmiert und die Produkte und Services der Firma direkt abliefert. Es wird zunehmend schwieriger, wenn das Business größer wird. Die Führungsspitze ist immer mehr von den Kunden und den Mitarbeitern mit Kundenkontakt isoliert, und verliert ihr Bauchgefühl für das Business und den Markt.

Aus diesem Grund verbrachte Rudy auch drei Monate bei den Kunden von Perceptionist und entdeckte ein neues Geschäftsmodell, mit dem er den Wert seiner Investition verdreifachte. Im Kapitel „Zahlen, Daten, Fakten" werden wir konkrete Gewohnheiten skizzieren und Tipps zum Umgang mit großen Datenmengen geben, mit denen Führungskräfte besser um die Ecken der Märkte denken lernen. Letztendlich befreit sich das Führungsteam durch unsere Tools und Techniken von unnötigen Belastungen und kann 80% seiner Zeit auf Marktanalyse und Marktbeobachtung verwenden.

Delegieren

Die Zügel loszulassen und Vertrauen in die Fähigkeiten anderer zu schöpfen ist eine der größeren Herausforderungen bei der Leitung eines Wachstumsunternehmens.

Die Mehrheit der Entrepreneure möchte lieber alleine arbeiten. Daher haben die meisten Unternehmen auch nur eine Handvoll Mitarbeiter. Wir haben häufig den ironischen Ausdruck benutzt, dass es vielen Unternehmern ganz recht wäre, wenn sie sich nicht mit Angestellten und Kunden herumschlagen müssten! Die Vision – den Traum – von ihrem Business lieben sie am meisten.

Um auf 10 Mitarbeiter zu wachsen, müssen Gründer Aufgaben delegieren, bei denen sie schwach sind. Um auf 50 Mitarbeiter zu wachsen, müssen sie jedoch Funktionen delegieren, in denen sie stark sind! Häufig wird die Stärke der Führungsspitze zu einer Schwäche des Unternehmens. Wenn zum Beispiel der Gründer zugleich CEO und der größte Umsatztreiber ist, verliert er entweder den Gesamtüberblick oder seine Umsätze stagnieren. Er muss eine der beiden Funktionen delegieren, wenn die Firma weiterhin wachsen soll.

Ab 50 Mitarbeitern muss die Führungsspitze für alle Abteilungen zusätzliche Führungskräfte heranziehen, die ihre Prinzipien und Einstellungen, Leidenschaften und Kenntnisse des Business teilen. Nur so verfügen sie langfristig über genügend Talente, an die sie die Myriaden von Aufgaben und Vorgänge delegieren können, um ihr Business wachsen zu lassen.

Die wenigsten MBA-Programme bieten Vorlesungen oder gar Seminare über die Kunst des Delegierens an. Dennoch ist dies eine der wichtigsten Fähigkeiten, die ein Leader entwickeln muss. Und viele Führungskräfte verwechseln Delegieren mit einem Verzicht auf Macht. Machtverzicht ist die blinde Übertragung einer Aufgabe ohne förmlichen Feedback-Mechanismus. Das ist bei unwichtigen

Aufgaben auch okay, aber alle Systeme brauchen eine Feedback-Schleife oder sie geraten außer Kontrolle.

Erfolgreiches Delegieren fußt auf vier Komponenten (unter der Voraussetzung dass der Job an die richtige Person oder das richtige Team vergeben wurde):

1. Bestimmen Sie, was die Person oder das Team erreichen soll (*Prioritäten* – One-Page Strategic Plan).
2. Schaffen Sie ein Bewertungssystem, um den Fortschritt zu überwachen (*Daten* – qualitative und quantitative KPIs).
3. Geben Sie der Person oder dem Team Feedback (*Meeting-Rhythmus*).
4. Zeigen Sie rechtzeitig Ihre Anerkennung und honorieren Sie die Leistungen (denn wir haben es mit Menschen zu tun, nicht mit Maschinen).

Die Rockefeller Habits enthalten eine Methodik des richtigen Delegierens für Führungskräfte.

HINWEIS: *Bienenstöcke haben nur einen Boss. Warum also brauchen Unternehmen mehrere? Einige Firmen experimentieren mit einer „Boss-losen“ Organisation. In diesen Firmen ist im Prinzip jeder sein eigener Anführer, und kann frei agieren. Doch dies setzt ein enormes Maß an Training und Ausbildung und Reife voraus, damit alle Mitarbeiter und der CEO dieselbe DNA haben (Prinzipien und Einstellungen, Ziele, Wissensstand, etc.). Diese „agilen Scaleups“ (unser bevorzugter Begriff) setzen aber auch den Einsatz technologiegetriebener Systeme voraus, damit die zuvor schon genannten Komponenten des Delegierens eingehalten werden. Unser Lieblingsbuch zu diesem Thema ist Steven Johnsons* Emergence: The Connected Lives of Ants, Brains, Cities, and Software. *Die Rockefeller Habits – einmal vollständig implementiert (und durch Technologie automatisiert) – sorgen für eine Dezentralisierung von Organisationen und für Kommunikations- und Feedbackschleifen – wie die Pheromone im Ameisenhaufen oder im Bienenstock und anderen Systemen, die ohne Anführer auskommen.*

WARNUNG: *Da Computertechnologie noch nicht die Fähigkeiten von „HAL“ in* 2001: Odyssee im Weltraum *erreicht hat (obwohl sie sich weiter annähert), dürften viele Unternehmen, die das „Boss-lose“ Experiment wagen, weiterhin so etwas wie Teamleiter brauchen. Nur werden die dann als „Champions“ oder dergleichen bezeichnet. Vorerst benötigen wir diese Ebenen des mittleren Managements also noch.*

Wiederholen

Die oberste Priorität eines Leaders ist es, die Hauptaufgaben im Blick zu behalten, damit das Unternehmen auf ein Ziel eingeschworen bleibt und alle Mitarbeiter in dieselbe Richtung marschieren. L. David Marquet, Autor des Buchs *Turn the Ship Around!: A True Story of Turning Followers into Leaders*, führte das Atom-U-Boot der US-Navy mit der schlechtesten Performance binnen eines Jahres auf Platz eins (ohne jemanden über Bord gehen zu lassen!). Auf der Rückseite seiner Offizierskabine hing ein Bild von einem Mann, der wiederholt seinen Hund zum Sitzen auffordert, bis er schließlich Erfolg hat und ausruft: „Guter Hund!" Für Marquet war das die beständige Ermahnung, eine Botschaft zu wählen und sie dann so oft zu wiederholen, bis die gesamte Mannschaft sie verstand.

Wiederholung umfasst auch Beständigkeit. Beenden Sie, was Sie angefangen haben. Meinen Sie, was Sie sagen. Und sagen Sie nicht das Eine, und tun etwas Anderes. Beständigkeit ist ein bedeutender Aspekt der Wiederholung.

Die Kraft der Wiederholung werden wir im gesamten Buch immer wieder betonen. Wir richten unseren Blick insbesondere auf:

1. **Core Values:** die Handvoll Regeln, die Ihre Kultur definieren und sich durch den Bereich People (HR) tagtäglich verfestigen
2. **Core Purpose:** die regelmäßigen Ansprachen des Leaders, durch die alle Beteiligten mit dem Herzen bei der Sache bleiben
3. **Big Hairy Audacious Goal (BHAG®)**: das 10- bis 25-Jahresziel, durch das alle Entscheidungen, die im Unternehmen getroffen werden, in einen Kontext eingebettet werden
4. **Prioritäten/Themen:** eine Reihe von drei- bis fünfjährlichen, jährlichen und vierteljährlichen Prioritäten, deren Einhaltung täglich und wöchentlich überprüft werden muss

Eine wichtige Aufgabe von Führung ist es, regelmäßig Rückmeldungen zu geben und Rückkopplungen zu erzeugen, damit sich diese Merkmale des Unternehmens und der Unternehmenskultur fest verankern.

Skalierbare Infrastruktur

Wenn eine Organisation wächst, wird sie komplexer. Das ist ein Naturgesetz. Eine einfache Amöbe benötigt nur eine Zelle zum Leben. (Ähnlich ist es bei einem selbständigen Business von zu Hause.) Sobald die Zahl der Zellen jedoch steigt, beginnt der Organismus Subsysteme zu bilden: zur Nahrungsaufnahme, Virenabwehr, Kreislauffunktion, Fortpflanzung, etc. Um überleben zu können, muss sich jede Zelle nah genug an einer Nährstoffquelle befinden und eine ausreichende Oberfläche besitzen, um Energie aufzunehmen und überflüssige Stoffe auszuscheiden. Daher kann eine Zelle nicht unbegrenzt wachsen.

Das gleiche gilt für Unternehmen, nur dass die Subsysteme (Zellen) hier die verschiedenen Funktionen, Standorte und Abteilungen der Organisation repräsentieren (Organismus). Wenn diese Subsysteme wachsen, müssen sie sich kontinuierlich aufteilen, sonst werden sie zu groß und schotten sich ab – ein Problem, das wir von großen bürokratischen Apparaten kennen. Genauso wie lebende Zellen in der Nähe von Nährstoffen, müssen auch Unternehmen in der Nähe ihrer Kunden sein (in Bezug auf Standorte, Produktgruppen und Kundensegmente). Auf diese Weise können Unternehmen ihre Organisation strukturieren und Verantwortlichkeiten bestimmen.

Um die Dinge am Laufen zu halten, brauchen Unternehmen eine skalierbare Infrastruktur (ähnlich der Durchblutung und dem Nervensystem). Wenn Sie von zwei auf 10 Mitarbeiter anwachsen, sollten Sie sich um eine Telefonanlage kümmern und das Büro gut aufteilen. Wenn Sie 50 Mitarbeiter erreichen, brauchen Sie weitere Telefone und Büroflächen, aber vor allem ein Buchführungssystem, das Ihnen noch präziser anzeigt, durch welche Projekte, Kunden oder Produkte Sie tatsächlich Geld verdienen. Zwischen 50 und 350 Mitarbeitern müssen Ihre IT-Systeme nachgerüstet und voll integriert werden. Sie müssen Ihre IT-Strukturen reorganisieren, da man in der gesamten Firma versuchen wird, alles über eine einzige Datenbank zu steuern. Sonst könnte ein simpler Adressfehler in den Kundendaten zu einer Reihe von teuren Problemen führen.

HINWEIS: *Überlassen Sie die Anordnung der Arbeitsplätze Ihrer Mitarbeiter und Teams nicht dem Zufall. Für bestimmte Zwecke müssen bestimmte Leute nah beieinander sitzen, wie wir im Kapitel „People" noch sehen werden. Sogar die Standorte der Toiletten, Pausenräume und Konferenzräume ist wichtig – besonders, wenn eine Firma sich auf ein weiteres Stockwerk ausdehnt. Es drohen ernsthafte Kommunikationsprobleme, wenn sich die Mitarbeiter auf den verschiedenen Etagen nicht mehr über den Weg laufen. Das Ziel sollte eine wechselseitige Interaktion (auch zufälliges Aufeinandertreffen) von verschiedenen Individuen und Funktionen sein.*

Marketing

Die Nr. 1 unter den funktionalen Barrieren für Wachstum ist das Fehlen einer effektiven Marketingabteilung, unabhängig vom Vertrieb (Rechnungswesen ist die Nr. 2 – siehe Kapitel „Cash"). Marketing ist wichtig, um neue Beziehungen aufzubauen (Kunden, Talente, Berater, Investoren, etc.) und dem wachsenden Wettbewerbsdruck (und erodierten Gewinnmargen) standzuhalten. Um fallende Margen zu verhindern, muss das Marketing (mit Hilfe von Kundenfeedbacks) bestimmen, was genau das Unternehmen am besten an wen verkaufen soll, und was die richtigen Preise dafür sind. Weil Marketingstrategie und Strategie ein und dasselbe sind, ist die Führungsspitze des Unternehmens für gewöhnlich eng in diese Entscheidungen eingebunden.

Es war Regis McKenna, Autor des Klassikers *Relationship Marketing: Successful Strategies for The Age of the Customer*, der in den 80er Jahren Steve Jobs, Andy Grove und den meisten IT-Stars im Silicon Valley beibrachte, wie man richtiges Marketing betreibt. Es waren McKenna und seine Firma, die Verne beim Aufbau seiner ersten globalen Entrepreneurship-Unternehmen begleiteten. McKenna hatte einen zweifachen Fokus. Erstens: der Schlüssel zu effektivem Marketing ist die Reservierung von einer Stunde pro Woche für das Marketing, d.h. die Einführung eines Marketing-Meetings (haben Sie eins?). Zweitens: eine Liste mit den Top 25 Influencern (oder 250, wenn Ihr Unternehmen größer ist) – also Beziehungen, an die Sie anknüpfen müssen, damit das Unternehmen wächst. Arbeiten Sie Woche für Woche an einem Plan, wie Sie diese Leute ansprechen und ein Netzwerk mit ihnen aufbauen können. Überzeugen Sie diese Influencer mit einer unwiderstehlichen unternehmerischen Vision (Fahrstuhlgespräch – Elevator Pitch), Ihnen zu helfen.

Je einflussreicher die Namen auf diesem Stück Papier sind, desto größer ist Ihr Potenzial, schneller und mehr zu wachsen. Als junger und naiver Student der Wichita State University (Go Shockers!), war Verne so unverfroren, Präsident Ronald Reagan, Steve Jobs, Michael Dell und die Eigentümer von Venture and Inc. Magazines auf seine 25-Namen-Liste zu setzen. Es scheint verrückt, aber nach nur 36 Monaten Arbeit an der Liste (eine Stunde pro Woche) wurde die Association of Collegiate Entrepreneurs (ACE) ein weltweiter „Übernacht-Erfolg". Bei einem ihrer großen Events für über 1.100 Entrepreneure in Los Angeles waren Jobs und Dell anwesend, wurden ganzseitige Anzeigen für die Organisation von *Venture* and *Inc.* Magazines gestiftet, und ging ein Glückwunsch-Telegramm von Präsident Reagan ein. Also nehmen Sie sich die Zeit und schreiben Sie Ihre Liste!

Der zweite wichtige Tagesordnungspunkt für das wöchentliche Marketing-Meeting sind Dr. Philip Kotlers 4P des Marketing – Product, Price, Promotion und Place (Produkt, Preis, Kommunikation und Distribution/Vertrieb). Von diesen vier Punkten erfährt der Preis meistens die geringste Aufmerksamkeit, dabei gehört er zu den wichtigsten Entscheidungen, die Sie treffen werden. Während wir stundenlang an der Kostenseite unseres Business feilen, können wir bei der Preisgestaltung schon über eine fundierte Vermutung froh sein. Um Ihre Fähigkeiten in diesem Bereich zu verbessern, empfehlen wir besonders das Buch *Confessions of a Pricing Man: How Pricing Affects Everything* des Preis-Gurus Hermann Simon. Sein Unternehmen Simon Kucher & Partners ist die weltweit führende Beratungsfirma im Bereich Preisgestaltung – Sie sollten vielleicht überlegen, sie zu engagieren.

Wir möchten Ihnen auch empfehlen, sich Olgivys 4E des Marketing anzusehen. Als eine der größten Werbeagenturen der Welt haben sie die 4P des Marketing runderneuert und stellen eine kostenlose Online-Präsentation und Whitepapers zu den 4E – Experience, Exchange, Everyplace und Evangelism – zur Verfügung. Verbringen Sie jede Woche eine Weile mit der Arbeit an einer besseren Umsetzung dieser 4E in Ihrem Unternehmen.

Abschließend empfehlen wir Ihnen das Buch *Buyer Personas: How to Gain Insight into your Customer's Expectations, Align your Marketing Strategies, and Win More Business* von Adele Revella. Letztendlich ist es die Aufgabe des Marketing, die besten (richtigen) Kunden für das Unternehmen zu identifizieren und an sich zu binden, und den Vertrieb (oder alle, die Ihre Online-Marketing-Aktivitäten durchführen) mit einer Liste aller potentiellen Neukunden auszustatten – und jeder Menge Informationen, wie diese Neukunden gewonnen werden können. Falls das ausbleibt, werden Sales-Teams nach jeder tief hängenden Frucht greifen, wodurch das Unternehmen schnell seinen Fokus verliert und seine Gewinnmargen zerstört.

Marktdynamik

Der Markt lässt Sie entweder schlau wirken oder dumm dastehen. Solange alles nach Ihrem Plan läuft, sind die Probleme meist einfach zugedeckt. Endet dann die Glückssträhne, treten plötzlich alle Probleme und Schwächen offen zutage. Bill Gross, Gründer von IdeaLab mit über 100 gegründeten Unternehmen, untersuchte die Hauptfaktoren für den Erfolg wachsender Unternehmen – inklusive People (Team), Strategy (Geschäftsmodell und -Idee) und Cash (Finanzierung). Er stellte fest, dass ein gutes Markt-Timing alle anderen Faktoren um Längen schlägt. Eine großartige Idee – zu früh oder zu spät auf den Markt gebracht – und schon haben Sie die Welle verpasst.

Es gibt noch eine grausame und kontraintuitive Marktdynamik in vielen wachsenden Unternehmen. Wenn Ihr Geschäft sich von $1 Million auf $10 Millionen Umsatz vergrößert, richtet das Führungsteam seinen Blick tendenziell nach außen, auf der Suche nach neuen Geschäftsfeldern. Doch das ist genau der Zeitpunkt, zu dem ein stärkerer Fokus auf unternehmensinterne Aufgaben sich langfristig auszahlen würde – um zum Beispiel eine gesunde Organisationskultur oder eine skalierbare Infrastruktur zu entwickeln. Passiert das Unternehmen dagegen die Marke von $10 Millionen, lenken organisatorische Schwierigkeiten den Blick des Führungsteams eher nach innen (verzweifeltes Feuerlöschen). Doch das ist exakt der Zeitpunkt, zu dem das Team sich besser extern auf den Markt konzentrieren sollte (indem es z.B. wie Rudy mit seinen

Kunden spricht), vor allem angesichts des steigenden Wettbewerbsdrucks im Zuge des Wachstums.

Es gibt noch eine wichtige Abfolge von Veränderungen des Blickpunktes – und zwar in Bezug auf Ihre Finanzen. Zwischen der Gründungsphase und der ersten oder zweiten Umsatz-Million ist Ihr absoluter Haupttreiber der *Umsatz* (Sell like hell). Sie möchten den Beweis erbringen, dass ein Markt für Ihr Angebot existiert. Bei der Liquidität dagegen – von der einige vielleicht denken, sie sei wichtiger – muss sich der Entrepreneur hauptsächlich auf Familie und Freunde (oder „Fools", daher FFF) verlassen.

Erst zwischen $1 Million und $10 Millionen Umsatz sollte sich das Team auf *Cash* konzentrieren. Wachstum verschlingt viel Geld, und da die Firma nun zum ersten Sprung auf die zehnfache Größe ansetzt, wird der Bedarf an Cash rapide steigen. Außerdem sucht das Unternehmen in dieser Entwicklungsphase immer noch nach seiner einzigartigen Stellung auf dem Markt – und Experimente (oder Fehler) können kostspielig sein. Hier muss das Cash-Modell des Unternehmens entwickelt werden (z.B. „Wie kann durch unser Businessmodell ausreichend Cash für unser Wachstum generiert werden?"). Können wir über das Businessmodell unseren Bedarf an Liquidität intern decken? Verfügt unser Businessmodell über ausreichend Kreditlinien, die das Wachstum stützen? Und zieht es die richtigen Investoren mit den tiefen Taschen an?

Wenn das Unternehmen die Grenze von $10 Millionen Umsatz überschreitet, tauchen neue interne und externe Belastungen auf. Extern ist Ihr Unternehmen nun auf zahlreicheren Radarschirmen präsent und scheucht Ihre Wettbewerber auf. Ihre Kunden verlangen auf Grund der langjährigen Geschäftsbeziehung nach Preissenkungen. Gleichzeitig nehmen die internen Spannungen zu, wodurch die Kosten schneller steigen als der Umsatz. All dies beginnt auf den *Rohertrag* des Unternehmens zu drücken.. Wenn die Marge um ein paar Prozent nachgibt, wird dem Unternehmen gerne mal das Geld für Investitionen in seine Infrastruktur (zum Beispiel Abrechnungssysteme oder Trainings) fehlen. Dadurch entsteht ein Schneeballeffekt, der zu weiteren teuren Fehlern führt, wenn das Unternehmen später die $25 Millionen-Grenze durchbricht.

Damit sich Ihr Spielraum nicht verkleinert, ist es wichtig, dass Sie bei Ihrem Marktauftritt ein klares Nutzenversprechen beibehalten. Zeitgleich muss sich Ihr Unternehmen kontinuierlich modernisieren und interne Prozesse automatisieren, um Kosten zu sparen. Firmen, die beide Kriterien erfüllen, werden auch in dieser Phase des Wachstums steigende Roherträge erleben, die sie wiederum in Investitionen in die Infrastruktur, Training, Marketing, R&D und anderes stecken können.

Wenn einmal die Umsatzmarke von $50 Millionen erreicht wird, sollte ein Unternehmen genügend Erfahrung und eine ausreichend starke Marktstellung besitzen, um seine Profitabilität korrekt vorherzusagen. Es ist nicht so, dass der Gewinn in der Wachstumsphase davor unwichtig war. Es ist in dieser neuen Größenordnung aber noch entscheidender, dass *berechenbarer* Gewinn erwirtschaftet wird. Denn ein paar Ausschläge um wenige Prozent in die eine oder andere Richtung bedeuten nun bereits einige Millionen Dollar.

Womit wir wieder beim Ausgangspunkt wären: die Hauptaufgabe eines Unternehmers ist es, eine berechenbare Umsatz- und Gewinnmaschine in einem unberechenbaren Markt und einer unberechenbaren Welt zu bauen. Die Lektion vom „20-Meilen-Fußmarsch" aus Jim Collins und Morten T. Hansens Buch *Great by Choice: Uncertainty, Chaos, and Luck — Why Some Thrive Despite Them All* verdeutlicht, wie Unternehmen mit konstantem Wachstum über viele Jahre hinweg andere Firmen dramatisch überflügeln, die mit heftigen Ausschlägen ihres Umsatzes oder Profits kämpfen.

Die ganze Beute geht an jene, die tagein tagaus ein konstantes Tempo halten können, durch alle Höhen und Tiefen. Und diese Vorhersehbarkeit, die sich aus effektiven Prozessen speist, ist letztendlich der Schlüssel zum Aufbau eines Unternehmens, das Top-Talente an sich ziehen und halten kann, Produkte und Services anbietet, die seine Kunden zufriedenstellen, und zu beträchtlichem Wohlstand kommt.

Zusammenfassend ist ein wachsendes Business ein dynamischer Prozess, bei dem das Führungsteam die Evolution und die Revolutionen des Wachstums im Unternehmen gezielt steuert. Und wie die Entwicklungsstufen eines Kindes sind sie vorhersehbar und unvermeidlich. Um mit den Herausforderungen umzugehen, müssen sich die Führungsqualitäten des *Führungsteams* in der gesamten Organisation verbreiten, muss eine *skalierbare Infrastruktur* installiert werden, um die wachsende Komplexität abzufedern, und muss das Unternehmen immer die Oberhand über jede das Business betreffende *Marktdynamik* behalten.

Um all das zu erreichen, sollten sich Unternehmer mit 4 Handlungsbereichen befassen: People, Strategy, Execution und Cash. Dieselben vier Bereiche also, mit denen Rudy und sein Team sich gerade beim Wachstumskurs ihres jüngsten Projektes beschäftigen. Die folgenden Kapitel sind um die 4 Handlungsbereiche herum aufgebaut und geben Ihnen Tools, Techniken und Best-Practice-Beispiele an die Hand, damit Sie für Ihr eigenes Wachstum die richtigen Entscheidungen treffen.

SCALING UP
PEOPLE

PEOPLE EINFÜHRUNG

SCHLÜSSELFRAGE: *Sind alle Akteure (Mitarbeiter, Kunden, Shareholder) zufrieden und ins Unternehmen eingebunden? Würden Sie sich jederzeit wieder für sie entscheiden?*

Unternehmer brauchen verlässliche Leute sowohl innerhalb des Unternehmens, als auch außerhalb – Investoren, Lieferanten, Kunden, Partner, Berater – und sie brauchen ein unterstützendes soziales Netz bei sich zu Hause. Alle diese Menschen sind wichtig für ihr Business.

Wenn Ihr Unternehmen dynamisch wächst – wie finden Sie heraus, ob bestimmte Details auf der People-Seite Ihres Business oder in Ihrem Leben geändert werden müssen? Beginnen Sie mit zwei Fragen:

1. *Sind Sie zufrieden?* Hier geht es nicht um einen mönchsartigen inneren Frieden, der Sie auch im Unglück nicht verlässt. Es ist eine ernstgemeinte Frage. Gehen Sie gerne zur Arbeit? Oder erfahren Sie unüberbrückbare Schwierigkeiten mit Ihren Businesspartnern? Erledigt einer Ihrer Manager seine Aufgaben nicht richtig? Gibt es ein Teammitglied, das permanent anderen ins Wort fällt? Haben Sie Kunden, die Ihnen den Umsatz verhageln? Liefert ein Lieferant nicht zuverlässig? Machen Ihnen die Bank oder ein Investor das Leben schwer? Schwelen offene Konflikte mit einem Angehörigen oder einem Freund?
2. *Würden Sie mit Ihrem heutigen Wissen alle Beteiligten voller Überzeugung wieder einstellen?* Die Antwort geht Hand in Hand mit der ersten Frage (außer bei der Familie!) und umfasst nicht nur Mitarbeiter, sondern bestehende Kunden, Lieferanten und andere Stakeholder in Ihrem Business. Es ist eine schwierige Frage, durch die man auf die brutale Wirklichkeit stößt und harte Entscheidungen treffen muss. Manchmal wächst eine Firma über persönliche Beziehungen aus den Anfangsjahren hinaus.

Wenn Sie diese Beziehungsfragen nicht richtig angehen, werden Ihre emotionalen Ressourcen dauerhaft darunter leiden und Ihnen die Kraft für die anderen Aspekte des Business – Strategy, Execution und Cash – rauben. Daher behandeln wir den Bereich People in unserem Modell der 4 Handlungsbereiche zuerst.

ACTION: *Gibt es Beziehungen, die Sie emotional zu viel Kraft kosten? Sollten Sie oft mit konflikthaften Situationen zu kämpfen haben, empfehlen wir Ihnen das Buch* Crucial Conversations: Tools for Talking When Stakes Are High[10] *von Kerry Patterson, et al.*

[10] deutsche Übersetzung: *Heikle Gespräche: Worauf es ankommt, wenn viel auf dem Spiel steht*

Kapitelübersicht

Im ersten Kapitel, „Die Leader", stellen wir drei ganzseitige People-Tools vor, mit denen Sie Ihre Erwartungen an persönliche Beziehungen, spezifische Verantwortlichkeiten für die Aufgaben, Bereiche und verschiedenen Prozesse in Ihrem Unternehmen durchdenken können. Die Arbeit an diesen Tools hilft Ihnen dabei, die People-Herausforderungen in Ihrem Business und in Ihrem Leben zu erkennen und zu priorisieren.

Im zweiten Kapitel, „Das Team", zeigen wir Ihnen Techniken, wie Sie Führungskräfte richtig anwerben und einstellen. Wir legen besonderen Wert auf ein gutes Marketing im Rekrutierungsprozess und auf den Einsatz der Topgrading-Methode für Vorstellungsgespräche und Bewerberauswahl, damit Sie sich die A-Spieler sichern, die Sie für Ihr Wachstum brauchen.

Im dritten Kapitel, „Die Manager", stellen wir fünf Managementpraktiken vor, durch die Ihre ganze Belegschaft bei der Sache, produktiv und zufrieden bleibt, sowie Ideen zur ständigen Weiterbildung Ihrer Mitarbeiter, damit ihnen das Business nicht über den Kopf wächst. Nichts ist schwerer und zeitraubender, als Leute ersetzen zu müssen, die den Anschluss verloren haben.

Drei One-Page People-Tools werden in diesem Kapitel vorgestellt:

1. **One-Page Personal Plan (OPPP):** liefert ein Gerüst zur Planung des persönlichen Lebens
2. **Function Accountability Chart (FACe):** bestimmt die Personen, die für das Wachstum des Business verantwortlich sind
3. **Process Accountability Chart (PACe):** erfasst die Prozesse und jeweiligen Verantwortlichen, damit die Geschäfte reibungslos laufen

HINWEIS: *Das „e" in den Akronymen FACe und PACe repräsentiert die „Energie" oder „Entrepreneurship" der Führungskräfte, als Voraussetzung für ein erfolgreiches Wachstum ihres Business.*

Ein besonderer Dank geht an Sebastian Ross, deutscher IT-Entrepreneur und Gazelles Partner in Barcelona, für seine Mitautorschaft am Kapitel „People" und für den Beitrag, den er zum Gelingen des gesamten Buches leistete.

Jedermann, Jemand, Irgendwer und Niemand

Eine kurze Geschichte von vier Menschen, die Jedermann, Jemand, Irgendwer und Niemand hießen.

Es gab einen wichtigen Job zu erledigen, und Jedermann war sicher, dass Jemand ihn übernehmen würde. Irgendwer hätte ihn machen können, aber Niemand tat es. Jemand wurde wütend darüber, denn es war Jedermanns Job. Jedermann dachte, dass Irgendwer ihn erledigen könnte, aber Niemand realisierte, dass Jedermann sich nicht rührte. Am Ende beschuldigte Jedermann Jemanden, und Niemand tat, was Irgendwer hätte tun können.

- Unbekannter Autor der verkürzten Version von Charles Osgoods „Gedicht über Verantwortung"

People: One-Page Personal Plan (OPPP)

SCALING UP
A GAZELLES COMPANY

Name: ____________________ Datum: ____________________

		Beziehungen	Leistungen	Alte/Neue Traditionen	Vermögen (€)
GLAUBEN	10-25 Jahre (Wünsche/ Bestrebungen)				
FAMILIE	1 Jahr (Vorstöße)				
FREUNDE	90 Tage (Aktionen)	Start	Start	Start	Start
FITNESS					
		Stopp	Stopp	Stopp	Stopp
FINANZEN					

Ganzseitige Vorlage des Tools zum Download auf *scalingup.com*, die deutsche Version finden Sie auf *scaleup.de*.

People: Function Accountability Chart (FACe)

SCALING UP
A GAZELLES COMPANY

1. Nennen Sie die Person, die für die jeweilige Position verantwortlich ist.
2. Stellen Sie die 4 Fragen unten auf der Seite.
3. Welche Ziele verfolgt die einzelne Position?
4. Nehmen Sie Ihre G&V, Bilanz und Cash-Flow-Statements und ordnen Sie jeder Zeile eine Person zu, dann leiten Sie entsprechende Ergebnis-/Kontrollindikatoren für jede Position ab.

Rolle/Position	❶ **Verantwortliche Person**	❸ **Ziele/Frühindikatoren** (Schlüsselkennzahlen)	❹ **Ergebnis/Kontrollindikatoren** (G&V oder Bilanz)
Unternehmensleitung (CEO)			
Vertrieb & Marketing			
Vertrieb			
Marketing			
Produktion und Fertigung			
Produktion			
Forschung & Entwicklung			
Finanzen & Rechnungswesen			
Finanzierung			
Controlling			
HR/Lernen/Mitarbeiter			
Information Technology			
Kundenzufriedenheit			
Leiter Geschäftsbereiche • ____________			
• ____________			
• ____________			
• ____________			

② **Achten Sie auf: 1.** Mehr als 1 Person auf einer Position? **2.** Eine Person auf mehr als 2 Positionen? **3.** Unbesetzte Positionen? **4.** Begeisterte Neueinstellungen?

Ganzseitige Vorlage des Tools zum Download auf *scalingup.com*, die deutsche Version finden Sie auf *scaleup.de*.

People: Process Accountability Chart (PACe)

SCALING UP
A GAZELLES COMPANY

1. Identifizieren Sie 4 bis 9 Prozesse, die Ihr Unternehmen vorantreiben.
2. Bestimmen Sie einen Verantwortlichen je Prozess.
3. Stellen Sie Key Performance Indicators (KPIs) für jeden Prozess auf (besser, schneller, günstiger).

2 **Verantwortliche Person**	1 **Name des Prozesses**	3 **KPIs** (Besser, Schneller, Günstiger)

Ganzseitige Vorlage des Tools zum Download auf *scalingup.com,* die deutsche Version finden Sie auf *scaleup.de*.

3

DIE LEADER

FACe und PACe des Unternehmens

EXECUTIVE SUMMARY: *„Der Flaschenhals sitzt immer oben an der Flasche", sagt Management-Guru Peter Drucker. Herausforderungen für das Unternehmen deuten in der Regel auf Probleme bei oder zwischen den Leadern hin. Zur Bewältigung solcher Herausforderungen konzentriert sich dieses Kapitel auf das Führungsteam. Mit den drei vorgestellten Tools werden Führungskräfte sich über ihre persönlichen Ziele klar, definieren Verantwortlichkeiten in der Führungsspitze, deren KPIs sowie Zielvorgaben, und identifizieren 4 bis 9 wichtige Prozesse im Unternehmen. Zusätzlich erhalten Sie einen kurzen Leitfaden, mit dem Sie das Unternehmen leichter in Funktionen, Produkt-/Servicelinien und Bereiche aufteilen können.*

TIPP: *Sorgen Sie dafür, dass alle so nah wie möglich an ihren jeweiligen Kunden dran sind!*

Irgendwann realisierten die beiden Gründer Stephen Roche und Simon Morrison, dass sie für das weitere ungehinderte Wachstum Ihrer Firma Shine Lawyers eine neue Generation von Führungskräften für das Tagesgeschäft engagieren mussten. Nur so konnten sie sich voll auf die Expansion konzentrieren. Daher holten sie nicht nur Jodie Willey und Lisa Flynn in das Management-Team ihrer Kanzlei mit 600 Angestellten und 30 Standorten in ganz Australien, sondern auch ein neues Team von Führungskräften zu deren Unterstützung. Die nächste Stufe des Wachstums konnte gelingen.

Das Unternehmen, in dem die Rockefeller Habits bereits umgesetzt worden waren, brachten sie zudem an die Börse (als eine der drei ersten Anwaltskanzleien weltweit), was weitere Anpassungen ihres Organigramms erforderte. Morrison wechselte in den Vorstand, während Roche in der Geschäftsführung verblieb und sich auf das strategische Wachstum des Business durch Übernahmen und Marktchancen konzentrierte. Darüber hinaus rekrutierten sie neue Vorstandsmitglieder mit einschlägiger Börsenerfahrung.

„Heute verfügen wir über ein tolles Team von talentierten jungen Leuten, das unser Business in neue Höhen führen wird", sagt Morrison.

Wenn ein Unternehmen wächst, drehen sich die schwierigsten Entscheidungen um Menschen und ihre veränderten Rollen, insbesondere im Führungsteam. Loyalitäten, Egos und Freundschaften machen diese Entscheidungen dann besonders schwer, wenn die Firma über einige dieser Leute hinausgewachsen ist.

In diesem Kapitel werden wir die Dynamiken in den Führungsteams von Wachstumsunternehmen untersuchen, sowie die Funktionen und Prozesse, die dabei eine Rolle spielen. Zunächst jedoch ein kurzer Exkurs zu einem Leitfaden für die Organisationsgestaltung.

Die Organisation: Ein wachsender Organismus

Erinnern Sie sich noch an die Tage, als sich das Start-up-Team in ein einzelnes Büro quetschte, wie Clowns in einen Volkswagen? Heute hat dasselbe Unternehmen 150 Angestellte (oder 1.500), und es ist ungleich schwerer geworden, die Teams aufzuteilen und klare Verantwortlichkeiten festzulegen. Schlimmer noch – sowohl Kunden als auch Mitarbeiter sind verwirrt über den weiteren Kurs.

Lassen Sie uns zur Lösung des Problems ein Beispiel aus der Natur nehmen. Menschliche Organismen bestehen aus einer Milliarde Zellen, doch nur wenige von ihnen sind spezialisiert – aus gutem Grund: Eine einzelne Zelle kann nur begrenzt wachsen und dabei gesund bleiben. Überschreitet sie eine bestimmte Größe, wird die Fläche der äußeren Membran zu klein, um Nährstoffe für die Funktion der Zelle zu absorbieren und Abbauprodukte auszuscheiden. Die Zelle stirbt dann von innen (genau wie große Bürokratien!).

Dies veranlasst die Zelle dazu, sich zu teilen. Und so muss auch Ihr Unternehmen sich teilen, wenn es eine gesunde Funktionalität nicht aufgeben möchte. Mehr noch: so wie eine Zelle nicht zu weit vom Blutkreislauf entfernt sein darf, sollte kein Team des Unternehmens sich zu weit von seinen Märkten entfernen – oder so sehr wachsen, dass es schwerfällig und apathisch wird (denken Sie an Amazons „Zwei-Pizzen-Regel“: kein Team sollte so groß sein, dass es nicht mehr von zwei Pizzen satt wird). Dies ist das Hauptprinzip für eine effektive Organisationsgestaltung. Teilen Sie daher große Teams in kleinere auf und gruppieren Sie sie um Projekte, Produktreihen, Kundensegmente, geografische Standorte, etc. Ziel ist es, alle Beteiligten in kleine Teams und so nah wie möglich an ihre jeweiligen Kunden heran zu bringen. Auf diese Weise vergrößern Sie die äußere Membran Ihres Unternehmens und jeder Mitarbeiter steht in engem Austausch mit dem Marktgeschehen.

Jede Zelle innerhalb der Organisation braucht einen klar definierten Verantwortlichen. Das heißt nicht, dass diese Person der Boss ist und alle Entscheidungen trifft. Tatsächlich sollten Sie sogar einen Unterschied zwischen Rechenschaft, Verantwortung und Entscheidungsbefugnis machen.

Rechenschaft, Verantwortung und Entscheidungsbefugnis

Auch wenn die Grenzen dieser Businessbegriffe fließend sind, werden sie häufig viel zu willkürlich voneinander abgegrenzt. Hier ist unsere Definition:

> ***Rechenschaft:*** *Das englische Wort für Rechenschaft ist „accountability" und leitet sich aus dem Wort „to count" ab – also „rechnen", „be-/abrechnen" oder „Rechenschaft ablegen".* Sie bezieht sich auf die EINE Person mit der „Fähigkeit zu entscheiden" – die den Prozess überwachen und rechtzeitig vor Problemen bei einer bestimmten Aufgabe, Funktion, einem Team oder einer Abteilung warnen („Stopp!" rufen) kann. Das muss nicht heißen, dass diese Person alle Entscheidungen (oder überhaupt eine Entscheidung) trifft – man spricht hier auch häufig von Teams ohne Leitung. Dennoch muss irgendjemand zuständig sein. Die Regel lautet: wenn mehr als eine Person zuständig ist, dann ist niemand zuständig – und das ist meistens der Punkt, an dem die Dinge schief laufen.

„Wenn mehr als eine Person verantwortlich ist, dann ist niemand verantwortlich."

> ***Verantwortung:*** *Das englische Wort für Verantwortung ist „responsibility" und leitet sich aus dem Wort „to respond" ab – also „antworten/bearbeiten".* Sie betrifft jeden mit der „Fähigkeit zu handeln" und das Team proaktiv zu unterstützen, und sie umfasst alle Personen, die einzelne Prozesse oder Aufgaben abarbeiten.

> ***Entscheidungsbefugnis:*** Sie bezieht sich auf die Person oder das Team mit der Befugnis, endgültige Entscheidungen zu treffen.

Zum Beispiel trägt Gazelles CFO die Rechenschaft für den Bereich Cash – sie verwaltet den Geldbestand und berichtet ihr Ergebnis täglich an ihr Team. Und es liegt in ihrer Verantwortung, das Team zu warnen, wenn sie ein potentielles Problem identifiziert hat – unmittelbar oder für die Zukunft. Umgekehrt behält Verne als CEO aber die *Entscheidungsbefugnis* über alle Geldmittel – er allein stoppt zum Beispiel bestimmte Ausgaben und Investments. Und schließlich trägt jeder Mitarbeiter der Firma eine *Verantwortung*, die Mittel sinnvoll einzusetzen und z.B. Verträge so zu verhandeln, dass sie das Wachstum von Gazelles befördern und helfen Cash zu generieren, anstatt es zu verbrauchen.

Aber sollten *Rechenschaft* und *Entscheidungsbefugnis* nicht ungefähr deckungsgleich sein? („Ich brauche ausreichend Vollmachten, wenn ich zur Rechenschaft gezogen werde.") Für Mitarbeiter mit Kundenkontakt gilt das sicherlich, z.B. in einem Ritz-Carlton-Hotel, wo die Philosophie herrscht, dass jeder Angestellte, der eine Beschwerde von einem Gast erhält, für diese Beschwerde voll und ganz verantwortlich ist. Daher haben einfache Angestellte wie Rezeptionisten, Pagen und Zimmermädchen die Vollmacht über $2.000, um Kundenbeschwerden zu entschärfen. Das untere Management verfügt gar über $5.000 ohne vorherige Autorisierung. Um den Umgang mit dieser Verantwortung zu lernen, erhalten die Mitarbeiter im ersten Jahr immerhin 250 bis 300 Stunden Training.

Beim Aufstieg in Positionen des mittleren und oberen Managements wird vorausgesetzt, dass sich diese Ausgewogenheit von Rechenschaft und Entscheidungsbefugnis fortsetzt. Den Beförderten wird jedoch schnell klar, dass sie immer mehr Verantwortung im Sinne von Rechenschaft übernehmen müssen, für Dinge, über die sie immer weniger Kontrolle haben. Bis sie ganz oben ankommen und auf einmal für alles, was im Unternehmen schiefgeht, verantwortlich (oder sogar haftbar) sind, auch wenn sie kaum noch Kontrolle über das Tagesgeschäft der wachsenden Firma haben. Das ist der Grund für die hohen Managergehälter: die sich öffnende Kluft zwischen Rechenschaft und Entscheidungsbefugnis zu überbrücken – durch Fähigkeiten wie Kommunikation, Überzeugungskraft, Ausbildung, Vorstellungskraft, etc.

Da uns das deutsche Wort „Rechenschaft" oft eher ungelenk und sperrig erscheint, werden wir im Verlauf dieses Buches das Wort „Verantwortung" und „verantwortlich sein" im Sinne der „accountability" verwenden. Jemand übernimmt für einen Sachverhalt Verantwortung und es wird von ihm/ihr erwartet, dass er/sie die übernommene Verantwortung danach selber „berechnet" bzw. „abrechnet" und „Rechenschaft ablegt" – also ergebnisverantwortlich ist. Das Ergebnis steht im Vordergrund, nicht die Tat. Letztere kann delegiert werden, ersteres keinesfalls. Sorgen Sie auch im Team dafür, dass alle diese Definition von Verantwortung kennen. Wir stellen in unseren Workshops immer wieder fest, dass dies alles andere als klar ist.

Verantwortlichkeiten im gesamten Unternehmen klar zu definieren, ist essentiell. Als Anleitung stellen wir Ihnen drei One-Page People-Tools vor, die dabei helfen, Erwartungen an persönliche Beziehungen zu durchdenken, spezifische Verantwortlichkeiten für Funktionen und Abteilungen des Unternehmens zu definieren, und die verschiedenen Prozesse inklusive ihrer Verantwortlichen voneinander abzugrenzen. Einmal bearbeitet, unterstützen die Tools Sie dabei, die People-Herausforderungen zu erkennen, auf die Sie sich als nächstes konzentrieren müssen.

One-Page Personal Plan (OPPP)

Es gibt den Witz, dass die besten Momente im Leben eines Bootsbesitzers der Tag des Kaufs und der Tag des Verkaufs sind. In unserem Leben gibt es ähnliche

Marksteine – der Tag an dem wir geboren werden und der Tag an dem wir sterben. Vielbeschäftigten Führungskräften kann es leicht passieren, dass Sie ihr Privatleben genauso vernachlässigen wie Boote, die ewig im Hafen vor sich hindümpeln (oder im Winterlager Staub ansetzen!). Wir glauben daher fest daran, dass es enorm wichtig ist, die Prioritäten des Privatlebens mit den beruflichen Zielen zu vereinbaren.

So wie es 4 Handlungsbereiche für den Aufbau einer erfolgreichen Firma gibt – People, Strategy, Execution und Cash – so gibt es parallele Bereiche im Privatleben – Beziehungen, Erfolge, Bräuche/Ritualisierungen und Vermögen. Wir möchten jeden Leiter eines Unternehmens dazu ermutigen, den One-Page Personal Plan (OPPP) auszufüllen. Wie bei allen Tools in diesem Buch erhalten Sie ein Exemplar des OPPP in der Einführung zu diesem Kapitel. Auf unserer Seite *scalingup.com* können sie sich das Tool auch in voller Größe herunterladen. Die deutsche Version finden Sie auf *scaleup.de*.

Beginnen Sie die Arbeit am OPPP, indem Sie oben Ihren Namen und das Datum eintragen. Nun lassen Sie uns die vier Spalten des Plans kurz skizzieren.

Spalte 1 — Beziehungen

Was letztendlich am meisten im Leben zählt, sind unsere Beziehungen zu Freunden und Familie, und die große Zahl von Menschen, denen wir im Laufe des Lebens helfen durften. Dies sind die wahren Wohlstandsindikatoren. Finanzieller Wohlstand wird dagegen oft als Hilfsmittel für die Förderung unserer Beziehungen angesehen. Wenn Sie sich für die inspirierende Story eines Entrepreneurs interessieren, der mit seinem Reichtum Millionen Menschen unterstützte, dann lesen Sie Conor O'Clerys *The Billionaire Who Wasn't: How Chuck Feeney Secretly Made and Gave Away a Fortune* (nebenbei erhalten Sie einige wichtige Tipps, wie man ein globales Business skaliert).

HINWEIS: *Die Liste mit den fünf Begriffen auf der linken Seite des OPPP – Glaube, Familie, Freunde, Fitness und Finanzen – haben wir von James Hansberger übernommen. In mehreren Jahrzehnten als Vermögensberater fand er heraus, dass für die meisten Menschen am Ende ihres Lebens diese 5 Begriffe die wichtigsten sind – in dieser Reihenfolge. Ein kleiner Tipp für Sie beim Ausfüllen des OPPP.*

Beginnen Sie mit der ersten Spalte und listen Sie die wichtigsten Menschen auf, zu denen Sie sich eine dauerhafte Beziehung wünschen (10 bis 25 Jahre). Im Berufsleben erhalten Sie unzählige Gelegenheiten, Mitarbeitern und Kunden zu helfen – nehmen Sie sie daher von Anfang an in die Liste auf. Im Privatleben erstrecken sich die wichtigen Beziehungen auf Familie und Freunde.

Machen Sie auch eine Liste der Gemeinschaften, in denen Sie sich bewegen. Ted Leonsis, der griechisch-amerikanische Club-Eigentümer, Investor von Risikokapital, Filmemacher und Philanthrop, ist auch Autor des Buchs *The Business of Happiness: 6 Secrets to Extraordinary Success in Life and Work*. Er verweist auf die starke Korrelation von Glück und der Anzahl verschiedener Communities, in denen wir aktiv sind.

Im nächsten Schritt schauen wir uns die Liste an und wählen ein paar wichtige Beziehungen aus, denen wir in den nächsten 12 Monaten bzw. den nächsten 90 Tagen besondere Beachtung schenken möchten. Verne nahm sich ein Jahr Zeit, um sich stärker um seinen 6-jährigen Sohn Quinn zu kümmern, und ein Vierteljahr für seine Schwester, die wegen gesundheitlicher Probleme Hilfe benötigte.

Gleichzeitig gibt es vielleicht auch einige destruktive Menschen in Ihrem Privatleben – die Ihnen buchstäblich das Mark aus den Knochen saugen und/oder Sie von Ihren höheren Zielen im Leben abhalten. Für Beziehungen, aus denen Sie sich vorsichtig zurückziehen möchten, gibt es einen gesonderten Platz im Formular.

Spalte 2 — Erfolge

Oft haben CEOs den Eindruck, dass – obwohl sie wichtige Meilensteine im Wachstum ihrer Firma erreicht haben – sie die Welt immer noch nicht wirklich verändert haben. Der Abschnitt „Erfolge" im OPPP kann Ihnen den Weg zu einem bedeutungsvolleren Leben weisen. Denken Sie über Möglichkeiten nach, *jenseits* vom Erreichen finanzieller Ziele durch Ihre Arbeit etwas zu verändern – zum Beispiel als Mentor oder mit dem Aufbau einer Nonprofit-Organisation – und setzen Sie sich in diesen Bereichen Ziele.

In Bezug auf das Privatleben sollten Sie vielleicht überlegen, wie Sie für die wichtigsten Menschen in Ihrem Leben etwas erreichen können. Das kann zum Beispiel bedeuten, eine wirklich glückliche Ehe zu führen, statt wie so viele Menschen nur verheiratet *zu bleiben*. Verne genoss es, neben dem Verfassen dieses Buches, den strategischen Fünfjahresplan für die Schule seiner Kinder in den Vordergrund zu stellen.

Wichtig ist, dass Sie sich auf kurz-, mittel- und langfristige Ziele für alle Menschen, die Sie in der Spalte Beziehungen aufgelistet haben, konzentrieren. Das kann auch bedeuten, andere Pläne, die Sie von Ihren wichtigsten Beziehungen abhalten, hinten anzustellen oder aufzugeben.

Spalte 3 — Bräuche

Die Einführung fester Routinen im Leben hilft Ihnen, Ihre größeren Ziele zu erreichen. Beispiele für diese Bräuche/Ritualisierungen könnten sein, jede Woche ein abendliches Date mit Ihrem Partner einzuplanen oder einmal pro Woche mit jedem Kind Zeit verbringen. Bei entfernt lebenden Verwandten möchten Sie vielleicht regelmäßig zwei Treffen pro Jahr etablieren.

Vielleicht führen Sie auch Rituale für die Menschen ein, deren Anwesenheit in Ihrem Leben Ihre größeren Ziele befördert. Treffen Sie sich regelmäßig mit einem Partner zum Sport, verbringen Sie Zeit mit engen Freunden, beteiligen Sie sich an Treffen gleichgesinnter Unternehmer, und leisten Sie sich einen Peer Coach (ein Freund, der Sie jeden Tag diszipliniert – Empfehlung von Coach-Legende Marshall Goldsmith).

Und so wie es Beziehungen zu destruktiven Menschen gibt, die Sie beenden sollten, haben auch Sie selbst vielleicht einige schlechte Angewohnheiten, die Sie beenden sollten – besonders jene, die erwiesenermaßen schädlich für Ihre Mitmenschen sind.

Spalte 4 — Vermögen

Sehen Sie finanziellen Wohlstand nicht als Ziel an sich (wie ein weiser Berater einmal zu Verne sagte: „Alles Vermögen wird zu Verbindlichkeit"). Betrachten Sie ihn als ein Hilfsmittel, um Ihren übrigen persönlichen Lebensplan umzusetzen. Denken Sie nicht nur darüber nach, wie viel Geld Sie für die Rente zurücklegen möchten. Überlegen Sie sich auch, wie viel Geld Sie in den nächsten Jahren für gute Zwecke oder an Communities, die Ihnen am Herzen liegen, spenden wollen. Überlegen Sie, wie viel Geld Sie für Aktivitäten mit Ihrer Familie und Ihren Freunden benötigen, und investieren Sie im kommenden Jahr auch in bleibende Erinnerungen. Erstellen Sie einen Plan für die kommenden Monate mit allen Vermögenswerten, die Ihren Wohlstand vergrößern, und mit allen Verbindlichkeiten, die ihn reduzieren.

„Alles Vermögen wird zu Verbindlichkeit!"

Kurz, konzentrieren Sie sich darauf, wie Ihr Vermögen durch Sie hindurch fließt, um anderen zu helfen, anstatt es bloß zu horten. Offenbar zieht dieses Verhalten auch größeres Vermögen nach sich – das natürliche Gesetz der Reziprozität.

Lynne Twists aufschlussreiches Buch *The Soul of Money: Transforming Your Relationship With Money*[11] baut genau auf dieser Überlegung auf.

Wir hoffen, dass Sie den OPPP als nützliches Tool zur Planung Ihres Lebens betrachten werden. Lassen Sie uns nun den Fokus auf das Unternehmen richten.

Function Accountability Chart (FACe)

Das zweite One-Page People Tool – unser Function Accountability Chart (FACe) – konzentriert sich auf die Frage, ob Sie an der Spitze Ihres Unternehmens die richtigen Leute in den richtigen Positionen haben (d.h. die „richtigen Leute, die die richtigen Dinge richtig machen").

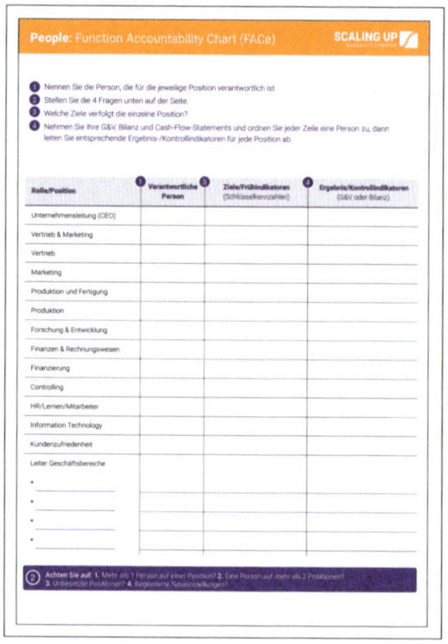

People: Function Accountability Chart (FACe)

1. Nennen Sie die Person, die für die jeweilige Position verantwortlich ist
2. Stellen Sie die 4 Fragen unten auf der Seite
3. Welche Ziele verfolgt die einzelne Position?
4. Nehmen Sie Ihre G&V, Bilanz und Cash-Flow-Statements und ordnen Sie jeder Zeile eine Person zu, dann leiten Sie entsprechende Ergebnis-/Kontrollindikatoren für jede Position ab

Rolle/Position	1 Verantwortliche Person	3 Ziele/Frühindikatoren (Schlüsselkennzahlen)	4 Ergebnis/Kontrollindikatoren (G&V oder Bilanz)
Unternehmensleitung (CEO)			
Vertrieb & Marketing			
Vertrieb			
Marketing			
Produktion und Fertigung			
Produktion			
Forschung & Entwicklung			
Finanzen & Rechnungswesen			
Finanzierung			
Controlling			
HR/Lernen/Mitarbeiter			
Information Technology			
Kundenzufriedenheit			
Leiter Geschäftsbereiche			
•			
•			
•			
•			

2 **Achten Sie auf: 1.** Mehr als 1 Person auf einer Position? **2.** Eine Person auf mehr als 2 Positionen? **3.** Unbesetzte Positionen? **4.** Begeisterte Neueinstellungen?

Ein Unternehmen ist einfach ein Verstärker dessen, was auf der obersten Ebene der Firma passiert. Das ist einer der Gründe, warum unsere Partner-Coaches zu Beginn der Zusammenarbeit mit einem Klienten eine kurze Mitarbeiterbefragung durchführen. Wenn dabei herauskommt, dass die IT-Abteilung sauer auf das Marketing ist, dann gibt es häufig ein Problem zwischen den Funktionseliten an der Spitze.

Dieses Chart listet die wichtigsten Funktionen auf, die in ALLEN Unternehmen vorkommen müssen. Sogar Start-ups verfügen über jede dieser Funktionen, nur dass der/die Gründer alles selbst machen! Bei Wachstumsunternehmen wollen wir herausfinden, welche Funktion im Chart als nächstes delegiert werden muss.

Wie Morrison und Roche von Shine Lawyers, die im Zuge des Wachstums Ihrer Kanzlei kontinuierlich neue Führungskräfte integrieren, können auch Sie die Funktionen des FACe Tools an Spitzenleute delegieren, wenn sie zwei Kriterien erfüllen (und zur Unternehmenskultur passen):

1. Sie müssen nicht beaufsichtigt werden.
2. Sie beeindrucken das Team regelmäßig mit ihrem Wissen und ihren Leistungen.

[11] deutsche Übersetzung: *Die Seele des Geldes: Verwandle deine Beziehung zum Geld und zum Leben*

Das Chart möchte, dass Sie einen oder zwei Leistungsindikatoren (KPIs) für jede Funktion bestimmen. Diese KPIs stehen für täglich messbare Hauptaktivitäten jedes Verantwortlichen für eine Funktion. Die letzte Spalte des Charts hält die zu erwartenden Resultate für jede Funktion fest (d.h. wer für Umsätze, Roherträge, Gewinne, Cash, etc. verantwortlich ist). Jedes dieser Resultate stellt gewöhnlich auch einen Teil des Jahresabschlusses dar.

Einmal vollständig ausgefüllt, fällt es Ihnen leichter, Leistungsdefizite bei einzelnen Mitgliedern Ihres Führungsteams aufzudecken.

Als Faustregel können Sie Mitarbeiter innerhalb ihres Unternehmens jederzeit auf Funktionsstellen befördern oder versetzen. Sie sollten aber einzelne Positionen in der Führungsspitze maximal alle sechs bis neun Monate mit jemandem von *außerhalb* des Unternehmens besetzen. So lange dauert es, die richtige Person zu finden, einzuarbeiten und sie in der Kultur des Unternehmens zu akklimatisieren. Umgekehrt wird der neue Manager einen ähnlichen Zeitraum benötigen, um das Unternehmen positiv zu verändern und sein Gehalt in Form von Leistung zurückzuzahlen.

Danach können Sie die nächste Führungsposition besetzen. Die Regel lautet: machen Sie langsam, wenn Sie sich für wichtige Stellen jemanden von außen holen. Mit einer Ausnahme: wenn das Unternehmen durch Risikokapital finanziert ist und/oder um 100% pro Jahr wächst, brauchen Sie innerhalb von kurzer Zeit drei oder vier leitende Angestellte.

WARNUNG: *Die Stärken einer Führungspersönlichkeit können oft zur Schwäche des Unternehmens werden (z.B. wenn der Gründer seine Stärken im Marketing hat, wird das Business ohne ihn eventuell genau dort seine Schwächen haben). Warum? Weil Führungskräfte eine Tendenz haben, zu viel zu kontrollieren und den Elan ihrer Mitarbeiter abzuwürgen. Oder diese Manager glauben, selbst über Details zu wachen, und befördern einen unerfahrenen Juniormanager auf eine Position, die eigentlich ein Schwergewicht besetzen sollte. Stattdessen müssen Führungskräfte eine kontraintuitive Entscheidung treffen und Leute finden, die ihre eigenen Fähigkeiten in einem bestimmten Bereich noch übertreffen, damit es mit dem Unternehmen weiter voran geht.*

Lesen Sie bitte die folgenden Anweisungen zum Ausfüllen des FACe Tools durch. Häufig werden Ihnen direkt Veränderungen bewusst, die an der Spitze des Unternehmens vorgenommen werden müssen.

Ausfüllen des Function Accountability Chart (FACe)

Schritt 1

Die erste Spalte enthält die geläufigen Funktionen, die jedes Business braucht, und weist einige Leerstellen auf, in die Sie besondere Funktionen Ihres Unternehmens eintragen können. Hier ist auch Platz für eigenständige Abteilungen. Beachten Sie, dass wir keine Titel angeben (CEO, COO, etc.). Wir konzentrieren uns lieber auf die Aufgaben, die erledigt werden müssen.

1. Beginnen Sie damit, dass jedes Mitglied des Führungsteams in die erste leere Spalte die Initialen der Person einträgt, die ihrer Meinung nach für jede Funktion oder Abteilung verantwortlich ist. Die Funktion kann auch ausgelagert sein (z.B. ein outgesourcter CFO oder Marketingberater). Wenn an ein anderes Unternehmen ausgelagert wurde, bestimmen Sie den Hauptverantwortlichen bei diesem Partner.
2. Es gibt einige Leerzeilen, damit Sie auch Funktionen hinzufügen können, die spezifisch für Ihre Branche oder Unternehmen sind (zum Beispiel ein Chief Technical Officer oder ein Mitarbeiter der Qualitätskontrolle). Zusätzlich können Sie die Namen verschiedener Geschäftsbereiche auflisten. Für Gazelles (jetzt Scaling Up) würden dies unsere Bereiche Coaching, Online, soziale Initiativen und Technologie sein.

HINWEIS: *Auch wenn Sie keine formalen Geschäftsbereiche haben, die Sie in die erste Spalte eintragen würden, können Sie eigenständige Teams um Kundensegmente, Produktreihen oder Standorte gruppieren und sie als Quasi-Geschäftsbereiche behandeln.*

Vergleichen Sie alle Ihre Listen und suchen Sie nach Übereinstimmungen. Oft ist das gar nicht so leicht, noch nicht einmal bei den Geschäftsführern oder Vorständen!

Schritt 2

Wenn das Team sich einmal auf die Verantwortlichen für jede Funktion geeinigt hat, gehen Sie die vier Fragen am Ende des Formulars durch:

1. *Gibt es Funktionen, für die mehr als eine Person verantwortlich ist?* Der Gründer könnte sich beispielsweise die Verantwortung für den Vertrieb mit einem Geschäftsführer teilen, oder Partner könnten alle unter „Geschäftsleitung" aufgeführt sein. In der Regel sollte nur eine Person die Verantwortung

tragen, sonst gibt es Verwirrung. Mehr als ein Name pro Feld sollte also Ihre Alarmglocken schrillen lassen.

2. *Taucht ein bestimmter Name häufiger auf als andere?* Uns ist zwar bewusst, dass in Wachstumsunternehmen die Leader häufig mehrere Hüte aufhaben, aber wenn ein Name drei oder vier Mal auftaucht, alle anderen aber nur ein oder zwei Mal, dann wird diese Führungskraft entweder früh ins Gras beißen (wir übertreiben ein bisschen) oder eine der Funktionen wird nicht vollständig ausgefüllt. Eine weitere Alarmglocke, die schrillen sollte.

Perly Fullertons FACe-Chart

Als James Perly und Mark Fullerton sich durch das Function Accountability Chart (FACe) für ihre Beratungsfirma „Perly Fullerton" aus Ontario durchgearbeitet hatten, fiel ihnen sofort ein Problem auf: Es waren sechs Leute im Raum, aber nur drei Namen standen auf dem Papier. „Das Problem war, dass jeder mit seinen Angelegenheiten zu uns kam", meint Perly. „Sogar als wir neue Mitarbeiter einstellten, wurden wir die Verantwortlichkeiten im Führungsteam einfach nicht los."

Es war ein langer Prozess, aber heute weiß jeder genau, wer verantwortlich ist – auch Perly und Fullerton. „Wir wurden uns schließlich über die Aufgabenverteilung klar, je nach persönlicher Eignung", sagt Perly. „Mark ist eher der Antreiber mit viel Energie, also übernahm der den Posten des Chief Operating Officers. Er treibt die Dinge voran. Ich habe eher die Rolle des Visionärs (als Geschäftsführer) und konzentriere mich auf die Strategie."

3. *Bleiben Felder leer?* Das passiert häufig, wenn zum Beispiel jemand fragt: „Hey, wer ist fürs Marketing verantwortlich?" und die Antwort lautet: „Wir alle!". „Wir alle" bedeutet eigentlich „Keiner von uns!", und das Feld sollte leer bleiben. Sie müssen deshalb nicht unbedingt jemanden einstellen. Nehmen wir zum Beispiel das Feld „Kundenservice". Sie haben vielleicht sieben oder acht Leute, die verschiedene Gruppen von Kunden bedienen. Natürlich könnten wir annehmen, dass die Zuständigkeit geklärt ist. Doch unsere Regel besagt, dass einer einzelnen Person die Verantwortung übertragen werden muss, die als Ansprechpartner für die sieben oder acht Kundenbetreuer fungiert. Wenn der Verantwortliche aber nicht aktiv etwas unternimmt, um die Kundenzufriedenheit zu messen und Nachfassaktionen zu organisieren, dann erbringt die Funktion nicht ihre volle Leistung. Anstatt eine zusätzliche Person einzustellen, sollten Sie einen dieser Kundenbetreuer auswählen und ihm die Verantwortung übertragen – oder allen Kundenbetreuern im Wechsel für jeweils sechs Monate. Noch einmal, das bedeutet noch nicht, dass eine dieser Personen der Chef ist. Es bedeutet, dass sie den Prozess überwachen und sicherstellen soll, dass Feedback über die Kundenzufriedenheit eingeholt, im wöchentlichen Meeting an die Vorgesetzten berichtet, und rechtzeitig vor Problemen gewarnt wird.

Dells leere Felder

Ein Unternehmen kann noch so groß oder hoch entwickelt sein – es hat dennoch manchmal „leere Felder" in seinem Organigramm. Als Michael Dell 2007 beim Computerhersteller Dell Inc. wieder die Zügel in die Hand nahm, beklagte er, dass die Position des Chief Marketing Officer (CMO) zwei Jahre lang unbesetzt geblieben war, obwohl Kevin Rollins über mehr als 20 Mitglieder im Team der Geschäftsführung verfügte. Und bezeichnend für Dells Probleme beim Kundenservice gab es niemanden, der die Funktion der Kundenbetreuung ausfüllte. Also warb Dell unmittelbar Mark Jarvis von Oracle für den Posten des CMO ab und versetzte Dick Hunter aus der Produktionsabteilung an die Spitze des Kundenservice. Es war der Beginn einer Neuausrichtung von Dell, die Michael 2013 ermöglichte, das Unternehmen wieder in Privatbesitz zu nehmen.

4. *Sind Sie zufrieden mit den Personen, die in den Feldern stehen?* Wenn ein Funktionsträger den Job nicht schafft, sollten Sie vielleicht etwas ändern. Eventuell ist diese Führungskraft in der falschen Position oder in zu vielen Positionen. Möglicherweise gibt es auch Performance-Probleme. Manchmal ist eine Person talentiert, passt aber nicht in die Unternehmenskultur (das passiert oft, wenn Manager aus großen Firmen zu wachsenden Mittelständlern versetzt werden).

ACTION: *Diskutieren Sie diese vier Fragen und entscheiden Sie, wo sich eklatante Lücken im Führungsteam auftun.*

WARNUNG: *CEOs vermeiden diese Entscheidungen häufig, wenn sie gute Freunde aus der Geschäftsführung betreffen. Wir sind uns über das heikle Thema im Klaren. Dennoch muss es angegangen werden, wenn das Unternehmen weiter wachsen soll. Eine Möglichkeit ist es, frühe Mitstreiter mit der Einführung eines neuen Produktes oder der Gründung einer neuen Abteilung zu betrauen. Vielleicht fühlt sich die Person in einer Start-up-Situation wohler oder arbeitet lieber in einem kleineren Team. Vielleicht sind die anderen Alteingesessenen sogar froh, dass ihnen die Last einer zunehmend wichtigen und komplexen Funktion von den Schultern genommen wird. In jedem Fall werden Sie es nicht erfahren, bevor Sie es ausprobiert haben.*

Schritt 3

In die dritte Spalte tragen Sie einen bis drei KPIs für jede aufgelistete Funktion ein. Dabei soll es sich um Rahmengrößen handeln, die die täglichen und wöchentlichen Aktivitäten bestimmter Führungspersonen erfassen und zu Top-Resultaten führen. Hilfe bei der Auswahl von angemessenen KPIs für Ihre Branche und/oder bestimmte Funktionen erhalten Sie auf *KPILibrary.com*. Für eine Sammlung von allgemeineren KPIs empfehlen wir Ihnen das Buch *Key Performance Indicators: The 75 Measures Every Manager Needs to Know* von Bernard Marr.

WARNUNG: *Ein beliebter Fehler ist es, einfach ein paar KPIs aufzuschreiben, die tägliche und wöchentliche Aktivitäten einer Person wiederspiegeln. Sie sollten die Auswahl Ihrer KPIs aber unabhängig von Personen treffen. Decken Sie dazu einfach die Namen in der Spalte „Verantwortliche Person" ab (im übertragenen Sinne oder tatsächlich), und entscheiden Sie dann über die KPIs für jede Funktion und entsprechend dem Businessmodell des Unternehmens. Erst danach überlegen Sie, ob die Person, die diese Funktion ausfüllt, tatsächlich die Fähigkeiten und die Einstellung besitzt, ihre KPIs zu erfüllen. Diskrepanzen deuten auf potentielle Probleme hin.*

Ein KPI für die Unternehmensleitung

Welches ist der wichtigste KPI für den Chef des Unternehmens? Viele würden sagen: Weitblick. Doch wie können wir Weitblick messen? Andere könnten konkretere Maßstäbe vorschlagen, wie Return on Investment oder Gewinn – aber diese Ergebnisse eigenen sich besser für die letzte Spalte des FACe Tools. Erinnern Sie sich: die Idee eines Leitindikators ist es, spezifische Aktivitäten und ihre Resultate zu messen. Im Fall der Unternehmensleitung wird schlicht und einfach gemessen, ob alle Felder des FACe Tools stimmen (sprich: die Hauptaufgabe der Unternehmensführung ist es, dafür zu sorgen, dass die richtigen Leute die richtigen Dinge richtig machen). Sobald viele Gründer/CEOs das realisieren, geben sie ihre Position oft an jemand anderen weiter, damit sie sich auf R&D, Marketing oder Kundenservice konzentrieren können. Daher legen wir auch so viel Wert auf die Trennung von Titeln und Funktionen.

Der vor nicht allzu langer Zeit verstorbene W. Edwards Deming – der die weltweite Qualitätsrevolution anführte – glaubte, dass es der Hauptjob eines Leaders ist, gute Prognosen zu machen. Mit den richtigen KPIs und hinreichenden Kenntnissen über den Markt (wird im Kapitel „Zahlen, Daten, Fakten" behandelt) können Manager sich ihren Weg durch turbulente Märkte und eine unvorhersehbare Zukunft bahnen.

ACTION: *Notieren Sie in der dritten Spalte des FACe Charts bitte einen oder zwei KPIs – Leitindikatoren – für jede Funktion und jeden Geschäftsbereich.*

Schritt 4

Für die vierte Spalte des FACe Tools – „Resultate/Ergebnisse" – besorgen Sie sich eine detaillierte GuV oder Zwischenbilanz der jüngeren Vergangenheit und bestimmen einen Verantwortlichen für jede Zeile. Stellen Sie im Anschluss dieselben vier Fragen, die wir zuvor bereits bei den Funktionsverantwortlichen gefragt haben (zusammengefasst am unteren Rand des FACe Tools):

1. *Gibt es irgendeine Zeile mit mehr als einem Verantwortlichen (z.B. Umsatz)?*
2. *Taucht ein bestimmter Name in einer Zeile häufiger auf als andere?*
3. *Gibt es Zeilen ohne zugeordneten Namen (z.B. achtet niemand auf die Ausgaben für Telekommunikation?*
4. *Sind Sie zufrieden mit der verantwortlichen Person in jeder Zeile?*

Auch hier gilt wieder: verwechseln Sie Verantwortlichkeit nicht mit Entscheidungsgewalt – erinnern Sie sich an das Beispiel aus dem Funktionsbereich „Cash" bei Gazelles. Und verteilen Sie den Arbeitsaufwand wie bei den Funktionen gleichmäßig auf die Mitglieder des Führungsteams, mit nur einem klaren Verantwortlichen für jede Position.

Es war Jack Stack, der Gründer und CEO von SRC Holdings Corporation und Autor des Klassikers *The Great Game of Business: The Only Sensible Way to Run a Company*, der vermutete, dass die Franziskanermönche in ihren frühen Bilanzen gegen Ende des 15. Jahrhunderts eine wichtige Spalte vergessen hatten: die Spalte „Wer". Eigentlich sollte es zu jeder GuV- oder Bilanzposition einen klaren Verantwortlichen geben – und sei er aus dem mittleren oder unteren Management.

Diese Praxis führte auch zu einigen der interessantesten Diskussionen über Verantwortlichkeit, die wir je in Unternehmen entfacht haben. Wer ist für den Gesamtumsatz verantwortlich? Wer schützt die Roherträge vor übereifrigen Bestrebungen, die Preise zu senken? Achtet jemand auf die Ausgaben für Telekommunikation? Und für alle, die formale Organisationspläne toll finden (wir tun das nicht – in wachsenden Unternehmen sind sie meist überholt, noch bevor sie in den Druck gehen): Nehmen Sie die GuV-Rechnung und ordnen Sie jeder Hauptzeile eine Führungskraft (der CFO verantwortlich für Gewinne unten auf der Seite, der COO für Roherträge in der Mitte, der Vertriebsvorstand für die Umsätze auf oben auf der Seite, etc.). Dann können Sie dem mittleren Management die Zeilen darunter zuordnen, und der untersten Ebene und den einfachen Angestellten schließlich die Detail-Positionen. Stellen Sie den CEO zum Schluss an die Spitze dieser neu interpretierten GuV, und Sie haben ein vollständiges, ergebnisorientiertes „Quasi-Organigramm" mit zugehörigen Verantwortlichkeiten.

ACTION: *Dies ist auch eine gute Arbeitserleichterung für den CFO oder die Leitung der Abteilung Rechnungswesen. Gehen Sie Ihre Jahresabschlüsse durch und entscheiden Sie, wer für jede Zeile die Verantwortung trägt. Im Anschluss übernehmen Sie für jede im FACe Tool aufgelistete Funktion die wichtigsten Positionen und schreiben sie in die Spalte „Ziele/Ergebnisse".*

HINWEIS: *Die meisten Unternehmen entwickeln irgendwann detaillierte Jobbeschreibungen für alle wichtigen Stellen… ein Riesenprojekt. Wir sind keine großen Fans von Jobbeschreibungen und bevorzugen die Job-Scorecards der Topgrading-Methode, über die Sie im nächsten Kapitel etwas erfahren.*

Jim Collins teilt in seinem Buch *How the Mighty Fall, And Why Some Companies Never Give In* eine wichtige Erkenntnis mit, zu der er durch die Arbeit mit seinen Führungsteams gelangte. Wenn er sie aufforderte, sich selbst vorzustellen, so nannten Führungskräfte aus normal guten Unternehmen meist ihren Titel, wohingegen Führungskräfte aus starken und sehr dynamischen Unternehmen auf anschauliche Art und Weise ihre Verantwortlichkeiten präsentierten, z.B. „Ich habe die Verantwortung für die Einnahmen des Unternehmens."

Ein schlüssiges FACe Chart, mit einer Liste von Verantwortlichkeiten, relevanten KPIs und Ergebnissen, entspricht exakt Collins Erkenntnissen über die Leader großartiger Unternehmen.

Organisationsstruktur – Jenseits von Funktionen

Die natürlichste Aufteilung eines Unternehmens geht nach Funktionen. Wenn das Business auf mehr als 50 Mitarbeiter anwächst, müssen Teams um Projekte, Produktgruppen, Branchensegmente oder geografische Regionen herum angeordnet werden. Das ist der erste Schritt hin zu einer sogenannten Matrixorganisation (siehe Diagramm).

Die Beinahe-Matrix

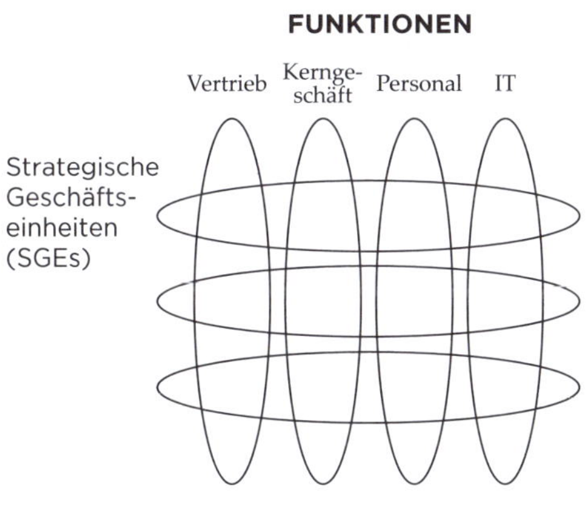

Der nötige Druck, diese neuen Geschäftseinheiten einzurichten, kommt in der Regel von den Kunden. Sie beschweren sich darüber, dass sie nicht wissen, wen sie anrufen und um Hilfe bitten können. Wenn sie schließlich durchkommen, werden sie von Pontius zu Pilatus geschickt. Und sie fühlen sich überwältigt vom Stimmengewirr aus den verschiedenen Geschäftsbereichen. Unternehmensintern gibt es unter Umständen auch ein Problem: Mitarbeiter wissen nicht, wessen Anweisungen sie befolgen sollen. Werden die Verantwortlichkeiten nicht geklärt, verringern sich Produktivität und Innovationskraft, und eine Menge Zeit wird mit dem Hin und Her bei der Zuordnung gemeinsamer Aufgaben zwischen den Geschäftsbereichen vergeudet.

Um die Wandlung der Organisationsstrukturen zu gestalten, müssen sich auch Funktionseliten anpassen, die stark an die Leitung des Tagesgeschäfts gewöhnt sind. Sie sollten eher zu Coaches / Beratern für die Leiter der Geschäftsbereiche werden, als sich weiterhin wie ein „Boss" aufzuführen. Umgekehrt sollten die Leiter der Einheiten ihre Teams so führen, als seien sie CEOs. Man will keine schwachen „Ja-Sager" an der Spitze seiner Geschäftsbereiche.

Dieser Übergang ist für traditionelle Funktionseliten am härtesten – besonders für jene, die seit der frühen Start-up-Phase im Unternehmen sind. Viele sind an einseitige Entscheidungsprozesse gewöhnt und müssen ihren Stil vom „Diktieren" zum „Überzeugen" wandeln. Sie verbringen nun mehr Zeit außerhalb der Firma, sammeln Erfolgsrezepte und teilen ihre Erkenntnisse dann mit den Leitern der Geschäftsbereiche. Auch der Respekt vor Funktionseliten sollte verdient, und nicht einfach nur auf Grund ihrer höheren Position erwartet werden.

Weil der Wandel oft so dringend benötigt wird, setzt man am besten einige der ursprünglichen fachlichen Führungskräfte an die Spitze der Geschäftsbereiche – zum Beispiel zur Vorbereitung auf die Expansion in ein neues Land oder die Einführung einer neuen Produktlinie. So behalten sie die direkte Kontrolle über das Projekt. Neue Führungspositionen holt man dann je nach spezifischen Fähigkeiten und Kenntnissen ins Unternehmen (Vertrieb, Marketing, HR, etc.) und fördert deren Zusammenarbeit mit den einzelnen Geschäftsbereichsleitern.

Wer ist der Boss in einer Matrixorganisation?

Eine Matrixorganisation kann auch für die Mitarbeiter eine Herausforderung sein, denn sie haben gefühlt mehrere Chefs. Außerdem mag es Mitarbeiter geben, die in mehreren Abteilungen gleichzeitig arbeiten – zusätzlich zu ihrem Vorgesetzten, der alle ihre Aufgaben überprüft.

Man sollte daher eindeutig klären, wer über die Gehaltserhöhung oder Beförderung eines Mitarbeiters entscheidet. Es wäre ein Fehler, diese Entscheidung nur den direkten fachlichen Vorgesetzten zu überlassen. Lassen Sie uns eine fiktive Person als Beispiel nehmen und sie Tom nennen. Tom leistet Unterstützung im Marketing mehrerer Produktlinien. Toms fachlicher Vorgesetzter in der Marketingabteilung sollte seine Rolle nun eher als Trainer bzw. Coach sehen und Tom klarmachen, dass seine Leistungen auf Grund des Feedbacks aus der Abteilungsleitung bewertet werden – nicht allein auf Basis dessen, was er, der direkte Vorgesetzte denkt. Auf diese Art bleibt Tom in erster Linie den Abteilungen verpflichtet.

Matrixorganisationen sind verzwickt, und man sollte Experten zu Rate ziehen (wir helfen Ihnen gerne dabei). Unternehmen können aber auch eine Menge Zeit damit verlieren, über zentrale oder dezentrale Strukturen zu debattieren, und endlose Kämpfe um die Verteilung von Arbeitskosten und Verantwortlichkeiten zu führen.

Sind erst einmal klare Verantwortlichkeiten festgelegt, werden Sie schnell merken, ob Sie alles richtig gemacht haben. Die Kunden werden zufriedener sein und jeder im Team ist sich der Aufgabe bewusst, den Kunden zu dienen. Wenn Sie dennoch negatives Feedback von Kunden bemerken – oder intern Anzeichen sehen, dass Ihre „Zellen" nicht gesund sind – wird es Zeit, die Frage nach Ihrer Organisationsstruktur erneut zu stellen.

Bedenken Sie: Ihre Firma ist ein lebender Organismus, der in einer sich ständig verändernden Umgebung überleben muss. Um zu gedeihen, muss er sich anpassen. Charles Darwin hat bereits beobachtet, dass Überleben vor allem von der Fähigkeit abhängt, sich an äußere Umstände anzupassen.

Process Accountability Chart (PACe)

Das dritte One-Page People Tool – das Process Accountability Chart (PACe) – bestimmt die Verantwortlichen für jeden der drei bis neun Kernprozesse, die das Business vorantreiben, und wie jeder Prozess durch Kennzahlen überwacht wird, um reibungslos zu funktionieren.

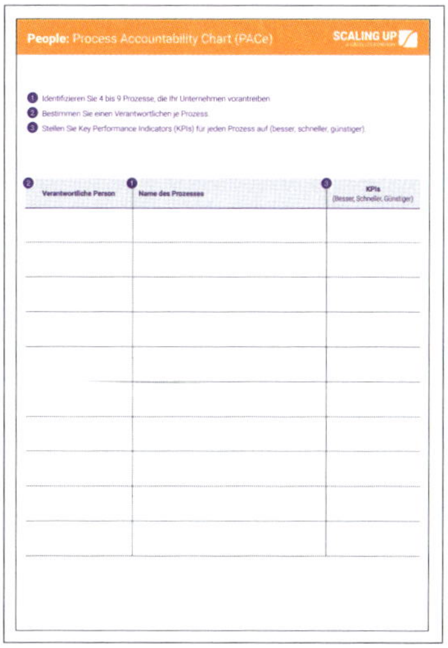

Beispielprozesse können sein: Entwicklung und Einführung eines neuen Produkts, Leadgenerierung und Verkaufsabschlüsse, Entdecken, Einstellen und Einarbeiten neuer Mitarbeiter, sowie Rechnungs- und Zahlungswesen. Fast alle diese Prozesse verlaufen quer über verschiedene Funktionen hinweg und erfordern eine Koordination der Aufgaben, die umso komplizierter wird, je größer das Unternehmen ist.

Um diese Prozesse möglichst schlank zu halten, empfehlen wir dringend, im Unternehmen die Lean-Prinzipien umsetzen – eine Management-Methode von Toyota, die in

Serviceunternehmen wie auch im produzierenden Gewerbe angewendet werden kann. (Es ist kein Zufall, dass Eric Ries sein Buch *The Lean Start-up* genannt hat.)

Lean ist ein Ansatz oder Verfahrensschema, das sich auf die Eliminierung von Aufgaben konzentriert, die nur Zeit kosten und keinen Kundennutzen bringen. Durch die Anwendung von Lean-Prinzipien erreichte John Stepleton von Research Data Design (RDD) eine Erhöhung der Produktivität in seinen Call Centern um 28% - innerhalb einer Woche. Jeff Booth, Mitgründer und CEO von BuildDirect aus Vancouver (Kanada), konnte den Zeitraum, in dem seine Lieferanten auf seine Webseite für Baumaterialien gelangten, dramatisch verkürzen. Mike Jagger sparte $60.000 an IT-Kosten gleich bei seiner ersten Runde von Lean-Implementierungen bei Provident Security. Und Ken Sim, Mitgründer des preisgekrönten Franchise-Unternehmens Nurse Next Door, erreichte 2008 ein Umsatzplus von 100% - ohne neue Mitarbeiter einstellen zu müssen.

Wir sind vom Lean Management so sehr überzeugt, dass nach unserer Überzeugung jede beliebige Firma in jeder Branche zum Marktführer werden muss, die diese Methode vollständig umsetzt. Und allen die meinen, dass Lean nur ein Synonym für den überkomplizierten und teuren Six Sigma Ansatz ist, halten wir entgegen: Sie können sich entspannen. Lean verlangt zwar die Änderung einiger alter Denkgewohnheiten, erreicht seine dramatischen Verbesserungen aber durch sehr simple Tools.

Im Folgenden zeigen wir vier detaillierte Beispiele, wie die eben erwähnten Manager von Firmen im mittleren Marktsegment die Lean-Methode auf ihre Prozesse anwendeten. Danach folgen zielgerichtete Praxisanweisungen für unser One-Page Tool PACe.

Power of Lean

John Stepleton – der mit RDD ein 500-Personen-Forschungsunternehmen aufbaute, das drei Mal auf den Index Inc. 500 gelangte – war auch der erste CEO, der unsere Aufmerksamkeit auf Lean als machtvolles Werkzeug für mittelständische Servicefirmen lenkte. Er war damit so erfolgreich, dass seine Firma den Northwest-Shingo-Preis für die innovative Umsetzung der Lean-Prinzipien erhielt.

Falls noch jemand zweifelt, ob Lean das Richtige für sein Business ist, betont Stepleton: „Ich führte Lean in meinem Call Center Business ein. Dadurch wurden meine Mitarbeiter mit $10 Stundenlohn in kontinuierliche Verbesserungsprozesse eingebunden, und erreichten Produktivitätssteigerungen von 28% in nur etwa einer Woche."

Einer der wichtigsten Punkte des Lean ist die objektive Formulierung und Überwachung der Produktivitätsziele, und danach die Verwendung einfacher Visualisierungen. So lassen sich teure Fehlschritte eliminieren. In Stepletons Fall entwarf sein Team farbige Formulare, mit deren Hilfe für jede Kampagne nur noch eine angemessene Zahl potentieller Kunden kontaktiert wurde.

Operative Exzellenz

"Was jedes Unternehmen in jedem Markt kontrollieren kann, ist operative Exzellenz durch die Vermeidung von Verschwendung in seinen Systemen", bemerkt Jeff Booth, Mitgründer und CEO von BuildDirect. Durch Vermeidung von Verschwendung bekommt er seine Lieferanten nun viel schneller auf seine Webseite für Baumaterialien.

Booth engagierte Guy Parsons, den Partner von Jim Womack am Lean Institute, um ihn bei seinem Vorhaben zu unterstützen. Außerdem produzierte Booth ein Fünf-Minuten-Video von einem Interview mit Parsons, mit dem er seinem Team und anderen Leuten seinen Lean-Ansatz besser verdeutlichen konnte. Sie können sich dieses Video auf *scalingup.com* ansehen.

Verschwendung vermeiden

„Verschwendung ist aus Sicht des Lean alles, was in einer Firma getan wird, ohne dass ein Kunde dafür bezahlt", erklärt Mike Jagger, CEO von Provident Security aus Vancouver (Kanada). „Unsere erste Maßnahme war daher die Aufteilung unserer Kosten in zwei Spalten: Dinge, die unseren Kunden einen Nutzen bringen, und Dinge, bei denen das nicht der Fall ist."

„Zum Beispiel investieren wir enorme Beträge in unsere IT für das Monitoring-Business, mit dem wir unsere Kundenvorteile erbringen", so Jagger weiter. „Unsere Kunden interessieren sich aber nicht dafür, wer die E-Mails hostet… daher stornierten wir das geplante Upgrade unseres Exchange-Servers und migrierten die gesamte Firma zu Gmail."

Die Ersparnisse bei Hardware, Software, Management und Support lagen bereits im ersten Jahr bei knapp $60.000. „Heute haben wir ein weiteres großartiges Tool, das uns hilft, unser Business in neuem Licht zu betrachten", sagt Jagger mit Blick auf Lean.

Der gelangweilte Buchhalter

Ken Sim schickte uns eine unvollständige Liste der unglaublichen Ergebnisse, die Nurse Next Door im ersten Jahr nach der Umstellung auf Lean erzielte. Unter den Punkten befand sich das Wachstum des Business um 100% im Folgejahr – mit acht Angestellten weniger in der Zentrale. Welch ein Nettogewinn an Produktivität!

Hinweis: *Sim betont, dass die acht Mitarbeiter das Unternehmen aufgrund von natürlicher Fluktuation verließen. „Wir entlassen keine Leute nur wegen Lean“, erklärt Sim. „Sonst würde Lean als Maßnahme auch untergehen. Niemand setzt sich für die Umsetzung von Ideen ein, die ihn seinen Job kosten könnten.“*

Typisches Beispiel: Noreen, die Buchhalterin von Nurse Next Door, arbeitete vor der Einführung von Lean zusätzlich an den Abenden und Wochenenden. Ein Jahr später erfüllte sie ihre Aufgaben in der Hälfte der Zeit – bei doppeltem Gehalt. Als sie sich in einem Huddle darüber beschwerte, dass sie durch den Erfolg nichts mehr zu tun habe, schlugen ihre Vorgesetzten ihr eine Auszeit vor – als Beispiel und Anreiz für andere Mitarbeiter, sich an die Lean-Prinzipien zu halten. Nurse Next Door unterrichtet heute seine Franchise-Partner in den Praktiken des Lean, damit auch sie am Wachstum ihres Business arbeiten können, und sich nicht mehr mit ihren Gehaltsabrechnungen beschäftigen.

Parsons warnt genau wie Sim davor, dass Lean nichts mit der Reduzierung der Belegschaft zu tun hat. Es geht um Verschwendung. Es geht darum, dass Ihre Mitarbeiter Zeit und Energie einsparen, die sie dann ihren Kunden und dem Vertrieb widmen können, und damit das Business voranbringen.

Die weiteren Erfolge von Nurse Next Door mit Lean waren eine Verdopplung des Aufkommens im Call Center ohne zusätzliche Angestellte, während zugleich die Preise für die Lieferanten gesenkt werden konnten. Man eliminierte einzelne Prozessschritte, verbesserte den Workflow für Franchisepartner und verdiente mehr Geld. Man reduzierte den Sicherheitsbestand auf nahe Null, damit die Franchisepartner ihr Business mit weniger Kapital aufbauen und führen können. Und man verschlankte die Prozesse zur Aufnahme neuer Franchisepartner.

Sim fügt hinzu: "Es war Quartal für Quartal eine enorme Herausforderung, neue Franchisepartner zu finden. Heute kommen zwei pro Monat hinzu und wir haben theoretisch Platz für fünf, ohne ins Schwitzen zu geraten! Noch wichtiger ist, dass unsere Lean-Maßnahmen ein Hauptgrund sind (wenn auch nicht der einzige), dass wir gemeinsam mit unseren Franchisepartnern auch in wirtschaftlich schwierigen Zeiten erfolgreich sein konnten.“

Vervollständigen Sie Ihr Process Accountability Chart (PACe)

Schritt 1

Versammeln Sie Ihr Führungsteam um sich (es ist gut, ein paar Vertreter des mittleren Managements hinzuzuziehen) und benennen Sie die vier bis neun

Kernprozesse, die Ihr Business antreiben. Einige dieser Prozesse – z.B. „wie betreiben wir Rechnungslegung und Forderungsmanagement?“ – sind in den meisten Unternehmen sehr ähnlich. Dennoch wird es auch ein paar unternehmens- oder branchenspezifische Prozesse geben. Unsere Erfahrung zeigt, dass man dieses Chart in wenigen 90-minütigen Sitzungen fertigstellen kann. Hier sind die sieben Prozesse des in Barcelona ansässigen Unternehmens Softonic, dem weltweit führenden Portal zum Download freier, sicherer Software:

- Rekrutierung
- Produktentwicklung
- Sales to cash
- Innovation
- Mitarbeiterentwicklung
- Kundenzufriedenheit
- Inhalte erstellen und publizieren

ACTION: *Diskutieren und einigen Sie sich auf vier bis neun Kernprozesse in Ihrem Unternehmen.*

Schritt 2

Als nächstes vergeben Sie die Verantwortlichkeit für jeden Prozess an eine bestimmte Person. Die Entscheidung kann schwerer sein, als Sie zunächst annehmen. Da Prozesse quer durch verschiedene Funktionen verlaufen, kann es zu Revierkämpfen zwischen den Funktionsinhabern kommen. Erinnern Sie in diesem Fall daran, dass die Festlegung eines Prozessverantwortlichen diese Person nicht zum Chef aller betroffenen Mitarbeiter macht. Auch hat diese Person nicht automatisch eine größere Entscheidungsgewalt. Ihre Hauptaufgabe ist vielmehr die Überwachung des Prozesses (Zeit, Kosten, Qualität), Kommunikation an das Team und die Durchführung regelmäßiger Meetings, um den Prozess auszubessern oder zu verbessern. Idealerweise hat diese Person bereits einige Erfahrungen mit funktionsübergreifender Arbeit gemacht.

Die Prozessverantwortlichen berichten gewöhnlich direkt an die operative Geschäftsleitung (etwa den COO). Leute in der Operative arbeiten sehr oft systemorientiert. Sie wollen einen Head of Operations, der von der Abbildung und Verbesserung seiner Prozesse besessen ist – oder noch besser: Erfahrung mit Lean Management hat.

ACTION: *Für jeden Kernprozess entscheiden Sie, wer im Unternehmen die Verantwortung übernimmt. Diese Personen sind dann der operativen Geschäftsleitung gegenüber rechenschaftspflichtig.*

Schritt 3

Bestimmen Sie einige KPIs zur Überwachung jedes Prozesses. Wie auch beim FACe Tool benötigt das Process Accountability Chart (PACe) Indikatoren für den Gesundheitszustand jedes Prozesses (Zeit, Kosten oder Qualität).

Einer der wichtigsten Prozess-KPIs ist Zeit – entweder die Anzahl der Tage (zur Erledigung) oder die Anzahl der Stunden (zur Bearbeitung). Das gilt für beinahe jede Branche, da die Kunden normalerweise alles besser, schneller und billiger wollen, unabhängig ob es ein Produkt oder ein Service ist. Obwohl Zeit nicht der einzige KPI ist, treibt er dennoch die Effizienz und die Kundenzufriedenheit in Ihrem Business voran, und ist die wichtigste Messgröße des Lean beim Design und der Verschlankung von Prozessen.

ACTION: *Benennen Sie drei KPIs für jeden Prozess, um Geschwindigkeit, Qualität und Kosten zu messen.*

Im weiteren Verlauf des Kapitels erhalten Sie einige Ressourcen, die Ihnen bei der Verbesserung des PACe in Ihrem Unternehmen helfen können.

Prozesse abbilden

Wenn Sie Ihr PACe Chart einmal vervollständigt haben, versammeln Sie ein paar Mitarbeiter aus jedem Funktionsbereich (auch ein paar Kunden), die mit dem Prozess in Berührung kommen. Markieren Sie mit Hilfe von farbigen Post-Its (grün für Vertrieb, blau für das Rechnungswesen, etc.) für jede aktuelle Funktion die einzelnen Arbeitsschritte und Schwachstellen. Treten Sie dann einen Schritt zurück und beginnen mit der Verschlankung des Prozesses, indem Sie Verschwendung identifizieren, einzelne Schritte eliminieren und Hindernisse aus dem Weg räumen.

Denken Sie zum Beispiel daran, wie ein bestimmtes Blatt Papier (physisch oder virtuell) von einer Webseite erst in ein E-Mail-Postfach und dann in die Auftragsannahme im Lager wandert – inklusive Bestätigungsmails und Sendungsverfolgung für den Kunden. Sie würden sich wundern, wie viele Schritte und Menschen Sie für jeden noch so einfachen Prozess benötigen.

Nebenbei setzen Sie bestimmte KPIs für kritische Arbeitsschritte und Schwachstellen ein, damit der gesamte Prozess kontinuierlich überwacht werden kann. Das Schöne an der Identifikation und Dokumentation der Prozesse in Ihrem Business ist, dass Sie nebenbei ein exzellentes Praxis-Handbuch für neue Mitarbeiter oder Ihre problemgeplagte Belegschaft erhalten.

Es ist auch wichtig, jeden Prozess – z.B. als Teil eines vierteljährlichen Planungsprozesses – etwa alle 90 Tage zu überprüfen. In diesen Prozessen sammelt sich wie in Flurschränken oder Garagen unnützes Zeug an. Sie müssen regelmäßig aufräumen. Wenn Sie vier bis neun Prozesse haben, wird jeder etwa alle 12 bis 24 Monate neu geprüft. Das reicht aus, um Ihr Unternehmen ohne Drama zu leiten.

ACTION: *Versammeln Sie die richtigen Leute für jeden Kernprozess um sich und formulieren, diskutieren und entscheiden Sie über die Schritte und Schwachstellen zu diesem Prozess.*

HINWEIS: *Wie schon zuvor im PACe-Abschnitt dieses Kapitels erwähnt, empfehlen wir dringend die Methoden des Lean, um Ihre Prozesse sowohl abzubilden, als auch zu verbessern. Schauen Sie sich die „2 Second Lean" Videos von Paul Akers auf YouTube an, darunter eines über die Frage, wie man einen Schreibtisch „lean" gestaltet.*

Checklisten

Sobald Sie Ihre Prozesse kennen und abgebildet haben, können Sie sie durch Checklisten jeden Tag zu neuem Leben erwecken. Checklisten sind äußerst wertvoll für die wichtigen Schnittstellen Ihrer vier bis neun Prozesse. So stellen Sie sicher, dass die Dinge richtig laufen.

Dr. Atul Gawande erklärt in seinem Buch *The Checklist Manifesto: How to Get Things Right*[12], wie seine Überprüfung der Verbesserung von OP-Resultaten letztlich auf eine einfache OP-Checkliste hinauslief. Unter anderem fand Gawand heraus: „[Checklisten helfen] dem Gedächtnis auf die Sprünge und legen die kleinsten notwendigen Schritte in einem Prozess fest. … In meiner Klinik allein konnten diese Checklisten 43 Infektionen und acht Todesfälle verhindern, und zwei Millionen Dollar an Kosten einsparen. … [Checklisten] sorgen für eine Art kognitives Sicherheitsnetz. Sie fangen die gedanklichen Schwächen auf, die wir alle haben: Schwächen bei der Erinnerung, bei der Aufmerksamkeit und der Gewissenhaftigkeit. … Ich habe seitdem keine einzige OP-Woche erlebt, in der uns die Checklisten nicht auf etwas Wichtiges aufmerksam machten, das wir vergessen hatten."

Ein weiteres Beispiel: Apple Stores ziehen in einem einzigen Quartal mehr Besucher an als Disney´s vier größte Themenparks zusammen in einem ganzen Jahr. Wie schafft Apple das? Ein Grund dafür ist der Ruf des Unternehmens, fantastischen Kundenservice abzuliefern. Ein Beitrag im *Wall Street Journal* vermittelte ein paar Einblicke in die Checklisten, die bei Apple dazu dienen, einfache und leicht zu merkende Schritte im Kundenservice einzuüben:

[12] deutsche Übersetzung: *Checklist-Strategie: Wie Sie die Dinge in den Griff bekommen*

- Begegne Kunden mit einer persönlichen, herzlichen Begrüßung
- Bemühe dich höflich um Verständnis für die Bedürfnisse des Kunden
- Präsentiere den Kunden eine Lösung, die sie mit nach Hause nehmen können
- Achte auf die Äußerung von Sorgen oder Problemen und finde immer eine Lösung
- Verabschiede die Kunden liebenswürdig und mit einer erneuten Einladung

Wir werden die Wirksamkeit von Checklisten ausführlich im Kapitel „Execution“ behandeln. Wenn Sie nicht warten können oder ein dringendes Problem lösen müssen, hilft für den Anfang vielleicht eine vereinfachte Checkliste.

Zusammengefasst entspringen die Stärken des „People-Bereiches“ den korrekten Handlungen Ihres Führungspersonals, das „die richtigen Dinge richtig macht“ (FACe), sowie den korrekten Systemen und Prozessen, die das Business am Laufen halten (PACe). Mit der Kombination aus FACe und PACe haben Sie alle Schlüsselfiguren und alle Kernprozesse in der Hand – die richtigen Zutaten für ein großartiges Unternehmen.

4

DAS TEAM
Talente entdecken und rekrutieren

EXECUTIVE SUMMARY: *Die richtigen Mitarbeiter – A-Player – auf allen Ebenen des Unternehmens an sich zu binden, ist genauso wichtig, wie die richtigen Kunden zu gewinnen. Es erfordert die aktive Mitwirkung des Marketingbereichs im Rekrutierungsprozess, wie auch die Anwendung der Topgrading-Prinzipien bei der Kandidatenauswahl und in Bewerbungsgesprächen. Beide stellen wir Ihnen in diesem Kapitel vor. Ihr Unternehmen erhält einen riesigen Pool an Bewerbern, aus denen Sie genug aussichtsreiche Leute (passend zur Unternehmensstrategie und Unternehmenskultur) für Ihr Wachstum auswählen können.*

HINWEIS: *Nach einer Topgrading-Studie liegen die Kosten für eine Fehlbesetzung 15x höher als deren jährliches Gehalt – daher die enorme Bedeutung guter Rekrutierungs- und Auswahlprozesse.*

Als Scott Nash einen CFO für MOM´s Organic Market brauchte, konnte er nicht einfach seinen Personaler bitten, das Land nach einem Finanzgenie mit Erfahrung in der Lebensmittelbranche zu durchkämmen. 1987 hatte Nash, im Alter von 22 Jahren, MOM´s als Lieferservice und Versandhandel in der Garage seiner Mutter gegründet – rund um das Motto der Firma: *die Umwelt zu schützen und zu erneuern.* Heute verfügt MOM´s über 11 Niederlassungen mit 700 Mitarbeitern und ist dazu in der Lage, zugunsten seiner Grundsätze auf potentielle Gewinne zu verzichten. Zum Beispiel untersagt es den Gebrauch von Plastikflaschen in seinen Geschäften. Die Herausforderung für MOM´s bestand also in der Suche nach einem Top-CFO, der sich den Geist des Unternehmensmottos zu Eigen machen und gleichzeitig die zu dessen Überleben notwendigen finanziellen Entscheidungen treffen konnte.

Für Gene Browne, der The City Bin Co. 1997 in Galway gegründet hatte, stellte sich eine ähnliche Herausforderung bei der Suche nach Leuten, die dauerhaft auf seinen Müllwagen arbeiten wollten. Sein Business war zwar in vier aufeinanderfolgenden Jahren von Deloitte zum bestgeführten Unternehmen Irlands gewählt worden – von 2009 bis 2012 – und gewann 2012 Deloittes Gold Standard Award. Browne kämpfte als CEO aber immer noch mit der Rekrutierung und der dauerhaften Bindung von Mitarbeitern an sein Unternehmen. Verständlich, handelt es sich doch um einen dreckigen und physisch anspruchsvollen Job, meist in den frühen Morgenstunden.

Schauen wir uns an, wie Nash, Browne und andere Manager ihre schwer zu findenden Talente rekrutieren.

Die besten Talente finden

Bevor Sie mit der Suche nach einem leitenden Angestellten oder einfachen Mitarbeiter beginnen, erstellen Sie eine Scorecard (im Gegensatz zu einer Standard-Jobbeschreibung). Eine Job Scorecard erläutert detailliert den Umfang einer Stelle, die erwünschten Ergebnisse sowie die zur Ausführung der Arbeit notwendigen fachlichen und persönlichen Kompetenzen. Das Tool ist ein Element des von Brad und Geoff Smart entwickelten Topgradings – einer Methode zur Rekrutierung von A-Playern.

- Beispiel-Job-Scorecard* -

Position: **In-house Vertriebsmitarbeiter**
Standort: **Chicago (Illinois)**

Aufgabe:
Die Hauptaufgabe unserer In-house Vertriebsmitarbeiter ist die Steigerung der Umsätze bei Neu- und Bestandskunden. Von In-house Vertriebsmitarbeitern wird erwartet, Kaltakquise zu machen und bei potentiellen Kunden aus unseren Marketingaktivitäten nachzufassen. Unser Kundenkontakt findet hauptsächlich per Telefon und E-Mail statt. In-house Vertriebsmitarbeiter verkaufen Anzeigen in einem Nischenfachblatt aus dem Bereich Sanitätsfachhandel, sowie Fördermöglichkeiten für eine jährliche Konferenz.

Verantwortlichkeiten

	Kennzahl	Rating (A, B, C)	Kommentare
Umsatzgenerierung	• $15.000 monatlich innerhalb von 3 Monaten • $40.000 monatlich innerhalb von 12 Monaten		
Durchschnittliches Vertriebsvolumen	$4.000+ innerhalb von 12 Monaten		
Kundenvolumen	• Verkaufsabschlüsse mit mind. 4 Kunden pro Monat innerhalb von 3 Monaten • Verkaufsabschlüsse mit mind. 10 Kunden pro Monat innerhalb von 12 Monaten		
Aktivitäten (kontrolliert durch Ausfüllen täglicher Aktivitäts-Nachweise)	• 50 Anrufe (Kaltakquise) pro Tag • 5 terminierte Verkaufsgespräche per Telefon pro Tag • Mind. 10 Angebote pro Woche verschicken		
Dokumentation	Lückenlose und termingerechte Dokumentation		

Kernkompetenzen:

- **Integrität**
- **Ergebnisorientierung**
- **Exzellenz**
- **Kundenfokus**
- **Geschick/Einfallsreichtum**
- **Zuhören können**
- **Energie/Drive**
- **Gute Arbeitsmoral**
- **Selbst Ziele setzen**

Aus unserer Erfahrung ist es die beste Methode für Bewerbungen und Auswahlverfahren auf dem Markt. Nachweislich liefert Topgrading eine 90%ige Trefferquote – gegenüber einer Trefferquote von 25% bis 60% bei Einstellungsgesprächen „aus dem Bauch heraus“, Tests, oder verhaltensbasierten Standard-Interviews. Und wenn Sie die Kosten einer Fehlbesetzung bedenken, zahlt sich dieser Prozess definitiv aus.

Ein A-Player ist per Definition eine Person in den Top 10% Ihres Bewerberpools, die bereit ist, Ihr spezifisches Angebot anzunehmen. Lesen Sie diese Definition ruhig noch einmal durch. Es geht nicht darum, dass Sie Gehaltsvorschläge jenseits Ihrer Grenzen akzeptieren müssen. Es geht darum, dass Sie attraktiv für die besten und fähigsten Talente werden sollen, die den Job unbedingt haben möchten und bereit sind, das Gehaltspaket zu akzeptieren

* die Job-Scorecard zum Download finden Sie auf *scaleup.de*

(McDonald´s zum Beispiel hat demzufolge dieselben Chancen auf A-Player wie Goldman Sachs). Und es geht darum, dass Sie über die Tools zur Auswahl der besten Leute aus den Bewerbergruppen verfügen. Die Job Scorecard dient als Einstieg.

Zentrales Element der Job Scorecard ist eine Handvoll spezifischer und messbarer Ergebnisse, die ein potentieller Mitarbeiter über die nächsten ein bis drei Jahre erreichen sollte. Während eine Jobbeschreibung klassischerweise auflistet, was die Aufgaben des Kandidaten sein werden (z.B. Vertriebsmitarbeiter schulen, Kundenbeziehungen aufbauen), beschreibt eine Job Scorecard die Ergebnisse, die Sie sich von diesen Aufgaben erwarten ($8 Millionen Umsatz, sieben neue S&P 500 Kunden, eine Quote von 100% bei Vertragsverlängerungen von Stammkunden). Bitte beachten Sie diesen wichtigen Unterschied zwischen einer Jobbeschreibung (hoffentlich haben Sie damit nicht Ihre Zeit verschwendet) und der Job Scorecard des Topgrading.

Wenn Sie die erwünschten Ergebnisse konkret formulieren, können Sie das Potenzial der jeweiligen Kandidaten, ihre Aufgaben zu meistern, direkt auswerten. Sehen Sie Ihrem Gegenüber wirklich an, ob er Ihren Umsatz in den nächsten drei Jahren von $20 auf $35 Millionen anheben kann? Gibt es dafür etwa Anhaltspunkte in seiner Bewerbung? (Wenn Sie weitere praxistaugliche Einblicke in den Aufbau von Job Scorecards gewinnen möchten, lesen Sie den exzellenten Blog von Bluewire Media zu diesem Thema.)

Ein anderes zentrales Element ist eine Liste der erwünschten Kompetenzen, die zu Ihrer Unternehmenskultur und Strategie passen. Erfahrene Führungskräfte stellen irgendwann fest, dass es bei der Bewerberauswahl wichtiger ist, auf diese Eigenschaften zu achten, als auf spezielle Kenntnisse – so lange der Bewerber das Potenzial hat, zu lernen und zu wachsen. (Am besten findet man natürlich einen Kandidaten, der beide Kriterien erfüllt.) Die sich rapide wandelnden Anforderungen an viele Experten setzen ohnehin ein lebenslanges Lernen voraus. Auf der anderen Seite funktionieren Unternehmenskulturen wie Immunsysteme und können sehr fähige Menschen, die mit deren Prinzipien (Core Values) nicht zurechtkommen, einfach eliminieren.

Sie sollten bei der Einstellung von Mitarbeitern neben der kulturellen Eignung auch darauf achten, dass diese Personen Ihre Nutzenversprechen transportieren können, und sich für Aufgaben im Rahmen Ihrer Gesamtstrategie eignen (lesen Sie dazu mehr im Kapitel „Die 7 Facetten der Strategie“). The City Bin Co. sucht nach Müllleuten, die das Kundenserviceversprechen des Unternehmens verinnerlichen. Southwest Airlines braucht Flugbegleiter, die das Nutzenversprechen „Viel Spaß“ transportieren können. Diese zentralen Elemente der Job Scorecard – Ergebnisse und Kompetenzen – leiten das Recruiting, die Bewerbergespräche und den Auswahlprozess.

Die besten Köpfe

Gute Manager spielen Dame, großartige Manager spielen Schach – sagen jedenfalls die Forscher Marcus Buckingham und Curt Coffman, Autoren von First, *Break All the Rules: What the World's Greatest Managers Do Differently*[13]. Beim Damespiel bewegen sich alle Figuren auf dieselbe Art und Weise, wohingegen die Figuren beim Schach unterschiedliche Schritte ausführen und ihre verschiedenen Stärken kombinieren.

Wenn die People-Seite Ihres Business wachsen soll, müssen Sie mit dem Schachspielen beginnen – besser früher als später! Denken Sie auch an die berühmte TV-Serie „Das A-Team": eine zusammengewürfelte Truppe von Outlaws, die ihre sehr individuellen und einzigartigen Talente, Persönlichkeiten und Stärken in einem Kampf für die gute Sache vereinen.

Auch Sie brauchen ein Team von absoluten Spezialisten – Schachfiguren – um Ihre ambitionierten Pläne zu verwirklichen. Nach unserer Erfahrung ist die Lernkurve für gut ausgebildete Generalisten (Damefiguren) in dieser schnellen und komplexen Welt einfach zu lang und zu steil. Daher ermutigen wir Führungskräfte, nach Inselbegabungen (oder „Idiot savants") Ausschau zu halten – d.h. Leute, die extrem talentiert in einer bestimmten Sache, aber möglicherweise eher schlecht in allen anderen sind. Wie Geoff Smart einmal sagte: „Sie würden Ihren Hausarzt auch keine Operation am offenen Herzen durchführen lassen." Teams müssen in sich rund sein – nicht unbedingt die einzelnen Teammitglieder. Viele Führungskräfte verstehen das nicht, und daher hat das traditionelle Auswahlgespräch „nach Bauchgefühl" so eine schlechte Erfolgsquote. Zudem tendieren wir dazu, ähnliche Typen einzustellen, und erschaffen schließlich ein Unternehmen, in dem sich alle gleichen – statt einer Vielfalt von Talenten, Hintergründen und Persönlichkeiten, durch die man ergiebige Diskussionen, Innovation, Ausdifferenzierung und somit Wachstum erhält.

Daniel M. Cable geht noch einen Schritt weiter und schlägt vor, dass Sie gezielt Menschen einstellen sollen, die regelrecht eigenartig wirken. Der Autor des Buchs *Change to Strange: Create a Great Organization by Building a Strange Workforce* (das wir Ihnen dringend ans Herz legen möchten) bemerkt: „Wenn Ihr Wettbewerbsvorteil davon abhängt, dass Ihre Mitarbeiter etwas Wertvolles und Unverwechselbares erschaffen, dann darf Ihre Belegschaft nicht normal sein." Will sagen: wenn Sie eine differenzierte Strategie fahren möchten, können Sie sich nicht dauernd mit Einstellungen und Abfindungen beschäftigen, oder Ihre HR-Abteilung dieselben Leute wie bei der Konkurrenz rekrutieren lassen.

HINWEIS: *Sie brauchen eine „eigenartige" Unternehmenskultur und eine „eigenartige" Strategie, wenn Sie sich wirklich von den anderen Firmen am Markt unterscheiden wollen. Aus diesem Grund ist die Einhaltung der Core Values, auf*

[13] deutsche Übersetzung: *Erfolgreiche Führung gegen alle Regeln: Wie Sie wertvolle Mitarbeiter gewinnen, halten und fördern*

denen Ihre Firmenkultur aufbaut, so wichtig. Genauso die Entwicklung einer branchenführenden Strategie. (Wie beides erreicht wird, behandeln wir im Kapitel „Strategy".) Anhand dieser Prinzipien und strategischen Überlegungen entwickeln Sie dann Job Scorecards, und nutzen sie für die Suche nach den richtigen „eigenartigen" Leuten.

Recruiting ist eine Funktion des (Guerilla)-Marketing

Zunächst sollten Sie die Menschen in Betracht ziehen, mit denen Sie bereits zusammengearbeitet haben. Kulturelle Eignung kann zwar in Gesprächen und Tests überprüft werden. Aber nichts ersetzt die Beobachtung eines eigenen Mitarbeiters über einen längeren Zeitraum.

Dennoch erschöpfen sich die Möglichkeiten der meisten Wachstumsunternehmen hier schnell, also benötigen Sie einen ausreichend großen Bewerber-Pool an Spezialisten, die zu Ihrer Kultur passen. Studien haben ergeben, dass Sie mindestens 20 Bewerber pro Stelle brauchen (egal ob einfacher Angestellter oder Führungskraft), wenn Sie Ihre Chancen auf einen A-Player signifikant verbessern möchten. Traurig genug, dass viele Unternehmen wegen der hohen Belastung durch Ihr Wachstum einfach jeden einstellen, der ihnen über den Weg läuft und noch Lebenszeichen von sich gibt („Er atmet noch, wir nehmen ihn!")

Daher ist das Marketing beim Wachstum eines Business so wichtig. Das Marketing-Team muss in das kontinuierliche Recruiting von geeigneten Bewerbern genauso aktiv eingebunden sein, wie in die Kundenakquise. Die meisten Unternehmen scheitern jedoch kläglich an dieser Aufgabe. Sie denken, dass die besten Kandidaten vom Himmel fallen. Aber die Besten arbeiten wahrscheinlich irgendwo anders, und brauchen einen Grund zu wechseln. Und weil die Budgets in Wachstumsfirmen immer eng geschnürt sind, müssen Sie clevere Marketingstrategien entwickeln, um diese „eigenartigen" Talente zu finden.

Eine klassische Recruiting-Kampagne wurde in den Anfangsjahren von Google ausprobiert. Eine einzelne Reklametafel (in der Nähe von Yahoos Hauptsitz platziert), ohne Nennung des eigenen Firmennamens, zeigte lediglich ein ausgetüfteltes Mathematik-Rätsel. Die bloße Neugierde, die die Plakatwand entfachte, generierte kostenlos eine Werbewirkung im Gegenwert von Millionen von Dollar. Technorati-User wurden fast verrückt bei der Suche nach dem Urheber der Anzeige. Sie machte die Runde bei Zehntausenden potentieller Kandidaten.

Als das Mathe-Rätsel schließlich gelöst war, führte das zu einer Reihe von Webseiten mit ähnlichen Knobeleien. Irgendwann gab sich Google als Urheber der Werbung zu erkennen und sagte: „Eins haben wir beim Aufbau von Google gelernt: es ist leichter, etwas zu finden, das nach dir sucht. Wir wollten die besten

(Die erste 10-stellige Primzahl in *e*)

Ingenieure der Welt finden. Und da seid ihr ja auch schon."

Diese Form des Guerilla-Marketings kann von jedem Unternehmen betrieben werden. Atlassian – eine australische Softwareschmiede – konnte 15 neue Developer gewinnen, nachdem sie mit einem leuchtenden Bus durch 15 europäische Städte getourt waren. Der Bus trug die Aufschrift: „Europa, wir kommen und stehlen euch die Geeks!" Das sorgte für eine Menge an Publicity, sogar Nachrichtenagenturen berichteten über die ungewöhnliche Bustour. Employment Group, eine Personalagentur aus Michigan, lud das städtische Businessjournal zu seinen vierteljährlichen Meetings ein, deren Thema immer verschiedene Rockbands waren. Dadurch erhielt die Firma mehrere lustige Artikel in dem Magazin und… eine Reihe von hochwertigen Initiativbewerbungen. Es ist eigentlich ganz leicht aus der Masse herauszustechen, wenn man einen Ansatz wählt, der zur eigenen Kultur passt, und ein wenig originell ist.

MOM`s geht angeln

Um den richtigen CFO für seine Bio-Supermarktkette zu finden, wollte MOM´s CEO Nash keine Stellenanzeigen im Internet oder in der *Washington Post* schalten. Stattdessen wollte er seinen Fußabdruck dort hinterlassen, wo sich Menschen mit potentiellem Interesse an seiner Firma und ihrem Unternehmenszweck ohnehin aufhalten. Also platzierte er eine Anzeige für den CFO-Posten auf *Treehugger.com*, einer Seite für umweltbewussten Lebensstil und Umweltnachrichten. Die Anzeige stellte ausgewählte Fragen, durch die sich jemand, der in MOM´s Unternehmenskultur passte, angesprochen fühlen sollte: „Willst du lieber für David als für Goliath arbeiten?" – „Bist du ein Entrepreneur im Körper eines Buchhalters?" – „Möchtest du lieber in Jeans zur Arbeit kommen?" (Sehen Sie sich die vollständige Anzeige auf *scalingup.com* an!)

Bingo! MOM's erhielt 40 Bewerbungen innerhalb einer Woche von einer Reihe großartiger Kandidaten, die den Unternehmenszweck verstanden und begrüßten. Schließlich entschied Nash sich für Kelly Moler, die über die erforderlichen Fähigkeiten verfügte und die ökologischen Wertvorstellungen der Firma teilte. In den acht Jahren seit ihrem Einstieg hat sie der hoch profitablen Firma geholfen, auf einen Umsatz von $130 Millionen zu wachsen – inmitten großer Herausforderungen wie der Konkurrenz durch den Branchenriesen Whole Foods.

MOM´s hat bei der Besetzung verschiedener weiterer Stellen einen ähnlichen Ansatz gewählt, vom Regalauffüller bis zum Geschäftsführer. Auf der „Karriere"-Seite ihrer Webseite erschien zum Beispiel vor kurzem folgende Werbung:

Du:

- *hast Interesse an Elektro-Fahrzeugen*
- *magst heiße Debatten, auch mit deinem Chef*
- *findest Lösungen statt Schuldige*
- *konntest schon als Teenager mit Geld umgehen*
- *hast schon mal Biomüll aus der Restmüll-Tonne geholt*

Wir:

- *arbeiten am Schutz und der Regeneration unserer Umwelt*
- *mögen richtiges Essen*
- *haben keine Angst davor, mal Fehler zu machen*
- *brauchen eher Intelligenz und Prinzipienbewusstsein als deine Berufserfahrung*

Die Anzeigen haben dem Unternehmen bei der Talentsuche viel Geld und Zeit gespart. „Vor zehn Jahren oder so, bevor wir diese Sachen machten, war es ein Kommen und Gehen", erinnert sich Nash. Der typische Bewerber, sagt er, „war jemand, der erst einmal ein Gehalt wollte. MOM´s war bloß Durchgangsstation für Leute, die schnell woanders hin wollten." Seitdem MOM´s seine Recruiting-Strategie eng mit seiner Firmenkultur verknüpft hat, sagt Nash, „ging die Dauer unserer Angestelltenverhältnisse durch die Decke! Es ist heute einfacher, Leute zu finden und einzustellen." Die Werbung, sagt er, „ist ein Beispiel dafür, welchen großen Wert wir auf unsere Unternehmenskultur und Unternehmensprinzipien legen."

Bei Appletree Answers, deren Erfolg bei der Bewerberauswahl wir uns später im Kapitel „Der Kern" ansehen werden, finden sich normalerweise 500 bis 600 Interessenten für jede offene Call-Center-Stelle – vor allem wegen des Rufs als guter Arbeitgeber. Rackspace Hosting aus Austin – ein langjähriger Anwender der Rockefeller Habits – erhielt 2013 etwa 52.000 Bewerbungen auf 569 offene Stellen und führte damit das empfohlene Verhältnis von 20:1 ad absurdum – wiederum aufgrund seiner ausgezeichneten Reputation. Rackspace schaffte es fünf Mal (und wohl auch in Zukunft) auf die Liste der 100 besten Arbeitgeber des *Fortune* Magazins, mit Platz 74 im Jahr 2017.

HINWEIS: *Angesichts der Tatsache, dass sogar die Universität Harvard bei der Zulassungsrate zum Studium für 2017 ein Rekordtief von 5,8% verzeichnete (2.029 Zulassungen bei 35.023 Bewerbern), wurde darauf hingewiesen, dass es schwerer ist, einen Job bei Rackspace zu ergattern, als in eine Uni der Ivy League aufgenommen zu werden!*

Es auf die Ranglisten der beliebtesten Arbeitgeber zu schaffen – sogar wenn es nur lokale oder regionale sind – ist ein klares Zeichen für eine attraktive Arbeitsstelle und wird Ihrem Unternehmen viele Bewerber bescheren. Eine Buchveröffentlichung durch den CEO (etwas das wir wärmstens empfehlen), eine regelmäßige Kolumne im lokalen Wirtschaftsblatt, ein beliebter Blog oder regelmäßige Posts von Ihren Influencern bei LinkedIn funktionieren großartig als Instrument des Recruitings (und Marketings) und lenken in jeder Branche die Aufmerksamkeit auf das eigene Unternehmen.

Gene Brown von The City Bin Co. gewann ähnliche Arbeitgeber-Wettbewerbe und erregte vor Ort einiges an Aufmerksamkeit, und doch musste er kreativ werden, um die richtigen Leute für die Arbeit auf seinen Müllfahrzeugen zu gewinnen. Als er den Autor von *Change to Strange*, Dan Cable, auf einer Veranstaltung der Young Presidents Organization an der Londoner Business School hörte, wunderte er sich:

1. Wie können wir von unseren Mitarbeitern verlangen, außergewöhnlich zu sein und das Profil des Unternehmens zu schärfen, wenn wir dieselben Rekrutierungsmethoden und Bewerbungsverfahren wie unsere Wettbewerber verwenden?
2. Welche Besonderheiten beschreiben unsere ideale Belegschaft, die unsere Wettbewerber zur Beschreibung ihrer Belegschaft nicht verwenden (würden)?

Für Browne ist es gar nicht so einfach, sich mit seinem Müllabfuhrunternehmen durch Service hervorzutun, denn es sind die Leute auf seinen Müllwagen, die ein Serviceversprechen entweder einlösen oder brechen. Doch kurz nach Dans Vortrag passierte etwas „Eigenartiges". Ein junger Mann namens Gary Manogue bewarb sich als Müllmann, weil er (a) es als Chance sah, für sein tägliches Workout auch noch bezahlt zu werden, und (b) ihm die frühen Arbeitszeiten gefielen. Gary nahm als Kickboxer an Wettbewerben teil und hatte Ambitionen, einen großen Titelkampf zu gewinnen. Er musste jeden Tag so viele Stunden trainieren, wie nur möglich. Im Dezember 2013 wurde Gary Kickbox-Weltmeister im Super-Weltergewicht. Vor dem Kampf bemerkte der *Galway Advertiser* in einem Interview:

„Das ist jetzt Manogues erster Kampf über sieben Runden und er hat sich mit einem Fitnessprogramm vorbereitet, das einen Acht-Kilometer-Lauf morgens, ein Workout im Fitnesscenter abends, und dazwischen die Arbeit bei The City Bin Co. umfasste. ‚Nach den Mülltonnen noch einige Runden laufen hält mich ganz gut fit', sagt er."

Wegen dieses Glücksfalls hat The City Bin Co. danach eine Rekrutierungskampagne gestartet, die sich an arbeitslose junge Männer (von denen es in Irland einige gibt), die auf Fitness stehen, mit den Worten wendet: „Willst du beim täglichen Workout Geld verdienen?“ Das Unternehmen wirbt in Fitnesscentern und überlässt den Rest der Mund-zu-Mund-Propaganda. Diese jungen Männer sehen den Job mit ganz anderen Augen als der typische Bewerber mit einem Lebenslauf.

Wie MOM´s und The City Bin Co. begreifen viele Wachstumsunternehmen, dass sie für ihre Ziele die richtigen Leute mitnehmen müssen. Aber in vielen Branchen warten die Leute nicht einfach an einer Bushaltestelle auf den Arbeitgeber. Und man findet sie auch nicht einfach durch Jobannoncen. Man findet sie – und das haben Nash, Browne und andere gelernt – durch eine Rekrutierungs-Strategie, die die eigenen Prinzipien und den Unternehmenszweck reflektiert, und die durch geschicktes Marketing den richtigen Talentpool erreicht.

Bewerberauswahl im Topgrading

Wenn Sie erst einmal eine große Zahl an qualifizierten Bewerbern zur Auswahl haben (wodurch Ihre Chance auf einen A-Kandidaten schon deutlich steigt), brauchen Sie einen wasserdichten Evaluierungsprozess (nicht Ihr Bauchgefühl), um die Zahl von 20 auf 10, dann auf drei und schließlich auf den einen Top-Kandidaten herunter zu bringen, der Ihnen 150% der Job Scorecard erfüllt.

Bei MOM´s werden in Online-Bewerbungen Fragen gestellt wie “Welches Unternehmen bewundern Sie?”, um ein Gefühl für die Prinzipien des Bewerbers zu erhalten. „Dadurch bekommen wir einen guten Eindruck davon, was wichtig für sie ist“, sagt Nash. Es wird auch gefragt, warum die Bewerber sich für MOM´s interessieren. „Einige Leute sagen, sie wollen für MOM´s wegen der boomenden Branche arbeiten. Sie beschäftigen sich mit Jobsicherheit und auch Geld. Das ist in Ordnung, hat aber nichts mit unseren Prinzipien zu tun.“

Diese Türsteher-Fragen und verschiedene von uns empfohlene Online-Tests – darunter die breite Auswahl an Bewerbungstests von Assess Systems sowie die Vertriebstests von OMG – helfen dabei, eine lange Liste auf die besten fünf oder 10 Kandidaten zu reduzieren.

Erst an diesem Punkt wird ein Bewerbungsgespräch geführt. Und wie bereits erwähnt, empfehlen wir dazu die Topgrading-Methode. Sie erhalten einen guten Überblick durch die Bücher von Geoff Smart und Randy Street: *Who: The A Method for Hiring; to learn the details of the process,* oder Bradford D. Smart: *Topgrading: The Proven Hiring and Promoting Method That Turbocharges Company Performance*. Außerdem empfehlen wir, dass in Unternehmen mit regelmäßigen Einstellungsrunden mindestens eine Person den Online-Kurs zum Certified Master Practitioner auf *scalingup.com* belegt. Dieser Kurs beinhaltet mehrere Stunden Videounterricht durch Brad Smart, Austausch mit anderen Kursteilnehmern und Einzel-Coachings mit einem durch Smart zertifizierten Trainer.

Die Topgrading-Methode beinhaltet auch ein exemplarisches Vorstellungsgespräch für die Auswahl von drei Bewerbern aus den letzten zehn. Dieses Gespräch besteht aus fünf leistungsstarken Interview-Fragen. Sie funktionieren für jede Position, die Sie besetzen möchten und können in 30 bis 45 Minuten per Telefon oder in einem kurzen Meeting abgehakt werden.

Wenn Sie die Auswahl auf drei Kandidaten beschränkt haben, wird es Zeit für das Chronological In-Depth Structured (CIDS) Interview — ein gründliches drei- bis vierstündiges Gespräch, bei dem die gesamte bisherige Karriere des Kandidaten abgedeckt wird, mit dem Ziel, Verhaltensmuster und Leistungsindikatoren aufzudecken, die sich mit hoher Wahrscheinlichkeit auch in der neuen Stelle bemerkbar machen werden. Behalten Sie immer im Hinterkopf, dass bisherige Leistungen der beste Indikator für zukünftige Leistungen sind.

Die Länge dieses Interviews bietet einige Vorteile:

1. A-Player mögen kraftvolle Prozesse und meiden Unternehmen, die es sich und ihnen zu leicht machen.
2. „Professionelle" Gesprächspartner können ihre Fassade nicht stundenlang aufrechterhalten.
3. Umgekehrt haben jene, die sich nicht gleich wohl fühlen, Zeit sich zu öffnen.
4. Und nebenbei bemerkt: was sind schon drei bis vier Stunden jetzt, gegenüber Tausenden Stunden voller Kopfschmerzen, wenn Sie den Falschen eingestellt haben?

HINWEIS: *Ein drei- bis vierstündiges Auswahlgespräch ist für mittlere oder höhere Managementposten angemessen. Ein bis zwei Stunden dürften bei Einsteigern mit wenig Berufserfahrung ausreichen.*

Obwohl Topgrading ursprünglich für Geschäftsführer bei General Electric entwickelt wurde, funktioniert es auf allen Ebenen. Speed Wire, ein Kabel-Subunternehmer mit Sitz auf Long Island, wuchs von 25 auf 325 Mitarbeiter (hauptsächlich Techniker) in nur einem Jahr, und verließ sich dabei auf die Topgrading-Methode, um ausschließlich A-Player einzustellen. Kevin Donnelly, der Gründer von Speed Wire (heute eine Marke von MasTec), war begeistert von den Ergebnissen. „Wir können das Niveau der Leute immer noch nicht fassen, die wir so gewinnen konnten. Ohne Topgrading wäre das nicht gegangen", sagt er.

Bei MOM's führt Nash die drei- bis vierstündigen Topgrading-Interviews mit den Kandidaten für höhere Positionen – wie im Fall der erfolgreichen CFO Kelly

Moler – während MOM's Manager abgekürzte Gespräche mit anderen Bewerbern führen. „Es ist die effektivste Methode, die ich kenne", sagt Nash. Das Unternehmen durchleuchtet so wie empfohlen die gesamte Berufserfahrung eines jeden Kandidaten und fragt zum Beispiel danach, wem sie in ihren früheren Jobs gegenüber rechenschaftspflichtig waren – inklusive Buchstabieren des Namens dieses Vorgesetzten. Damit zeigt MOM's, dass es ihnen mit der Überprüfung von Referenzen ernst ist. Eine typische Folgefrage ist „Was würde diese oder jene Person über Sie sagen, wenn ich sie jetzt gleich anrufe?". „Das ist ein richtiges Wahrheitsserum", sagt Nash. (In der Topgrading-Methode nennt sich dieser Prozess TORC – Threat of Reference Check. Und er wirkt!) Die Fragesteller fordern die Kandidaten auch auf, eine Situation zu beschreiben, in der sie mit einem schwierigen Chef oder mit harter Kritik umgehen mussten. „Wir halten Ausschau nach Menschen, die offen geäußerte Kritik annehmen können", sagt Nash.

Suche nach dem perfekten Partner

Wie bereits erwähnt, hat MOM's die Interview-Leitfäden an seine Prinzipien angepasst. Nash glaubt, dass Leute, die bereits früh im Leben den Umgang mit Geld gelernt haben, eher bodenständig sind. Daher die Frage: „Wofür haben Sie als Teenager Ihr Geld ausgegeben? Von wem haben Sie dieses Geld erhalten?" (Tipp an künftige Bewerber: Sie werden das Interviewer-Team bei MOM's nicht dadurch beeindrucken, dass Sie von Ihren Eltern pro Woche $100 Taschengeld erhalten haben.) Es können auch Fragen kommen wie: „Diskutieren Sie mit anderen Menschen über Religion und Politik? Wann haben Sie zuletzt eine leidenschaftliche Diskussion geführt? Mit wem? Worüber? Wer behielt die Oberhand?". „Wenn die Antwort auf die letzte Frage lautet: ‚Ich spreche nicht mehr mit dieser Person', schließen wir daraus, dass der Bewerber auch generell nicht für die Ansichten anderer Menschen offen ist", sagt Nash.

Die Suche nach dem perfekten Partner kann im Bewerbungsprozess aber ganz unterschiedlich gehandhabt werden. Bei Southwest Airlines zum Beispiel achtet man darauf, ob Kandidaten die allgegenwärtigen Witze der Belegschaft positiv aufnehmen. Wenn nicht, könnte die Airline eventuell der falsche Arbeitgeber für sie sein. Die Commerzbank achtet darauf, ob Bewerber während der Wartezeit ein Lächeln auf dem Gesicht haben. Bei Zappos, dem Online-Versandhändler für Schuhe und Kleidung, kümmern sich immer einfache Assistenten um einen Teil der Interviews und Tests, sogar bei Kandidaten für die Geschäftsführung. Wenn sich ein Bewerber unwohl dabei fühlt, von Untergebenen befragt zu werden, hat er einen von Zappos Core Values wahrscheinlich nicht verinnerlicht: Bescheidenheit.

Probefahrt mit dem Bewerber

Es ist zwar nicht immer möglich, aber der sicherste Weg, die richtigen Leute auszuwählen, sind einige Wochen Probearbeit. Für einfache Positionen sind

„Temp-to-perm"-Arbeitsvermittler[14] sehr beliebt, weil sie eine unkomplizierte Probezeit und eventuell die nachfolgende Festanstellung ermöglichen. Für Positionen im Management könnten Sie eine projektbezogene Probearbeit auf selbständiger Basis in den Abendstunden vereinbaren. Die Google-Gründer ernannten Eric Schmidt zunächst einmal für vier Monate zum Aufsichtsratsvorsitzenden, und erst danach zum CEO.

Zappos verlangt von allen neuen Angestellten, egal auf welcher Position (Geschäftsführer, Programmierer, Vertriebsmitarbeiter), die Absolvierung eines vierwöchigen Trainings, inklusive einer ausgedehnten Phase mit direktem Kundenkontakt im Call Center. Während dieses Probezeitraums bietet man den Neulingen einen Bonus von $3.000 (neben ihrem Gehalt) an, wenn sie das Unternehmen verlassen. So ist garantiert, dass nur diejenigen bleiben, die wirklich bleiben wollen. Nach der Übernahme von Zappos hat Amazon eine ähnliche Methode für die Mitarbeiter seiner Großlager eingeführt: Pay to Quit. Im ersten Jahr eines neuen Mitarbeiters beträgt das Angebot $2.000 und es erhöht sich mit jedem Jahr um $1.000, bis maximal $5.000. Die Idee dahinter, schreibt Amazons CEO Jeff Bezos 2014 in einem Brief an einige Shareholder, sei es „Leute dazu zu ermutigen, einen Moment darüber nachzudenken, was sie wirklich wollen. Langfristig ist es weder für den Mitarbeiter noch für die Firma gesund, wenn sie nicht gerne bleiben."

Wille, Prinzipien, Ergebnisse, Fähigkeiten

Es ist wichtig, für jede Position in Ihrem Unternehmen die besten A-Player auf dem Markt zu finden und einzustellen, basierend auf vier Kriterien (in dieser Reihenfolge!):

- **Wille** – zeichnet sich die Person durch exzellente Leistungen, mutiges Handeln, Durchhaltevermögen, Lernbereitschaft und Innovationskraft aus?
- **Prinzipien** – der kulturelle Eignungstest – passt die Person zu unseren Core Values?
- **Ergebnisse** – kann die Person KPIs/Zielvorgaben einhalten?
- **Fähigkeiten** – geringste Bedeutung, da die meisten Fähigkeiten ohnehin alle 5 Jahre aufgefrischt werden müssen.

Dieses Vorgehen erzeugt ein internes Momentum und genug Potenzial, um die nächsten Dividenden auszuschütten. Stellen Sie die richtigen Leute ein, und das Leben ist schön – stellen Sie die falschen (unpassenden) Leute ein, und Sie bekommen Probleme.

Im nächsten Kapitel schauen wir uns die Systeme zu Leadership und People an, die Nash, Browne und andere einsetzen, um ihre Talente zu halten und weiterzuentwickeln.

[14] Das sind Zeitarbeitsfirmen mit Fokus auf der Überführung von Zeitarbeitskräften in eine Festeinstellung

5

DIE MANAGER (COACHES)

Teams stabilisieren und entwickeln (verbessern)

EXECUTIVE SUMMARY: *Haben Sie Ihre Teammitglieder erst einmal gefunden, braucht es herausragende Manager, um sie bei der Stange zu halten. Fehlen diese Manager, können überall im Unternehmen große Wachstumsbarrieren entstehen. Wir benennen fünf wichtige Aufgaben, die herausragende Manager und ihre tägliche Routine zur Weiterentwicklung ihrer Mitarbeiter auszeichnen – und wir schlagen vor, den Begriff „Manager" durch das Wort „Coach" zu ersetzen, was die Rolle besser beschreibt. Außerdem beweisen wir Ihnen mit harten Fakten, dass Sie durch Investitionen in Training und Coaching (gegenüber R&D oder Kapitalinvestitionen) die bestmögliche Rendite für Ihr Unternehmen erhalten.*

Menschen suchen sich Unternehmen aus – nicht ihre Vorgesetzten. Damit Teams zufrieden und engagiert bleiben, brauchen Sie vor allem eins: gute Manager – keine medienwirksamen kostenlosen Mahlzeiten oder Betriebssport! Wie Gallup anmerkt: „Manager zeichnen für mindestens 70% der Schwankungen beim Engagement der Mitarbeiter verantwortlich". Und gute Manager fallen nicht einfach vom Himmel. Sie entwickeln fortlaufend ihre eigenen Fähigkeiten und die ihrer Mitarbeiter.

Wenn das Business auf über 100 Mitarbeiter anwächst, erreicht es einen kritischen Punkt, an dem man sich nicht mehr die Namen aller Kollegen merken kann. Nun ist es entscheidend, dass fähige Führungskräfte eine Reihe von fähigen Mittelmanagern (Coaches) aufbauen. Wie schon erwähnt: die ausbleibende Entwicklung von ausreichendem Führungskräftenachwuchs ist eine der größten Wachstumsbarrieren.

Herausragende Mitarbeiter bei Laune halten

Was also tun gute Manager, damit ihr Team in der Firma zufrieden und engagiert bleibt? Auch Google stellte sich diese Frage. Das Unternehmen etablierte ein „People Analytics Team" und wendete sein volles datenanalytisches Potential für technologische Entwicklungen mit derselben Wucht auf People-Entscheidungen an. Die Daten zeigten, dass regelmäßige Einzel-Coachings (mehr noch als überlegenes Fachwissen) das Nummer-1-Kriterium für erfolgreiche Leader waren.

Nach unseren Erfahrungen sollten sich herausragende Manager bei diesen Coaching-Sitzungen mit ihren „direkten Unterstützern“ (ein besserer Begriff als „direkte Untergebene“) auf fünf Themen konzentrieren: die fünf Hauptaufgaben erfolgreicher Manager. Hier sind sie, umgekehrt nach Wichtigkeit sortiert:

5. Weniger Leute einstellen, dafür höhere Gehälter zahlen.
4. Anerkennung zollen und Wertschätzung zeigen.
3. Klare Erwartungen formulieren und Mitarbeitern einen Horizont aufzeigen.
2. Nie demotivieren oder unter Druck setzen.
1. Mitarbeitern helfen, ihre Stärken auszuspielen.

Schauen wir uns jede dieser Aufgaben im Detail an.

5. Weniger einstellen – mehr zahlen.

Daniel H. Pink zeigt in seinem Bestseller *Drive: The Surprising Truth About What Motivates Us*[15], warum Bezahlung ein viel weniger effektives Motivationstool ist, als wir dachten. Extrinsische Motivatoren („Zuckerbrot und Peitsche“) waren lange Zeit überbewertet und verlieren in einer Welt, die mehr und mehr gut ausgebildete Wissensarbeiter braucht, ihre Wirkung. Viele Menschen opfern gerne ein paar monetäre Anreize für ein Unternehmen mit einer richtigen Vision.

Ist die Höhe der Bezahlung damit irrelevant geworden? Natürlich nicht! Für nicht wettbewerbsfähige Firmen ist es oft eine große Herausforderung, die besten Talente zu finden und zu halten. Wenn MOM´s gute Leute findet – egal für welche Position – dann zahlen sie mehr als der Branchendurchschnitt. Zum Beispiel liegt der Einstiegslohn des Unternehmens bei $11 pro Stunde – höher als der Durchschnitt von $7,25 pro Stunde im Bundesstaat Maryland, in dem es angesiedelt ist.

Der Weg zu höheren Stundenlöhnen (wir sprechen von einfachen Angestellten, nicht Führungspositionen) ist einfach: schrauben Sie den Anteil der Gesamt-Lohnkosten am Umsatz herunter. Sie müssen wettbewerbsfähig bleiben, aber die besten Unternehmen wissen, dass eine herausragende Persönlichkeit drei gute aufwiegen kann. Durch kompromisslose Auswahlverfahren (d.h. Topgrading) sichern Sie sich die größten Talente, zahlen marktunübliche Löhne und investieren dann in Training und Weiterbildung, um die Menschen produktiver zu machen.

[15] deutsche Übersetzung: *Drive: Was Sie wirklich motiviert*

Nehmen Sie The Container Store, einen Händler für Lagerbehälter, der seit 14 Jahren in Folge (und weiterhin!) auf der *Fortune*-Liste der besten Arbeitgeber erscheint. Dessen Grundprinzip Nr. 1 basiert auf der Erkenntnis: „1 gleicht 3 aus" – eine herausragende Person schlägt drei gute Leute hinsichtlich ihrer Produktivität. „Wir sind bei Einstellungsgesprächen sehr wählerisch, vor allem wegen des Nutzenversprechens, das wir unseren Kunden geben: außergewöhnlichen Kundenservice", liest es sich auf der Webseite des Unternehmens. Im Ergebnis stellt die texanische Kette nur etwa 3% aller Bewerber am Ende auch ein. Aber im Gegenzug, so das Unternehmen, zahlen sie Mitarbeitern im Vertrieb zwischen 50% und 100% mehr als der Durchschnitt der Branche, und bieten allen Mitarbeitern im ersten Jahr 263 Stunden Training – verglichen mit 7 Stunden Branchendurchschnitt. Eine zugespitzte Beschreibung des innovativen Konzepts der Gründer könnte lauten: „Wollen wir einen Haufen schlecht bezahlter, dummer Leute? Oder hätten wir lieber ein paar weniger, besser bezahlte, schlaue Leute?"

Costco zahlt seinen Mitarbeitern grob geschätzt 70% mehr Stundenlohn als Sam's Club, benötigt aber 40% weniger Angestellte für jeden Dollar Umsatz. Und mit nur 6% Fluktuation pro Jahr – vs. 21% bei Sam's – spart Costco enorme Beträge für Recruiting, Training und Ausbildung. Sich bei Löhnen und Trainings auf einen Dumping-Wettbewerb einzulassen ist riskant und in der Regel nicht nachhaltig.

Und falls Sie denken, das würde nur bei Niedriglohnjobs funktionieren: Goldman Sachs zahlt seinen Angestellten etwa doppelt so viel wie seine Wettbewerber, erzielt aber mit weniger als der Hälfte seiner Mitarbeiter denselben Umsatz und fährt fast dreimal höhere Gewinne ein. Noch einmal: weniger Leute, höhere Bezahlung und höhere Produktivität.

„Kopieren Sie nicht die Lohnstrukturen der anderen!"

Wie Sie die Bezahlung aufbauen – variabel oder fix – sollte sich an Ihrer Unternehmenskultur orientieren. Wenn sich Ihre Kultur durch einen gewissen Individualismus auszeichnet, wie bei Nordstrom, werden Sie vermutlich eine Entlohnung mit hohen Provisionen/Boni und starkem internen Wettbewerb zwischen den Mitarbeitern bevorzugen. Wenn Teamwork eine größere Rolle spielt, wie bei The Container Store und seinem Schwerpunkt auf dem Kundenservice, macht es Sinn, seinen Mitarbeitern einen festen (und hohen) Stundenlohn ohne Provisionen zu zahlen. Schauen Sie sich Ihre Unternehmensprinzipien an, Ihr Businessmodell und Ihre Nutzenversprechen, und lassen Sie sich davon leiten, wenn Sie Ihre Lohnstruktur entwerfen. Kopieren Sie nicht einfach die Systeme anderer Unternehmen.

Zuletzt, wenn es um die Schlüsselpersonen mit außergewöhnlicher Performance geht, tun herausragende Manager einfach alles, um sie an Bord zu behalten –

inklusive individueller Kompensationspakete. Wenn ein bestimmter Mitarbeiter weniger Basisgehalt und dafür einen größeren Provisionsanteil verlangt, dann bekommt er das. Falls jemand anderes mehr Freizeit möchte, geben Sie ihm mehr Freizeit. „Gerechtigkeit" heißt nicht „Gleichheit". Sie müssen in Fragen der Entlohnung kreativ und flexibel sein, um Ihre Talente zufrieden zu machen.

Die Gehälter gehören zu Ihren größten Ausgaben und sollten strategisch dazu genutzt werden, Ihr Unternehmen von der Konkurrenz abzugrenzen, wie wir in den Beispielen oben gezeigt haben (und im Kapitel „Die 7 Facetten der Strategie" mit dem Beispiel des Outback-Steakhauses „X-Factor" noch zeigen werden). Wenn Sie nur eine Vergleichsstudie zu Gehältern lesen und Ihren Mitarbeitern den Standardlohn zahlen, wird auch Ihr Unternehmen auf Durchschnittsniveau absinken.

4. Anerkennung zollen und Wertschätzung zeigen.

„Der tiefste Wunsch der menschlichen Natur ist Wertschätzung", schrieb William James, Vater der amerikanischen Psychologie. Es ist unmöglich, motiviert zu sein und gute Arbeit abzuliefern, wenn Sie nicht spüren, dass jemand sich für Ihre Arbeit interessiert und sie wertschätzt.

Studien haben ergeben, dass Menschen – um zufrieden und produktiv arbeiten zu können – von ihren Vorgesetzten positive soziale Interaktion (Wertschätzung, Lob) im Verhältnis 3:1 zu negativer Interaktion (Ermahnung, Kritik) brauchen. (Und Achtung: Für eine gelingende Ehe brauchen Sie sogar ein Verhältnis von 5:1!!). Machen Sie es sich daher zur Angewohnheit, Ihren Mitarbeitern jeden Tag zu danken – dazu gehört auch, mit dem Wort „Danke" sehr großzügig in Ihren E-Mails an das Team umzugehen.

Welche Art von Anerkennung Menschen sich wünschen, variiert sehr stark: öffentlich vs. persönlich, materiell vs. immateriell, von Kollegen vs. von Vorgesetzten, etc. Herausragende Manager testen verschiedene Ansätze und Reaktionen, bis sie die richtigen Hebel für ihre Leute finden. In den MOM's Biomärkten werden ab und zu Mitarbeiter mit guten Leistungen öffentlich gelobt, aber CEO Scott Nash hat herausgefunden, dass Vier-Augen-Gespräche noch effektiver sind.

Wenn Sie Ideen für die Schaffung einer Unternehmenskultur der Anerkennung und Wertschätzung suchen, lesen Sie Kapitel 5 aus Chip Conleys exzellentem Buch *Peak: How Great Companies Get Their Mojo from Maslow*.

3. Klare Erwartungen formulieren und Horizonte aufzeigen.

Herausragende Manager erklären ihren Mitarbeitern, wie deren Arbeit zu den höheren Zielen des Unternehmens beiträgt, und helfen ihnen, eigene Prioritäten mit denen des Unternehmens in Einklang zu bringen. Jack Stack, Autor des Buches *The Great Game of Business: The Only Sensible Way to Run a Company*, nennt das „Orientierung" – ein wichtiges Konzept, um Engagement und Zielbewusstsein zu erzeugen. Können Ihre Mitarbeiter erläutern, wie ihr gesamtes Handeln dem Unternehmenszweck, seiner Strategie und seinen Nutzenversprechen dient?

Nachdem die Menschen erst einmal ihre Rolle und ihren Beitrag verstanden haben, setzen herausragende Manager klare und konsequente Erwartungen an die Ergebnisse der Arbeit ihres Teams. Indem sie das „Was" und nicht das „Wie" definieren, erhalten ihre Mitarbeiter die nötige Autonomie, eigene Ansätze zur Erreichung ihrer Ziele auszuprobieren. Menschen möchten die Freiheit besitzen, eigene Wege zu gehen und ihren eigenen Stil zu finden. Autonomie ist einer der drei wichtigsten Treiber menschlicher Motivation, wie Dan Pink in *Drive* erklärt.

Viele Manager haben mit der Definition adäquater und messbarer Ziele für ihre Mitarbeiter zu kämpfen. Gazelles Execution-Planungsmethode und der One-Page Strategic Plan (OPSP), die wir in den Kapiteln „Strategy" und „Execution" vorstellen, können dabei helfen. Insbesondere in Spalte 7 des OPSP verfügen Sie über ausreichend Platz, für jedes Quartal Folgendes zu definieren:

1. **KPIs** – zwei oder drei Leistungsindikatoren, an denen Ihre Mitarbeiter ablesen können, ob sie einen produktiven Tag oder Woche hatten. Bei MOM's, so Nash, erklärt die Firma diese Vorgaben (zum Beispiel wenn es ein bestimmtes Sales-Ziel für einen Teil des Marktes gibt) und sagt dann zu einem Manager: „Hier hast du das Ziel. Finde einen Weg, es zu erreichen – allein oder mit der Hilfe anderer." Nash fügt hinzu: „Falls sie die KPIs verfehlen, setzen wir uns gemeinsam hin und machen einen Plan."
2. **Prioritäten** – eine Handvoll für das nächste Quartal, um Mindestanforderungen zu erreichen und die KPIs zu verbessern.
3. **Entscheidende Kennzahl** – die Mindestanforderung, die jeder Mitarbeiter oder jedes Team im laufenden Quartal erreichen muss.

Durch die Definition dieser speziellen Zielvorgaben im Zusammenspiel mit dem OPSP sichern Sie sich die Ausrichtung auf die Unternehmensstrategie und auf ihre lang- und kurzfristigen Ziele.

2. Motivation rein – Druck raus.

Die besten Manager sorgen sich weniger darum, wie sie ihre Mitarbeiter motivieren können, als vielmehr, sie NICHT zu demotivieren. Sie sehen es als ihre Aufgabe an, jeden Druck vom Team zu nehmen, der seine Leistungsfähigkeit blockieren könnte. Diese Demotivatoren rühren normalerweise von Problemen mit Menschen oder Prozessen her.

Der Demotivator Nr. 1 für talentierte Leute ist es, sich mit „Dummköpfen" abgeben zu müssen, wie Steve Jobs es nennen würde. Nichts ist für A-Player frustrierender, als mit B- und C-Playern zusammenzuarbeiten, die ihr Tempo verlangsamen und ihnen Energie abziehen. Patty McCord, früher Talentverantwortlicher bei Netflix, erklärte dazu kürzlich in einem Artikel in der *Harvard Business Review*: „Das Beste, was Sie für Ihre Mitarbeiter tun können (ein besserer Anreiz als Betriebssport oder freies Sushi), ist es, nur A-Player ins Team aufzunehmen. Kompetente Kollegen übertrumpfen alle anderen Vergünstigungen."

People-Probleme für Ihr Team zu lösen, kann auch heißen: einen Kunden zu „feuern". Unvernünftige Kunden, die Ihre Mitarbeiter schlecht behandeln und Ihr Business zum Erliegen bringen, können ein unglaublicher Energieverlust sein. Durch den Rauswurf solcher Kunden können Manager intern enorm an Ansehen gewinnen. Die negativen finanziellen Auswirkungen werden gewöhnlich direkt durch die verbesserte Arbeitsmoral und Produktivität ihres Teams aufgewogen.

Eine andere Frage lautet: haben Ihre Leute die notwendigen Tools und Ressourcen, um erfolgreich ihren Job machen zu können? Gibt es unsinnige Richtlinien oder Prozeduren, die Ihr Team frustrieren? Müssen Sie einen Lean-Experten hinzuziehen, damit Ihr Team neue Prozesse entwerfen und alte verbessern kann? Wo kommt es aufgrund von unnötigen Verzögerungen zu Stillstand im Team? Konzentrieren Sie sich auf Wege, Ihrem Team die Arbeit(en) zu erleichtern – eine großartige Definition für einen effektiven Manager.

Um diesen dienenden Leadership-Ansatz zu stärken, spricht man bei Fathom – einer Digitalmarketing-Agentur aus Cleveland – bezüglich Teamstrukturen von „direkten Unterstützern" (wie in: der Manager unterstützt seine Mitarbeiter) anstatt von „direkten Untergebenen" (wie in: die Mitarbeiter sind dem Manager unterstellt). Wir mögen diese Umkehrung der Rollen und hoffen, dass dieses Beispiel Schule macht.

1. Mitarbeitern helfen, ihre Stärken auszuspielen.

Großartige Manager unterscheiden sich von ihren lediglich guten Kollegen letztendlich darin, dass sie Mitarbeitern helfen, ihre Stärken auszuspielen. Um zu verstehen, wie das erreicht wird, benötigen wir eine genaue Definition, was Stärken überhaupt ausmacht. Eine Stärke ist nicht einfach etwas, worin wir gut sind. Es handelt sich nur dann um eine Stärke, wenn sie uns buchstäblich Kraft verleiht, wenn sie uns Energie gibt (denken Sie an die Fitness-Fanatiker von The

City Bin Co.). Umgekehrt ist eine Schwäche etwas, das uns – auch wenn wir gut darin sind – Energie kostet.

Also liegt die Schlüsselfunktion herausragender Manager darin, einzelnen Mitarbeitern zu helfen, ihre Arbeit so zu gestalten, dass sie sich mehr auf Aktivitäten konzentrieren, die ihnen Stärke verleihen, als auf Aktivitäten, die sie schwächen. Zwar wird es in jedem Job immer Aufgaben geben, die Kraft kosten. Aber Unternehmen, die es schaffen, diese Anteile zu reduzieren, erhalten energetischere Teams.

Kommen wir noch einmal auf die Analogie „Schach vs. Dame" zurück. Bobby Fischer, der große Schachmeister, sagte einmal: „Um eine Schachpartie zu gewinnen, muss man nur verstehen, wie man die Stärken jeder einzelnen Schachfigur ausspielt und ihre Schritte genau richtig aufeinander abstimmt."

Lois Melbourne, CEO von Aquire aus Texas (einer Tochterfirma von PeopleFluent), hat sich ein Beispiel am Stärken-Coach Marcus Buckingham genommen. Anstatt mehr (und schwer zu findende) Programmierer einzustellen, um mit dem rasanten Wachstum ihres HR-Software-Unternehmens mitzuhalten, konzentriert sie sich darauf, ihren bestehenden Programmierern zu mehr Zufriedenheit und Energie zu verhelfen.

Um dieses Ziel zu erreichen, schlägt Buckingham vor, für ein paar Wochen Protokoll über all jene Aufgaben zu führen, die wir entweder lieben oder hassen. Und genau das lässt Melbourne ihre Programmierer jetzt regelmäßig tun. Sie vermerken alle Aufgaben, die Energie kosten und sie von ihren eigentlichen Stärken abhalten: programmieren. Danach werden alle unnötigen Aufgaben eliminiert (sie schleichen sich in jedem Job ein), und anhand der verbliebenen Aufgaben eine Job Scorecard für eine neue Stelle erstellt – die dann von einer Person ausgefüllt wird, die genau diese Aufgaben liebt, die alle anderen hassen. Ergebnis: zufriedenere, produktivere und loyalere Programmierer.

Wann immer eine Ihrer Abteilungen um Hilfe ruft, sollten Sie nicht einfach mehr Mitarbeiter mit denselben Aufgaben betrauen, sondern besser Buckinghams Ansatz ausprobieren. Und noch bevor Sie mit der „Lieben oder Hassen"-Übung beginnen, lassen Sie Ihr Team die günstige Online-Auswertung „StrengthsFinder" bei Gallup machen (*gallupstrengthscenter.com*). Damit erhalten Sie einen aufschlussreichen Befund, der als Diskussionsgrundlage dienen und Ihren Mitarbeitern helfen kann, ein besseres Bewusstsein für ihre Stärken zu entwickeln.

Star-COO Sheryl Sandberg von Facebook nannte Buckinghams und Donald O. Cliftons gemeinsame Fortsetzung *Now, Discover Your Strengths*[16] kürzlich das wichtigste Buch, das sie in den letzten Jahren gelesen habe. In ihren Augen ist Facebook bereits ein an Stärken orientiertes Unternehmen. Wenn Sie dem

[16] deutsche Übersetzung: *Entdecken Sie Ihre Stärken jetzt!*

Beispiel von Facebook folgen möchten, gehen Sie auf *tmbc.com* und kaufen Sie Buckinghams DVD-Serie mit dem Titel *Trombone Player Wanted*. Organisieren Sie dann ein Meeting mit Ihrem Team und diskutieren Sie, wie Sie ein an Stärken ausgerichtetes Unternehmen werden können. Die erstaunlichen Mini-Videos werden einen erheblichen Impact auf Ihre Mitarbeiter haben.

Die Stärken Ihrer Mitarbeiter herauszufinden und sie darauf auszurichten ist das beste People-Management-Tool, das wir Ihnen empfehlen können. Und es geht Hand in Hand mit der Entstörung der Aufgaben Ihrer Mitarbeiter. Die Umsetzung stärkenbasierter Managementpraktiken verschafft Ihnen zufriedenere, glücklichere und engagiertere Mitarbeiter, die sich selbst und ihr Unternehmen auf ein neues Energie- und Leistungsniveau heben werden.

! **WICHTIG:** *Vergessen Sie nicht, das Genannte auf sich selbst anzuwenden. Eliminieren oder delegieren Sie Aufgaben, die an Ihnen zehren. Ein Beispiel von Verne: er fand jemanden, der es liebt, PowerPoint-Präsentationen zu entwerfen – etwas, dass er überhaupt nicht leiden kann. Und er arbeitet fortlaufend mit verschiedenen CEOs zusammen, die die Gazelles-Familie mit mehreren Firmen leiten. Dadurch hat er mehr Zeit für das, ihn wirklich ausfüllt: die Seminare.*

Sind Sie ein Manager oder ein Leader?

Fragen Sie einen *guten* Manager nach seinem Team. Er wird in Allgemeinplätze verfallen und sagen, dass seine Leute hart arbeiten, verantwortungsvoll sind und Spaß haben. Stellen Sie einem *herausragenden* Manager dieselbe Frage, und er antwortet Ihnen mit einer detaillierten Beschreibung jeder einzelnen Person – ihrer Persönlichkeit, ihren Stärken und ihren Erfolgen. Denken Sie noch einmal an die Analogie mit der TV-Serie „Das A-Team" aus dem letzten Kapitel zurück.

Wenn Sie es schwer finden, die Unterschiede in Ihrem Team zu würdigen, sind Sie wahrscheinlich eher ein Leader als ein Manager. Manager reden über Unterschiede, Leader reden über Gemeinsamkeiten. Herausragende Manager stellen die Unterschiede der Menschen heraus und profitieren von ihnen. Herausragende Leader entdecken die Gemeinsamkeiten, entwickeln daraus eine gemeinsame Vision für eine bessere Zukunft, und versammeln dann die Menschen hinter sich. (Marcus Buckingham erklärt diesen Unterschied zwischen Managern und Leadern in seinem Buch *The One Thing You Need to Know ... About Great Managing, Great Leading, and Sustained Individual Success*[17].)

Unternehmen können mit einem charismatischen Leader (der Schwierigkeiten mit dem Management hat) bis zu einer Größe von 50 Mitarbeitern gut leben. Aber noch bevor sie 100 Mitarbeiter erreichen, muss ein Team von Managern bereitstehen, das die oben genannten fünf Prinzipien umsetzt. Für ein erfolgreiches Wachstumsunternehmen brauchen Sie beides: visionäre Leader und herausragende Manager.

[17] deutsche Übersetzung: *The One Thing - Worauf es ankommt. Über herausragendes Management, exzellente Führung und nachhaltigen Erfolg*

Entwickeln Sie Ihre Talente

Gene Browne, der Mitgründer und CEO von The City Bin Co. aus Galway (Irland), entschied sich 2012 für große Investitionen in die Ausbildung seiner Führungskräfte. Das Unternehmen gründete eine eigene Akademie mit dem Namen „Garbage University“. Sie bietet von September bis Mai – im Gleichklang mit dem akademischen Jahr – alle 14 Tage drei Stunden Training an. In jedem Jahr stehen die Themen der Garbage University unter einem bestimmten Motto. Zum Beispiel ging es im Jahr 2013 um Wachstum – in einem Jahr, in dem das Unternehmen um nahezu 100% von 70 auf 120 Mitarbeiter anwuchs.

Bei MOM's Organic Market lesen Produktmanager jedes Jahr, zusätzlich zu ihrer Manager-Weiterbildung, etwa vier bis fünf Bücher gemeinsam. Die jüngsten Titel auf ihrer Liste umfassten Liz Wisemans *Multipliers: How the Best Leaders Make Everyone Smarter* und Patrick M. Lencionis *The Five Dysfunctions of a Team*. Anderen Büchern entnehmen sie branchenspezifisches Wissen. Ein typisches Beispiel: Maria Rodales *Organic Manifesto*. „Wir haben eine Menge Bücher über die Bio-Branche gelesen", sagt Jon Croft, Ausbildungsleiter des Unternehmens aus dem Großraum Washington D.C.

Damit Ihr Unternehmen wettbewerbsfähig und Ihre Mitarbeiter loyal bleiben, müssen Sie sie durch Ausbildung und Coaching weiterentwickeln. Diese Investition in die Menschen ist der beste Einzelindikator für die Fähigkeit einer Firma, ihre direkten Konkurrenten und den gesamten Markt zu dominieren – so eine umfangreiche Studie von Laurie Bassi, Co-Autorin von *Good Company: Business Success in the Worthiness Era*. Jack Welch, früher CEO bei General Electric, kann das nur bestätigen. Er sagte einmal, dass der RoI der berühmten unternehmensinternen Business School – Crotonville – „unendlich“ sei.

Onboarding – Der erste Eindruck zählt

Bereits bei der Einstellung erhalten Sie die beste Gelegenheit, Ihre Mitarbeiter zu entwickeln und ans Unternehmen zu binden. Die ersten Wochen im Job stellen eine einmalige Chance dar, tiefe Verbindungen herzustellen und neuen Mitarbeitern die DNA des Unternehmens beizubringen. Doch nur wenige Unternehmen machen wirklich Gebrauch von dieser Möglichkeit. Stattdessen fühlen sich die ersten Tage im Job oft mehr wie „Waterboarding“ als wie „Onboarding“ an: kein Schreibtisch, kein Computer, kein Telefon, der neue Chef verreist und der erste Auftrag besteht darin, einem gelangweilten Kollegen zwei Wochen lang hinterherzulaufen.

Unser Freund, der berühmte Sales-Coach Jack Daly, schlägt vor: „Warum richten Sie für Ihre Leute nicht beim Antritt der Stelle eine kleine Party aus, anstatt beim Verlassen des Unternehmens?“ Die Softwarefirma Atlassian aus Sydney schickt jeden neuen Mitarbeiter unabhängig von seiner Position am Wochenende vor Arbeitsbeginn in ein Spa-Resort, um den neuen Job zu feiern. Inklusive dem Partner oder einer anderen Person – so werden beide zu Fans der Firma.

Warum nicht Ballons am Stuhl des Neuankömmlings anbringen, plus unterschriebener Willkommenskarte und Imbiss mit anschließendem Kaffee und Kuchen? Appletree Answers stellt jedem seiner Call-Center-Mitarbeiter einen Herman Miller Aeron Stuhl zur Verfügung. Oder schicken Sie – wie Daly es bei jedem neuen Mitarbeiter macht – einen Geschenkkorb an die Privatadresse/den Ehepartner, der genau am Ende des ersten Arbeitstages eintrifft. Das Onboarding sollte gefeiert werden, nicht der Papierkram. Es sollte eine emotionale Verbindung zwischen dem Neuankömmling und einem möglichst großen Teil des Teams hergestellt werden.

Formale Orientierung

Etablieren Sie einen formalen Orientierungsprozess, um neuen Mitarbeitern die Firmenkultur nahe zu bringen. Das ist besonders effektiv, wenn Sie ihn um reale Arbeitsaufträge herum organisieren und zugleich die Prinzipien und Zwecke des Unternehmens betonen. In den 4 Orientierungswochen bei Zappos müssen alle neuen Mitarbeiter am Telefon arbeiten, damit sie von Anfang an den immensen Wert verstehen, den der Online-Händler aus Las Vegas seinem Kundenservice beimisst.

Das Serviceunternehmen Sapient aus Boston hatte einen unserer Lieblings-Orientierungsprozesse, der noch unter dem Mitgründer J. Stuart Moore eingeführt wurde. Es handelte sich um ein fünftägiges „Bootcamp“, das von einer früheren Grundschullehrerin, die im Unternehmen arbeitete, entworfen wurde. Sie trat an Moore heran, als die Firma die 70-Mitarbeiter-Marke überschritten hatte und warnte ihn, dass die Firmenkultur ausgehöhlt zu werden drohte (das passiert immer, wenn ein Unternehmen diese Größe erreicht). Sie entwarf das Bootcamp so, dass alle Neuen für eine Woche an einer Liste quälender interner Projekte arbeiteten, die niemand sonst angehen wollte (gut, wenn man Neulinge hat!). Während sie an diesen Projekten arbeiteten, wurde jeden Tag ein neues Unternehmensprinzip eingeführt, und am Ende der Woche verstanden alle auf natürlichem Weg den kulturellen und strategischen Ansatz aller Projekte von Sapient.

In Teams von rapide wachsenden Unternehmen ist das Verlangen nach Unterstützung durch neue Kollegen oft so groß, dass an der Zeit für das Onboarding gespart wird. Doch es stellte sich heraus, dass Mitarbeiter, die wie bei Sapient erst durch das Bootcamp gingen, am Ende einer Woche nahezu 100% einsatzbereit waren. Zuvor bedurfte es dafür gewöhnlich einer frustrierenden sechswöchigen Einarbeitungsphase. Sapient skalierte auf 2.500 Mitarbeiter und alle wurden zu Fans des neuen Prozesses.

Bei Blinds.com, einem Online-Händler für Jalousien und Vorhänge aus Houston mit 250 Beschäftigten, macht man eine Schnitzeljagd – als Anreiz, alle neuen Kollegen zu treffen und zu begrüßen, und ihre Quizfragen zur Firma und ihrer Kultur zu beantworten. Gründer und CEO Jay Steinfeld fährt dann persönlich mit den Neulingen zu einer heruntergekommenen Gasse in Houston, wo die Firma 1996 ihr erstes Büro hatte. Dort erzählt er ihnen etwas über die Geschichte und die Prinzipien und Einstellungen des Unternehmens (das im Jahr 2014 von The Home Depot aufgekauft wurde). Merke: Die Einbindung leitender Manager in den Onboarding-Prozess ist äußerst wichtig.

Harvard-Professorin Frances Frei und Gründer-Coach Anne Morriss erinnern in ihrem bahnbrechenden Strategiebuch *Uncommon Service: How to Win by Putting Customers at the Core of Your Business* daran, dass Onboarding wie die Prägung von Jungvögeln direkt nach dem Schlüpfen funktioniert. Die Menschen sind in dieser Phase außerordentlich wohlgesonnen, aufnahme- und lernbereit, und sie saugen alles, was ihnen präsentiert wird, wie ein Schwamm auf. Seien Sie sich also über das Einführungsprogramm für Ihre „Küken" sehr im Klaren. Ihnen einen 200-Seiten-Katalog mit Firmenrichtlinien vorzusetzen, sendet vielleicht nicht das richtige Signal.

Alle Wachstumsunternehmen sind Trainingsunternehmen

Im Rahmen des 20-jährigen Firmenjubiläums der AmRest Holding aus Polen, schaute der Mitgründer und Vorsitzende Henry McGovern zurück auf die Zeit, als die Restaurant-Kette von ihrer ersten Pizza-Hut-Filiale in Wroclaw auf über 18.000 Mitarbeiter und Niederlassungen in ganz Osteuropa, Russland, den USA und China anwuchs. „Wir sind eher ein Trainingsunternehmen als ein Restaurantunternehmen!" sagte er. Allein in Russland investierte AmRest in 20.000 Stunden Training, als es im Jahr 2013 von zwei auf 80 Restaurants aufstockte.

Ein Unternehmen kann nur wachsen, wenn zuerst seine Mitarbeiter wachsen. Ob Jack Welch $50 Millionen in die Akademie Crotonville steckt, The Container Store seinen Neulingen im ersten Jahr 263 Stunden offizielles Training spendiert, oder CJ Advertising aus Nashville seinen Mitarbeitern die Lektüre branchenbezogener Bücher aus der firmeneigenen Bibliothek sponsort – die besten Wachstumsunternehmen sind in erster Linie Trainingsunternehmen.

In den meisten Berufszweigen und Branchen wird das verstanden. Berufspiloten müssen ihre Fähigkeiten – Gott sei Dank – 60 Stunden pro Jahr auffrischen. Von Ärzten verlangt man 45 bis 60 Stunden. Präparatoren und LKW-Fahrer absolvieren jedes Jahr mehr als ein Dutzend Stunden an Training. Doch von Business Professionals an der Spitze ihrer Unternehmen wird nicht eine einzige Stunde gefordert. Wir hoffen, dies ändern zu können. Wir verlangen von unseren Scaling Up Certified Coaches, dass sie 45 Stunden jährlich auf die fachliche Weiterbildung verwenden, um ihr Zertifikat behalten zu dürfen. Die fortschrittlichsten unter unseren Kunden beginnen ebenfalls, auf allen Ebenen der Firma und unter der Aufsicht ihrer CFOs, eine bestimmte Stundenzahl an kontinuierlicher Fortbildung einzufordern. (Für den Anfang empfehlen wir 12 Stunden für einfache Angestellte, 25 Stunden für das mittlere Management und 45 bis 60 Stunden für leitende Manager.)

Haben Sie Sorge, zu viel Geld in Trainings von Mitarbeitern zu investieren, die im Anschluss vielleicht die Firma verlassen? Die Forschung zeigt eindeutig, dass Training und Mitarbeiterentwicklung die Loyalität überproportional steigert. Abgesehen davon: was wäre die Alternative? Möchten Sie wirklich nicht, dass Ihre Mitarbeiter bestmöglich auf ihre Aufgaben vorbereitet sind?

Wie viel sollten Sie nun in Trainings investieren? Die Antwort fällt natürlich immer unterschiedlich aus, aber 2 bis 3 Prozent Ihrer Gehaltskosten sind ein guter Benchmark. Wen sollten Sie fördern? Leitende Angestellte, mittleres Management, einfache Mitarbeiter? Alle Genannten brauchen Trainings. Konzentrieren Sie sich aber zunächst auf die mittleren Führungskräfte. In den meisten Wachstumsunternehmen haben sie den härtesten Job und sind am wichtigsten für das Engagement und den Zusammenhalt der Teams – werden aber selten ausreichend darauf vorbereitet.

Die Garbage University

Bei The City Bin Co. betreibt Browne, der früher in seiner Karriere einmal als Dozent an einer Business School arbeitete, die Garbage University – komplett mit eigenem Lehrplan und Hausaufgaben. Manchmal nimmt sein Führungsteam dort gemeinsam Fallstudien aus der *Harvard Business Review* durch. Ein anderes Mal schauen sie sich ein Video von ScaleUp an oder behandeln einzelne Kapitel aus Business-Büchern, immer auf der Suche nach wertvollen Lektionen für das Wachstum ihres Unternehmens. „Wir führen regelmäßig Gespräche darüber, was wir lernen und auf unser Business anwenden können", sagt Browne.

Browne entwirft den Lehrplan, durch den das Programm seinen roten Faden erhält. Um Ihnen ein Beispiel zu geben, wie es funktioniert: ein Bestandteil des

Lehrplans für 2012 war „Social Media für Unternehmen". Das Führungsteam gewann wichtige Erkenntnisse aus David Meerman Scotts Buch *The New Rules of Marketing & PR: How to Use Social Media, Online Video, Mobile Applications, Blogs, News Releases, and Viral Marketing to Reach Buyers Directly* und sah sich diverse YouTube-Videos an, die Scotts Thesen untermauern. In der Folgewoche konzentrierten sich die Manager von City Bin auf die Verbesserung ihrer Schreibfähigkeit und wiederholten häufige Zeichensetzungsfehler.

In anderen Diskussionen ging es um Themen wie Leadership, Strategie, Kundenservice, Vertrieb, Szenarien planen sowie Tony Schwartz´ Prinzipien des Energiemanagements.

Es handelt sich hier nicht nur um Wohlfühlseminare. Durch die neue Partnerschaft mit Averda aus Dubai, in deren Leitungsgremium Browne sitzt, geht es für The City Bin um die Expansion in neue Märkte und das Team muss gut auf alle Eventualitäten vorbereitet sein – sei es die Lizenzierung der eigenen Software, Franchising oder Vertragsverhandlungen mit weit entfernten Stadtverwaltungen. „Wir müssen nicht unbedingt bei einer Million Haushalten den Müll abtransportieren", so Browne. „Wir sind schon durch unsere Software in einer Million Haushalten präsent". Über ein Team zu verfügen, dass schnell auf alle Situationen reagieren kann, ist zu einem Schlüsselprinzip des Wachstums von The City Bin geworden – und Browne weiß das.

Lernen im Internet

Langjährige Kunden wie AmRest und The City Bin profitieren auch von Bildungsangeboten im Internet. MOM's Organic Market lässt regelmäßig Mitglieder seines Führungsteams gemeinsam Webcasts zu Themen ansehen, die ihnen helfen sollen, sich professionell und persönlich weiterzuentwickeln. Die Videos werden alle sechs bis acht Wochen in Meetings gezeigt. „Das sind Learning-Events, eingebettet in Meetings, die ohnehin geplant waren", sagt Croft, der Leiter der Trainingsabteilung.

Die gesamte Firma schaut sich die 45- bis 75-minütigen Online-Seminare als Gruppe an, und dann führt ein leitender Regionalmanager ein 30- bis 60-minütiges Reflexionsgespräch über die Inhalte, so Croft. Bei einem Meeting im März 2014 schauten einige Produktmanager und eine Gruppe von Angestellten, die sich für Managementpositionen interessierten, gemeinsam Malcolm Gladwells Video-Seminar *Outliers: Why People Are Successful*, on demand verfügbar auf *scalingup.com*.

„Die Idee dahinter ist es, wenn Sie so wollen, aufstrebenden Führungskräften verschiedene Gedanken zum persönlichen Wachstum, dem Wachstum als

Unternehmen, und dem Wachstum von Einheiten innerhalb des Unternehmens näherzubringen", erklärt Croft.

MOM's ermutigt seine Mitarbeiter aktiv dazu, alles Gelernte am Arbeitsplatz anzuwenden. Am Ende jeder Diskussion werden die Anwesenden gefragt: „Was könnt ihr davon mitnehmen und in eure tägliche Arbeit integrieren?" Erst vor kurzem weitete MOM's das Programm auch auf seine Mitarbeiter auf Stundenbasis aus. An Sonntagabenden wurde für diese Angestellte in einigen Filialen ein Online-Video zu *The Happiness Advantage* von Shawn Achor ausgestrahlt.

„Scott war sehr darum bemüht, dass wir irgendeinen Weg fänden, noch mehr Mitarbeitern diese Gelegenheit zu geben", sagt Croft. Der Chef der Trainingsabteilung, der die Sitzungen mit dem Team leitete, sagte später, die Diskussionen seien „genauso gut – wenn nicht besser und energiegeladener, leidenschaftlicher und spannender – gewesen wie alle vorangegangenen Sitzungen desselben Jahres."

Neben der Tatsache, dass es eine gute Gelegenheit zum Lernen war, hat das *The Happiness Advantage* Video die Unternehmensprinzipien bekräftigt. „Als Unternehmen legen wir viel Wert darauf, ganze Menschen zu sein", sagt Croft. „Wir legen viel Wert auf eine positive Einstellung zum Leben, die unser Arbeitsleben, aber auch jeden anderen Aspekt berührt. Es wäre schon toll, wenn jeder einzelne herausfinden würde, wie er *The Happiness Advantage* am Arbeitsplatz für sich nutzen kann. Dennoch geht es um viel mehr. Es geht um den Schmetterlingseffekt, den jeder von uns auf andere haben kann."

Wie wir am Anfang des Kapitels bereits erwähnten, ermuntert MOM's seine Mitarbeiter dazu, einige Zeit für die Lektüre von Fachliteratur zu reservieren. Es wurde ein Auswahlkomitee gegründet, das anregende Bücher für Gespräche in den Führungsrunden auswählen soll. Damit seine Mitarbeiter auch wirklich etwas aus jedem Buch lernen, erstellt Croft Arbeitsblätter, auf denen die Manager vermerken, welche Erkenntnisse sie im Alltag umsetzen können und welche fünf wichtigsten Punkte sie am liebsten allen Mitarbeitern auf den Weg geben würden.

Bei einigen Büchern bittet die Firma ein Teammitglied, eine offizielle Präsentation zu einem ausgewählten Kapitel zu halten. „Um Multiplikationseffekte zu generieren, haben wir einige der Übungen gemacht, die Liz Wiseman im Buch ‚*Multipliers*' vorschlägt", meint Croft. „Unsere Führungskräfte ziehen eine Menge aus diesem Buch. Ich glaube, die Übungen waren das Fundament dafür."

Ein Buch wurde zum Hit in Crofts *Team: The Weekly Coaching Conversation: A Business Fable About Taking Your Game and Your Team to the Next Level* von Brian Souza.

„Manager lieben dieses Buch und die Gespräche, die dadurch entstehen", sagt Croft.

Ein weiteres Buch führte zu anregendem Feedback, und zwar *Lean In: Women, Work, and the Will to Lead*[18] von Sheryl Sandberg von Facebook. Es gab eine vierstündige Diskussion innerhalb des Führungsteams – Croft hatte angenommen, sie würde nur zwei Stunden dauern – und der anwesende Leiter von MOM's Personalabteilung hatte Mühe sich alle Vorschläge zu notieren, wie man das Unternehmen familienfreundlicher machen könnte. Als ein Ergebnis der Runde entschied CFO Kelly Moler, ein Komitee einzusetzen, dass an den vorgeschlagenen Initiativen arbeiten sollte. „Wir werden einen genauen Blick auf unsere Richtlinien und Prozesse werfen", sagt Croft.

In der Zwischenzeit hat Croft bereits die nächste Gesprächsrunde zu *Lean In* geplant, an der sowohl weibliche als auch männliche Beschäftigte aus den Filialen teilnehmen sollen. „Ich glaube, es gibt einen Bedarf, diese Unterhaltungen nicht nur mit dem einen oder dem anderen Geschlecht zu führen", ist er überzeugt.

All diese Weiterbildungsmaßnahmen zahlen sich offensichtlich aus: MOM's setzt sein rapides Wachstum fort und erreicht gleichzeitig ein Vierfaches der branchenüblichen Produktivität – in einem Bereich, der nicht gerade berühmt ist für seine Investitionen in Training und Entwicklung der Mitarbeiter.

Mitarbeiterentwicklung durch Coaching

Wie schon das „People Analytics Team" bei Google herausfand, sind Einzel-Coachings der Erfolgsfaktor Nummer 1 für gutes Management. Noch einmal: das ist der Grund, warum wir versuchen, den Begriff „Manager" still und leise auszuschleichen und ihn durch „Coach" zu ersetzen (z.B. „Sales Coach" vs. „Sales Manager").

Die beste Anleitung zu Coachings findet man in Ken Blanchards und Paul Herseys Konzept des „Situational Leadership". Das ist ein Leitfaden für Führungskräfte, den richtigen Mix aus Fordern und Fördern zu finden – je nach Kompetenz und Selbstvertrauen der gecoachten Person.

Auf der Basis dieses Modells können Manager ihre Mitarbeiter durch einen Entwicklungszyklus führen, der Schritt für Schritt die Notwendigkeit von Aufsicht und Unterstützung reduziert, bis eine Aufgabe vollständig an die Person delegiert werden kann. Der Ansatz in jeder Phase des Zyklus muss der jeweiligen Aufgabenstellung folgen. Während die eine Aufgabe genaue Instruktionen erfordert, ist für die nächste eventuell nur wenig davon oder gar keine Begleitung notwendig. Wenn Sie mehr Einblick in dieses machtvolle Coaching-Modell gewinnen möchten, lesen Sie die kurze Management-Fabel *Leadership and the*

[18] deutsche Übersetzung: *Lean In: Frauen und der Wille zum Erfolg*

One Minute Manager: Increasing Effectiveness Through Situational Leadership[19] von Ken Blanchard, Patricia Zigarmi und Drea Zigarmi.

Wie jedes andere Tool braucht auch dieses einen gewissen Rhythmus, um wirklich effektiv zu sein. Regelmäßig angesetzte Einzel-Coachings sind hier hilfreich, und sie ersetzen die gefürchteten vierteljährlichen oder jährlichen Leistungsfeedbacks (die ohnehin zeitlich viel zu weit von den änderungsbedürftigen Verhaltensweisen und Ergebnissen entfernt sind). Setzen Sie einen genauen Termin jede Woche oder Monat an – abhängig von der Kompetenz und Reife des Mitarbeiters – und halten Sie ihn ein. Wiederholte Absagen lassen den Rückschluss zu, der Termin sei unwichtig. Falls Sie monatlich coachen, ist eine Stunde angemessen. Bei wöchentlichen Coachings sollten es 20 bis 30 Minuten sein.

Nutzen Sie diese Gespräche, um individuelle KPIs, Prioritäten und die wichtigen Kennziffern aus Spalte 7 des OPSP durchzugehen. Anerkennen Sie gute und analysieren Sie unterdurchschnittliche Leistungen, und besprechen Sie Verfahrensweisen, wie man zurück in die Spur kommen kann. Stellen Sie Fragen, um den Blick auf die Prozesse zu richten, anstatt über Resultate zu jammern. Geben Sie auch Feedback zum Umgang mit Unternehmensprinzipien und entwickeln Sie – falls nötig – Strategien zur Änderung des Verhaltens. Zögern Sie das Coaching nicht hinaus. Zeitiges Feedback ist am effektivsten. Es ist leichter bekömmlich und beugt der Entwicklung schlechter Angewohnheiten vor.

Zuletzt sollten Sie Ihre Mitarbeiter verschiedenen Erfahrungen aussetzen, um sie weiterzuentwickeln (10 Jahre Berufserfahrung ist nicht dasselbe wie ein Jahr, zehnmal wiederholt). Stellen Sie Ihre Mitarbeiter vor neue Herausforderungen, indem Sie regelmäßig deren Aufgaben und Verantwortlichkeiten verändern. So findet erfahrungsgestütztes Lernen statt, besonders wenn diese Herausforderungen an die Stärken der Mitarbeiter appellieren. Hinterfragen Sie die Aufgabenliste jedes Mitarbeiters in Ihren Coaching-Gesprächen (machen Sie z.B. die „Lieben oder Hassen"-Übung). Suchen Sie nach Gelegenheiten, den Wirkungskreis auf Aufgaben zu verlagern, welche dieser Person sowohl liegen, als auch eine Herausforderung für sie darstellen.

Betten Sie die Entwicklungsgespräche in einen Rahmen ein, in dem Sie Ihre Einschätzungen des Marktes, der Branche und der Firma mitteilen und zugleich zeigen, wie die Pläne, Bemühungen und Träume Ihrer Mitarbeiter sich in dieses größere Bild fügen. Wenn Sie das nächste Lernerlebnis für Ihre Mitarbeiter planen, erläutern Sie Ihnen, dass es in den heutigen flachen Unternehmenshierarchien nicht mehr darauf ankommt, die sprichwörtliche Karriereleiter hinaufzuklettern. Moderne Karrieren gleichen eher dem Prozess des Bergsteigens, wo der Gipfel nicht unbedingt das Ziel sein muss. Es um die Felsnase herum zu

[19] deutsche Übersetzung: *Der Minuten-Manager: Führungsstile. Wirkungsvolleres Management durch situationsbezogene Menschenführung*

schaffen, oder einen bestimmten Aussichtspunkt zu erreichen, kann sogar noch aufregender und lohnender sein.

Und vor allem: Gestalten Sie die Coachings situationsbezogen. Noch einmal: lesen Sie Blanchards Buch über „Situational Leadership". Wir empfehlen außerdem Beverly Kayes und Julie Winkle Giulionis Buch *Help Them Grow or Watch Them Go: Career Conversations Employees Want*. Es ist ein sehr gutes Nachschlagewerk mit vielen praktischen Tipps und Richtlinien, wie man Einzelgespräche strukturiert. Mit Brian Souzas Buch *The Weekly Coaching Conversation* erhalten Ihre Manager die für Coachings richtige Einstellung. Und schließlich lesen Sie noch die Kapitel 5 und 6 aus Marcus Buckinghams und Curt Coffmans Buch *First, Break All the Rules: What the World's Greatest Managers Do Differently*. Sie lernen dort eine Menge über an Stärken orientiertes Management und Coaching.

„Herausragende Coaches holen beständig das Beste aus ihren Leuten *heraus*, weil sie beständig das Beste *in* sie hineinlegen", schreibt Souza. Menschen zu managen ist schwer, weil Menschen so komplex sind. In den modernen Arbeitsumgebungen, mit hohem Druck, verliert man sich leicht im Kampf um Resultate und vergisst die komplexen menschlichen Wesen, ohne die man überhaupt keine Resultate erzielen würde. Wir tun gut daran, uns immer wieder in Erinnerung zu rufen, dass sowohl im Business wie auch im Leben der Weg das Ziel ist, nicht das Ziel selbst. Oder, um Souza zu zitieren, der den tieferen Zweck des Coachings in schönen Worten beschreibt: „Wenn alles gesagt und getan ist und wir die Reise, die wir Leben nennen, beenden: am meisten zählt nicht, was wir erreicht haben, sondern viel mehr, was wir geworden sind."

Mit diesen Worten im Hinterkopf, beenden wir das Kapitel mit einer Bitte: Menschen sind keine Ressourcen, die man konsumiert. Vielleicht überdenken Sie noch einmal den Namen der Abteilung, die sich um sie kümmert: Nennen Sie sie „Talententwicklung", „Human Relations", „People Support", oder „Abteilung People-Experience" – je nachdem, was besser zu Ihrer Unternehmenskultur passt. Alles, nur bitte nicht „Human Resources".

SCALING UP STRATEGY

STRATEGY EINFÜHRUNG

SCHLÜSSELFRAGE: *Können Sie die Strategie Ihres Unternehmens in einfachen Worten beschreiben? Und zeigt sich ein nachhaltiges Wachstum bei Umsätzen und Roherträgen?*

Die Pizza wird in maximal 30 Minuten geliefert – oder sie ist kostenlos. Das war mit wenigen Worten die Strategie von Tom Monaghan, Gründer von Domino's Pizza und Milliardär (derzeit spendet er sein gesamtes Vermögen). Ein halbes Jahrhundert später passte Domino's seine Strategie an, konzentrierte sich mehr auf Qualität, verlangsamte die Zustellung etwas, und das Wachstum kam zurück. In nur 36 Monaten nach diesem Strategiewechsel verdreifachte sich der Wert des Unternehmens.

Eine ähnlich klare und differenzierte Strategie – gestützt von einer starken Firmenkultur, die das Nutzenversprechen einlösen kann – ist für jedes Unternehmen der Schlüssel zum Wachstum.

Wie können Sie also wissen, dass Sie eine branchenführende, den Wettbewerb dominierende Strategie haben? Die beiden wichtigsten finanziellen Indikatoren sind ein stabiles Umsatzwachstum und steigende Roherträge pro Dollar (dies ist der wirkliche Indikator für viele Firmen, wir werden das Thema im Kapitel „Das Rechnungswesen" behandeln). Kunden, die Ihnen die Tür einrennen und all ihre Bekannten mitbringen, sind ein weiterer Indikator! Wenn Sie umgekehrt keine Killer-Strategie haben, wird Ihr Unternehmen kontinuierlichen Preisdruck erfahren, und Ihre Produkte und Services geraten in einem überfüllten Markt unter Konkurrenzdruck.

Woher können Sie außerdem wissen, ob Sie eine Strategie haben? Sagen Sie 20 Mal häufiger „Nein" als „Ja"? Nein zu der steigenden Zahl von Chancen, die sich Ihnen bieten? Nein zu Kunden, die nicht zu Ihrem Geschäftsmodell passen? Nein zu 19 von 20 Menschen, die bei Ihnen arbeiten möchten (weil Ihr Marketing für einen kontinuierlichen Bewerberstrom sorgt)? Etc.? Wir verstehen wohl, dass Sie anfangs zu allem und jedem „Ja" sagen müssen. Aber Sie sagen nur so lange „Ja", bis Sie sich den Luxus leisten können, auch einmal „Nein" zu sagen (lesen Sie diesen Satz noch einmal). Unternehmer mit einer ausgefeilten Strategie wissen genau, wann Sie „Ja" sagen müssen, und – noch viel wichtiger – wann sie „Nein" sagen können.

Die Arbeit an einer fundierten Strategie ist zeitraubend, denn der Markt verändert sich ständig. Um den großen preußischen General Carl von Clausewitz zu paraphrasieren: die Strategie ist immer nur so gut wie das nächste Aufeinandertreffen mit dem Gegner (bzw. mit einer Entscheidung Ihrer Wettbewerber). Daher ist es so wichtig, dass das Führungsteam Woche für Woche an der Strategie arbeitet, ungestört vom nervtötenden Tagesgeschäft. Die Tools, Gewohnheiten und Grundsätze im Kapitel „Execution" werden Ihnen dazu den nötigen Freiraum verschaffen.

Top-Unternehmensstrategen werden oft mit Schach-Großmeistern verglichen. Es kursiert aber die falsche Vorstellung, dass diese Spieler mehr Züge berechnen können als Meister oder Anfänger. Das können sie nicht. Ihr Vorteil besteht schlicht darin, 10-mal mehr NÄCHSTE Züge in ihrem Repertoire zu haben – je nach der aktuellen Strategie ihrer Gegner. Machen Sie sich daher auf und holen sich Hilfe von Mentoren, Ratgebern und Consultants, die hunderte von Strategien für hunderte von Firmen entwickelt haben – sie haben die „nächsten Züge" in ihrer Trickkiste.

Wege zu einer marktbeherrschenden Stellung

Vernes Mentor Hermann Simon schrieb das maßgebliche Buch über inhabergeführte Wachstumsunternehmen: *Hidden Champions of the 21st Century*[20]. Simon konnte aus seinem Studium Tausender mittelständischer Unternehmen, die ihre Nischen weltweit dominieren, sieben Lektionen ableiten. Lesen Sie hier eine exzellente Zusammenfassung: *http://www.whiteboardmag.com/hidden-champions-1-what-german-companies-can-teach-you-about-innovation/*. Sie beinhaltet eine Schlüsselformel, mit der Sie Ihre Konkurrenz überflügeln können. Allein dafür lohnt sich die 7-minütige Lektüre von Simons sieben Lektionen.

Daneben ist auch Salim Ismails bahnbrechendes Buch *Exponential Organizations: Why new organizations are ten times better, faster, and cheaper than yours (and what to do about it)*[21] eine Pflichtlektüre, wenn Sie Ihr Unternehmen verzehnfachen möchten. Die gleichen Strategien wurden von den „Unicorns" (Einhörnern) aus dem Silicon Valley für ihr Wachstum verwendet (Start-ups, die schnell auf $1 Milliarde Unternehmenswert wachsen). Einen umfangreichen Online-Kurs von Ismail finden Sie bei *www.growthinstitute.com*.

Kapitelübersicht

Das erste Kapitel, „Der Kern", verbindet die People- und die Strategy-Handlungsbereiche und untersucht den Kern des Unternehmens: seine Prinzipien und Einstellungen, seinen Sinn und Zweck und seine Kernkompetenzen. Ein starker Kern ist die Grundlage für eine effektive Strategie. Wir zeigen spezifische Ansätze, wie man jedes dieser Elemente mit Leben füllt, und besprechen, wie

[20] deutsche Übersetzung: *Hidden Champions des 21. Jahrhunderts*

[21] deutsche Übersetzung: *Exponentielle Organisationen*

man aus diesem Kern mit Hilfe der People-Systeme (HR) eine starke Unternehmenskultur formt – und einem Kulturverfall vorbeugt, während das Unternehmen wächst. Eine schwache Unternehmenskultur macht jede Strategie zunichte.

Das zweite Kapitel, „Die 7 Facetten der Strategie", führt Sie durch ein Rahmenwerk, mit dem Sie einen im Branchenvergleich überlegenen Plan entwerfen können. Es vereint einige der bekanntesten Strategieansätze – von Michael Porter, Jim Collins, Frances Frei und Bob Bloom – in einem einzigen Leitfaden. Das ganzseitige Arbeitspapier zu den 7 Facetten der Strategie hilft Ihnen, die strategische Denkarbeit für den One-Page Strategic Plan (OPSP) zu leisten und das Nutzenversprechen Ihres Unternehmens, sein großes, verwegenes Ziel (Big Hairy Audacious Goal, BHAG®), sowie andere Komponenten zu definieren.

Im dritten Kapitel, „Der One-Page Strategic Plan ", führen wir unsere neue SWT-Analyse (Stärken, Schwächen und Trends) ein – durch unsere Erweiterung der herkömmlichen SWOT-Analyse (Stärken, Schwächen, Chancen, Risiken) können Sie Ihren strategischen Plan vorbereiten. Wir führen Sie durch den OPSP und das neue ganzseitige „Vision Summary" (Zusammenfassung der Vision), mit dem Sie einen visuell ansprechenderen und einfacheren Ansatz zur Kommunikation Ihres strategischen Plans erhalten.

Vier ganzseitige Strategy-Tools werden in diesem Kapitel vorgestellt:

1. **7 Facetten der Strategie:** ein Leitfaden, wie Sie verschiedene wichtige Strategie-Komponenten zu einem stimmigen Plan verbinden
2. **Vision Summary:** ein vereinfachter OPSP – sehr nützlich, um Ihre Vision mit den Mitarbeitern, Kunden, Shareholdern, etc. zu teilen
3. **SWT-Analyse:** ein neues Tool zur Vorbereitung der Strategieplanung, welches die SWOT-Analyse erweitert
4. **OPSP:** ein ganzseitiges Arbeitsblatt, um die Vision der Firma einzufangen – von den Prinzipien und Einstellungen bis hin zum Quartals-Motto (und allem dazwischen)

Strategy: Die 7 Facetten der Strategie

Name Unternehmen:

Worte, die wir „besitzen"

Spielwiese (Sandbox) und Nutzenversprechen

Wer/Wo (Zielkunden)	Was (Produkt und Service)	Nutzenversprechen	KPIs

Garantie bezüglich Nutzenversprechen (Katalytischer Mechanismus):

Strategie in EINEM Satz (Schlüssel, um Geld zu verdienen):

Aktivitäten/Prioritäten (3-5):

Faktor X (10-100facher Vorteil):

Gewinn pro X (Economic Engine):

BHAG* (10- bis 25-Jahresziel):

**BHAG ist eine eingetragene Marke von Jim Collins und Jerry Porras.*

Ganzseitige Vorlage des Tools zum Download auf *scalingup.com*, die deutsche Version finden Sie auf *scaleup.de*.

Strategy: Stärken, Schwächen, Trends (SST)

SCALING UP
A GAZELLES COMPANY

Trends

Was sind die signifikanten Veränderungen in Technologie, Vertrieb, Produktinnovationen, Markt-, Kunden- und sozialen Trends in der Welt, die unser Geschäft beeinflussen könnten?

Stärken/Kernkompetenzen

Welches sind die inneren Stärken unserer Organisation, die unseren Erfolg ausmachen?

Schwächen

Welches sind die inneren Schwächen unserer Organisation, die sich nicht so schnell verändern?

Ganzseitige Vorlage des Tools zum Download auf *scalingup.com,* die deutsche Version finden Sie auf *scaleup.de*.

Strategy: Kompakter Strategieplan

Name Unternehmen:

People (Reputations-Treiber)

Mitarbeiter	*Kunden*	*Gesellschafter*
1.	1.	1.
2.	2.	2.
3.	3.	3.

EINSTELLUNGEN/PRINZIPIEN (So „ticken" wir/nicht)	**SINN UND ZWECK** (Warum gibt es uns?)	**ZIELE (3-5 JAHRE)** (Wo wollen wir hin?)	**SACHZIELE (1 JAHR)** (Was tun wir kurzfristig dafür?)
		Datum Umsatz EBIT Rendite ***Sandbox***	Geschäftsjahr Umsatz EBIT Rendite FCF Lagerumschlag Umsatz/Mitarbeiter Kundenzufriedenheit Neukunden
	Aktivitäten *Wie leben wir Haltung, BHAG®, Zweck* 1 2 3 4 5	***Vorstöße/Aktionen*** *3-5 Jahres Vorstösse* 1 2 3 4 5	***Hauptinitiativen*** *1 Jahres Prioritäten* 1 2 3 4 5
	Gewinn pro X	**Kennzahl zum Nutzenversprechen**	**Entscheidende Kennz.:** **People oder Bilanz** ■ ■ ■ *zwischen grün und rot* ■
	BHAG®	**Nutzenversprechen**	**Entscheidende Kennz.:** **Prozess oder G&V** ■ ■ ■ *zwischen grün und rot* ■

Stärken/Kernkompetenzen	Schwächen
1.	1.
2.	2.
3.	3.

BHAG ist eine eingetragene Marke von Jim Collins und Jerry Porras.

Ganzseitige Vorlage des Tools zum Download auf *scalingup.com*, die deutsche Version finden Sie auf *scaleup.de*.

Ihr Name: | Datum: | SCALING UP A GAZELLES COMPANY

Process (Produktivitäts-Treiber)

Make/Buy	*Vertrieb*	*Rechnungswesen*
1.	1.	1.
2.	2.	2.
3.	3.	3.

AKTIONEN (QUARTAL) (Wie machen wir das?)	MOTTO (QUART./JAHR)	IHRE VERANTWORTUNG (Wer/Wann?)

Quartal	
Umsatz	
EBIT	
Rendite	
FCF	
Deb. Ziel	
Lagerumschlag	
Umsatz/Mitarbeiter	
Neukunden	

Deadline:	
Messbares Ziel/Entscheidende Kennz.	

Titel des Mottos

	Ihre Ziel-Kennzahl	*Ziel*
1		
2		
3		

Rocks/Quartals-Prioritäten

Herausforderungen/Steine, die wir aus dem Weg räumen müssen

		Wer
1		
2		
3		
4		
5		

Skizze Scoreboard

Skizzieren Sie hier, wie die Anzeigentafel aussehen könnte

	Ihre Quartals-Prioritäten	*Wann*
1		
2		
3		
4		
5		

Entscheidende Kennz.: People oder Bilanz

- ■
- ■
- ■ *zwischen grün und rot*
- ■

Feier/Party

Entscheidende Kennz.: People oder Bilanz

- ■
- ■
- ■ *zwischen grün und rot*
- ■

Entscheidende Kennz.: Prozess oder G&V

- ■
- ■
- ■ *zwischen grün und rot*
- ■

Prämie

Entscheidende Kennz.: Prozess oder G&V

- ■
- ■
- ■ *zwischen grün und rot*
- ■

Trends

1.
2.
3.
4.
5.
6.

Ganzseitige Vorlage des Tools zum Download auf *scalingup.com*, die deutsche Version finden Sie auf *scaleup.de*.

Strategy: Zusammenfassung Vision

SCALING UP
A GAZELLES COMPANY

EINSTELLUNGEN/PRINZIPIEN	SINN UND ZWECK	NUTZENVERSPRECHEN

BHAG®

STRATEGISCHE PRIORITÄTEN

3-5 Jahre	1 Jahr	Quartal

Ihr Name: ____________

Ihre Ziel-Kennzahl		**Ziel**
1		
2		
3		

Entscheidende Kennz.: People oder Bilanz

- ■
- ■
- ■ *zwischen grün und rot*
- ■

Entscheidende Kennz.: Prozess oder G&V

- ■
- ■
- ■ *zwischen grün und rot*
- ■

Ihre Quartals-Prioritäten		**Wann**
1		
2		
3		
4		
5		

BHAG ist eine eingetragene Marke von Jim Collins und Jerry Porras.

Ganzseitige Vorlage des Tools zum Download auf *scalingup.com,* die deutsche Version finden Sie auf *scaleup.de.*

6

DER KERN

Prinzipien und Einstellungen, Sinn und Zweck des Unternehmens und Kernkompetenzen

EXECUTIVE SUMMARY: *Erfolgreiche Athleten kennen die Vorteile eines starken Körperzentrums – unabhängig von der Sportart. Wachstumsunternehmen benötigen für eine starke Unternehmenskultur einen ähnlich starken Kern. In diesem Kapitel besprechen wir die Praxisrelevanz von Core Values (also Prinzipien und Einstellungen), Sinn und Zweck des Unternehmens und Kernkompetenzen im Prozess Ihres Wachstums. Wir erklären, wie man dem Unternehmenskern Geltung verschafft, damit er mehr ist als ein paar Stichpunkte am Schwarzen Brett. Wir erläutern acht Wege, wie Sie Ihren Kern zum Erfolg der People-Systeme (HR) in Ihrem Unternehmen einsetzen können, und nutzen dafür eine Fallstudie des Unternehmens Appletree Answers.*

John Ratliff weiß, wie wichtig die Artikulation und Kommunikation des Kerns eines Unternehmens ist: seine Prinzipien und Einstellungen, sein Sinn und Zweck, sprich sein eigentliches Anliegen, und seine Kernkompetenzen. Ratliff ist der Gründer und frühere CEO eines Unternehmens für Kundenservice und Call-Center-Dienstleistungen namens Appletree Answers mit 650 Angestellten aus Delaware. Er baute das Unternehmen (welches er im Juni 2012 an Stericycle Communication Solutions verkaufte) aus 24 kleineren Firmen auf, die er im Laufe der Zeit erwarb, und es verfügt über eine ebenso große Zahl an weit verstreuten Standorten. Neben der Aufgabe, die teilweise Tausende Kilometer voneinander entfernt liegenden Standorte zu managen, musste sein Führungsteam wiederholt besorgte Gruppen von Mitarbeitern in die Unternehmenskultur integrieren, die sich nach der Übernahme plötzlich unter einem neuen Management wiederfanden. Gegen Ende dieses Kapitels werfen wir einen genauen Blick auf Appletrees Ansatz und wie sie dort den Kern und die Kultur stark machen.

Erfolgreiche Athleten brauchen einen starken Kern – oder Körperzentrum – damit sie über Stabilität, Kraft und Kontrolle verfügen. Ohne ihren Kern riskieren auch wachsende Unternehmen Instabilität durch gesellschaftliche Herausforderungen, Konzentrationsverlust, Verlust von Engagement und Esprit. Während sie über die Autobahn rasen, fliegen ihnen sprichwörtlich die Räder um die Ohren. Und genauso wie ein starkes Körperzentrum auf einer starken

Rumpfmuskulatur aufbaut, gibt es auch in Unternehmen drei äquivalente Muskelstränge im Zentrum ihrer Organisation: Prinzipien und Einstellungen, Sinn und Zweck und Kernkompetenzen.

Dieser Kern verbindet in unserem Modell der 4 Handlungsbereiche die Bereiche People und Strategy. Wenn das Unternehmen erst einmal auf über 50 bis 70 Mitarbeiter gewachsen ist – jene Größe, bei der die leitenden Manager nicht mehr jeden beim Namen kennen oder gar ein „Kulturverfall" droht – muss der Kern unbedingt kodifiziert und kontinuierlich artikuliert und bestärkt werden.

Diese drei grundlegenden Merkmale des Unternehmens werden auf der linken Seite des One-Page Strategic Plans (OPSP) festgehalten, formen dort den Buchstaben „C" für Core (der schattierte Bereich des Diagramms), und sie repräsentieren Herz und Seele der Organisation.

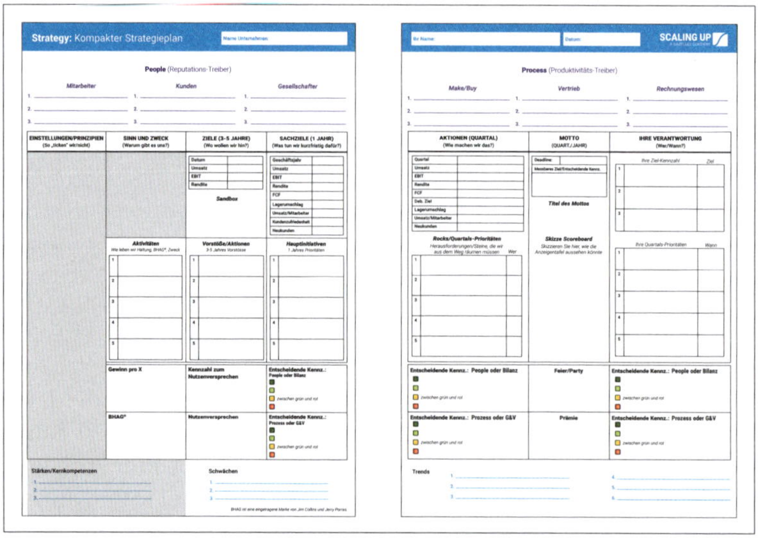

Werfen wir nun einen Blick auf jede der Komponenten des Kerns und wie sie definiert werden. Wir geben praktische Tipps, wie jede einzelne den Fokus und die Kultur des Business untermauert.

Die Core Values – Prinzipien und Einstellungen

Hatim Tyabji skalierte sein Unternehmen VeriFone von $31 Millionen auf $600 Millionen in nur 11 Jahren, und dominierte schließlich den globalen Markt mit der Abwicklung von Kreditkarten-Transaktionen. Sein Leadership-Tool, so sagt er, war ein kleines neunseitiges „blaues Buch", übersetzt in acht Sprachen, welches die

Core Values (Prinzipien und Einstellungen) der Unternehmenskultur von VeriFone erklärte. Als Tyabji als CEO begann, hatte er erkannt, welche Regeln VeriFone bis zu diesem Zeitpunkt so erfolgreich gemacht hatten. Er schrieb das blaue Buch und „während der folgenden 11 Jahre wiederholte ich mich einfach", wie er meint. Er leitete den Turnaround von Best Buy als Chairman (seit 2015 im Ruhestand) und holte 2013 den Gründer Richard Schulze als Ehrenvorsitzenden zurück ins Unternehmen – ein klares Zeichen dafür, dass das Unternehmen in seinen Anfängen und seinen vier Prinzipien und Einstellungen verwurzelt bleibt. Ein klares Indiz, dass die Firma in ihren Anfängen und ihren vier Prinzipien und Einstellungen verwurzelt bleiben möchte.

Prinzipien und Einstellungen (Core Values) sind die Regeln und Grenzen, welche die Kultur und die Persönlichkeit des Unternehmens bestimmen, und einen gültigen Lackmustest („So ticken wir/nicht") für alle Verhaltensweisen und Entscheidungen der Mitarbeiter darstellen. Es ist besonders wichtig, dass die Top-Manager mit gutem Beispiel vorangehen, und ihr eigenes Verhalten und ihre Entscheidungen mit den Prinzipien in Einklang bringen.

Wenn die Prinzipien und Einstellungen das gesamte Unternehmen durchdringen, kann das Führungsteam vermeiden, von den vielen Problemen des operativen Tagesgeschäfts absorbiert zu werden. Die Regel lautet: „Wenn du glaubst, mich für etwas um Erlaubnis bitten zu müssen, befrage erst einmal unsere Prinzipien und Einstellungen!" So erhält das Management den Mut, auch wichtige Aufgaben zu delegieren. Es vertraut darauf, dass seine Mitarbeiter bei Entscheidungen oder moralischen Konflikten wissen, was richtigerweise zu tun ist.

Ähnliche Prinzipien und Grenzen spielen eine wichtige Rolle in der Kindererziehung. Der Schlüssel zum Erfolg sind eine Handvoll Regeln, sich oft zu wiederholen, und zu hoffen, dass die Prinzipien der Familie tief in das Kind verwurzelt wurden, bevor es sich in die große weite Welt aufmacht.

Core Values sind nicht Werte

„Core Values" begegnen uns in den USA oft als Führungs-Allheilmittel, die wahre Motivationswunder zu vollbringen vermögen. Und treffen häufig auf das Unverständnis deutschsprachiger Leser.

Im hiesigen Umfeld entfachen Werte- oder Unternehmensleitbild-Diskussionen eher bescheidene Begeisterung und Motivationsschübe. Was bei den Mitarbeitern ankommt, ist, dass neben der Last durch eine Flut an Arbeits-, Ablauf-, Prozessanweisungen und weiteren Geschäftsordnungen noch eine weitere Last drauf gelegt wird – nämlich auf einer moralischen und ethischen Ebene. Werte haben im Deutschen eine eher schwere und ethische/moralische Dimension: Wir sollen nicht nur fleißig, bestimmt und produktiv sein, sondern zudem noch freundlich, rücksichtsvoll, zuvorkommend, umweltschonend, Ressourcen sparend, der 3. Welt helfend und gemeinschaftlich denken. Im Grunde ist das die beste Voraussetzung, um in Führungsteams und bei Mitarbeitern den letzten Funken an Dynamik zum Erlöschen zu bringen. Leider beobachten wir das in der Praxis allzu oft. Trotzdem fragt niemand, ob da vielleicht etwas falsch verstanden wurde...

Meist übersetzen deutsche Leser den Begriff mit Worten wie: Kernwerte, Unternehmensphilosophie, Unternehmensleitbild, Werte etc. Leider ist dies schlichtweg eine falsche Übersetzung. Wenn man einem Angelsachsen und Amerikaner erklärt, was all diese Begriffe bedeuten, so würde dieser antworten: „That's not *core values,* that's *moral*" – das sind keine Core Values, das ist Moral.

Und genau hier liegt der springende Punkt. Die Bedeutung von Core Values ist frei von jeglichem ethischen oder moralischen Anspruch. Die Core Values verkörpern einfach die Versprachlichung der Prinzipien, Einstellungen und Überzeugungen einer Person. Ganz pragmatisch: „Wie ticke ich als Mensch?".

Schauen wir uns nochmal an, aus welcher Haltung heraus in Amerika die Diskussion um „Werte" bzw. „Core Values" geführt wird. Wir sehen, dass es nicht primär um moralische Aspekte geht. Vielmehr geht es darum, dass Führungskräfte ihren Mitarbeitern mitteilen, wie sie denken und was sie von den Mitarbeitern erwarten. Da die USA ein Einwanderungsland sind, werden Teams und Management seit jeher damit konfrontiert, dass in einem Team Mitarbeiter mit ganz unterschiedlichen Anschauungen, Prinzipien und Wertesystemen arbeiten: Asiaten, Europäer, Hispanics und Afroamerikaner – alle mit ganz eigenen kulturellen Prägungen. Um sich als Führungskraft verständlich zu machen, ist es daher essenziell, alle in Kenntnis darüber zu setzen, welche Prinzipien und Handlungen hier in dieser Unternehmenskultur angesagt sind. Der Chef muss sagen „wie er tickt", was seine Prinzipien und Einstellungen sind, damit die Mitarbeiter eine Orientierung bekommen. Je genauer alle wissen „wie Sie als Chef ticken", desto höher ist die Wahrscheinlichkeit, dass Mitarbeiter Entscheidungen in Ihrem Sinne treffen, wenn Sie einmal nicht in der Firma sind. Es geht also um die Basis des Delegierens und des Skalierens in Ihrem Unternehmen.

Je genauer alle wissen, welche Überzeugungen, Einstellungen, Prinzipien und Haltungen wir als Führungskräfte haben, desto besser können sich alle daran orientieren. Alle können aktiv mitdenken und jeder Einzelne kann sich effektiver einbringen. Damit schaffen wir die Grundlage für eine gesunde Basis: nämlich Sicherheit. Der Einzelne weiß, was von ihm erwartet wird, was hier angesagt ist – und was nicht.

Die Persönlichkeit des Unternehmens

Wie lauten Ihre Prinzipien und Einstellungen? Wie wir schon im Kapitel „Die Leader" erklärten, ist Ihr Unternehmen ein lebendiger, atmender Organismus mit einer unverwechselbaren Persönlichkeit. Es verleiht dieser Persönlichkeit durch seine Core Values Ausdruck.

Stellen Sie sich Ihr Unternehmen als Kind vor. Wenn das Kind jünger als 5 Jahre ist, werden seine Prinzipien und Einstellungen noch geformt. Die Core Values, die Sie zu Beginn aufgelistet haben, kommen erst in ein paar Jahren voll zum Tragen. Doch einige Jahre später werden sie tief verankert sein – so wie die Persönlichkeit eines 50-jährigen Menschen eine etwas verfestigte Version des 5-jährigen Kindes ist. Unser Verhalten, unsere Hoffnungen, unser Wissen, unsere Talente und Interessen können sich ändern, nicht aber unsere eigentliche Persönlichkeit.

Der Versuch, die Prinzipien und Einstellungen eines Unternehmens zu ändern, verdammt es zu einer endlosen Therapie – vergleichbar mit Versuchen von Eltern, ihr Kind in eine vorgefertigte Form zu pressen (Warum, glauben Sie, verdienen die Change-Management-Gurus so viel Geld, scheitern aber fast immer?). J. Stuart Moore, der Mitgründer des weltweit operierenden Serviceunternehmens Sapient aus Boston, verriet uns, dass sein größter Fehler die Änderung der fünf Prinzipien und Einstellungen seines Unternehmens war, als er eine größere Übernahme plante. Er führt die darauf folgenden Probleme von Sapient auf diese Änderungen zurück. Die Herausforderungen ließen sich nur durch Rückkehr zur alten Liste meistern.

Das verdeutlicht, warum der Begriff „Firmenfusion" aus dem Business-Vokabular getilgt werden sollte. So etwas gibt es nicht. Es gibt nur Übernahmen. Die sehr wenigen Unternehmen, die ein Wachstum durch Übernahmen meistern, wie Ratliff mit Appletree, verfügen über eigene Prozesse, um die akquirierten Mitarbeiter in die bestehende Firmenkultur einzugliedern (mehr dazu später).

Für die Ausarbeitung eines solchen Prozesses muss ein Unternehmen seinen Kern präzise erkennen und definieren können, angefangen bei seinen Prinzipien.

Die richtigen Worte finden

Unternehmen können Tausende Dollar und viele Monate darauf verwenden, sich durch Mitarbeiterbefragungen und Management-Meetings durchzuarbeiten, um ihre Prinzipien und Einstellungen herauszuschälen. Sie landen dadurch meistens bei einer willkürlichen Liste von Plattitüden – wie „Ehrlichkeit,

Integrität, Teamarbeit und Kundenservice" – ohne die Einzigartigkeit und Kraft der bestehenden Kultur zu erfassen.

„Man kreiert keine Core Values, man entdeckt sie."

Prinzipien und Einstellungen erhalten Sie aber in einem Prozess des ENTDECKENS, nicht durch die Abfassung einer Wunschliste von nettem Beiwerk. Unsere Coaching-Partner nutzen einen Ansatz, der dem von Archäologen sehr ähnelt, wenn sie Artefakte untergegangener Kulturen ans Tageslicht befördern. Sie helfen Unternehmen, ähnliche Artefakte innerhalb Ihrer eigenen Kultur zu entdecken, und sie liefern ein Starter-Set an Prinzipien.

WARNUNG: *Wenn Sie das Starter-Set einmal haben, meißeln Sie es nicht in Stein, so wie es einer unserer frühen Kunden tat. (Der CEO dieser Firma stellte innerhalb einer Woche buchstäblich kleine gravierte Steine auf die Tische seiner Mitarbeiter.) Lassen Sie die Prinzipien ein Jahr lang schmoren, testen Sie ihre Berechtigung in den nächsten vierteljährlichen Planungs-Meetings. Stellen Sie dem Führungsteam Fragen: „Gibt es genug Beispiele, wo wir diese Prinzipien wirklich gelebt haben?" Falls ja, handelt es sich höchstwahrscheinlich um Core Values. Falls nicht, handelte es sich wahrscheinlich um einen Punkt auf Ihrer Wunschliste oder einen besonders schwachen Core Value. Als Vernes Team etwas Ähnliches bei Gazelles durchführte, fielen uns Prinzipien auf, die nicht zum Kern gehörten, andere, die wir übersehen hatten, und weitere, die wir nach vielen Gesprächen anders formulierten, damit Sie zur tatsächlichen Unternehmenssprache passten.*

Um Ihnen einen Vorgeschmack auf die Prinzipien und Einstellungen eines Wachstumsunternehmens zu geben, hier ist die Liste von Gazelles:

- Wir erfüllen unsere Versprechen
- Wir wollen nicht weniger als begeisterte Kunden
- Erstklassigkeit für weniger Geld
- Wir verehren intelligente Kapitalgeber
- Jeder ist ein Entrepreneur
- Wir geben niemals auf

Weitere Beispiele finden Sie in dem Artikel „Building Your Company's Vision" von James C. Collins und Jerry I. Porras in der *Harvard Business Review*. Wie Sie bemerkt haben dürften, sind alle aufgeführten Prinzipien Phrasen, keine einzelnen Wörter. Und nicht alle sind Wohlfühl-Prinzipien. Eines der Prinzipien und Einstellungen von Disney ist die „Bewahrung und Kontrolle der Disney-Magie", wodurch eine der kontrollfixiertesten Unternehmenskulturen, die Sie je finden werden, akkurat beschrieben ist. Prinzipien sind nicht gut oder schlecht. Sie sind einfach da! Wichtig ist, sie akkurat zu beschreiben.

Um die Prinzipien in der gesamten Firma zu kommunizieren, nehmen Sie eine Seite aus Tyabjis blauem Buch. Alle Core Values werden dort durch eine Phrase beschrieben, mit einem oder zwei Sätzen, und dann durch eine wahre Geschichte (oder eine Legende) veranschaulicht, wie ein Mitarbeiter oder ein Team dieses Prinzip tatsächlich vorgelebt hat. Weil VeriFone weltweit operiert, ließ Tyabji die Erläuterungen der Prinzipien in acht Sprachen übersetzen.

Ezypay, Australiens größter Dienstleister für Zahlungsabwicklungen, geht noch einen Schritt weiter und hat einen eigenen Avatar sowie ein Video für jeden Core Value entworfen. Die Avatare tauchen überall auf – in Quartalszielen, an den Wänden der Meetingräume, in Dokumenten, etc. Besuchen Sie *ezypay.com/about-us/our-values/* und schauen Sie sich die Avatare an.

Lassen Sie es uns wissen, wenn wir Ihnen bei der Entdeckung der richtigen Prinzipien und Einstellungen helfen können. Mit einer mangelhaften Liste verwirren Sie bloß die Belegschaft und verdammen das Unternehmen zu einer endlosen Therapie!

Der Purpose – Sinn und Zweck, oder noch besser, das Anliegen

Wenn die Prinzipien und Einstellungen die Seele der Organisation sind, dann ist der Sinn und Zweck, sprich das Anliegen, (einige sagen auch „Mission“) ihr Herz. Der Sinn und Zweck des Unternehmens beantwortet die zeitlose Frage nach dem „Wofür“. Wofür stehen wir morgens auf? Wem dient unser Tun und Handeln eigentlich? Warum gibt es uns als Unternehmen? Welches gemeinsame Anliegen verfolgen wir eigentlich? Was würden unsere Kunden oder die Welt vermissen, wenn wir nicht da wären?

Ohne einen Sinn und Zweck, der stärker von Herzen kommt als schlichtes Geldverdienen (der OPSP bietet diesem Thema genug Raum), werden Ihre Mitarbeiter ihren Enthusiasmus und ihre Energie in etwas anderes stecken. Studien haben gezeigt, dass Sie von ihnen 40% mehr Leistung zurückerhalten, wenn Sie ihr Herz (nicht nur ihren Verstand) erobern.

Ein kraftvolles Anliegen dreht sich meistens um ein einzelnes Wort oder eine Idee:

- 3M: *Innovation*
- Disney: *Glück*
- Wal-Mart: *Robin Hood*

„Der kraftvolle Sinn und Zweck eines Unternehmens dreht sich meist um ein einziges Wort oder eine Idee.“

Sogar der Erfolg von Starbucks entstand aus der Idee, ein Zufluchtsort zu sein – ein *Zwischenraum* – zwischen Arbeitsstelle und Zuhause.

Als die internationale Schule von Vernes Kindern mit der Frage nach ihrem Sinn und Zweck rang (statt sich mit einem langatmigen und langweiligen Statement abzufinden, das wie bei anderen Schulen klang), ergriff sie die Vorstellung des *Engagements*: eine Umgebung zu schaffen, in der sich Schüler, Lehrer, Eltern und die Gesellschaft so sehr engagieren (etwas, das man sehen und spüren kann), dass das Lernen zu einer lebenslangen Verpflichtung wird. Die Suche nach Wegen, wie sich diese Art von Leidenschaft erzeugen lässt, leitete dann die gesamte strategische Planung der Schule.

Das zentrale Wort oder die zentrale Idee kann schließlich auf einen oder zwei Sätze ausgedehnt werden. Es lässt sich aber am besten merken und danach handeln, wenn es bei einem einzelnen Wort oder einer einzelnen Idee bleibt. Um diesen Sinn und Zweck zu definieren, versammeln Sie ein Team um sich und starten Sie mit der Frage: „Was tun wir eigentlich?" (Vielleicht möchten Sie antworten: „Wir sind eine Schule", „Wir verkaufen überteuerten Kaffee", „Wir haben ein CRM-System".) Dann fragen Sie mehrere Male: „Wofür ist das gut?" (die Technik ist als „the five why" bekannt). „Wem dienen unser Tun und Handeln eigentlich?" Oder „Welchen Unterschied bringen wir in der Welt?" Fragen Sie so lange, bis Sie bei Ihrer Version von „Die Welt retten" ankommen. Schauen Sie sich dann all Ihre Zwischenschritte an und wählen den aus, der einerseits bereits eine höhere Dimension hinreichend abdeckt und den sie andererseits gerade noch „verkraften" können.

Den Sinn und Zweck finden mit den „fünf Wofür?"[22]*: Diese lassen Unternehmen jeder Branche ihr Tätigkeitsfeld besser beschreiben. Ein Asphalt- und Steinwerk könnte zum Beispiel mit „Wir stellen Beton- und Asphaltprodukte her" beginnen. Nach einigen „Wofür ist das gut?" würde die Begründung folgen, dass die Herstellung von Asphalt und Beton so wichtig ist, weil die Qualität der Infrastruktur eminente Folgen für die Sicherheit der Menschen hat. Oder weil die Fahrt über eine Straße voller Asphaltlöcher lästig und gefährlich ist. Oder weil auf einer Landebahn, die schlecht ausgeführt und aus minderwertigem Beton gefertigt wurde, kein Flugzeug sicher landen kann. Oder weil Gebäude mit mangelhafter Bausubstanz im Laufe der Zeit nachlassen und bei Erdbeben zerstört werden. Aus solchen Eigenbeschreibungen könnte folgendes Anliegen hervorgehen: Die Qualität von Infrastruktur – und damit das Leben der Menschen – zu verbessern. Mit einem ähnlichen Gespür für ihr eigentliches Anliegen gewann die Granite Rock Company aus Watsonville (Kalifornien) den Malcolm Baldrige National Quality Award – keine schlechte Leistung für einen kleinen Schotter- und Asphaltbetrieb. Granite gehört seit vielen Jahren zu den fortschrittlichsten und spannendsten Unternehmen, die wir unabhängig vom Wirtschaftszweig kennengelernt haben.*

[22] Aus Jim Collins „Building Your Company's Vision", *Harvard Business Review*

Wir bei Gazelles sind eine Firma für die Weiterbildung und das Coaching von Führungskräften. Warum ist das wichtig? Letztendlich geht es um *Freiheit*. Es geht darum, Führungsteams von der Last des Tagesgeschäfts zu befreien, damit sie hinausgehen und der Firma zu Wachstum verhelfen können. Entrepreneuren, die ihr Business wegen des Freiheits- und Unabhängigkeitsversprechens gegründet haben, zu helfen, mit den neuen Zwängen ihrer eigenen Schöpfung fertig zu werden. Und schließlich sehen wir uns selbst auch als Freiheitskämpfer. „A country with gazelles excels" ist unser Motto. Es kann keine wahrhaft freie Gesellschaft geben ohne wachsende Unternehmen, die für eine gesunde Wirtschaft und für neue Jobs sorgen. Sie müssen uns das nicht glauben, aber dafür stehen wir jeden Morgen auf und machen weiter.

Schauen Sie sich auch Peter Diamandis „Massively Transformative Purpose" an.

WARNUNG: *Teams, die den Sinn und Zweck ihres Unternehmens bestimmen sollen, beschreiben stattdessen oft ihren Nutzenversprechen. (Das Konzept des Nutzenversprechens wird im nächsten Kapitel behandelt.) Wenn sich z.B. eine Personalvermittlung „die fünf Wofür" gefragt hat, könnte sie zu dem Schluss kommen: „Wir helfen unseren Kunden, die besten Talente zu finden und ersparen Ihnen enormen zeitlichen Aufwand". Das können zwei absolut korrekte Nutzenversprechen sein – die besten Talente und Zeit sparen – aber der Sinn und Zweck geht viel tiefer als nur die Beschreibung der Merkmale eines Produkts oder Services. Für die Personalvermittlung EmploymentGroup aus Michigan lautet der tiefere Sinn und Zweck des Unternehmens: „Menschen erfolgreich machen".*

Diese einzelne Idee sollte zu einer Art „Standard-Ansprache" für den CEO werden, mit der er die Belegschaft regelmäßig an das große Ganze erinnert, und „warum wir tun, was wir tun". Als Starbucks-CEO Howard Schultz einmal publikumswirksam das gesamte Unternehmen für einen Tag Training dichtmachte, ging es nicht so sehr um die Zubereitung besseren Kaffees, als vielmehr darum, seine Leute an den eigentlichen Sinn und Zweck des Unternehmens zu erinnern: ein Zwischenraum und Zufluchtsort für Menschen zu sein, die nach einem stressigen Tag vorbeischauen und sich einen kleinen Luxus gönnen. Die Rolle, die früher der Pub um die Ecke einnahm – ein Ort zum Relaxen in einer komfortablen Umgebung – übernimmt heute Starbucks.

Mission, Vision, Values

„Mission, Vision, Values" wurde vielleicht deshalb zu einem geflügelten Wort im Bereich der Unternehmensstrategie, weil es so einen guten Klang hat. Unser Gebrauch der entsprechenden Terminologie unterscheidet sich etwas. Deutlicher:

- **Mission:** Wir bevorzugen den Begriff „Sinn und Zweck“, weil er näher am Menschen ist. „Mission“ klingt wie ein militärischer Ausdruck und wird gewöhnlich mit kürzeren Zeiträumen in Verbindung gebracht (z.B. die kurzen Aufträge, um die es in der beliebten TV- und Filmserie „*Mission: Impossible*“ geht).
- **Vision:** Die Vision behandeln wir im OPSP – von den Core Values bis hin zum Quartalsplan. Wenn Sie sich berufen fühlen, ein Unternehmensleitbild zu erstellen, können Sie Teile des OPSP nehmen – Prinzipien, Sinn und Zweck, das große Ziel (Big Hairy Audacious Goal, BHAG®), Nutzenversprechen, etc. – und sie in einem ziemlich unvergesslichen Absatz zusammenzufassen. (Bitte entschuldigen Sie unseren Sarkasmus, aber wir stehen nicht so sehr auf Unternehmensleitbilder.) Besser, Sie halten die einzelnen Elemente Ihrer Vision voneinander getrennt, damit die Leute sie sich besser merken können. Das Tool „Vision Summary“, das wir im Kapitel „One-Page Strategic Plan“ einführen, versorgt Ihr Team mit einer einprägsamen Zusammenfassung Ihrer unternehmerischen Vision.
- **Core Values:** Die Core Values haben an dieser Stelle mit Moral, Ethik oder sonstigen weltverbessernden Kategorien nichts zu tun. Es geht einzig darum, dass Sie „Ihre DNA“ versprachlichen, dass Sie darlegen, welche Grundsätze zu beachten sind, um Ihrem Unternehmen angehören zu können. Dass dem Ergebnis dann oft auch eine moralische oder ethische Dimension innewohnt, ist nicht weiter verwunderlich – schließlich ist eines der Kennzeichen des Homo Sapiens sein ethischer und moralischer Anspruch. Moralisch-ethische Ansprüche sollten jedoch keinesfalls den Ausgangspunkt der Core-Value-Diskussion in Ihrem Unternehmen bilden, vielmehr stellen sie einfach ein Teilergebnis eben jener Core-Value-Diskussion dar – nicht mehr und nicht weniger. Deshalb sei es nochmals in aller Deutlichkeit gesagt: Core Values sind die Prinzipien und Einstellungen, die Ihre Unternehmer- und Unternehmenspersönlichkeit ausmachen. Wenn Sie an dieser Stelle einwenden, Ihr Unternehmen sei noch zu jung oder zu klein, um sich über Core Values Gedanken zu machen, so liegen Sie leider falsch. *Alle* Unternehmer und Unternehmen *haben* – häufig ungeschriebene – Einstellungen und Prinzipien. Die Existenz von Core Values hat nichts mit der Unternehmensgröße zu tun. Nur: Ab etwa 50 Mitarbeitern ist es definitiv allerhöchste Eisenbahn, dass Sie im Führungsteam Ihre Einstellungen und Prinzipien in klare und einfache Worte fassen. Bei Gazelles wussten wir von unserem ersten Tag an ganz genau, welches unsere Einstellungen und Prinzipien sind, sprich: Welche Haltung und Überzeugung unsere Wachstumsstrategie antreibt und welche Art von Mensch zu uns passt.

Suchen Sie sich Ihre Lieblingsbegriffe aus – Mission vs. Sinn und Zweck zum Beispiel – aber bleiben Sie dann dabei.

Die Kernkompetenzen

Es ist essentiell wichtig, die einer Firma innewohnenden Stärken zu verstehen. „Kernkompetenzen" nannten sie Gary Hamel und der kürzlich verstorbene C.K. Prahalad in einem bahnbrechenden Artikel vom Mai 1990 in der *Harvard Business Review* mit dem Titel „The Core Competence of the Corporation." Besorgen Sie sich online eine Kopie des Artikels und geben Sie ihn dem Strategie-Team zur Lektüre. Danach diskutieren Sie und bestimmen Sie die Kernkompetenzen des Unternehmens. (Im Kapitel „Die 7 Facetten der Strategie" folgen weitere Informationen zu diesem wichtigen Meeting-Rhythmus.)

Eine Kernkompetenz hat Prahalad und Hamel zufolge drei Merkmale:

1. Sie kann von Wettbewerbern nicht so leicht nachgemacht werden.
2. Sie kann für viele Produkte und Märkte verwendet werden.
3. Sie trägt einen großen Teil zum Kundenvorteil und zum Wert eines Produktes oder Services bei.

Definieren Sie Kernkompetenzen nicht zu eng. Nehmen Sie BIC als Beispiel, eine 1945 in Paris gegründete Firma. Sie ist weltberühmt für den BIC-Kugelschreiber. Hätte BIC seine Kernkompetenz lediglich darin gesehen, billige Kugelschreiber zu produzieren, wäre es heute nicht ein $2-Milliarden-Unternehmen. BIC beschreibt seine Stärke vielmehr so: „Herstellung von Einweg-Plastikprodukten aller Art", was schließlich auch zu Feuerzeugen, Einwegrasierern und anderen Produkten führte.

„Definieren Sie Kernkompetenzen nicht zu eng."

Ebenso muss ein Unternehmen verstehen, was es außerstande ist zu erreichen – seine Kernschwächen. 3M zum Beispiel war nie besonders effektiv im Direktvertrieb an seine Kunden, also machte es die Zusammenarbeit mit Vertriebspartnern zu einer Kernkompetenz. Umgekehrt trennte sich das Unternehmen von einigen Produktlinien, die aufgrund von Marktkräften ganz in direkte Vertriebskanäle abwanderten.

Wie wir später im Kapitel „Strategy" noch sehen werden, stellen die Kernkompetenzen Ihres Unternehmens auch Grenzen dafür dar, welche Produkte und Services Sie anbieten sollen oder können. Sie sind außerdem ein gutes Gerüst, um Ihr Alleinstellungsmerkmal am Markt zu bestimmen. Sobald Prinzipien,

Sinn und Zweck und Kompetenzen einmal artikuliert wurden, setzen Sie sie ein, um aus ihnen ein engagiertes und fokussiertes Team zu formen.

Den Kern zum Leben erwecken

Während eines Offsite-Meetings zur Vorbereitung des vierten Quartals in 2008 entschied Appletree Answers, die Fluktuation unter den Telefonisten seiner Call-Center anzugehen. Während die Abwanderungsrate bei den übrigen Beschäftigten lediglich 3% betrug, lag sie bei den Angestellten in der Hotline bei 110% - und entsprach damit dem Branchendurchschnitt. „Wir machten offensichtlich bei der einen Gruppe etwas richtig und bei der anderen Gruppe falsch", sagt Ratliff, der Gründer.

Ratliff war sich wohl darüber im Klaren, dass sein Unternehmen mit bis dato 13 Übernahmen kaum eine geschlossene Unternehmenskultur herausgebildet hatte. Er wusste, dass dieser Mangel an Zusammenhalt zur Fluktuation beitrug. Aber er bemerkte nicht, dass er und sein Führungsteam das Problem noch verschlimmerten, indem sie sich sträflich weit von den Mitarbeitern mit direktem Kundenkontakt entfernt hatten.

Die „Dream On" Initiative

Wie wenig er über das Leben seiner einfachen Mitarbeiter wusste, wurde ihm besonders deutlich, als Lisa Phillips, die Leiterin der Produktion, die Frage stellte, wie das Unternehmen mehr zu einer „Wünsch-dir-was"-Organisation für die Angestellten werden könne. Ihre Frage stand in engem Zusammenhang mit einem von Appletrees Prinzipien: „Achtet aufeinander".

Eine kleine Gruppe von Mitarbeitern brachte sie schließlich auf die Idee, eine Initiative mit dem Namen „Dream On" zu starten, die im Intranet und auf Postern beworben wurde. Die Mitarbeiter wurden aufgefordert, einen Wunsch zu einer bestimmten Sache, die sich in ihrem persönlichen Leben ändern sollte, zu formulieren. Es gab keine Einschränkungen. Ein geheim tagendes Komitee würde die Wünsche auswerten.

Als die Antworten hereintröpfelten, erhielt Ratliff einen Crash-Kurs in Sachen Alltagsrealität seiner Angestellten. „Es war teilweise regelrecht schockierend", sagt er. „Wir erhielten erstmals einen Einblick in die Probleme unserer Angestellten, im persönlichen wie im beruflichen Leben."

Viele Teammitglieder kämpften mit gesundheitlichen Problemen oder mussten für ihre Eltern sorgen – alles persönliche und private Faktoren, die ihre Leistungsfähigkeit am Arbeitsplatz beeinträchtigten. Andere litten unter finanziellen Problemen, waren vor ihrer Einstellung bei Appletree arbeitslos gewesen, und brauchten ein paar Tausend Dollar für einen Neuanfang. Siebzehn Angestellte wünschten sich einfach ein Auto, damit sie leichter zur Arbeit kommen konnten.

„Die Auto-Sache hat mich überrascht – dass eine Änderung der Busverbindung unsere Mitarbeiter dazu zwingt, den Job zu wechseln. Oder dass ein früherer Arbeitsgeber vielleicht die Arbeitszeiten so veränderte, dass sie nicht mehr mit dem Busplan übereinstimmten“, sagt Ratliff.

Einige der Geschichten waren herzzerreißend. Um den Mitarbeitern bei der Bewältigung ihrer Probleme zu helfen, entschied sich das Unternehmen, über die Initiative einige Darlehen und andere Vergünstigungen auszugeben. Eine Mitarbeiterin lebte, nachdem der Mann seinen Job verloren hatte, mit ihrem Mann und Kind im Familienauto. Das Unternehmen half der Familie bei der Suche nach einer Wohnung inklusive Zahlung der Kaution, und sorgte auch für etwas Mobiliar und Gutscheinkarten, damit sie ihr neues Zuhause aufbauen konnten.

„Wir wollten das eigentlich unter der Hand machen, aber die Mitarbeiterin erzählte es ihren Kollegen, und kurz darauf stand es in unserem Intranet“, sagt Ratliff. „Die Teilnehmerzahlen stiegen danach sprunghaft an.“

Nach einiger Zeit nutzte Appletree Answers das Treuepunkteprogramm von American Express, um einem Paar die Hochzeitsreise zu ermöglichen, ließ eine Mutter über Weihnachten zu ihrer Tochter bei der Marine fliegen, und erfüllte einem Mitarbeiter den Traum, mit der behinderten Tochter den ersten gemeinsamen Familienurlaub anzutreten.

„Was CEOs nicht richtig verstehen, ist ihr Zugang zu Ressourcen, den andere Menschen nicht haben, und wie man dadurch Gelegenheiten schaffen kann, an die man nicht im Traum gedacht hätte“, sagt Ratliff.

Die Initiative hatte einen erheblichen Einfluss auf die Fluktuation, bedenkt man, dass Call-Center normalerweise so etwas wie die Sweatshops des Informationszeitalters sind. Nicht lange, nachdem Ratliff und sein Team die „Dream On“ Initiative gestartet hatten, fiel die Fluktuation auf 20%. Obwohl das Programm Geld gekostet hatte, erzielte es in weniger als einem Jahr einen 20-fachen Return on Investment, in Relation zu den früheren Kosten aufgrund der Fluktuation.

„Das allgemeine Gefühl dazuzugehören, Teil von etwas größerem als man selbst und seiner kleinen Welt zu sein, Teil einer Gemeinschaft zu sein – das war eine der größten Veränderungen, die ich bei meinen Mitarbeitern je gesehen habe", sagt Ratliff. „Ich fühlte mich der gesamten Gruppe näher verbunden, und das Unternehmen wurde insgesamt viel humaner."

Im Verlauf des weiteren Wachstums – bei dem Ratliff schließlich 24 andere Firmen in weniger als neun Jahren übernahm – legte sein Führungsteam eine Reihe von sieben Core Values fest:

- Integrität hat Priorität
- Denkt wie der Kunde
- Habt Spaß bei der Arbeit
- Seid schnell, aber hastet nicht
  (vom legendären Basketballtrainer John Wooden übernommen)
- Mitarbeiter sollen Kritik üben
- Kleine Details haben riesige Auswirkungen
- Achtet aufeinander

Sie formulierten auch einen Sinn und Zweck: „Verbesserung des Lebens von Kunden und Mitarbeitern – ein Gespräch nach dem anderen". Das Schlüsselwort war „Gespräch". Appletree bearbeitete 25 Millionen Inbound-Calls pro Jahr und generierte dadurch Millionen von Gesprächen zwischen Kunden, Mitarbeitern und Vorgesetzten. Ratliff wollte, dass alle im Team realisierten, dass es in ihrer Hand lag, ob sie diese Gespräche zu einer Bereicherung oder zu einer Last werden ließen.

„Unser Unternehmenszweck sorgte wirklich dafür, dass wir eine gemeinsame Sprache sprechen", sagt Ratliff. „Wachstumsunternehmen sind gut darin, eine Menge Arbeit zu erledigen. Das Schlimmste was passieren kann, ist, dass eine riesige Menge Arbeit falsch erledigt wird. Wenn Sie klare Prinzipien und Einstellungen und einen Unternehmenszweck als Teil des Tagesgeschäfts kommunizieren, dann kanalisieren Sie diese große Schlagkraft in die richtigen Aktivitäten."

Appletree verfügte über einen wohlerprobten Prozess, um diese Prinzipien und den Sinn und Zweck den Mitarbeitern neu erworbener Firmen schon am ersten Tag nach der Übernahme einzuprägen. Die Idee bestand darin, neuen und bestehenden Mitarbeitern eine Leitlinie für eigene Entscheidungen an die Hand zu geben – auch für den Fall, dass ihr Vorgesetzter gerade nicht mit Rat und Tat zur Seite stehen kann.

„Unsere Strategie bei Appletree, wie wir brandneue Gruppen von Mitarbeitern schnell in unsere Unternehmenskultur integrieren, war eine unserer Kernkompetenzen", sagt Ratliff. „Wir haben die Profitabilität unserer Standorte gemessen. Durch eine Verbesserung des Engagements dieser neuen Mitarbeiter, konnten wir einen Anstieg des Standortergebnisses um 10% verzeichnen."

Dieses Engagement wurde erreicht, indem die Beschäftigten ein Unternehmen vorfanden, in dem jeder - besonders das Führungsteam – die festgeschriebenen Prinzipien und den Sinn und Zweck vorlebte.

Dells Stoßdämpfer

Als seine Firma 50 Mitarbeiter unter Vertrag hatte, erkannte Michael Dell die Notwendigkeit, jemanden für das Management der People-Seite des wachsenden Business einzustellen, und als Stoßdämpfer zwischen ihm und dem Rest der Organisation zu fungieren. Er rekrutierte Barbara Kreisman von der Motorola University. Sie half ihm beim Skalieren des Unternehmens auf 40.000 Mitarbeiter, bevor sie Dell verließ. (Gegenwärtig arbeitet sie als Vize-Studiendekanin am Daniels College of Business an der Universität von Denver, Colorado.)

Die HR-Abteilung ist normalerweise eine der letzten Funktionen, die sich in einer wachsenden Firma voll ausbildet. Es beginnt gewöhnlich als Teilzeit-Verantwortlichkeit des Assistenten der Gründer, der „die Mitarbeiter bei Laune halten" soll, damit sich der CEO in den ersten Jahren voll und ganz auf die Kunden und den Markt konzentrieren kann! Wenn die Abteilung erwachsen wird, schleichen sich unterschiedliche Listen in das Unternehmen ein – eine Liste mit Kriterien für Bewerber, ein Handout über Boni, eine Liste mit Themen für das Handbuch. Irgendjemand lädt willkürlich Formulare aus dem Internet herunter und tauscht ein paar Namen und Logos aus. Genau dieser Mischmasch an HR-Aktivitäten muss später wieder korrigiert werden.

Ein Leader muss mehr tun, als bloß die Prinzipien und den Sinn und Zweck des Unternehmens an die Wand zu pinnen oder laminierte Richtlinien auszuteilen. Die Lösung ist, ALLE Ihre People-Systeme und People-Prozesse (HR) um eine einzige Liste mit den Prinzipien und dem Unternehmenszweck herum zu gruppieren.

Hier sind acht Wege, um diese Liste für ein dauerhaftes Wiedererstarken Ihrer Firmenkultur zu verwenden.

Storytelling

Jeder mag gute Geschichten, und die meisten großen Leader haben sich durch Parabeln oder Storytelling Gehör verschafft. Geschichten liefern eine Erklärung für die Prinzipien und Einstellungen, die für sich genommen eventuell ungewöhnlich oder kryptisch wirken. Suchen Sie nach ein paar „Legenden" oder aktuellen Geschichten rund um jedes Ihrer Prinzipien.

Zur Sammlung von Geschichten über Appletrees Prinzipien, erfanden Ratliff und sein Team das vierteljährliche Event „Core Values Hall of Fame“. Die Mitarbeiter wurden dazu ermutigt, nach Kollegen Ausschau zu halten, die irgendein Unternehmensprinzip verkörperten und eine kurze Geschichte darüber zu verfassen. „Wenn die Geschichte vorgestellt wurde, war das mehr eine Belohnung für den Verfasser als für die gelobte Person“, meint Ratliff.

Einige der Stories waren dramatisch gehalten und transportierten die Bedeutung der Core Values besser als es irgendeine HR-Abteilung je gekonnt hätte. Eine der Geschichten illustriert das Prinzip „Achtet aufeinander“. Ein Mitarbeiter wurde um 3 Uhr nachts von einer Frau angerufen, deren Eltern ein Stockwerk über ihr lebten und mit ihrer Katastrophenhilfe-Firma Kunden von Appletree Answers waren.

„Ich bin oben in der Wohnung. Können Sie meinen Dad holen? Es ist sehr wichtig“, sagte die Anruferin, dann war die Leitung tot. Der Mitarbeiter hätte den Anruf leicht als Scherz abtun können, doch stattdessen rief er den Vater der Anruferin an. Ihr Vater ging nach oben und erkannte, dass seine Tochter einen Herzinfarkt hatte. (Heute ist sie wieder wohlauf.)

Diese Geschichte war einer der Gewinner in Appletrees vierteljährlichem Wettbewerb. Sie zeigte, wie das Prinzip „Achtet aufeinander“ sogar jenseits der Geschäftsräume seine Wirkung entfaltete.

Unter Ratliffs Aufsicht baute Appletree nach und nach eine umfassende Sammlung von mitarbeitergeneriertem Content auf, der in einen Dokumentarfilm mündete und zu jedem Core Value ein 90-Sekunden-Video beinhaltete. „Das war nicht das übliche Marketing-Zeug, das man sonst macht“, so Ratliff.

Der Videographer drehte auch witzige Videos rund um die Quartalsthemen des Unternehmens (mehr darüber im Kapitel „Die Prioritäten“), wodurch die Unternehmensprinzipien ebenfalls auf eine neue Art mitgeteilt wurden (niemand verlangt, dass Diskussionen um Prinzipien und Einstellungen langweilig sein müssen!). In einer schrulligen Video-Serie aus 2010 organisierten Mitarbeiter von verschiedenen Standorten Talent-Shows zum Thema „Summer of Love“ und luden sie bei YouTube hoch. Der Sinn dahinter war, dass die Mitarbeiter nach einem anstrengenden Quartal einmal abschalten konnten.

Recruitment und Bewerberauswahl

Entwerfen Sie Ihre eigenen Interviewfragen und Beurteilungskriterien, um zu testen, ob Kandidaten zu Ihren Prinzipien und Einstellungen passen (mehr darüber im Kapitel „Das Team“). Bewerten Sie alle Kandidaten dann nach dem

Grad der vermuteten Übereinstimmung mit jedem einzelnen Prinzip. Ihr Ziel muss es doch sein, die passenden Leute zu finden. Das Gleiche gilt für Firmenübernahmen, wenn Sie entscheiden, welche Mitarbeiter Sie behalten möchten.

„Stellen Sie Leute ein, die zu Ihrer Kultur passen.“

Gestalten Sie Ihre Einstellungsverfahren rund um die Core Values. Bei Appletree werden interessierte Bewerber schon von der Online-App nach Ihren Gedanken zu den Core Values befragt. Später – wenn sie es bis ins Auswahlgespräch geschafft haben – sollen sie etwas ausführlicher berichten, warum ein bestimmtes Prinzip ihnen besonders wichtig ist. Die Interviewer halten nach Menschen Ausschau, die ehrlich aufblühen, wenn sie von Prinzipien sprechen, und nicht bloß vorgestanzte Antworten geben. „Wenn wir geheucheltes Interesse oder Desinteresse bemerkten, wissen wir, dass dieser Mensch wahrscheinlich nicht gut zu uns passen würde“, sagt Ratliff.

Diese Art Bewerbungsverfahren schützen vor Fluktuation. „Es ist erstaunlich, wie viel effektiver wir bei der Einstellung von Leuten sind, die schon von unserer Unternehmenskultur begeistert waren, noch bevor sie im Unternehmen angefangen haben“, meint Ratliff.

Onboarding-Prozess

Vielen Wachstumsunternehmen mangelt es an einem angemessenen Onboarding-Prozess für neue Mitarbeiter. Jeder erscheint viel zu beschäftigt dafür, und es herrscht eine Mentalität vor, dass man Neulinge vom ersten Tag an in der Produktion benötigt. Durch ein gutes Onboarding fühlen sich die neuen Mitarbeiter aber willkommen und integrieren sich schneller in die vorherrschende Kultur. Es ist wichtig, den Prozess rund um die Prinzipien und den Sinn und Zweck des Unternehmens zu organisieren. (Wir bevorzugen den Begriff „Onboarding“ gegenüber „Orientierung“. Es geht um mehr, als den neuen Leuten zu zeigen, wo der Kopierer und die Toiletten sind.)

Appletree hat das bei jeder neuen Übernahme getan. Noch an dem Tag, an dem die Mitarbeiter des gerade aufgekauften Unternehmens auf die Gehaltsliste von Appletree gelangten, hießen extra angereiste Bestandsmitarbeiter von anderen Standorten die Neuen willkommen. Das Team von Appletree teilt mit ihnen die von den Angestellten verfassten Geschichten und Videos, um ihnen die Firmenprinzipien vorzustellen. „Wir haben einfach gesagt: ‚Ihr müsst das nicht im Privatleben anwenden, aber wenn ihr auf der Arbeit zu unserer Familie gehören wollt: dies sind die Prinzipien, auf die wir uns gemeinsam geeinigt haben. Dies ist unsere gemeinsame Sprache und unser Bekenntnis zueinander‘“, so Ratliff. Zu erwähnen bleibt, dass Appletree seine HR-Abteilung in

„Mitarbeiter-Erlebnis-Abteilung“ umbenannt hat. „Das Ziel Nr. 1 der HR war, Mitarbeitern bessere Erfahrungen zu bieten. Darauf sollten sich alle konzentrieren“, sagt Ratliff.

Im Kapitel „Die Manager“ finden Sie weitere Ideen zum Onboarding.

Leistungsauswertung und Handbücher

Die Prinzipien und Einstellungen sollten den Rahmen darstellen, an dem Sie Ihr System zur Leistungsbewertung orientieren. Mit ein wenig Kreativität kann jede Leistungsmessung an einen Core Value angebunden werden. Gliedern Sie Ihr Mitarbeiter-Handbuch nach Kapiteln zu jedem Core Value.

„Gliedern Sie Ihr Mitarbeiter-Handbuch in Kapitel zu den Core Values“

Ratliff und sein Appletree-Führungsteam machten deutlich, dass die Übernahme der Prinzipien und Einstellungen nicht nur eine Wohlfühl-Übung war. Die Performance der Mitarbeiter wurde dahingehend ausgewertet, wie sehr sie sich an diese Prinzipien und Einstellungen hielten. Zum Beispiel erhielten sie eine Bewertung dafür, ob sie sich in ihre Kunden hineinversetzen konnten. „Immer wenn Sie mit einem Mitarbeiter über seine Leistungen reden, ist es einfacher, wenn Sie sich dabei auf einen Core Value beziehen“, meint Ratliff.

Die Bewertungsgespräche wurden durch die Beseitigung von Grauzonen noch produktiver gemacht, denn so konnten Debatten zwischen Mitarbeitern und Managern über die Berechtigung oder Bedeutung einzelner Aspekte vermieden werden, fügt er hinzu. „Wenn beide Seiten noch vor Spielbeginn den Regeln des Spiels zustimmen“, so Ratliff, „verschafft Ihnen das in Leistungsfeedbacks mit den Mitarbeitern eine zusätzliche Hebelwirkung.“ Manager können leichter konstruktives Feedback geben. „Keiner konnte mehr sagen: ‚Ich habe Fehler gemacht, weil ich gegen die Deadline ankämpfen musste‘“, sagt Ratliff. „Wir hätten zurückgefragt: Wie passt das zu unserem Grundsatz: ‚Sei schnell, aber haste nicht‘?“

Anerkennung und Incentives

Organisieren Sie auch Kriterien für Anerkennung und Incentives rund um die Prinzipien und Einstellungen. So erhalten Sie jedes Mal eine neue Firmenstory oder Legende, wenn ein Incentive oder eine Bestätigung aufgrund von Core Values vergeben wird.

In der vierteljährlichen „Core Values Hall of Fame“ bei Appletree wurde zu jedem Core Value ein Sieger gekürt – basierend auf den eingereichten Mitarbeitergeschichten. Jeder Sieger erhielt ein bedrucktes T-Shirt mit dem entsprechenden Unternehmensprinzip.

Newsletter

Warum zerbrechen Sie sich den Kopf über eine einprägsame Überschrift für Ihren Newsletter, wenn ein Wort oder ein Satz aus Ihren Core Values es auch tun würde? Beleuchten Sie in jeder Ausgabe ein Prinzip und binden Sie Geschichten (je mehr, desto besser) über Menschen ein, die diese Prinzipien und Einstellungen zum Wohle der Firma befolgen. Fügen Sie noch eine Liste von Geburtstagen und Jahrestagen hinzu, und schon haben Sie einen nützlichen Newsletter.

Falls Ihr Unternehmen noch keinen Newsletter hat, werden Sie kreativ! Appletree veröffentlichte die besten Geschichten von Mitarbeitern über prinzipientreue Kollegen in einem eigenen Bereich auf der Unternehmenswebseite. Jeder Standort erhielt außerdem eine Wandtafel mit den ersten sieben Stories. Sobald die Mitarbeiter mit neuen Geschichten kamen, die die Unternehmensprinzipien noch besser veranschaulichten, wurden die Webseite und die Wandtafeln aktualisiert.

Mottos

Nutzen Sie Ihre Core Values, um auf Verbesserungen im Unternehmen aufmerksam zu machen. Der Textilhersteller Milliken macht eins seiner sechs Unternehmensprinzipien zum Hauptmotto eines laufenden Quartals und bittet alle Mitarbeiter, Wege zu finden, wie man das Unternehmen in diesem Bereich verbessern kann. Die globale Hotelkette Ritz-Carlton geht ins andere Extrem und stellt jeden Tag unter eine besondere „Regel“. Wie auch immer Sie das handhaben, Sie sollten einen Rhythmus einhalten, der die Core Values durch Wiederholung stets in Erinnerung ruft.

Tägliche Bestärkung (Der wichtigste Schritt)

Von allen acht Schritten ist der wichtigste: Manager zu haben, die sich tagtäglich dafür engagieren, die Firmenprinzipien und den Unternehmenszweck durch Ihre Entscheidungen zu bestärken. Ratliff sorgte dafür, dass die einfachen Angestellten merkten, dass nicht nur sie zur Einhaltung der Core Values angehalten wurden. Das Führungsteam nutzte die Prinzipien öffentlich für Entscheidungen über neue Geschäftsbereiche oder in der Arbeit mit bestehenden Kunden. „Einer unserer Core Values ist ‚Mitarbeiter sollen Kritik üben‘“, bemerkt Ratliff. „Wenn wir feststellen, dass ein Kunde unsere Mitarbeiter schlecht behandelt, reden wir mit ihm. Wenn der Kunde sein Verhalten nicht ändert, beenden wir die Zusammenarbeit.“

Das Unternehmensprinzip „Integrität hat Priorität" spielt eine Rolle bei der Auswahl neuer Auftraggeber. „Wir haben schon oft Kunden abgelehnt, die am Rande der Integrität operieren", sagt Ratliff. „Eine Menge Unternehmen wollten uns engagieren, um sich Kunden vom Leib zu halten, die sie verärgert hatten. Einige kriegten richtige Probleme und erlebten PR-Albträume. Wir sollten für sie die Kohlen aus dem Feuer holen. Wenn wir merkten, dass die Integrität dieses Auftraggebers der Grund für die verärgerten Kunden war, lehnten wir das Vertragsangebot ab." Core Values sollten nicht einfach eine Marketingkampagne sein, so Ratliff. Bei Appletree „tauschen wir uns tagtäglich von morgens bis abends über unsere Prinzipien aus. Sie sind Teil unserer DNA." Ihre Core Values sind vermutlich anders als jene von Appletree, aber sie sollten auch bei Ihnen einen Teil des Firmenalltags darstellen.

Zuckerbrot und Peitsche – Verbindliche Prinzipien

Manager verfügen in der Regel über zwei Werkzeuge: Zuckerbrot und Peitsche. Wir hoffen, dass Sie häufiger das Zuckerbrot verteilen, als die Peitsche zu schwingen. Sonst müssen Sie dringend an einem Kurs über „Wut-Management" teilnehmen!

„Beziehen Sie sich bei jedem Lob und jedem Tadel auf die Core Values"

Jedes Mal, wenn Sie jemanden loben oder maßregeln, sollten Sie an die Core Values oder den Unternehmenszweck anknüpfen. „Der Grund, warum ich das neue Chat-Fenster auf unserer Webseite so toll finde, ist dass es uns wirklich ‚begeisterte Kunden' verschafft". Oder „Der Grund, warum ich fast durchdrehe, ist dass sich dieses Verhalten gegen unser Prinzip ‚Erstklassigkeit für weniger Geld' richtet."

Wir haben bemerkt, dass CEOs und Manager die Core Values endlos wiederholen können, ohne lächerlich zu wirken, so lange die artikulierten Prinzipien den Mitarbeitern relevant und sinnvoll erscheinen und sich auf reale Situationen beziehen. Beziehen Sie sich immer auf Values, wenn Sie Entscheidungen treffen. So geringfügig Ihre Handlung auch sein mag – sie erweckt die Core Values in Ihrem Unternehmen wahrscheinlich mehr zum Leben, als alle oben genannten Maßnahmen zusammen.

Ergebnisse?

Machen alle diese „weichen" Ansätze am Ende einen Unterschied, oder handelt es sich nur um eine Reihe von Wohlfühl-Beratertricks, die der Ablenkung dienen? Wie schon erwähnt, konnten Ratliff und sein Team bei Appletree Answers die Mitarbeiterfluktuation von 200% Branchendurchschnitt auf 20% herunterschrauben. Gleichzeitig konnte sie die in der Branche übliche Gewinnmarge von 4% auf 21% anheben. Im Vertrieb veranschlagte das Unternehmen einen 14-fachen Verkaufspreis – die Branche liegt im Vergleich nur bei einem dreifachen Verkaufspreis. Also ja: den Kern zu optimieren und auf dieser Grundlage das Business voranzutreiben, macht aus unternehmerischer Sicht großen Sinn. Und nebenbei entsteht so auch noch ein toller Arbeitsplatz.

Der Kern dient auch als Grundlage für die Entwicklung einer Strategie. Dies ist unser Thema in den nächsten beiden Kapiteln.

7

DIE 7 FACETTEN DER STRATEGIE

Rahmenprogramm für den Aufstieg zum Branchenführer

EXECUTIVE SUMMARY: *Ohne eine kraftvolle, branchenführende Strategie bekommt man am Markt auf Jahre hinaus keinen Fuß auf den Boden. Um dieser Herausforderung zu begegnen, haben wir einige der bekanntesten strategischen Konzepte in einem umfangreichen Rahmenprogramm zusammengefasst – wir nennen es Die 7 Facetten der Strategie – mit dem sich Ihr Business skalieren lässt. Unser 7-Facetten-Modell definiert Ihre Marke, richtet Ihre Strategie auf ein gemeinsames Ziel aus und fügt es nahtlos in unsere Führungsmethodik ein. Es stellt dem Strategie-Team eine Agenda zur Verfügung und lässt es einen Ansatz entwickeln und aufrechterhalten, der alle Wettbewerber aus dem Feld schlagen und sich an spezifische Märkte anpassen kann. Unsere Buchempfehlungen verhelfen Ihrem Team zu einem besseren Verständnis jeder einzelnen Facette. Es ist harte Arbeit, daher sollten Sie diese Aufgabe einer handverlesenen Gruppe von Managern übertragen.*

Der Weltmarktführer in der Oldtimer- und Bootsversicherung Hagerty aus Traverse City, Michigan dominiert weiterhin seine Branche mit einem Marktanteil, der größer ist als der aller seiner Wettbewerber zusammen. Mit einem Wachstum von 375 Millionen US-Dollar im Jahr 2017 und einem Trend zu einer Milliarde bis 2023 sieht das Unternehmen keine Verlangsamung des Wachstums in naher Zukunft. Der Grund? Strategie!

„Es sterben mehr Unternehmen an Magenverstimmung als an Hunger."

Wenn eine Strategie aufgeht, kommen erstklassiges Umsatzwachstum und riesige Gewinnmargen wie von selbst. Wenn Sie bereits Erfahrung mit dieser Art von rapidem, konstantem Wachstum haben, können Sie das Kapitel überspringen. (Wir meinen das ernst!) Riskieren Sie nicht, Ihre erfolgreiche Strategie zu verwässern. Ihre einzige Herausforderung – wie die von Hagerty – liegt darin, die durch Dave Packard von HP berühmt gewordene Warnung zu beherzigen: „Mehr Unternehmen sterben an Magenverstimmung als an Hunger."

Alle Unternehmer, die gerade nicht in Arbeit ertrinken, sollten hier allerdings weiterlesen. Ohne eine effektive Strategie werden Sie die nächsten paar Jahre mit dem Entwurf eines suboptimalen Plans zubringen, durch den Sie viel Geld liegen lassen. Schlimmer noch: Sie öffnen schlaueren Wettbewerbern die Tür und lassen sie die ganze Branche übernehmen.

Hagerty nutzte das One-Page-Tool „Die 7 Facetten der Strategie" für seinen Aufstieg zum Branchenführer, daher werden wir uns das Unternehmen (neben weiteren Beispielen) in einer Fallstudie ansehen. Die 7 Facetten sind das umfassende Rahmenwerk für eine robuste Strategie, die Ihr Unternehmen vom Wettbewerb unterscheidet und Ihnen hilft, jene Art von „Straßensperren" zu errichten, mit denen Sie Ihre Nische im Markt behaupten und dominieren können.

Wenn Sie mit dem One-Page Strategic Plan (OPSP) bereits vertraut sind, betrachten Sie das 7-Facetten-Modell als „Plan hinter dem Plan" – als ein Arbeitspapier, das in die Tiefen Ihres Geschäftsmodells (WAS Sie WO an WEN verkaufen), Ihres Nutzenversprechens, Ihres Gewinns pro X und Ihres großen Ziels (Big Hairy Audacious Goal, BHAG®) vordringt – siehe Spalten 2 und 3 des OPSP.

Ziel ist es, die 7 Facetten zur Beantwortung einer Reihe strategischer Fragen zu verwenden, und einige der Antworten später in die vorgesehenen Stellen im OPSP einzutragen. Die Fragen führen Sie direkt zu strategischen Entscheidungen. Warum ist im OPSP nicht Platz für alle 7 Facetten vorgesehen? Weil einige der Antworten vertraulich bleiben sollten, und weil einige der Antworten lediglich Details zu den im OPSP vermerkten spezifischen Entscheidungen darstellen.

Zu jeder der 7 Facetten (engl.: 7 Strata) der Entscheidungsfindung erhalten Sie von uns nützliche Quellen (HAUPT-RESSOURCEN), durch die Sie ein tieferes Verständnis für bestimmte Aspekte Ihrer Strategie gewinnen können. Über die einzelnen Facetten sind oft ganze Bücher geschrieben worden – die besten werden wir Ihnen nennen. Wir empfehlen Ihnen dringend, das Arbeitspensum aufzuteilen und jedem Management-Team eines der empfohlenen Bücher oder Artikel zu geben, und die übrige Gruppe im Anschluss zu briefen. Jedenfalls ist die Strategie das Thema, auf das ein Führungsteam die meiste Zeit verwenden sollte – nicht auf das Löschen von Feuern im Tagesgeschäft. Letzteres ist immer noch am besten beim mittleren Management aufgehoben.

„Es reicht nicht, sich einmal pro Quartal oder Jahr um die Arbeit an der Strategie zu kümmern."

HINWEIS: *Wenn diese Arbeit leicht wäre, hätte jedes Unternehmen eine Killer-Strategie. Der Prozess kann für CEOs, die glauben bereits alle Antworten zu kennen, relativ unangenehm sein. Letztlich ist es die Hauptaufgabe eines CEOs,* *seinem Business eine Strategie vorzugeben und sie voranzutreiben. Gleichzeitig ist das aber ein sehr unübersichtlicher und kreativer Prozess, der eine Menge an Gedankenarbeit und Zeitaufwand mit einer Myriade von Kunden, Beratern und Teammitgliedern bedeutet. Besonders schwer wird es für den Typ Ingenieur, der gerne einem sequentiellen Verfahren folgt, um die richtigen Antworten zu finden. So einfach ist das aber leider nicht.*

Von allen Methoden, die wir vermitteln, ist dies diejenige, wo Sie wirklich „dem Prozess vertrauen" müssen. Halten Sie durch, seien Sie immer auf der Suche, und der Zauber kann beginnen. (Wayne Huizenga – ein äußerst kluger serieller Entrepreneur – benötigte mehrere Jahre, bis seine Strategie für AutoNation endlich funktionierte.)

Strategie-Team – The Council

Wie bereits im Kapitel „Der Überblick" erwähnt, sollten Sie *strategische Planung* als zwei verschiedene und separate Aktivitäten (und Teams) betrachten: *strategisches* Denken und *Planung* der Umsetzung. Das 7-Facetten-Modell ist eines der Schlüssel-Tools, welche die Strategie-Agenda des Unternehmens leiten. Die 4P des Marketing (Product, Place, Price und Promotion) sind das andere Tool. Aus unserer Sicht ist Marketing-Strategie gleich Strategie. Für einen anderen Blick auf die 4P suchen Sie im Internet nach den 4E des Marketing der Werbeagentur Ogilvy & Mather (Experience, Everyplace, Exchange und Evangelism). Bringen Sie diese in Ihr Marketing-Meeting und in Ihre Strategie-Agenda ein.

Der erste Schritt beim Ausfüllen des 7-Facetten-Tools und bei der Arbeit an den 4P oder 4E des Marketing ist die Bestimmung eines Strategie-Teams. Wählen Sie nicht mehr als drei bis fünf Leute aus, die jede Woche für etwa eine Stunde zusammensitzen und jede der 7 Facetten und andere wichtige strategische Gesichtspunkte diskutieren. Es reicht nicht, sich lediglich einmal pro Quartal oder einmal pro Jahr um die Strategie-Arbeit zu kümmern. Auch hier geht es um Wiederholung: ein paar Entscheidungen treffen, sie testen, und in der Folgewoche mit dem Team diskutieren und auswerten. Diese fortlaufenden wöchentlichen Meetings werden Ihre Strategie up-do-date und frisch halten.

Jim Collins nennt sein Strategie-Team „The Council" („Der Rat"). Besorgen Sie sich ein Exemplar von Collins *Good to Great: Why Some Companies Make the Leap... And Others Don't*[23] und lesen Sie die drei wichtigsten Seiten, die je über Business geschrieben wurden (die Seiten 114 bis 116), auf denen er 11 Leitsätze zur Struktur eines solchen Rates formuliert. Darin sind auch Empfehlungen enthalten, aus welchen Mitgliedern sich der Rat zusammensetzen sollte. Neben einigen

[23] deutsche Übersetzung: *Der Weg zu den Besten : die sieben Management-Prinzipien für dauerhaften Unternehmenserfolg*

wenigen Mitgliedern aus dem Führungsteam sollte auch jemand mit speziellen Kenntnissen der Branche oder des Geschäftsbereichs darunter sein.

Der Rat muss seine Arbeit nicht in absoluter Isolation tun. Die Mitglieder des Gremiums sollten jede Woche Gespräche mit Kunden, Mitarbeitern und Konkurrenten führen, um Einsichten und Ideen für ihre strategischen Überlegungen zu gewinnen. Viele Menschen denken, dass Genies wie Steve Jobs summend im Lotussitz herumsitzen und hoffen, dass sie eine göttliche Eingebung trifft. Ganz im Gegensatz dazu suchte Jobs an den meisten Nachmittagen den direkten Kundenkontakt – sehr zum Leidwesen seiner Teams. Die Verbindung zwischen Strategie und Marketing betonte er, indem er den Vorsitz über lediglich eine einzige Funktion führte – das Marketing – mit dreistündigen Meetings jeden Mittwochnachmittag.

Jim Collins betont, dass Sitzungen des Councils nicht zur Herstellung von Konsens dienen. Die Teammitglieder sollen den CEO beraten. Und sie sollen dem Unternehmen helfen, den unsicheren Weg, der vor ihnen liegt, auszukundschaften. Daher nennt der Strategieberater Gary Hamel diese Gruppen „Fernlicht-Teams". Sie sollen dem CEO helfen, über das Tempo des Wachstums hinaus zu denken, damit er oder sie das Unternehmen nicht in den Graben fährt.

Letztendlich müssen strategische Entscheidungen getroffen werden, und genau das ist der Job eines CEOs. Dennoch ist es ratsam, mehrere Augenpaare zu rekrutieren (und häufigen Kontakt mit dem Markt zu haben), um Ihnen als CEO die Navigation zu erleichtern.

Herren der Strategie

Das Tool Die 7 Facetten der Strategie wurde inspiriert durch ein Buch von Walter Kiechel III., dem früheren Herausgeber von *Fortune* und Programmleiter bei Harvard Business Publishing. Unter dem Titel *Lords of Strategy: The Secret Intellectual History of the New Corporate World* zeichnet es die relative kurze 50-jährige Geschichte der Unternehmensstrategie nach und stellt die vier Pioniere in diesem Bereich vor. Für Leader mit Interesse an diesem Strategie-Thema stellt es ein unverzichtbares Nachschlagewerk dar. Die darin enthaltene Methode wird von Boston Consulting Group, Bain & Co., McKinsey & Co., Porter Consulting und vielen anderen genutzt.

Was uns beim Lesen des Buchs besonders auffiel, war die übertriebene Komplexität vieler der Modelle. Sie wurden für riesige globale Großkonzerne entworfen. Auf der anderen Seite wäre die Formulierung einer simplen Definition für den eigenen Markt (Spielwiese oder Sandbox) plus ein paar Nutzenversprechen – wie beim OPSP – eine zu starke Vereinfachung.

Ein Mittelweg (für Mittelständler) musste gefunden werden, der mehrere wichtige Aspekte der Strategie zusammenfasste, und so wurden die 7 Facetten der Strategie geboren. Wir haben das Tool über mehrere Jahre in verschiedenen Firmen getestet und herausgefunden, dass es genau die richtigen Strategie-Varianten enthielt, die Unternehmen wie Hagerty zum Erreichen der Marktführerschaft benötigen. Wir wussten sofort, dass wir ein machtvolles – und doch einfach zu handhabendes – Tool geschaffen hatten, mit dessen Hilfe „Gazellen" skalieren können.

Noch einmal: Wenn Sie sich für die Wechselwirkung zwischen den 7 Facetten und dem OPSP interessieren, denken Sie sich die 7 Facetten als reines „strategisches Denken" innerhalb der Strategie-Planung, die vom OPSP geleitet ist. Wir schlagen vor, dass Sie sich das ganzseitige Arbeitsblatt bei *scalingup.com* herunterladen (die deutsche Version finden Sie auf *scaleup.de*) und parallel benutzen, während wir Ihnen die einzelnen Facetten vorstellen. Hier sind nun die 7 Facetten:

- Ihre besetzten Begriffe (Deutungshoheit)
- Spielwiese und Nutzenversprechen
- Garantieversprechen der Marke (Katalyse-Mechanismus)
- 1-SATZ-Strategie (Geld verdienen)
- Differenzierende und abgrenzende Maßnahmen (3 bis 5 „Wie")
- Faktor X (10- bis 100-facher Wettbewerbsvorteil)
- Gewinn pro X (Economic Engine) und BHAG® (10-25-Jahresziel)

HINWEIS: *Die meisten Strategie-Modelle beinhalten eine Form von Wettbewerbsanalyse. Bei der Arbeit an den 7 Facetten, kann für das Team eine Diskussion aufschlussreich sein, wie die eigene Konkurrenz jede einzelne Facette ausfüllen würde. Oder Sie bestimmen die 7 Facetten exemplarisch für Unternehmen außerhalb Ihrer Branche, die Sie sehr bewundern. Dadurch gewinnen Sie zusätzliche Einsichten in den Markt, Wettbewerber und Ansätze, sich strategisch auszudifferenzieren.*

Wörter, die Sie besitzen

HAUPT-RESSOURCE: Suchmaschinen (Google, Bing)

Niemand kann auf dem Fahrzeugmarkt das Wort „Auto" für sich allein beanspruchen. Volvo aber beansprucht zum Beispiel das Wort „Sicherheit" für sich. BMW ordnet jede Entscheidung über das Design und das Marketing seiner Fahrzeuge den Worten „driving experience" unter. Obwohl BMW auch als Hersteller von Luxus- und Rennfahrzeugen wahrgenommen wird, ist es die

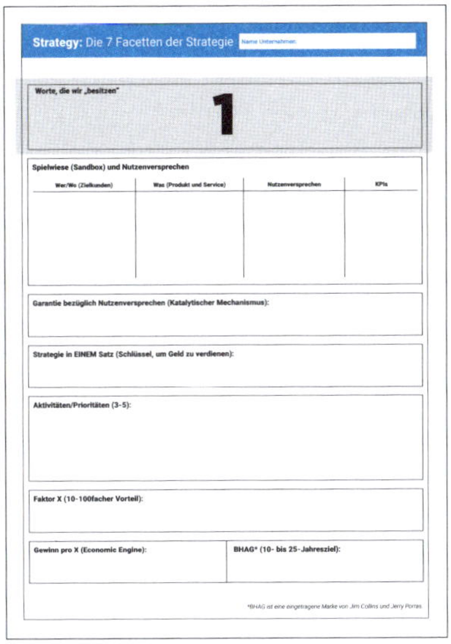

Strategy: Die 7 Facetten der Strategie

Worte, die wir „besitzen"

1

Spielwiese (Sandbox) und Nutzenversprechen

Wer/Wo (Zielkunden)	Was (Produkt und Service)	Nutzenversprechen	KPIs

Garantie bezüglich Nutzenversprechen (Katalytischer Mechanismus):

Strategie in EINEM Satz (Schlüssel, um Geld zu verdienen):

Aktivitäten/Prioritäten (3-5):

Faktor X (10-100facher Vorteil):

Gewinn pro X (Economic Engine):

BHAG* (10- bis 25-Jahresziel):

*BHAG ist eine eingetragene Marke von Jim Collins und Jerry Porras.

Leidenschaft des Unternehmens für ein bestimmtes Fahrgefühl, was es von anderen Marken im Luxussegment unterscheidet.

Wenn Sie Glück haben, wird der Name Ihres Unternehmens zu einem Begriff, den Sie kontrollieren. Wie Facebook. Oder Ihr Firmenname beschreibt klar und deutlich, was Sie tun, und besetzt Ihre Worte auf dem gesamten Markt. Wenn Sie unternehmerisch denken, können Sie eine neue Nische benennen und von Anfang an besetzen. J. Darius Bikoff machte das 1996 in der Getränkeindustrie. Niemand konnte den Begriff „Flaschenwasser" besetzen, doch Bikoff setzte dem Wasser einige Vitamine und Minerale zu, erschuf die erste neue Getränkekategorie seit 25 Jahren und nannte sie „enhanced waters" (angereichertes Wasser). Obwohl die Konsumenten den Begriff nicht kannten, zogen Bikoffs Glacéau-Marken die Aufmerksamkeit der großen Player in der Branche auf sich. Coke schnappte sich das Unternehmen nur ein Jahrzehnt später für $4.1 Milliarden.

Die Entwickler von Snapchat kombinierten diese Ideen, schufen eine neue Kategorie von Chats und benannten das Unternehmen schlauerweise nach den beiden Wörtern, welche die App nun auf dem ganzen Markt besetzt. Das Unternehmen startete im September 2011 und hat heute einen Wert von mehreren Milliarden US-Dollar.

Es ist eine lustige und lehrreiche Übung, an bekannte Marken (und die eigenen Konkurrenten) zu denken, und die von ihnen besetzten Wörter herauszufinden. Darum geht es letztendlich beim Branding: einen kleinen Platz mit eigener Deutungshoheit auf dem Zielmarkt zu besetzen – sei es in der Nachbarschaft, in einer Branche, oder weltweit. Wenn Sie einem Wettbewerber schaden wollen, stehlen Sie ihm seine Deutungshoheit über seinen Begriff. Google machte das mit Yahoo und besetzte das Wort „Suche" im Internet allein.

Machen Sie eine Marke aus Ihrem Ansatz: Wie wir im Folgenden in den 7 Facetten der Strategie untersuchen werden, findet eine echte Differenzierung auf der Ebene der „Aktivität" des Unternehmens statt, d.h. wie Sie Ihre Produkte und Dienstleistungen auf eine Weise liefern, die sich von allen anderen in der Branche unterscheidet. Eine Möglichkeit, diese Differenzierung zu markieren, besteht darin, Ihren einzigartigen Ansatz zu benennen.

Gauss&Neumann (G&N), ein in Barcelona ansässiges Unternehmen für Suchmaschinenmarketing (SEM), beschäftigt die gleiche Art von „Typen“, die die Wall Street für den Handel mit Aktien verwendet – Physiker und PhD-Mathematiker –, zur Optimierung der Suchmaschinenergebnisse – ganz andere Arbeitskräfte, als sie normalerweise bei anderen SEM-Unternehmen zu finden wären. Zu G&Ns klarem Leistungsumfang gehört die Optimierung von über einer Million Keywords, die sich von den üblichen 5.000 bis 100.000 Keywords unterscheiden, die andere SEM-Unternehmen verwenden. Die Margen, die G&N aus diesem Ansatz erzielen kann, sind um Welten höher als die der traditionellen SEM-Methoden der Wettbewerber. Gleichzeitig konnte G&N durch diesen spezifischen Ansatz zügig einige der renommiertesten Kunden weltweit gewinnen.

G&N ist deshalb einen Schritt weiter gegangen und hat diesen Ansatz MASK™ Marketing gebrandet. MASK ist ein Akronym für Massive Array of Structured Keywords, was heute eine neue Kategorie von SEM repräsentiert. Seit G&N diese geschaffen hat, ist sie zu einem festen Begriff in der Branche geworden, der mit der Marke von G&N eng verbunden ist. Wie bei den „verbesserten Mineralwässern“ von J. Darius Bikoff können Kunden nun auch anderen sagen: „Wir verwenden den Marketingansatz MASK™ für SEM.“ Indem Sie es benennen, erleichtern Sie es glücklichen Kunden, Ihr Differenzierungsmerkmal zu verbreiten.

Die Private-Equity-Firma Riverside hat etwas Ähnliches getan. Sie hat ihren Ansatz zur Unterstützung kleiner und mittlerer Unternehmen bei der Steigerung ihrer Marktbewertung explizit benannt (gebrandet). Riverside prägte das Akronym SPARCLE! (ja, es ist ein „C“ statt eines „K“), um die acht Attribute darzustellen, die Riverside erweitert, um die Bewertung der von ihr erworbenen Unternehmen zu verbessern. Solche Brandings helfen potenziellen Kunden, Riverside und G&N zu finden. Sie erinnern sich vielleicht nicht an die Namen der Firmen, aber sie suchen nach „der SEM-Firma, die MASK verwendet“ oder „der Private-Equity-Firma mit dieser SPARKLE-Methode“ (ja, die Kunden werden die „richtige“ Schreibweise versuchen).

Weil 87% ALLER Kunden (Geschäftskunden, Konsumenten und Behörden) das Internet benutzen, um Produkte und Services zu finden, müssen Sie diese Suchmaschinen beherrschen. Daher ist es so wichtig, bedeutsame und wichtige Wörter zu besetzen – jene, an die Menschen zuerst denken, wenn Sie nach Ihren Produkten und Services suchen.

„Sie müssen die richtigen und wichtigen Wörter besetzen.“

Dominieren Sie Suchmaschinen

Suchmaschinen sind auch ein nützliches Tool, um den Erfolg Ihres Unternehmens oder den

Ihrer Konkurrenten bei der Deutungshoheit über bestimmte Wörter zu bestimmen. Nehmen Sie sich einen Moment Zeit und suchen Sie nach den Wörtern oder Phrasen, über die Sie in den Köpfen Ihrer Kunden die Kontrolle haben möchten, und schauen Sie, wie hoch Sie ranken – oder ob Ihre kleineren Wettbewerber höher ranken als Sie. Benutzen Sie dann den Google AdWords Keyword Planner, um zu sehen, wie oft jemand schon nach Ihrem Zielwort oder Ihrer Zielphrase gesucht hat. Noch wichtiger: das Tool zeigt Ihnen auch, welche verwandten Wörter gesucht wurden und mit welcher Häufigkeit – sowohl lokal, als auch global. Die Analyse hilft Ihnen dabei, die richtigen Worte zu finden.

Durch das Tool erfahren Sie auch, wie viele Werbekunden Anzeigen für einen bestimmten Begriff im Google AdWords Programm schalten möchten. Sie sehen ebenfalls, wie groß die Konkurrenz bei einem bestimmten Begriff ist (gering, mittel oder groß), also wie schwierig es ist, über diesen Begriff die Deutungshoheit zu gewinnen.

Ihr erster Instinkt könnte sein, sich die populärsten Begriffe auszusuchen – egal ob Sie bezahlte Anzeigen schalten oder nur „organische" Suchmaschinenoptimierung betreiben möchten. Sie dürften jedoch viel eher Erfolg mit den etwas weniger gefragten, aber immer noch beliebten Begriffen haben, um potentielle Kunden auf Ihre Produkte und Dienstleistungen aufmerksam zu machen.

Im Anschluss nehmen Sie eine Seite aus dem Bestseller *The New Rules of Marketing & PR: How to Use Social Media, Online Video, Mobile Applications, Blogs, News Releases, and Viral Marketing to Reach Buyers Directly*[24]. Wie Autor David Meerman Scott sagt: „Sie sind, was Sie publizieren." Engagieren Sie Schriftsteller und Videofilmer, um Fallstudien, White Papers und Videos zu entwerfen, die auf natürliche Weise die Aufmerksamkeit der Suchmaschinen (und der Medien) auf sich ziehen, und den Kunden die von Ihnen besetzten Wörter erklären. Videos und Bilder haben seit Googles Übernahme von YouTube die Oberhand über Text gewonnen.

G&N hat zum Beispiel ein Whitepaper geschrieben, in dem MASK-Marketing mit MASS-Marketing verglichen wird, und verteilt dies an alle, die an besseren SEM-Ergebnissen interessiert sind. Von Riverside-Mitarbeitern wurden Artikel über ihren SPARCLE-Prozess veröffentlicht, um Akquisitionskandidaten anzulocken. Im Falle von Hagerty veröffentlicht das Team ein informatives und unterhaltsames Magazin mit dem Titel „Hagerty" mit dem Slogan „For People Who Love Cars" (Für Menschen, die Autos lieben). Dies dient dazu, Hagerty als die Oldtimer-Experten auf ihrem Gebiet zu brandmarken (und damit diese Worte zu besitzen) und ermöglicht es ihnen, sich mit Oldtimer-Besitzern im Allgemeinen zu verbinden.

[24] deutsche Übersetzung: *Die neuen Marketing- und PR-Regeln im Social Web: Wie Sie mit Social Media und Content Marketing, Blogs, Pressemitteilungen und viralem Marketing Ihre Kunden erreichen*

Wenn Sie mehr darüber erfahren möchten, wie man mit Content Umsatz generiert, lesen Sie Joe Pulizzis äußerst erhellendes Buch Epic *Content Marketing: How to Tell a Different Story, Break through the Clutter, and Win More Customers by Marketing Less.*

Wenn Sie sich nur auf eine der 7 Facetten konzentrieren: diese erste Facette ist für den Umsatz die wichtigste. Mit den übrigen verteidigen Sie Ihre Nischenposition, vereinfachen die Umsetzung und verwandeln Ihre Umsätze in riesige Gewinne.

HINWEIS: *Deutungshoheit über einen oder zwei Begriffe gilt auch in Bezug auf Ihre persönliche Marke (z.B. besetzt Tim Ferris den Begriff „4-Stunden-Woche"). Hier ist ein Link zu einem Artikel mit dem Titel „Your Career Success Hinges on One Word: Do You Know It?", den Verne als LinkedIn Influencer schrieb:* http://tiny.cc/success-one-word.

Die Suchmaschinen zu beherrschen ist nicht die einzige Herausforderung. Ihre Identität als Hersteller des sichersten Autos oder als „König des angereicherten Wassers" könnte bereits in den Gedanken der richtigen Leute verankert sein, und daher ist ein gutes Ranking in den Suchergebnissen gar nicht notwendig. Wichtiger ist es, eine Nische zu finden und Begriffe, die Ihrer Zielgruppe als erstes einfallen sollen, zu besetzen oder zu erfinden.

Spielwiese und Nutzenversprechen

HAUPT-RESSOURCE: Robert H. Blooms und Dave Contis Buch *The Inside Advantage: The Strategy That Unlocks the Hidden Growth in Your Business,* sowie Rick Kashs and David Calhouns Buch *How Companies Win: Profiting From Demand-Driven Business Models No Matter What Business You're In*

Bei der 2. Facette sind vier grundsätzliche Fragen zu beantworten:

1. **Wer/Wo** ist Ihre Zielgruppe?
2. **Was** verkaufen Sie Ihnen wirklich?
3. Wie lauten Ihre drei **Nutzenversprechen**?
4. Mit welchen Methoden überprüfen Sie die Einhaltung dieser Versprechen? (Wir nennen sie „Kept Promise Indicators" – ein Wortspiel mit „**KPIs**")

Wer/Wo: Bloom und Conti, die Autoren von *The Inside Advantage*, legen Unternehmen dringend ans Herz, sich über das Wer und Wo ihrer wichtigsten Kernkunden klar zu werden – jene Kunden, durch die das Business im Laufe der Zeit die meisten Gewinne erwirtschaftet. Sie warnen davor, Kunden nur als

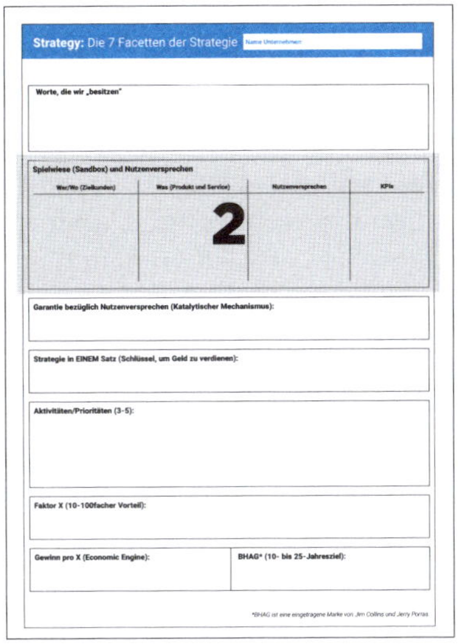

reinen demografischen Faktor zu definieren. Für Nestlés Juicy Juice, der von Anfang den Stempel „noch ein zuckerhaltiges Kindergetränk“ aufgedrückt bekam, definierte Blooms Team das *Wer* neu: die „Mutter, die eine gute Ernährung für ihre Kinder will“. Für eine andere Firma im Bereich der Rekrutierung von Krankenhauspersonal sind die Kernkunden bereits Mitglied des Teams: ortsungebundene Krankenschwestern, die an Kliniken im ganzen Land vermittelt werden. Das Buch von Bloom und Conti wird Ihnen bei der Bestimmung einer konkreten Zielgruppe helfen.

Kash und Calhoun, die Autoren von *How Companies Win*, weisen darauf hin, dass es in jeder Branche eine Nische gibt, in der sich zwar nur 10% der Gesamtzielgruppe befindet, aber ein ungleich höherer Anteil vom Gesamtgewinn erwirtschaftet wird – genannt „Profit Pools“. Zum Beispiel unterteilte Kashs Team den Markt für Hundenahrung auf Basis der Beziehung zwischen Hund und Besitzer (nicht anhand der Größe des Hundes). Es kristallisierte sich eine Gruppe von Hundehaltern heraus, die sie „Performance Fuelers“ nannten. Das sind sehr aktive Personen – Biken, Hiken, Joggen und Laufen – die ihre Hunde immer dabei haben wollen. Obwohl sie nur 7% aller Hundebesitzer repräsentieren, sind sie für mehr als 25% der Umsätze durch Hundenahrung verantwortlich. Finden Sie eine ähnliche Nische in Ihrer Branche und besetzen Sie sie durch ein klar abgegrenztes Produkt- oder Serviceangebot.

Wenn Sie Ihr *Wer* erst einmal genau kennen, erfahren Sie auch viel leichter, *Wo* die Kunden sich befinden. Die „Performance Fuelers“ zum Beispiel sind immer auf den wenigen Haupt-Joggingrouten in ihren Städten und auf wenigen News-Seiten und Blogs im Internet unterwegs.

Für Hagerty war der Hauptkunde jeder, der einen Oldtimer oder ein Boot besaß, und da das Unternehmen auch die einflussreichste Publikation der Branche besitzt, dominiert es bereits einen der wichtigsten Vertriebskanäle auf dem Markt. In jüngster Zeit hat Hagerty seinen Appetit auf neuere Fahrzeuge (von den 80er-Jahren bis heute) erweitert, allerdings nur auf jene, die von Enthusiasten gefahren werden. Eine neue Corvette, ein besonderer Porsche usw. können sich jetzt sehr gut für ihr spezielles Mitgliedschaftsprogramm qualifizieren. Dies hat das Marktpotenzial von Hagerty erheblich erweitert, man schätzt die Marktgröße auf rund 29 Millionen Fahrzeuge. Obwohl Hagerty nur 6% dieses erweiterten Marktes „besitzt“, garantiert dies 20% der Rentabilität, ähnlich wie das obige Beispiel für Hundefutter.

Was: Bloom und Conti zufolge ist der größte Fehler, den Unternehmen bei der Beschreibung des „Was verkaufen wir" machen, zu sehr die Vorteile und Merkmale ihres Produkts oder Services hervorzuheben. Vertrieb ist immer emotional und geht vom Herzen aus. Die Kaufentscheidung wird erst hinterher vom Kopf rational gerechtfertigt. Daher spielen etablierte Marken immer mit der Angst der Menschen, etwas von neuen unerfahrenen Konkurrenten zu kaufen.

Summit Business Media (heute Summit Professional Network), ein Beispiel das Bloom und Conti in ihrem Buch verwenden, bietet „die unverzichtbare Quelle verlässlicher Informationen, Daten und Analysen für den gut informierten Finanzprofi". Das Konzept der Firma – unersetzlich zu sein und seine Kunden gut zu informieren – spielt mit den irrationalen Bedürfnissen sowohl der Finanzprofis als auch der gesamten Finanzbranche.

Kash und Calhoun fügen hinzu, dass das *Was* eine 100%ige Lösung bieten muss. Viele Wirtschaftsbosse lassen sich zu leicht von glänzenden Gelegenheiten ablenken. Sie wechseln zu schnell zu einer anderen Produktlinie, einem anderen Vertriebskanal oder einer anderen Nische, anstatt zunächst alle Möglichkeiten des bestehenden Produkts auszuloten.

Die Winterhalter Gastronom GmbH, ein deutscher Hersteller professioneller Geschirrspülsysteme, dominiert den Markt der großen Restaurants und Hotelketten. Diese Kunden arbeiten rund um die Uhr und wollen Geschirr, das nicht nur sauber ist, sondern auch sauber aussieht. Winterhalter entwickelte eine Komplettlösung für diesen Nischenmarkt, darunter Wasseraufbereiter, Spezialwaschmittel und einen weltweiten schnellen Reparaturservice.

Nutzenversprechen: Nehmen wir an, ein „Do It Yourselfer" will Laminatboden, und BuildDirect erregt dessen Aufmerksamkeit. Oder: Oldtimer-Besitzer brauchen eine Versicherung – und es gibt eine große Vielzahl von Anbietern, darunter viele der traditionellen Autoversicherungsgesellschaften. Warum sollten diese Hagerty wählen und nicht die Konkurrenz? Es muss ein paar überzeugende Gründe geben! Wir nennen diese Gründe die Nutzenversprechen. Die meisten Unternehmen haben drei Nutzenversprechen, mit einem Haupt-Versprechen an der Spitze der Liste.

Für Hagerty sind die drei Nutzenversprechen „Wir geben allen Autoliebhabern ein ‚Daumen hoch' an die Hand", gemessen mit dem Net Promoter Score (NPS); „Hilfreicher und genussvoller Service jedes Mal", gemessen anhand von neuen und engagierten Mitgliedern; und „Angemessene Preise für ein Premium-Produkt und -Erlebnis", gemessen an der 100%igen Zufriedenheit. Wesentlich ist, dass Hagerty über ein Team verfügt, das ständig den Markt und die Preise überwacht und damit sicherstellt, dass das Nutzenversprechen eingelöst wird oder dass bestimmte Produkte und Kategorien im Fall der Nichteinlösung aus dem Sortiment ausscheiden.

WARNUNG: *Vermeiden Sie Wörter wie „Qualität", „Wert" oder „Service" als Nutzenversprechen. Sie sind zu vage, und ihre Definition kann variieren, je nachdem mit welcher Art von Kunden Sie es zu tun haben. McDonald´s liefert nach Ansicht vieler Eltern einen hohen Wert und guten Service, wenn diese an einem Samstagmittag mit ihren Kindern einen schnellen Imbiss brauchen, ohne in der Schlange stehen zu müssen. Zusätzlich haben sie ein paar Minuten Ruhe, weil sich die Kinder auf dem restauranteigenen Kinderspielplatz selbst beschäftigen können. Wenn es jedoch um einen Ort für ein Candlelight-Dinner geht, besitzt McDonald´s kaum Reiz für sie. McDonald´s hat seine drei messbaren Nutzenversprechen als „Schnelligkeit", „Beständigkeit" und „Spaß für Kinder" definiert. Durch die klare Definition und die konstante Einlösung der Versprechen (darunter fällt auch das tägliche Briefing der Restaurantchefs über die KPIs) wurde eine der herausragendsten Erfolgsgeschichten der letzten Jahre möglich.*

Das richtige Nutzenversprechen liegt nicht immer auf der Hand. Naomi Simson – Gründerin einer der am schnellsten wachsenden Firmen in Australien, RedBalloon, glaubte zu wissen, was sie ihren Kunden versprechen musste. Ihre Kunden suchen nach Geschenkideen, die eher etwas mit Abenteuern – wie Heißluftballonausflügen – zu tun haben, als mit Blumen oder Schokolade. Ihr Versprechen beinhaltete eine leicht zu bedienende Webseite mit einer Auswahl von über 2.000 Abenteuern, eine schöne Geschenkverpackung (denken Sie an Tiffanys Blau, nur in Rot), sowie Support über die Webseite.

Irgendwann wies ein Freund und Kunde sie darauf hin, dass sie die Webseite als Ideensammlung betrieb, die Abenteuer aber direkt von den Anbietern einkaufte. Simson hatte plötzlich ein Aha-Erlebnis. Sie begriff, dass andere Kunden wahrscheinlich ebenso dachten und annahmen, dass die Kosten für die Webseite, die Verpackung und der Support den Preis in die Höhe trieben. Sie versprach ihren Kunden daraufhin, dass sie für die Abenteuer bei RedBalloon nie mehr zahlen müssen, als wenn sie direkt bei den Anbietern buchen würden. Anderenfalls erhielten sie 100% des Kaufpreises zurückerstattet. Das Unternehmen nennt dieses Nutzenversprechen – das technisch gesehen eine Preisgarantie darstellt – die „100%-Vergnügungs-Garantie", damit der Slogan zur Marke passt.

KPIs (Kept Promise Indicators): Ein Versprechen, das nicht eingelöst wird, hat kein Gewicht, und resultiert im Verlust von Kunden und schlechter Mund-zu-Mund-Propaganda. Daher ist es so wichtig, dass Sie täglich messen und überprüfen, ob Sie Ihre Versprechen halten. Simson baute bei RedBalloon ein Team auf, das die Preise der Konkurrenz für etwa 2.000 Abenteuer ständig monitort, damit die Kunden nie auf ein günstigeres Angebot bei den

Wettbewerbern stoßen. Das ist nicht immer leicht. Die Preise der Konkurrenz für Abenteuer wie Jetboot-Fahrten ändern sich ständig aufgrund von variablen Faktoren wie Benzinpreisen oder Versicherungskosten.

Rackspace, Anbieter für cloudbasiertes Hosting, ist ein weiteres Unternehmen, das seine Nutzenversprechen erfolgreich durch KPIs misst. Das Unternehmen aus San Antonio hat seine Marke rund um das Versprechen „Fanatischer Support" aufgebaut. Diese Phrase erscheint prominent in der Mitte der Webseite: „Fanatischer Support: Über 1.400 ausgebildete Cloud-Experten stehen bereit, Ihnen zu helfen".

Der Erfolg beim Einlösen dieses Nutzenversprechens wird auf drei Wegen gemessen. Die wichtigste Kennzahl ist die Uptime der Kunden-Webseiten. Rackspace bietet eine Geld-zurück-Garantie falls die Seite einmal ausfällt. Wenn ein Kunde wegen eines Problems anruft, hat der den Support nach spätestens drei Mal Klingeln in der Leitung. Rackspace hat in seinen Call-Centern rote Lampen installiert, die aufleuchten, sobald ein Anruf droht, länger als drei Mal Klingeln in der Warteschleife zu stecken. Dieser Anruf wird dann von einem Second-Level-Agenten angenommen, der die Kompetenz und das Know-how hat, das Problem tatsächlich zu lösen. Genau das wollen die Kunden. Rackspace misst seine Performance in allen drei Punkten obsessiv und ohne Unterbrechung: Uptime, Annahmedauer nach drei Klingelzeichen oder weniger, und keine Warteschleifen. Die Zahlen sind in allen Call-Centern überall gut sichtbar. Das ist Grund, warum Rackspace innerhalb von 12 Jahren von Null auf $6 Milliarden Marktkapitalisierung gewachsen ist.

Das Team von Hagerty überwacht auf ganz ähnliche Weise verschiedene „Kept Promise Indicators" und stellt so sicher, dass jeder in der Firma das Nutzenversprechen einhält. Wie bereits erwähnt, verwendet Hagerty den Net Promoter Score, um die allgemeine Freude (nicht nur die Zufriedenheit) zu messen. Und ihre Policen sind im Durchschnitt 40% günstiger als die Preise der vergleichbaren Anbieter. Hagerty wird oft gesagt, dass sie als Versicherung „den doppelten Wert zum halben Preis" liefert.

Garantie auf das Nutzenversprechen (Beschleunigender/ Katalytischer Mechanismus)

HAUPT-RESSOURCE: Jim Collins Artikel „Turning Goals Into Results: The Power of Catalytic Mechanisms" in der *Harvard Business Review*

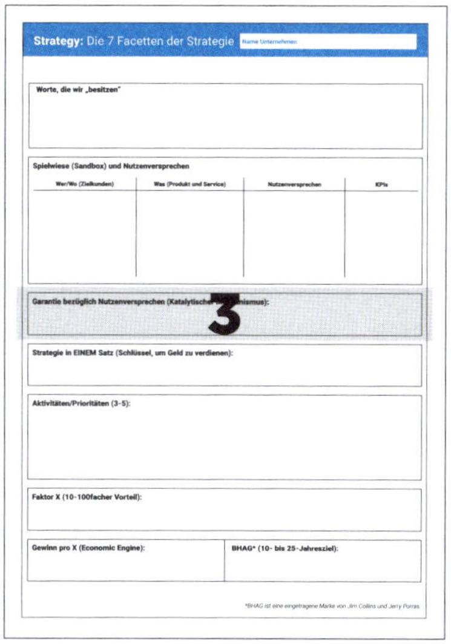

Es muss richtig wehtun, ein Versprechen zu brechen – ansonsten geht man zu einfach darüber hinweg. Aus diesem Grund bezeichnete Collins das, was wir garantiertes Nutzenversprechen nennen, als einen „Katalyse-Mechanismus". Das Garantieversprechen erhöht den Druck auf Simsons Team, indem es eine 100% Geld-zurück-Garantie für einen RedBalloon-Geschenkgutschein verspricht, falls ein Kunde das Abenteuer zu einem günstigeren Preis woanders kaufen kann.

Das garantierte Nutzenversprechen nimmt den Kunden ihre Sorgen, etwas bei Ihnen zu kaufen. In seinen frühen Tagen versprach Oracle, dass jede Unternehmenssoftware auf ihrer Datenbankarchitektur doppelt so schnell laufen würde wie auf den Datenbanken der Konkurrenz (Oracle schaltete ganzseitige Anzeigen im *Fortune* Magazin), ansonsten würde man diesen Kunden $1 Million auszahlen. Heute bietet das Unternehmen eine ähnliche Garantie auf seine Exadata-Server, nur dass die „Vertragsstrafe" heute $10 Millionen beträgt.

Professionelle Serviceunternehmen garantieren Preisabzüge, durch die der Kunde bei Problemen mit dem Service den Preis praktisch selbst bestimmen kann. Obwohl 99% aller Kunden die Möglichkeit nicht in Anspruch nehmen, gibt ihnen allein die Existenz dieser Option das nötige Vertrauen in das Serviceunternehmen. Zudem werden Kunden auf diese Weise ermutigt, Kritik zu üben und Probleme zu melden.

BuildDirect bietet eine unhinterfragte 30-tägige Geld-zurück-Garantie an, und trägt sogar die Kosten der Rücksendung. Durch diesen Katalyse-Mechanismus stellt Booth sicher, dass sein Team sich darauf konzentriert, den Kunden bei der Auswahl der richtigen Produkte zu helfen.

Viele weitere Beispiele können Sie Jim Collins Artikel (und auch dem Markt) entnehmen. Achten Sie vermehrt darauf, welche Garantien andere Unternehmen auf Ihre Nutzenversprechen geben.

Für Hagerty besteht die Herausforderung darin, sicherzustellen, dass die Versicherungspolice den tatsächlichen Wert der Oldtimer widerspiegelt. Da Hagerty buchstäblich den definitiven Oldtimer-Bewertungsguide selber geschrieben hat, können sie ein „Guaranteed Value®"-Versprechen abgeben, welches die anderen Versicherer nur schwer können: „Wir verwenden unsere branchenführenden

Tools, um Ihnen zu helfen, den wahren Wert Ihres Klassikers zu ermitteln und dann eine vereinbarte Wertrichtlinie zu erstellen, die diesen Wert abdeckt."

Strategie in einem Satz

HAUPT-RESSOURCE: Das Buch *Uncommon Service: How to Win by Putting Customers at the Core of Your Business* von Frances Frei und Anne Morriss

Trauen Sie sich, böse zu sein? Trauen Sie sich, ein großes Segment potentieller Kunden gegen sich aufzubringen? Denn exakt das tun hochprofitable und erfolgreiche Unternehmen – glaubt man jedenfalls Frances Frei, einer führenden Strategie-Professorin an der Harvard Business School, und Anne Morriss, CEO von GenePeeks, einem AI-gestützten Genomik-Unternehmen.

Die ersten drei Facetten – Deutungshoheit gewinnen, Versprechen machen und halten, eine Garantie darauf geben – sind alle ein bisschen kostspielig. Es wird noch schlimmer: Durch den Versuch, die ständig steigenden Ansprüche der Konsumenten zu befriedigen („will haben"), frisst der Markt Ihre Gewinnmargen weg und die Konkurrenz rüstet zum Kampf um Features und zusätzliche Services.

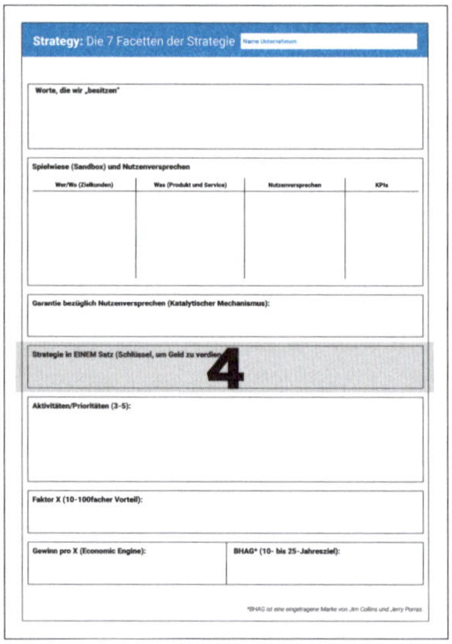

Aus diesem Grund müssen Sie Ihre 1-SATZ-Strategie entwickeln. Dieser Satz repräsentiert den Haupthebel Ihres Geschäftsmodells, der Ihre Profitabilität sichert und Ihnen die Wahl erleichtert, welche Kundenwünsche Sie befriedigen und welche Sie ignorieren möchten.

Nehmen Sie das Geschäftsmodell von IKEA, das auf Mitnahmemöbeln beruht. Da IKEA auf die Lieferung der Möbel verzichtet, sind seine Kosten deutlich geringer als die seiner Wettbewerber, und das verschafft dem Unternehmen einen riesigen Preisvorteil (sein Nr. 1 Nutzenversprechen). Fügen Sie noch einen Sinn für Design hinzu, und die besten schwedischen Hackbällchen auf dem Planeten – und schon haben Sie drei Nutzenversprechen, die alles aufwiegen, was die Leute an IKEA hassen – und das ist eine lange Liste!

Es sind aber gerade diese Kompromisse, die für den Erfolg von IKEA verantwortlich sind und als Straßensperre gegen Wettbewerber dienen. Andere haben einfach nicht den Mut, die Leute aus ihren Häusern in ein Warenhaus zu locken, das wie ein Labyrinth gestaltet ist, und zu einem etwas langwierigen Shopping-Erlebnis einzuladen. Dazu noch der notwendige eigene Zusammenbau der Fertigmöbel, und es ist eigentlich verrückt, dass überhaupt jemand bei IKEA einkauft. Und viele Menschen tun es nicht. Doch mit gerade einmal 6,8% weltweitem Marktanteil ist IKEA das weltweit größte und profitabelste Möbelhaus.

Beachte: Angesichts der alternden Bevölkerung, die das ganze Geld hat, kaufte IKEA 2017 TaskRabbit, um es den Menschen leichter zu machen, ihre Möbel zu kaufen und zusammenzubauen.

Die 1-SATZ-Strategie von Apple war sein „abgeschlossenes System" – die Quelle seiner phänomenalen Profitabilität. Es dient auch als machtvolle Blockade-Strategie, denn Google und Microsoft sind schon jenseits des Point of no return, und können ihre offenen Systeme nicht wieder schließen. Noch einmal: die meisten Konsumenten auf der Welt glauben nicht, dass diese Kompromisse es wert sind, aber das hielt Apple nicht davon ab, das wertvollste Unternehmen der Welt zu werden.

Der gemeinsame Nenner bei Frei und Morriss ist, dass große Marken es nicht allen recht machen wollen. Sie konzentrieren sich darauf, die Wünsche/Bedürfnisse einer kleinen, aber fanatischen Gruppe von Kunden so exzellent wie möglich zu befriedigen. Dann können sie es sich erlauben, alle anderen vor den Kopf zu stoßen. Umgekehrt erlangen Konkurrenten, die versuchen, es allen und jedem in allen Bereichen recht zu machen, in keinem einzigen Bereich Exzellenz – und enden als der Durchschnitt ihrer Branche.

Wir könnten Ihnen die 1-SATZ-Strategie von Hagerty verraten, aber das wäre nicht im Sinne des Unternehmens. Nochmal: Niemand sollte herumlaufen und mit dem Haupttreiber seiner Profitabilität prahlen, zumindest nicht in den ersten Jahren.

Das Buch *Uncommon Service* wird Ihnen eine Myriade an Beispielen zeigen und kann Ihnen beibringen, wie Sie sowohl auf die richtige und hoch profitable Art „böse", und zugleich mit ein paar Nutzenversprechen „exzellent" sein können. Es braucht einigen Mumm, 93% der Kunden zu ignorieren oder gar zu verprellen, und sich stattdessen auf die 7% des Marktes zu konzentrieren, die einen fanatisch lieben und sich auf jeden Kompromiss einlassen.

Differenzierende und abgrenzende Maßnahmen (3 bis 5 Wie)

HAUPT-RESSOURCE: Michael E. Porters Klassiker aus der *Harvard Business Review* von 1996, mit dem Titel: „What Is Strategy?"

Die 1-SATZ-Strategie wird von eine Reihe von spezifischen Maßnahmen untermauert, anhand derer sich zeigt, WIE Sie Ihr Business anders als die Konkurrenz betreiben. Dem bekannten Strategen Michael Porter von der Harvard Business School zufolge ist es die Ebene der Tätigkeiten in einem Business, auf der wahre Abgrenzung stattfindet und das Geschäftsmodell sich zeigt.

HINWEIS: *Zum Begriff „Abgrenzung", den wir hier zum ersten Mal verwenden: Konkurrenten können danach streben, dieselben Begriffe zu besetzen, dieselben Nutzenversprechen abzugeben und dieselben Garantien anzubieten. Doch abgrenzen kann man sich nur dadurch, WIE die Versprechen eingelöst werden. Kevin Daum, Autor von* ROAR! Get Heard in the Sales and Marketing Jungle: A Business Fable, *fügt hinzu: „Unterscheidungsmerkmale sind per Definition etwas, das Ihre Konkurrenten ohne großen Aufwand oder Investitionen nicht tun können oder tun wollen. Es braucht oft Jahre, sie zu entwickeln, denn wenn etwas billig, leicht und schnell erledigt werden kann, verschafft es einem kaum Wettbewerbsvorteile."*

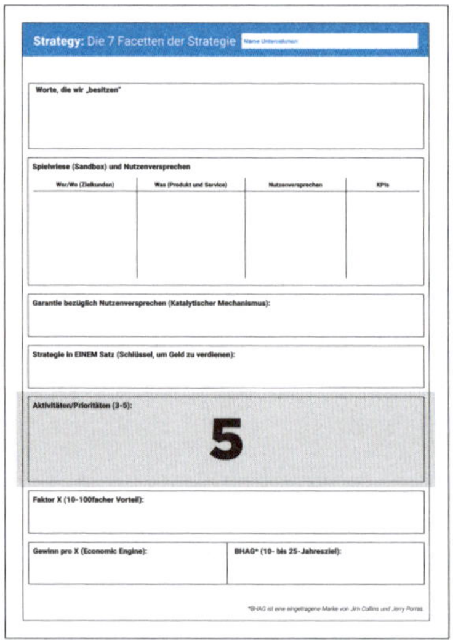

Porters Argument ist es, dass dies auf der Aktivitäten-Ebene des Business geschieht, wie im Beispiel mit Southwest Airlines, das er im oben zitierten *HBR*-Artikel bringt. Southwest verfügt über eine Reihe von schwer zu kopierenden Aktivitäten, welche die Airline von der Konkurrenz unterscheiden. Eine Sitzplatzreservierung fehlt zum Beispiel völlig, und geflogen wird nur mit einem einzigen Flugzeugtyp (was die Anzahl der Reparaturteile reduziert und mehr Flexibilität beim Einsatz der Piloten mit sich bringt). Außerdem werden kleinere Flughäfen angeflogen und damit Gebühren gespart, man bevorzugt Point-to-Point-Flüge gegenüber dem teuren Hub-and-Spoke-System, und man pflegt eine lebendige Servicekultur, um den Kunden bei Ihren Sorgen und Problemen beizustehen.

Diese Aktivitäten sperren die Konkurrenz aus, denn alle anderen Fluggesellschaften – außer dem Trittbrettfahrer RyanAir – haben bereits in verschiedene Flugzeugtypen investiert bzw. bieten eine Sitzplatzreservierung an (es ist schwer, den Kunden etwas wegzunehmen, was man ihnen bereits anbietet), sind an größere, teurere Flughäfen gebunden, und haben eine Kultur unzufriedener Mitarbeiter aufgebaut.

Wichtig ist zu entscheiden, WIE man seine Produkte und Services in der Branche anbietet, so dass der Wettbewerb den eigenen Ansatz beinahe unmöglich kopieren kann. Beachten Sie, dass diese Aktivitäten sich auf die 1-SATZ-Strategie von Southwest zurückführen lassen: „Wheels up!" (die teuren Metallkolosse machen nur Gewinn, wenn sie in der Luft sind). So erreicht die Airline ihre hoch gesteckten Ziele und bleibt profitabel. Jede der 7 Facetten der Strategie baut auf den anderen auf und verstärkt sie.

Hagerty ist der besagte Spezialist für Oldtimerversicherung, dessen Produkte und Dienstleistungen genauestens die einzigartigen Bedürfnisse der Oldtimerfahrer beachten. Beispiele sind ihre besonders schonende Abschlepphilfe, die garantiert mögliche Schäden am Fahrzeug beim Abschleppen verhindert, und die auf Oldtimer ausgerichtete Schadensbearbeitung. Stellen Sie sich vor, Sie hätten Ihre Windschutzscheibe an einem Auto aus den 1920er-Jahren bei einem Standardversicherer versichert. Dieser wüsste nicht, was er tun sollte (geschweige denn wie man überhaupt so eine Windschutzscheibe beschafft und was der adäquate Preis wäre), aber Hagerty bearbeitet diese Art von Schadensfällen ständig. Und der folgende Unterschied mag gering wirken, aber: Hagerty bezeichnet seine Kunden als Mitglieder und hat durch seine Publikationen und anderen Aktivitäten zusätzlich eine clubähnliche Atmosphäre für Oldtimerbesitzer geschaffen.

Lesen Sie Porters Artikel sowie *Uncommon Service* und etablieren Sie ein Gerüst von Aktivitäten – „wie" Sie das Business führen – das Sie vom Durchschnitt der Branche abhebt, Ihre Profitabilität steigert und die Konkurrenz aussperrt. Sie müssen einiges für den Erfolg dieses Ansatzes tun, aber nur so grenzen Sie sich ab. Machen Sie sich an die Arbeit!

Wie Porter es zusammenfasst: „Ein Unternehmen kann seine Rivalen nur ausstechen, wenn es sich dauerhaft von ihnen abgrenzt."

Faktor X (10- bis 100-facher Wettbewerbsvorteil)

HAUPT-RESSOURCE: Vernes *Fortune*-Artikel „The X-Factor": *http://tiny.cc/the-X-Factor*

Warum sollte uns Hagerty erlauben, Details ihrer Strategie zu veröffentlichen? Es geht um einen verborgenen Faktor X – einen 10- bis 100-fachen Wettbewerbsvorteil gegenüber seinen Rivalen. Dieser Vorsprung ist für Kunden gewöhnlich unsichtbar, untermauert die oben beschriebenen Aktivitäten und hindert Konkurrenten schon am Versuch, das Modell von Hagerty zu kopieren. Und er stellt typischerweise einen großen, fest etablierten Engpass in einer Branche dar.

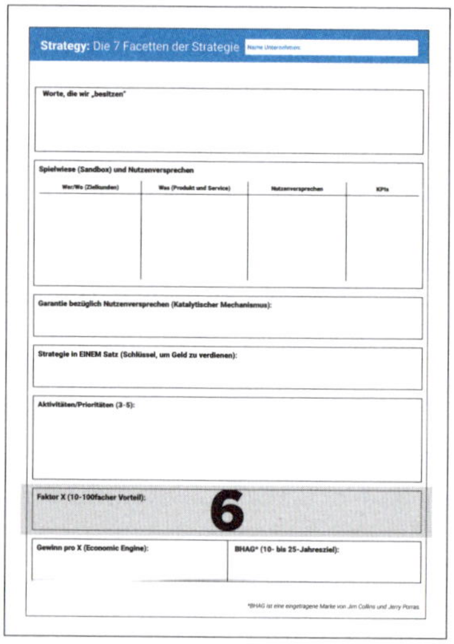

Strategy: Die 7 Facetten der Strategie Name Unternehmen:

Worte, die wir „besitzen"

Spielwiese (Sandbox) und Nutzenversprechen

Wer/Wo (Zielkunden)	Was (Produkt und Service)	Nutzenversprechen	KPIs

Garantie bezüglich Nutzenversprechen (Katalytischer Mechanismus):

Strategie in EINEM Satz (Schlüssel, um Geld zu verdienen):

Aktivitäten/Prioritäten (3-5):

Faktor X (10-100facher Vorteil): 6

Gewinn pro X (Economic Engine):

BHAG* (10- bis 25-Jahresziel):

*BHAG ist eine eingetragene Marke von Jim Collins und Jerry Porras

Durch einen solchen Vorteil können Sie in der Regel die Zahl Ihrer Konkurrenten verringern und das gleiche rapide Wachstum generieren, das Hagerty seit Jahren erreicht.

In seinem *Fortune*-Artikel erwähnt Verne, wie Chris Sullivan die Restaurantkette Outback Steakhouse durch Fokus auf den Faktor X erfolgreich machte. Nachdem er lange in der Branche gearbeitet hatte, wusste er, dass die primäre Herausforderung für große Restaurantketten eine konstant hohe Qualität der Lebensmittel und der Services ist. Aber warum ist das so? Nachdem Sullivan sich durch die verschiedenen Facetten gearbeitet hatte, wurde ihm klar, dass der Grund in der hohen Fluktuation bei den Filialmanagern lag – die durchschnittliche Verweildauer betrug nämlich nur sechs Monate. Diese Zahl wurde in der Restaurant-Branche quasi als naturgegeben hingenommen. Gute Manager wechselten den Standort, um schlechte Manager zu ersetzen, und herausragende Manager verließen Ihre Unternehmen nach einer Weile, um eigene Restaurants zu gründen.

Als sie die Manager-Fluktuation als Engpass der Branche identifiziert hatten, stellten sich Sullivan und sein Team eine Schlüsselfrage: Was würde passieren, wenn unsere Restaurantmanager fünf bis zehn Jahre in derselben Filiale blieben? Genau: das würde eine 10- bis 20-fache Verbesserung gegenüber dem Branchendurchschnitt bringen.

Sullivans Hebel war ein ungewöhnliches Kompensationspaket (denken Sie an „Maßnahmen der Abgrenzung"). Junge Leute, die sich für einen Management-Posten interessierten, wurden um eine „Investition" in ein Outback-Restaurant in Höhe von $25.000 gebeten. Stellen Sie sich vor, eines Ihrer Kinder kommt nach Hause und teilt mit, dass es einen Job als Restaurantmanager gefunden hat. Nachdem Sie Ihrer Skepsis Ausdruck verliehen haben („Was? Direkt nach dem Bachelor-Abschluss schon Manager eines Steakhauses?"), kommen Sie zum Punkt: „Wie viel Gehalt bekommst du?" Woraufhin Ihr Kind erklärt, dass es sogar noch für den Job zahlen muss!

Und das war Sullivans Deal: Neue Manager würden die $25.000 investieren und sich für fünf Jahre verpflichten. Outback würde ihnen in den ersten drei Jahren das Restaurantmanagement beibringen und ein ansehnliches Gehalt zahlen. In den letzten beiden Jahren würden die neuen Manager ihr Restaurant dann selbständig führen. Wenn Sie nach Ablauf der fünf Jahre eine bestimmte

Performance erbrachten, erhielten sie einen Bonus von $100.000 – das Vierfache ihrer Investition – der gestaffelt während der folgenden vier Jahre ausgezahlt würde. Wenn Sie sich für weitere fünf Jahre an ihre Filiale banden, erhielten sie die $100.000 auf einmal ausgezahlt, plus $500.000 an Aktien, die wiederum fünf Jahre lang in Raten ausgezahlt wurden.

Schließlich machte Outback einen Teil seiner Manager schon in ihren 20ern zu Millionären. 90% der Manager blieben fünf Jahre in derselben Filiale. 80% blieben für 10 Jahre oder länger. Noch wichtiger: die Theorie des Unternehmens stellte sich als korrekt heraus. Die lange Verweildauer des Managements führte zu Kontinuität bei Produkten und Services, und Outback wurde die drittgrößte und profitabelste Restaurant-Kette in den USA, bevor Sullivan als CEO zurücktrat.

Wie können Sie also einen Faktor X identifizieren? Beginnen Sie mit diesen Fragen: Welches eine Detail mag ich an meiner Branche am wenigsten? Was macht mich regelrecht verrückt? Was ist die Engstelle, die die ganze Branche ausbremst? Das könnte z.B. ein übler Kostenfaktor oder ein massiver Zeitfaktor sein. Häufig stehen Sie so dicht vor dem Problem, dass Sie es – wie alle anderen – schlicht übersehen. Häufig wird das Problem in der Branche als gottgegeben hingenommen.

Sie kommen dem Faktor X auf die Spur, indem Sie sich zum Beispiel an die Leitthemen der Arbeitsgruppen während der letzten 10 Jahrestagungen Ihres Unternehmensverbandes erinnern. Tragen Sie die Überschriften in ein Excel-Tabellenblatt ein und suchen Sie nach Mustern von Herausforderungen für die Branche während der letzten Dekade. Wenn Sie die Engpässe und den 10- bis 100-fachen Wettbewerbsvorteil identifizieren, werden Sie einen Riesenvorsprung auf die Konkurrenz haben.

Sie müssen für diese Praxis auch kein so großes Business wie das von Outback haben. Barrett Ersek, der Gründer der Rasenpflegefirma Happy Lawn, reduzierte den herkömmlichen Vertriebsprozess von drei Wochen auf drei Minuten. Mit der neuesten Digitaltechnologie sowie statistischen Daten über Steueraufkommen, aus denen Rückschlüsse auf die Größe der Rasenflächen in einem Gebiet gezogen werden konnten, ließen sich noch am Telefon Blitzangebote machen. Dadurch entfiel die Notwendigkeit, dass Außendienstler zu den Kunden fahren und manuelle Messungen vornehmen, Angebote schreiben und dann Vertragsverhandlungen ansetzen mussten. Kein Wunder, dass der Branchengigant ServiceMaster Erseks $10-Millionen-Unternehmen aufkaufte. Bei Holganix – Erseks neuer Firma - werden Bio-Düngemittel hergestellt und vertrieben. Auch hier hat er einen Faktor X identifiziert. Doch den hält er, genauso wie seine 1-SATZ-Strategie, unter Verschluss.

Der Faktor X von Hagerty bleibt ebenfalls ein Geheimnis. Aber Sie können zusätzliche Beispiele in Vernes Fortune*-Artikel nachlesen. Versammeln Sie anschließend Ihr Strategie-Team und brainstormen Sie einige 10-fache Wettbewerbsvorteile.*

Profit pro X (Economic Engine) und BHAG® (10- bis 25-Jahresziel)

HAUPT-RESSOURCE: Das Igel-Konzept aus Jim Collins Buch *Good to Great: Why Some Companies Make the Leap... And Others Don't*[25]

Die beiden letzten Entscheidungen versiegeln die Strategie mit einem einzelnen übergreifenden KPI, den Jim Collins „Gewinn pro X" nennt, sowie einem messbaren 10- bis 25-jährigen Ziel unter dem Titel BHAG® - ein Begriff, den Collins und Jerry I. Porras in ihrem Buch *Built to Last: Successful Habits of Visionary Companies*[26] vorgestellt haben. Beide Entscheidungen runden Collins strategisches Modell ab, das er in *Good to Great* „Das Igel-Konzept" nennt.

Die Kennzahl Profit pro X repräsentiert die zugrundeliegende Geldmaschine des Business und verschafft Führungskräften einen einzelnen KPI, den sie fortlaufend verfolgen, und damit den Fortschritt des Business kontrollieren können (was ein riesiger Luxus ist).

Während der Zähler eine variable Größe darstellt – Gewinn, Umsatz, Rohertrag, Piloten, Streckennetz etc. – bleibt der Nenner immer gleich und repräsentiert den einzigartigen Ansatz zum Wachstum Ihres Unternehmens. Generell fügt sich die Kennzahl in Ihre 1-SATZ-Strategie ein (alles hängt zusammen). Während der KPI der meisten Fluggesellschaften „Gewinn pro Meile" oder „Gewinn pro Sitzplatz" ist, konzentriert sich Southwest Airlines auf die Maximierung des „Gewinns pro Flugzeug" – in Übereinstimmung mit der 1-SATZ-Strategie „Wheels up!".

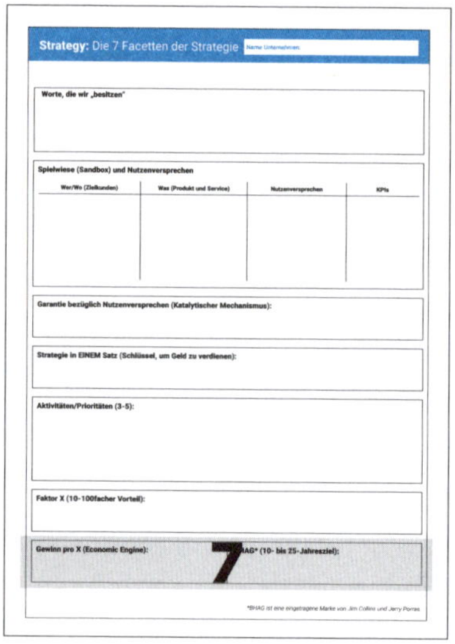

Strategy: Die 7 Facetten der Strategie — Name Unternehmen:

Worte, die wir „besitzen"

Spielwiese (Sandbox) und Nutzenversprechen

Wer/Wo (Zielkunden)	Was (Produkt und Service)	Nutzenversprechen	KPIs

Garantie bezüglich Nutzenversprechen (Katalytischer Mechanismus):

Strategie in EINEM Satz (Schlüssel, um Geld zu verdienen):

Aktivitäten/Prioritäten (3-5):

Faktor X (10-100facher Vorteil):

Gewinn pro X (Economic Engine): 7 AG* (10- bis 25-Jahresziel):

*BHAG ist eine eingetragene Marke von Jim Collins und Jerry Porras

[25] deutsche Übersetzung: *Der Weg zu den Besten : die sieben Management-Prinzipien für dauerhaften Unternehmenserfolg*

[26] deutsche Übersetzung: *Immer erfolgreich: Die Strategien der Topunternehmen*

Wir haben Alan Rudys Geschichte in Kapitel 2 kennengelernt. Er wählte in seinem Call-Center-Business einen ähnlichen Ansatz. Als alle den Umsatz pro Minute und den Gewinn pro Minute maßen, schaute er mit anderen Augen auf die Branche und führte sein Unternehmen mit dem KPI „Gewinn pro erfolgreichem Terminabschluss". Das Ergebnis: Beim Umsatz setzte er sich mit $5 pro Minute an die Spitze einer Branche, in der im Durchschnitt $1,25 pro Minute erwirtschaftet werden. Bei Gazelles waren wir früher auf den „Gewinn pro Veranstaltung" fixiert, heute ist es der „Gewinn pro Metropole mit dem Scaling Up Master's Program".

Big Hairy Audacious Goal (BHAG®)

Wenn Führungskräfte das ultimative 10- bis 25-jährige Fernziel für Ihr Unternehmen bestimmen, geht es ziemlich schludrig zu – willkürliche Zahlen oder Aussagen zu Zielen ohne wirklichen Bezug zur zugrundeliegenden Strategie sind an der Tagesordnung.

Microsofts BHAG®

„Als Paul Allen und ich vor über 30 Jahren Microsoft gründeten, hatten wir hochfliegende Träume über Software und deren gesellschaftliche Bedeutung. Wir sprachen darüber, dass auf jedem Schreibtisch und in jedem Haus ein Computer stehen würde. Es ist erstaunlich zu sehen, wie viel von diesen Träumen Wirklichkeit geworden ist und wie viele Leben wir berührt haben. Ich hätte mir nie ausmalen können, was für ein unglaubliches und bedeutendes Unternehmen aus diesen ursprünglichen Ideen hervorgehen würde."

— Bill Gates auf einer Pressekonferenz am 15. Juni 2006 in Redmond, Washington, auf der er ankündigte, sich nur noch in Teilzeit um Microsoft, aber in Vollzeit um seine philanthropische Arbeit kümmern zu wollen.

Collins platzierte das BHAG® genau im Zentrum seines Igel-Konzepts und wies darauf hin, dass es sich vollständig in die Gesamtstrategie einfügen muss. Daher haben wir es zur siebten und letzten Facette gemacht. Wir haben auch entdeckt, dass die beste Kennzahl zur Messung des BHAG® das X aus „Gewinn pro X" ist.

HINWEIS: ***Sie sollten Ihr BHAG® in derselben Einheit wie das X messen.*** *Das ist ein wichtiger Punkt. Seit sich z.B. Southwest Airlines auf „Gewinn pro Flugzeug" konzentriert, macht es Sinn, sich das langfristige Ziel „Anzahl X an Flugzeugen in der Flotte" zu setzen.*

Das BHAG® muss auch im Einklang mit dem Unternehmenszweck stehen. Darauf gehen wir noch im Kapitel über den One-Page Strategic Plan ein. RedBalloon hat sich ein besonders aggressives BHAG® gesetzt: in 10 Jahren 2 Millionen Abenteuer zu verkaufen. Das Ziel wurde im Jahr 2005 bei einem Stand von nur 7.500 Verkäufen formuliert. Simson, Gründerin und CEO, überlegte sich, dass RedBalloon für einen grundlegenden Wandel der Schenkgewohnheiten in Australien (die Menschen wollen lieber Erfahrungen machen als Dinge zu sammeln) das Leben von 10% aller Australier berühren musste. Zu der Zeit hatte Australien 20 Millionen Einwohner, daher wurde die 2-Millionen-Marke zum Ziel erklärt. Danach machte der KPI „Gewinn pro Abenteuer" einen Sinn. RedBalloon erreichte dieses 2-Millionen-Ziel bereits zwei Jahre später (2013) und hat es nun auf 5 Millionen bis 2020 angehoben.

Hagertys BHAG besagt: Wir wollen von 1,7 Millionen Mitgliedern im Jahr 2017 auf 6 Millionen bis 2025 ansteigen, mit „Gewinn/Mitglied" als übergreifendem KPI – eine perfekte Abstimmung zwischen diesen beiden letzten strategischen Entscheidungen.

7 Facetten – Zusammenfassung

Die Strategie von Hagerty lässt sich einfach formulieren, aber es gibt nichts Einfaches in Bezug auf die Ausführung. Wenn Sie ein Oldtimerbesitzer (und/oder High-End-Luxuswagenbesitzer nach Hagertys neuer Ausrichtung) sind und eine Autoversicherung benötigen, werden Sie das Unternehmen leicht über die Suchmaschinen finden. Sie werden eine 40%ige Einsparung wahrscheinlich als attraktives Angebot empfinden, zusammen mit dem hervorragenden Kundenservice und einer Reaktionszeit von weniger als 24 Stunden auf alle Anfragen. Oldtimerbesitzer wissen, dass ihre Fragen oft schwieriger zu beantworten sind als die von Besitzern neuerer Fahrzeuge, z.B. bezüglich der Kosten für den Austausch einer Windschutzscheibe bei einem Oldtimer.

Und der Besitzer kann sicher sein, dass der Versicherungsschutz von Hagerty greift. Hagertys „Guaranteed Value®"-Versprechen und seine branchenführenden Tools sorgen dafür, „den wahren Wert des Klassikers zu ermitteln und dann eine vereinbarte Wertrichtlinie zu erstellen, die alles abdeckt". Hagerty macht es nichts aus, dass wir deren Strategie teilen, denn ihr streng geheimer X-Faktor, der über Jahre entwickelt wurde, bietet einen 10-fachen Vorteil gegenüber jedem Wettbewerber, der versuchen könnte, den Rest der Strategie zu kopieren.

Deshalb sieht das Führungsteam von Hagerty einen klaren Wachstumspfad von 1,7 Millionen auf 6 Millionen Mitglieder innerhalb der nächsten sechs Jahre und dominiert damit einen der profitabelsten Bereiche der Automobilversicherungsbranche.

Ein Verständnis für die 7 Facetten zahlt sich am Ende immer aus. Wie bei allen unseren Tools gilt: Setzten Sie so viel wie möglich davon um und treten Sie nicht auf der Stelle. Gründen Sie Ihr Strategie-Team, lassen Sie jedes Mitglied eines der zitierten Bücher oder Artikel lesen (und verstehen), testen Sie Ihre Theorien und feilen Sie an Ihrer Strategie bis zur Perfektion. Sobald sich anhaltendes Wachstum und größere Gewinnmargen einstellen, wissen Sie, dass Sie auf dem richtigen Weg sind.

Das alles ist harte Arbeit. Ihr Strategie-Team mag sich am Anfang verloren oder gar vor den Kopf gestoßen fühlen – aber vertrauen Sie dem Prozess. Treffen Sie sich weiterhin einmal pro Woche und besprechen Sie Ihre Ideen, dann kommen die Antworten von allein. Wenn Sie Hilfe brauchen: Gazelles hat ein paar Top-Strategieberater mit viel Erfahrung in der unternehmensinternen Arbeit an dem 7-Facetten-Modell. Wir können Ihnen eine Starthilfe geben.

Im letzten Abschnitt des Kapitels „Strategy" werden wir einige Entscheidungen aus dem 7-Facetten-Modell in den OPSP integrieren: die Zusammenfassung der Vision auf einer Seite, an der Sie das gesamte Unternehmen ausrichten.

DER ONE-PAGE STRATEGIC PLAN
Das Strategie-Tool

EXECUTIVE SUMMARY: *Je größer Ihr Unternehmen ist, und je schneller es wächst, umso schwerer fällt es, alle Beteiligten auf dem gleichen Stand zu halten. Das Hauptproblem besteht darin, dass es keinen einzelnen für alle gültigen Stand gibt. Oft sind es mehr als ein Dutzend reale und imaginäre Informationsstände – dazu noch Memos und E-Mails – und alle behaupten von sich, die Vision des Unternehmens, seine Prinzipien, Strategien, Ziele und Prioritäten zu beschreiben. Viele dieser Botschaften sind durchsetzt mit unklaren und sogar widersprüchlichen Aussagen über die Identität des Unternehmens. In diesem Kapitel stellen wir Ihnen den One-Page Strategic Plan (OPSP) vor. Wir haben ihn mehrfach überarbeitet, seit er vor über 10 Jahren eingeführt und inzwischen von weltweit mehr als 40.000 Unternehmen eingesetzt wurde. Er ist ein einfaches und dennoch wirkungsvolles Tool, mit dem Sie Ihre Vision handlich und handlungsorientiert auf eine einzige Seite herunterbrechen. Wir stellen außerdem die SWT-Analyse vor – ein Tool, das die traditionelle SWOT-Analyse erweitert und der Vorbereitung des OPSP dient. Schließlich zeigen wir Ihnen noch das „Vision Summary" – eine sehr prägnante Art, Ihre unternehmerische Vision zu kommunizieren.*

Für das Wachstum der JSJ Corporation, einem Mutterkonzern von sechs Firmen für Gebrauchsgüter aus Michigan, war der One-Page Strategic Plan (OPSP) absolut entscheidend. 2006 begann der familiengeführte Konzern, der bald seinen 100. Geburtstag feiert und weltweit über 2.700 Mitarbeiter verfügt, mit der Anwendung des OPSP.

Nelson Jacobson, der CEO von JSJ, entsandte – nachdem er vom OPSP gehört hatte – seine Leiter der Abteilung Unternehmensentwicklung auf einen zweitägigen „Mastering the Rockefeller Habits" Workshop. Auch mit den Führungskräften einer lokalen Firma, die den Plan bereits verwendete, unterhielten sich die Geschäftsführer, um von Ihnen zu lernen, wie man skalieren und die eigene Business Performance besser managen kann.

„Ich war etwa seit dem Jahr 2000 geschäftsführender Direktor bei JSJ", erinnert sich Jacobson aus der dritten Generation der Gründer-Familien. „Wir navigierten gerade durch die Rezession im Anschluss an den 11. September. In der Zeit wandelte sich unser Unternehmen dramatisch. Als ich 2005 CEO wurde, suchte ich nach einem Tool, das uns zu einer geschlossenen operativen Einheit machen würde. Der OPSP wies uns schließlich einen Weg, die Business Performance zu messen und zu verbessern."

Alle ziehen an einem Strang

Voller Zuversicht, dass der OPSP JSJ zu konstantem Wachstum verhelfen würde, stellte Jacobson ihn seinem siebenköpfigen Führungsteam vor. „Ich suchte nach einem Weg, um im Unternehmen näher zusammenzurücken", erinnert er sich.

Jede der sechs Tochterfirmen von JSJ hat einen anderen Fokus, daher führt jede ihren eigenen OPSP. Die einzelnen Pläne wiederum beeinflussen den Plan für den gesamten Konzern. Es gibt einen festgelegten Rhythmus: Jedes Unternehmen entwickelt seinen Plan normalerweise bis zur operativen Planungssitzung jedes Jahr im Oktober. In den folgenden Monaten werden die Pläne der sechs Firmen finalisiert, damit JSJ sie für seinen eigenen Plan verwenden kann. Dieser wiederum wird jeweils bis zur Vorstandstagung im Februar fertiggestellt.

Jacobson weist darauf hin, dass der OPSP seinem Führungsteam eine seiner härtesten Entscheidungen erleichterte: eines der Tochterunternehmen zu verkaufen – eine Lithographie-Firma aus Kalifornien. „Wir konnten besser einschätzen, welche Firmen wir behalten sollten", so Jacobson. „Diese eine passte nicht ins Konzept." Zum Glück verkaufte der Konzern zu einem günstigen Zeitpunkt. „Den Erlös steckten wir in das Wachstum der verbliebenen Unternehmen", sagt Jacobson.

Die Bemühungen verlangten einiges an Einsatz, zahlten sich aber am Ende aus. JSJ hat als direkte Folge der Entscheidungen, die aufgrund des OPSP getroffen wurden, neue Technologien entwickelt, zusätzliche Produktlinien gestartet und weiter expandiert. „Unsere Gewinne und unser Wachstum haben sich vom Start weg verbessert", sagt Jacobson. „Der OPSP brachte uns eine bessere Orientierung, größeres Verantwortungsbewusstsein und eine bessere Ausführung."

In diesem Kapitel schauen wir uns die Komponenten eines effektiven OPSP im Detail an, und wie JSJ und Zehntausende weiterer Unternehmen ihn einsetzen, damit in ihrer Organisation alle an einem Strang ziehen. Doch zunächst möchten wir Ihnen eine vereinfachte Version des OPSP vorstellen: das Vision Summary. Viele Firmen können hiermit starten und dann zum umfangreicheren OPSP übergehen, wenn ihre strategische Planung konkreter und komplexer wird.

Vision Summary

Das Vision Summary ist ein vereinfachtes OPSP-Modell für Unternehmen, die gerade erst mit der Umsetzung der Rockefeller Habits anfangen und für Unternehmen mit weniger als 50 Mitarbeitern. Größeren Firmen – die von den Vorteilen des detaillierteren OPSP profitieren – verhilft das Vision Summary zu einem einfachen Weg, die Vision des Unternehmens an Mitarbeiter, Kunden, Investoren und die breitere Öffentlichkeit zu kommunizieren.

Auf *scalingup.com* und *scaleup.de* können Sie eine Kopie des Vision Summary ohne das Gazelles-Logo in der oberen rechten Ecke herunterladen. Erstellen Sie danach die folgende Liste für Ihr Unternehmen:

- Core Values/Prinzipien und Einstellungen
- Unternehmenszweck
- Nutzenversprechen
- Großes, verwegenes Ziel (BHAG®)

Die Strategie-Anteile des Vision Summary haben wir bereits in den beiden vorigen Abschnitten des Kapitels behandelt. Sie stehen für die Hauptkomponenten der Vision Ihres Unternehmens, die jeder Mitarbeiter kennen und verstehen sollte.

Darunter ist Platz für die strategischen Prioritäten. In der ersten Spalte listen Sie die wichtigsten Stoßrichtungen/Potenziale für die nächsten drei bis fünf Jahre auf – eine Handvoll großer mittelfristiger Prioritäten, auf die wir später noch genauer eingehen werden.

In der mittleren Spalte listen Sie die Top-Priorität für das laufende Jahr auf, sowie die wichtigsten Initiativen, die zu deren Erfolg notwendig sind. Und in der letzten Spalte wird die Top-Priorität des laufenden Quartals notiert, sowie Meilensteine auf dem Weg zu diesem Ziel. Details dazu erhalten Sie im Kapitel „Die Prioritäten".

Diese strategischen Komponenten und Prioritäten verschaffen uns einen kurzen Überblick über die Vision des Unternehmens. Darunter ist genug Platz für jeden Mitarbeiter oder jedes Team, um den Plan zu personalisieren. Sie können dort eine Handvoll wichtiger Leistungsindikatoren (KPIs), ihre eigenen Prioritäten und zu erreichende Quartalszahlen notieren – immer in Übereinstimmung mit der Vision des Unternehmens. Sie entspringen den Entscheidungen, die in der letzten Spalte des OPSP getroffen wurden. Auch dazu später mehr in diesem Kapitel.

Wir möchten alle Teammitglieder dazu ermutigen, das Vision Summary als visuelle Erinnerung an den strategischen Plan der Firma gut sichtbar an ihren Arbeitsplätzen und in ihren Büros anzubringen. Sie unterstreichen damit ihre eigenen Bemühungen, diesen Plan in die Realität umzusetzen.

Der One-Page Strategic Plan (OPSP)

Viele Menschen haben Träume. Eine Vision jedoch ist ein Traum mit einem Plan: einem One-Page Strategic Plan.

„Eine Vision ist ein Traum plus Plan."

Um die Vision auszuarbeiten, müssen Sie sieben grundsätzliche Fragen beantworten: *wer, was, wann, wo, wie, warum* und die oft problematische Frage „*Ticken* wir so, oder *nicht*...?" Diese Fragen liegen den sieben Spalten des OPSP zugrunde. Wann immer Sie in den Begrifflichkeiten strategischer Planung stecken bleiben, kehren Sie zu diesen sieben einfachen Fragen zurück.

Es kann schwer fallen, der Terminologie zu folgen. Wir arbeiten daran, der ganzen Branche eine gemeinsame Sprache zu verleihen, indem wir uns auf Standarddefinitionen von Vision, Zweck, Prioritäten, etc. einigen. Der OPSP dient uns auch dazu, die zahlreichen Visions-Modelle von Vorreitern wie Jim Collins, Gary Hamel, Jack Stack und Stephen Covey zu integrieren, um nur ein paar zu nennen.

Das Tool kann sowohl horizontal als auch vertikal gelesen werden, und bietet so einen logischen Rahmen für die Einordnung Ihrer strategischen Vision und eine Garantie, dass Sie alle Teile des großen Puzzles im Blick haben. Die komprimierte Struktur des OPSP erzwingt Priorisierung und Vereinfachung. Es bietet nicht gar zu viel Platz zum Schreiben – daher müssen Sie präzise sein.

Denken Sie beim Ausfüllen des Dokuments an ein großes Kreuzworträtsel oder Sudoku. Füllen Sie so viele Felder aus, wie Sie können. Dadurch werden die restlichen Felder leichter bestimmbar (z.B. führen Unternehmenszweck und Nutzenversprechen zurück zum BHAG®). „Erst aufschreiben, später perfektionieren" ist unser Mantra. Ein guter Plan jetzt ist besser als ein super Plan zu spät.

„Erst aufschreiben, später perfektionieren."

Ein weiteres Element im Design des OPSP ist wichtig. Jim Collins entdeckte, dass ausdauernde Unternehmen mit einer doppelten Dynamik arbeiten, die er so beschrieb: „den Kern erhalten/den Fortschritt stimulieren". Diese Dualität ist in den OPSP bereits eingebaut. Die ersten drei Spalten beschreiben den Kern, der im Wesentlichen unangetastet bleibt. Je weiter nach rechts Sie im Plan kommen, desto dynamischer wird er, desto mehr stimuliert er den Fortschritt, um Trends, Gelegenheiten und Herausforderungen des Marktes zu begegnen.

Zusammengefasst bietet der OPSP-Prozess Unternehmen:

2. Ein **Modell**, das Ihre unternehmerische Vision beschreibt.
3. Eine gemeinsame **Sprache**, um die Vision zu kommunizieren.
4. Eine ausgefeilte **Routine**, um die Vision aufrechtzuerhalten.

Um mit dem OPSP starten zu können, laden Sie ihn sich als editierbares Dokument von *scalingup.com* herunter, die deutsche Version finden Sie auf *scaleup.de*. Wenn Sie ihn ausdrucken möchten, legen Sie am besten beide Seiten aneinander an – so erhalten Sie ihn auf einer Seite im A3-Format. Während Sie dieses Kapitel lesen, sollten Sie am besten eine physische Kopie neben sich liegen haben (ein verkleinertes Exemplar finden Sie zu Beginn des Kapitels „Strategy"). Auf *scalingup.com* finden Sie auch einen vollständig ausgefüllten Plan als Musterexemplar.

HINWEIS: *Der OPSP ist für den internen Gebrauch gedacht. Er soll Teams dabei helfen, die technischen Aspekte eines strategischen Plans zu verstehen, nicht damit sie Marketingbotschaften (wie z.B. Werbeslogans) kreieren. Wenn der Plan einmal vollständig ist, geben Sie ihn lieber an eine Marketing- oder Werbeagentur weiter. Das ist der schnellere und günstigere Weg, an Botschaften zur Kommunikation Ihrer Vision an Mitarbeiter, Kunden und die Öffentlichkeit heranzukommen.*

Erfahrungen mit dem OPSP: Holganix, Markitforce und Towne Park

Barrett Ersek, der Mitgründer der Rasenpflegefirma Holganix aus Pennsylvania, hat im Laufe von über 20 Jahren fünf Unternehmen gegründet – sein erstes, als er 17 Jahre alt war. Er beschreibt den OPSP und andere strategische Maßnahmen dieser Methode als Blaupause für alles, was er für sein Wachstumsbusiness benötigt. „In meinen 20ern führte ich ein Unternehmen nur mit einem Scheckbuch in der Hosentasche. Und dann gab mir zum ersten Mal jemand ein Lehrbuch für die Hosentasche", sagt er.

Für Alan Higgins von Markitforce aus Australien, einem Dienstleister für Points of Sale und Warendepots, ist der OPSP eine „automatische Entscheidungs-Maschine". Der Gründer und Chief Engagement Officer bemerkt: „An jeder Weggabelung und vor jeder Entscheidung befragen wir dieses Tool und überprüfen, ob wir uns noch an die Strategie halten. Falls nicht, besprechen wir, ob wir die Gelegenheit besser liegen lassen."

Der OPSP ist eines der wertvollsten innerbetrieblichen Tools bei Towne Park, einem Gästeservice-Unternehmen mit 9.000 Beschäftigten aus Maryland. Mitgründer Jerry South: „Das Tool erlaubt mir, über das Business strategisch nachzudenken und es unterteilt einige der größeren Entscheidungen, mit denen wir uns herumschlagen, in kleine verständliche Häppchen", sagt South. „Zudem verschafft es uns die notwendige Klarheit darüber, was in unserem Geschäft wichtig ist."

Lassen Sie uns die sieben Spalten des OPSP einmal kurz skizzieren:

Spalte 1 (So ticken wir/nicht): Eine Liste mit ein paar Regeln, durch die wir die Grenzen unserer Entscheidungen definieren – Verhaltensregeln („So *ticken* wir/*nicht*"), die sich aus den Prinzipien und Einstellungen ableiten.

Spalte 2 (Warum): Erläutert, welchen Fußabdruck das Unternehmen hinterlassen will. Sorgt für die Bedeutung – das *Warum* – der Bemühungen aller Beteiligten. Es sind zwei Entscheidungen notwendig:

- **Sinn und Zweck** (oft auch als „Mission" bezeichnet): Der Nordstern oder das Kreuz des Südens, das wir anstreben wollen und die dem Business eine Orientierung geben
- **BHAG® (Big Hairy Audacious Goal):** Der messbare Teil des Unternehmenszwecks, den man innerhalb der nächsten 10 bis 25 Jahre erreichen will

Spalte 3 (Wo): Definiert, *Wo* das Unternehmen in den nächsten drei bis fünf Jahren stehen möchte. Beinhaltet eine Beschreibung der Spielwiese (Sandbox), auf der man sich ausprobieren möchte (z.B. in Bezug auf Kunden, Standorte und Produkt-/Service-Mix) sowie die messbaren Nutzenversprechen für diese Kunden. Zusätzlich Zusammenfassung einiger wichtiger Vorstöße und Potenziale, die man machen bzw. verwirklichen sollte.

Spalte 4 (Was): Stellt dar, *Was* für Ergebnisse in den nächsten 12 Monaten erreicht werden müssen. Sie werden von der Mindestanforderung (Entscheidende Kennzahl) und einer Handvoll „Rocks" (die Top-Prioritäten) angeführt.

Spalte 5 (Wie): Liefert Details, *Wie* das Unternehmen plant, seine Vision umzusetzen – mit Fokus auf einer messbaren kurzfristigen (90 Tage) Top-Priorität (Entscheidende Kennzahl) und einer Handvoll „Rocks".

Spalte 6 (Einlauf ins Ziel und Erfolge feiern): Beschreibt Leitmotive, Partys und Incentives, die mit der Top-Priorität für das Quartal oder Jahr assoziiert werden. Durch die Events haben alle Beteiligten eine festgelegte Ziellinie vor Augen sowie Aussichten auf ein bisschen Spaß.

Spalte 7 (Wer): Beschreibt, *Wer* für die verschiedenen Felder im OPSP die Verantwortung trägt, mit Details zu KPIs, „Rocks", Entscheidenden Kennzahlen für jeden Mitarbeiter oder jedes Team. Die Frage nach dem *Wann* wird schließlich durch Zeitangaben in der jeweiligen Spalte beantwortet.

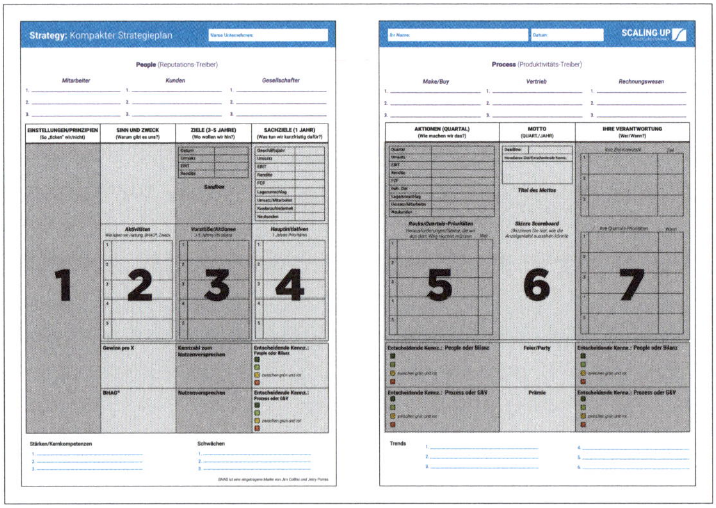

Was sind Rocks?

Der Begriff „Rocks" soll den verstorbenen Stephen R. Covey ehren, den Autor von *The 7 Habits of Highly Effective People: Powerful Lessons in Personal Change*[27]. Er präsentierte den Zuhörern seiner Vorträge eine wunderbar einprägsame Analogie, wie man sich im Leben fokussieren kann und mehr wichtige Dinge erledigt bekommt.

Weil unsere Zeit begrenzt ist (dargestellt durch ein leeres Gefäß), müssen wir sehr darauf achten, wie wir diese Zeit ausfüllen. Sand repräsentiert all die (unwichtigen) Telefongespräche, E-Mails und ständigen „Pings" unserer Social-Media-Apps. Kleine Kieselsteine repräsentieren dringende Aufgaben, die milde – aber noch kontrollierbare Konsequenzen haben, wenn wir sie vernachlässigen. Die „Big Rocks" (große Steine) repräsentieren die wichtigsten Dinge in unserem Leben. Es kann ernsthafte Konsequenzen haben, wenn wir uns nicht um sie kümmern. Wenn wir uns entscheiden, die verfügbare Zeit mit den kleinen unbedeutenden Dingen auszufüllen (das leere Gefäß zuerst mit dem Sand und dann mit den Kieselsteinen zu füllen), bleibt wenig Zeit für die Dinge, die wirklich wichtig sind – die „Rocks". Die großen Steine passen buchstäblich nicht mehr in das Gefäß hinein.

Wenn Sie Ihre Zeit zuerst den wichtigen Dingen widmen, werden Sie erstaunt sein, was Sie erreichen können. Dasselbe Gefäß, derselbe Sand, dieselben Kieselsteine und dieselben „Rocks". Sie verfügen über dasselbe Zeitkontin-

[27] deutsche Übersetzung: *Die 7 Wege zur Effektivität. Prinzipien für persönlichen und beruflichen Erfolg*

gent – doch wenn Sie zunächst alle „Rocks" in das Gefäß legen, haben Sie ausreichend Zeit für die wichtigsten Dinge. Danach können Sie die kleinen dringenden Aufgaben bearbeiten. Und wenn noch Zeit übrig bleibt, kümmern Sie sich um die unwichtigen Dinge wie E-Mails. Sie werden feststellen: Sobald Sie Ihre „Rocks" zuerst angehen, fügt sich alles wie von Zauberhand. Sie haben plötzlich mehr als genug Zeit.

Ausfüllen des OPSP

Der OPSP erhält schon im Kopfbereich durch den Namen des Unternehmens eine klare Ausrichtung. Alle Unternehmen müssen sich mit einer Marke präsentieren, die für Kunden und Mitarbeiter (bis hin zum Empfangspersonal am Telefon) stets präsent und bedeutungsvoll ist. Als Federal Express herausfand, dass jeder das Unternehmen einfach „FedEx" nannte, änderte man seinen Namen. „Minnesota Mining and Manufacturing" ging eine Weile gut – heute heißt der Konzern „3M". Das Unternehmen HVLS Fan Co., Hersteller von Industrie-Ventilatoren mit großer Spannbreite und niedrigen Geschwindigkeiten, führte den Namen „Big Ass Fans" ein, nachdem seine Kunden mehrere Jahre diesen Spitznamen verwendet hatten. Heute ist das Unternehmen – das sich kürzlich erneut in „Big Ass Solutions" umbenannte – eines der bekanntesten und wachstumsstärksten seiner Nische. Andere Firmen haben übertrieben lange oder komplexe Namen, in denen willkürliche Begriffe wie „Gruppe" oder „Inc." vorkommen, die niemand verwendet. Überlegen Sie ebenfalls, derartige Füllwörter abzuschaffen.

Das Feld „Name des Unternehmens" kann auch darauf hindeuten, ob die strategische Vision sich nur auf eine Abteilung innerhalb des Unternehmens bezieht. Bei JSJ tragen alle sechs Tochterfirmen ihre jeweiligen Namen dort ein (z.B. „Sparks" – eine dieser Firmen).

Ebenfalls in den Kopfbereich gehören Ihr Name und das Datum. Dazu einige wichtige Hinweise:

1. Bestimmt haben manche von Ihnen schwer auszusprechende oder zu buchstabierende Namen. Eine Vereinfachung kann eventuell helfen, so wie es viele unserer Kunden in Malaysia vormachen, die nur ihre Initialen verwenden (hi, H.K. und C.K.!), oder mein Freund Nick Alexos, der eigentlich Nicholas Alexopoulos heißt. Oder imitieren Sie bekannte Künstler und geben Sie sich einen einprägsamen Spitznamen (Gordon Summer kenn die ganze Welt als Sting).
2. Um Verwirrung wegen des Datumsformats zu vermeiden, schlagen wir vor, einen einheitlichen Standard zu vereinbaren. Zum Beispiel den globalen Standard von Cisco: zuerst zwei Stellen für den Tag, danach drei Buchstaben für den Monat, und schließlich vier Stellen für das Jahr (z.B. 02 Feb 2022).

Bitte entschuldigen Sie diese kleine Pingeligkeit, aber eine klare Orientierung fängt bei der Einheitlichkeit des Unternehmensnamens, Ihres Namens und des Datumsformats an.

Stärken, Schwächen und Trends

Entlang der Fußzeile des OPSP haben Sie Platz, die drei Hauptstärken/Kernkompetenzen und Schwächen des Unternehmens zusammenzufassen. Hier ist außerdem Platz für eine Liste der sechs Haupttrends, die mit Sicherheit Auswirkungen auf das Unternehmen und die Branche haben werden. Auf dieser Grundlage wird die Vision entwickelt. Später in diesem Kapitel werden wir ein neues SWT-Tool vorstellen, das Ihnen beim Ausfüllen der Felder eine Hilfe sein kann. Es schließt direkt an die uralte SWOT-Analyse an, die seit Jahrzehnten in Unternehmen verwendet wird.

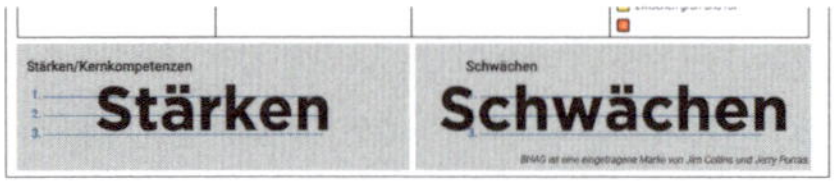

OPSP Spalte 1: Prinzipien und Einstellungen/Überzeugungen

Kehren wir nun zum Hauptteil des Formulars zurück und vermerken die Core Values des Unternehmens in der ersten Spalte. Diese drei bis acht Sätze skizzieren grob die Verhaltensregeln, von denen Ihr Unternehmen sich bei allen Entscheidungen leiten lässt, sowie dessen Persönlichkeit. Im Kapitel „Der Kern" erfahren Sie mehr über diese Prinzipien und Einstellungen, und wie sie die Funktionsfähigkeit Ihrer People-Systeme (HR) beeinflussen.

HINWEIS: *Fühlen Sie sich nicht dazu verpflichtet, diese Konzepte „Prinzipien und Einstellungen" oder „Core Values" zu nennen. Suchen Sie sich einen Namen aus, der Ihnen gefällt: Überzeugungen, Regeln, Unser Leitfaden. Wichtig ist nur, sie zu kennen, damit Sie und Ihr Team auf dieser Basis eine starke Unternehmenskultur begründen und kluge Entscheidungen treffen können. Wie bereits mehrfach erwähnt, ist es aus unserer Erfahrung ungünstig, im Deutschen Kulturraum eine Bezeichnung zu wählen, die in der Semantik ethische oder moralische Dimensionen beinhaltet. Weitaus passender ist es, eine möglichst bodenständige Bezeichnung zu wählen.*

OPSP Spalte 2: Sinn und Zweck, Gewinn pro X und BHAG®

Während die erste Spalte die Seele der Organisation (oder des Organismus) repräsentiert, steht Spalte 2 für ihr Herz. Spalte 2 beantwortet einige sehr grundlegende *Warum*-Fragen: Warum tut dieses Unternehmen all diese Dinge? Was ist der höhere Sinn und Zweck? Warum sollte ich mich leidenschaftlich dafür einsetzen?

Diese Spalte liefert auch Anhaltspunkte, warum bestimmte scheinbar unwichtige Vorfälle den Gründer in Rage bringen, während er in anderen Situationen, die schwerwiegender und kostspieliger scheinen können, ganz ruhig bleibt. Zum Beispiel dreht sich der Unternehmenszweck bei Gazelles rund um das Wort „Freiheit". Situationen, die unsere Freiheit einschränken, wie unnötiger bürokratischer Aufwand, lassen Verne die Haare zu Berge stehen.

Finden Sie heraus, was den CEO Ihres Unternehmens richtig nervt, dann haben Sie schon einen guten Anhaltspunkt für den Unternehmenszweck. Ein anderes Beispiel ist der Unternehmenszweck von Wal-Mart: „Normale Menschen sollen sich die gleichen Dinge leisten können wie reiche". Sam Walton, den Gründer von Wal-Mart, störte die Ungleichheit zwischen Reich und Arm und er entwickelte eine Leidenschaft dafür, Menschen in ländlichen Gegenden Zugang zu preisgünstigen Waren zu verschaffen.

Noch einmal: Im Kapitel „Der Kern" erhalten Sie mehr Details zu dem Thema, wie man den Unternehmenszweck bestimmt und ihn zur Grundlage einer Standard-Ansprache macht, mit der das Führungsteam die Herzen seiner Mitarbeiter erreicht.

Unterhalb des Unternehmenszwecks im OPSP sehen Sie den Abschnitt „Maßnahmen". Viele Firmen haben kein Problem damit, Prinzipien und Einstellungen, Sinn und Zweck und BHAG® herunterzuschreiben und dann schnell zu vergessen. Dieses „Maßnahmen"-Feld dient der Erfassung von Aktivitäten, die während eines Quartals entfaltet werden können, um die Spalten 1 und 2 zum Leben zu erwecken. Zum anderen bleiben die langfristigen visionären Ziele des Unternehmens im Blickfeld.

Wir hatten einmal einen Kunden mit einem Core Value, der die Bedeutung von „Spaß haben" für die Firmenkultur unterstrich. Da man gerade an die Börse gegangen war (was übrigens keinen Spaß macht), entschied das Führungsteam auf dem nächsten vierteljährlichen Planungstreffen, seinen Mitarbeitern einen Tischkicker zu spendieren – der symbolische Akt sollte verdeutlichen, dass man den Fun-Aspekt der Firmenkultur nicht vergessen hatte.

Genau diese Art von spezifischen Aktionen listen Sie unter „Maßnahmen" in der Spalte „Zwecke" auf – bestimmte Ansätze, wie Sie die Prinzipien und Einstellungen, Sinn und Zwecke und das BHAG® in den nächsten 90 Tagen verstärken wollen.

Die Punkte „Gewinn pro X" und das BHAG® (Big Hairy Audacious Goal) haben wir detailliert im Kapitel „Die 7 Facetten der Strategie" diskutiert. Um es kurz zu wiederholen: der „Gewinn pro X" ist ein einzelner KPI, der die Haupteinnahmequelle des Unternehmens repräsentiert (z.B. der Umsatz-Treiber im Geschäftsmodell). Southwest Airlines richtet unablässig den Blick auf „Gewinn pro Flugzeug" – im Gegensatz zu anderen Fluggesellschaften, die den „Gewinn pro Sitzplatz" oder „Gewinn pro Flugmeile" messen. Das BHAG® repräsentiert das messbare 10- bis 25-Jahresziel, das mit dem Zweck und dem „Gewinn pro X" zusammenhängt.

In Spalte 2 sollten sich alle Einträge aufeinander beziehen und eine überzeugende Story ergeben, die alle Beteiligten reizt, sich für das Wachstum des Business zu engagieren. Möchten Sie dafür ein bewegendes Beispiel sehen? Dann schauen Sie sich diese fünfminütige Lobrede des damaligen Präsidenten, CEO und Vorsitzenden Herb Kelleher auf seine Mitarbeiter bei Southwest Airlines an: *https://tinyurl.com/southwest-tribute.*

OPSP Spalte 3: Zielvorgaben, Spielwiese und Nutzenversprechen

In Spalte 3 wird der Plan konkreter. Hier werden alle spezifischen finanziellen Ziele und Prioritäten für die kommenden drei bis fünf Jahre aufgeführt. Sie stehen für die „Camps" auf dem Weg zum Mount Everest (BHAG®). Sie erinnern sich wahrscheinlich an die Analogie aus dem Kapitel „Der Überblick".

Die erste Entscheidung betrifft den Zeitraum: Möchten Sie drei, vier oder fünf Jahre in die Zukunft blicken? Die Frage lautet: „In welchem Zeitraum planen wir eine Verdoppelung des Umsatzes oder der Größe des Unternehmens?" Wenn Sie 15% Wachstum pro Jahr anstreben, dann verdoppeln Sie innerhalb von fünf Jahren. Wenn Sie 25% anstreben, sollten Sie einen 3-Jahres-Zeitraum wählen. Wenn Sie um 100% pro Jahr wachsen, erlebt Ihr Unternehmen einen ungewöhnlichen Höhenflug – Sie erreichen in nur einem Jahr etwas, wofür alle anderen drei bis fünf Jahre brauchen. In diesem Fall sollten Sie in Spalte 3 nur einen Zeitraum von einem Jahr wählen, in Spalte 4 einen vierteljährlichen, und in Spalte 5 einen einmonatigen. (Ein Monat für Sie bedeutet ein Quartal für alle anderen.)

Weil alles zwischen dem BHAG® und dem laufenden Quartal ohnehin ein reines Ratespiel ist (wilde Spekulation), können die drei- bis fünf-jährigen finanziellen Ziele ruhig ambitioniert und aggressiv formuliert werden. Schauen wir uns speziell den oberen Bereich von Spalte 3 an:

1. **Zieldatum:** Legen Sie das Enddatum für diese mittelfristige Planungsperiode fest (z.B. den 31. Dezember 2019).
2. **Umsätze:** Setzen Sie sich am besten das Ziel, Ihren heutigen Umsatz zu verdoppeln. Noch einmal: das ist der Sinn der Camps auf Ihrem Weg zum Gipfel – Punkte, an denen Sie das Volumen Ihres Business verdoppelt haben.
3. **Gewinn:** Setzen Sie sich das Ziel, drei Mal so profitabel wie der Branchendurchschnitt zu werden. Das ist die Definition eines Spitzenunternehmens – streben Sie danach
4. **Marktkapitalisierung/Cash:** Wenn Sie ein Börsenunternehmen führen, orientieren Sie sich an einem bestimmten Börsenwert (Marktkapitalisierung). Wenn Sie in einem eigentümergeführten Unternehmen arbeiten, orientieren Sie sich daran, über wie viel Cash Sie gerne bei Ihrer Bank verfügen würden, oder welchen Marktanteil Sie gerne erreichen würden.

Skizzieren Sie als nächstes die **Spielwiese** (Sandbox), auf der das Unternehmen sich in den nächsten drei bis fünf Jahren ausprobieren will. Es ist eine Zusammenfassung der 2. Facette aus dem 7-Facetten-Modell: eine kurze Beschreibung der Zielkunden (*Wer, Wo*) und *Was* Sie ihnen verkaufen möchten.

Springen Sie danach an den unteren Rand der Spalte und definieren Sie die wichtigsten Bedürfnisse, die Sie in dieser Test-Umgebung befriedigen wollen: Ihre messbaren **Nutzenversprechen**. Beachten Sie die spezifischen Kennzahlen im Feld „**Nutzenversprechen KPIs**" (Kept Promise Indicators). Erinnern Sie sich an das letzte Kapitel, in dem das Unternehmen Rackspace seinen „Fanatischen Support" über den Leistungsindikator „Gesprächsannahme innerhalb von drei Mal Klingeln" misst. Die Nutzenversprechen von FedEx (Lieferung bis 10 Uhr morgens) und Oracle (Exadata-Server sind 5x schneller als die Konkurrenz) sind weitere Beispiele für Nutzenversprechen KPIs.

Wenn Sie finanzielle Ziele, Spielwiese (Sandbox) und Nutzenversprechen festgelegt haben, wählen Sie die drei bis fünf Vorstöße/Potenziale aus, die Ihr Unternehmen während der folgenden drei bis fünf Jahre machen bzw. verwirklichen muss. Dazu könnte eine Reihe wichtiger Übernahmen gehören, oder die Einführung einer neuen Produktreihe oder Servicelinie. Dahinter könnte sich auch eine dramatische Umstrukturierung des Kerngeschäfts verbergen – ähnlich Steve Jobs Entscheidung als neuer Apple-CEO im Jahre 1997, alle aktuellen Geschäftszweige der Firma aufzugeben und nur noch zwei Desktop-PCs und zwei Laptops herzustellen.

In den Anfangsjahren bei Gazelles waren Vorstöße/Potenziale u.a. die Expansion in den internationalen Markt jenseits der USA und Kanadas, die Einführung eines Software-as-a-service-Angebots zur Verbreitung der Methode, die Verwirklichung einer exklusiven Mitgliedschafts-Organisation, deutliche globale Expansion unserer Coaching-Organisation, sowie die Einführung einer Online-Lernplattform.

Diese Beispiele repräsentieren die Art von signifikanten mittelfristigen Prioritäten, die ein Unternehmen in Spalte 3 auflisten sollte, und die für einige Jahre eine klare strategische Richtung vorgeben. Stellen Sie ein Board von Beratern zusammen, um die Anstrengungen der Firma zu unterstützen. Engagieren Sie die klügsten Leute, die Sie finden können, um sich zu jedem Vorstoß und zu jedem Potenzial beraten zu lassen. Sie sollten immer von denen lernen, die bereits dort waren, *Wo* Sie erst noch hin möchten.

OPSP Spalte 4: Ziele

Kommen wir nun zu Spalte 4. Wenn Sie an Ihre nächste Planungsrunde denken – was sind die Top-Prioritäten und wichtigen Initiativen für das Geschäftsjahr – manchmal auch als „Objectives and Key Results", kurz OKR, bezeichnet (Ziele und Hauptergebnisse)? Gehen Sie dieses Thema an, indem Sie ein paar sehr konkrete und erweiterte finanzielle Ziele an die Spitze der Spalte setzen. Sie können die aufgelisteten Kategorien gerne ändern oder ergänzen (z.B. gibt es Unternehmen ohne erwähnenswertes Inventar, in denen stattdessen etwa die Auslastung der Mitarbeiter wichtiger ist).

Als nächstes springen Sie an den unteren Rand der Spalte und legen DIE **Entscheidende Kennzahl** (Mindestanforderung) für das kommende Jahr fest: „der eine Faktor, der den Unterschied macht". Wir sind uns dessen bewusst, dass alle Ihre Kennzahlen einen Unterschied machen, doch der Sinn einer Entscheidenden Kennzahl ist es, sich auf eine einzige zu verständigen. Das Kapitel „Die Prioritäten" führt Sie durch die Entscheidungsfindung zu dieser Kennzahl für das laufende Jahr sowie für die nächsten 90 Tage (Spalten 4 und 5), und erläutert ihre Zielkategorien: Absolut Grün, Grün und Rot. Es ist genauso, als würden Sie Ihrem Team für das kommende Jahr die Chance auf eine Gold-, Silber- oder Bronzemedaille geben.

Im Allgemeinen suchen Sie sich eine Entscheidende Kennzahl aus, die sich entweder mit einer Gelegenheit oder einer Herausforderung auf der **People/Bilanz**-Seite des Business befasst (z.B.

Reduzierung der Fluktuation, Kundenservice-Ergebnisse verbessern, deutliche Absenkung einer Kreditlinie bei der Hausbank) oder die **Prozess/GuV**-Seite des Business angeht (z.B. Verbesserung des Bruttoergebnisses, Reduzierung der Fertigungszeiten, Verbesserung der Sales-Umwandlungsrate). Je nachdem, für welche Seite Sie sich entscheiden, sollten Sie zusätzlich eine Kennzahl von der jeweils anderen Seite überwachen (z.B. möchten Sie Ihre Beziehungen stärken, können aber keine großen finanziellen Sprünge machen. Oder Sie wollen Ihre Prozesse optimieren, ohne dadurch Ihre Beziehungen zu gefährden).

„Weniger ist mehr"

Zuletzt schauen Sie sich die Mitte der Spalte an und fragen sich: „Welche wichtigen Initiativen müssen in diesem Jahr abgeschlossen werden, um unsere finanziellen Ziele und die Entscheidende Kennzahl zu erreichen?" Denken Sie sich diese Initiativen als gute Vorsätze fürs´ neue Jahr (weniger ist mehr!), und beschließen Sie die Überprüfung aller Aktivitäten am Ende eines jeden Geschäftsjahres – oder je nach Marktlage. Gleichzeitig behalten Sie Ihre längerfristigen Ziele im Auge.

Es geht NICHT um willkürliche Prioritäten. Wählen Sie sie so aus, dass die Entscheidende Kennzahl erreicht wird. Für weitere Details blättern Sie bitte vor zum Kapitel „Die Prioritäten".

OPSP Spalte 5: Aktionen

Spalte 5 spiegelt Spalte 4, geht aber tiefer ins Detail, *Wie* Sie im laufenden Quartal das Erreichen der 1-Jahres-Ziele sichern – entlang der Leitlinien „Entscheidende Kennzahl" und „Rocks" für die nächsten 90 Tage. Aufgrund des kurzen Zeitraums sollte das Management ausreichend Klarheit hinsichtlich der finanziellen Ergebnisse (oben in der Spalte) und hinsichtlich der Entscheidenden Kennzahl (am Ende der Spalte) schaffen.

WICHTIG: *Die vierteljährliche Entscheidende Kennzahl ist eine Voraussetzung zum Erreichen der jährlichen Entscheidenden Kennzahl. Vernes Schwager arbeitete zum Beispiel für ein Unternehmen, das jedes Jahr ein bestimmtes Cash-Ziel vorgibt. Er wählte dann für das jeweilige Quartal eine Entscheidende Kennzahl im Bereich Prozessoptimierung aus. Ziel war es, die Ausgaben für Ersatzteile zu reduzieren, dadurch in seiner Abteilung eine erhebliche Summe einzusparen und einen Beitrag zum unternehmensweiten Cash-Ziel zu leisten.*

Zuletzt wählen wir eine Handvoll „Rocks" aus – Prioritäten, die abgeschlossen werden müssen, um das finanzielle Quartalsziel und die Entscheidende Kennzahl zu erreichen. Noch einmal: weniger ist mehr. Abschließend fügen Sie die Initialen der für jeden „Rock" verantwortlichen Person in das entsprechende kleine Feld „Wer" ein.

Stellen Sie sich diese „Rocks" als eine Serie von drei bis fünf gleichzeitigen 13-wöchigen Sprints vor, die dem gesamten Unternehmen eine Ziellinie und Richtung vorgeben.

OPSP Spalte 6: Motto, Entwurf des Scoreboard und Feiern/Incentives

Wir besprechen die Details für die Spalte „Motto" – inklusive einiger Beispiele – im Kapitel „Die Prioritäten". Um Ihnen einen kurzen Einblick zu geben: die Idee besteht darin, die Entscheidende Kennzahl aus der Quartal-Spalte mit einem lustigen und einprägsamen Leitmotiv zu verbinden. Hier die einzelnen Elemente der sechsten Spalte, von oben nach unten:

1. **Deadline**: Normalerweise das Ende des laufenden Quartals (z.B. 31. März 2018).
2. **Messbare Zielvorgabe:** die vierteljährliche Entscheidende Kennzahl aus Spalte 5 unten.
3. **Name des Mottos:** Suchen Sie per Brainstorming nach einem lustigen und aussagekräftigen Namen für das Quartals-Motto. Gut funktionieren aktuelle Film- oder Songtitel (*Fast & Furious* ist ein Klassiker). Oder spielen Sie mit einem bekannten Sprichwort. Bei The City Bin Co. hieß es „Mit 40 fängt das Leben an" (das Ziel: die monatlichen Einnahmen um 40.000 Euro zu steigern).

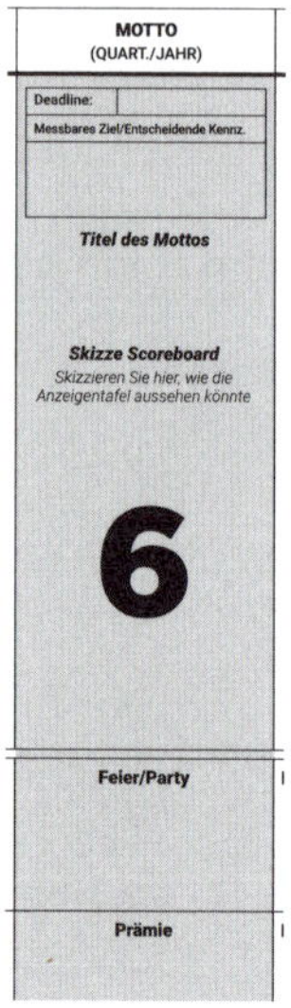

4. **Entwurf des Scoreboards:** Es kann sich um ein handgemaltes Schaubild an der Wand oder am Whiteboard handeln, oder um eine etwas bessere elektronische Variante, oder eine Version zum Ausdrucken. Sie wollen erreichen, dass der täglich oder wöchentlich aktualisierte Score stets für jedermann gut sichtbar ist.
5. **Ergebnisse feiern:** Durch das Quartals-Motto erhalten Sie die Ausrede für eine kleine Veranstaltung, bei der Sie entweder die Erfolge feiern oder die Niederlage betrauern. Es kann ein simples Barbecue auf dem Parkplatz sein, oder ein gut geplanter Betriebsausflug. Noch lustiger wird es, wenn

Sie einen Veranstaltungsort auswählen, der zum Motto passt (z.B. endet das Motto „Fast & Furious“ auf einer Kartbahn)

6. **Incentives:** Es könnte sich um Sachpreise handeln, die zum Motto passen, oder auch ein finanzieller Anreiz.

Wichtig ist, dass Sie Ihrem Team eine Ziellinie vorgeben sowie die Gelegenheit, gemeinsam Spaß zu haben.

OPSP Spalte 7: Ihre Verantwortlichkeiten

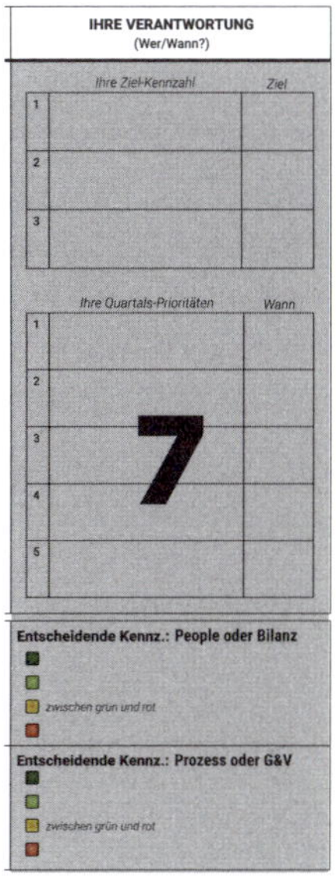

Nachdem die Vision einmal definiert wurde, besprechen Sie mit jeder Person oder jedem Team im Unternehmen, wie alle im nächsten Quartal zum Erfolg beitragen können. Damit geben Sie jedem eine klare Orientierung, wie sich tägliche Aktivitäten auf die Ziele des Unternehmens auswirken. In einigen Fällen reicht es aus, wenn jemand einen guten Job macht, und damit anderen den Rücken für spezielle Initiativen freihält. Schauen Sie insbesondere auf:

1. **Ihre KPIs**: Jeder Mitarbeiter und jedes Team sollte einen oder zwei fortlaufende KPIs haben, damit sie eine quantifizierbare Antwort auf die Frage erhalten: „Hatten wir einen produktiven Tag/eine produktive Woche?“
2. **Ihre vierteljährlichen Prioritäten:** Was sind – zusätzlich zum Tagesgeschäft jedes Mitarbeiters – dessen Prioritäten für das Quartal, durch die seine Performance steigt bzw. sein Projekt vorankommt, und die im Einklang mit der Entscheidenden Kennzahl und der Top-Priorität des Unternehmens stehen?
3. **Entscheidende Kennzahl:** Was ist das wichtigste quantifizierbare Erfolgsziel im Quartal für diese Person oder dieses Team, das zur Umsetzung der Vision des Unternehmens beiträgt?

Sie halten das Engagement Ihrer Leute aufrecht, indem Sie eine Verbindung zwischen deren tagtäglichen Bemühungen einerseits, und den Zielen und der Vision des Unternehmens andererseits herstellen. Wenn jeder neben dem Tagegeschäft auch nur ein einziges weiteres Ziel erreicht, haben Sie ein Dutzend Verbesserungen in jedem Quartal, oder auch hunderte – je nach Anzahl der Mitarbeiter.

People und Prozesse (Reputation und Produktivität)

Um eine Vision umzusetzen, brauchen Sie Helfer! Sonst besteht die Vision nur aus Worten auf einem Stück Papier. Die beiden Hauptkomponenten – People und Prozesse – werden direkt über dem Hauptteil des OPSP aufgelistet.

Auf der linken Seite haben wir die drei Hauptgruppen von Menschen in jedem Business aufgelistet: Mitarbeiter, Kunden und Shareholder. Das Ziel ist es, die Reputation des Unternehmens bei allen drei Gruppen kontinuierlich zu verbessern, während man zugleich die oft widersprüchlichen Interessen der Gruppen ausbalanciert.

Auf der rechten Seite haben wir die drei Hauptprozesse in jedem Business aufgelistet: Make/Buy, Vertrieb und Dokumentation. Das Ziel ist es, die Produktivität des Unternehmens in allen drei Bereichen kontinuierlich zu steigern, während man zugleich die oft gegensätzlichen Anforderungen der drei Prozesse ausbalanciert.

Die größte Herausforderung besteht darin, die konkurrierenden Ansprüche aller sechs Gruppen bzw. Bereiche auszubalancieren – wie ein Teller-Jongleur. Sie möchten alle zufrieden stellen (Reputation), können aber keine großen finanziellen Sprünge machen (Produktivität). Sie möchten kontinuierlich Ihre Prozesse optimieren (Prozesse) ohne zugleich die beteiligten Gruppen von Mitarbeitern gegen sich aufzubringen (People). Zwischen den Ansprüchen der People- und der Prozess-Seite des Business die Waage zu halten – während gleichzeitig Reputation und Produktivität verbessert werden sollen – erfordert regelmäßiges Feedback und Leistungskontrolle, damit bei Ihnen keine Teller zu Bruch gehen.

Um den oberen Teil des OPSP fertigzustellen, wählen Sie einen oder zwei KPIs aus, mit denen Sie die Reputation des Unternehmens bei allen Stakeholdern und seine Produktivität in den drei Hauptprozessen wöchentlich überprüfen. Hier sind einige Vorschläge:

Mitarbeiter: Zufriedenheits- und Engagement-Scores
(TINYpulse und Atlassian haben dazu simple Systeme entwickelt)

Kunden: Kept Promise Indicators und Net Promoter Scores

Shareholder: Cash und Wert des Unternehmens

Make/Buy: Geschwindigkeit der Prozesse (Lean), Kosten
und Qualitätskontrollen

Vertrieb: Umwandlungsraten, Verkaufsprozesse und Umsatzzahlen

Dokumentation: Relevanz, Geschwindigkeit und Datengenauigkeit

Eine bessere Balance

Die Balanced Scorecard™ wurde berühmt durch das gleichnamige Buch von Robert S. Kaplan und David P. Norton. Für mehr als zwei Jahrzehnte war sie in vielen Branchen das Standardtool im Leistungsmanagement. Über die People-Seite des Modells sind wir uns mit Kaplan und Norton einig: Die Erwartungen von Mitarbeitern, Kunden und Shareholdern gleichmäßig auszubalancieren. Womit wir nicht einverstanden sind, ist die Prozess-Seite. Kaplan und Norton werfen alle Prozesse in einen einzigen großen vierten Topf – wir dagegen teilen sie in drei Bestandteile auf: Make/Buy, Vertrieb und Dokumentation. Wir glauben, dadurch auch die Balance der People-Seite des Business besser halten zu können. Letztendlich balancieren Kaplan und Norton vier Komponenten, wir balancieren sechs.

Vielen Nicht-Buchhaltern fällt das Verständnis für die grundlegenden Funktionen und Strukturen einer Bilanz oder einer Gewinn-und-Verlustrechnung schwer. Sie erleichtern sich die Sache erheblich, wenn Sie die People- und die Prozess-Seite des Business einmal aus der Perspektive eines Buchhalters betrachten.

Schauen wir uns die People-Seite an. Beobachten Sie, wie Cash nach dieser Gleichung durch das Business fließt:

Kunden: Cash von allen, die für Ihre Leistungen bezahlen

minus (-)

Mitarbeiter: Cash an alle, die Sie für ihre Arbeit bezahlen („beschäftigen"), wie z.B. Mitarbeiter, Subunternehmer, Lieferanten, Partner, etc.

gleich (=)

Shareholder: Was übrig bleibt, um Geld an Investoren, Banken, Sweat Equity, etc. zurückzuzahlen

Die Bilanz dokumentiert einfach nur, wer Ihnen etwas schuldet, wem Sie etwas schulden, und was am Ende übrig bleibt. Die Bilanz zeigt Ihnen auch, über wie viel Cash Sie verfügen. Ziel sollte es sein, ausreichend Cash zu generieren, um das Wachstum des Unternehmens anzutreiben. Denn das erste Gesetz der Business-Dynamik lautet: Wachstum verschlingt Cash!

„Das erste Gesetz der Business-Dynamik: Wachstum verschlingt Cash!"

Schauen wir uns auch noch die Prozess-Seite des Business an. Verfolgen Sie, wie das Unternehmen durch die folgenden Faktoren Gewinne erwirtschaftet:

Make/Buy: Alle Prozesse, die Kosten verursachen

Vertrieb: Alle Prozesse, die Umsatz generieren

Dokumentation: Prozesse, um diese Geschäftsfälle zu dokumentieren

Die Gewinn-und-Verlustrechnung (GuV) dokumentiert einfach den Umsatz und die Kosten und zeigt im Ergebnis, ob ein Gewinn übrig bleibt. Ziel sollte es sein, das zweite Gesetz der Business-Dynamik zu befolgen: günstig kaufen, teuer verkaufen!

„Das zweite Gesetz der Business-Dynamik: Günstig kaufen, teuer verkaufen!"

Leider verletzen tagtäglich viele Unternehmen dieses Gesetz, ohne es zu wissen. Im Kapitel „Das Rechnungswesen" diskutieren wir außerdem, warum die zweitgrößte Schwäche vieler Unternehmen ein Mangel an finanzieller Dokumentation ist. Sie brauchen Informationen über die Profitabilität jedes Kunden, Produktes, Services, Verkäufers, Standorts, etc., damit Sie sehen, wo Ihr Business Gewinne macht, und wo nicht.

Letztendlich bestehen die finanziellen Ziele eines Unternehmens zum einen darin, Cash von seinen Kunden einzusammeln, und zwar so schnell, dass man seine Mitarbeiter bezahlen und die Shareholder entschädigen kann. Zum anderen will es seine Leistungen teurer verkaufen als einkaufen, um einen Gewinn zu erzielen. Leader müssen diese Balance zwischen Cash und Gewinn halten –

ebenso wie sie die Balance zwischen zufriedenen Menschen (People) und profitablen Prozessen halten müssen.

Vorbereitung auf eine Tagung zur Strategieplanung

HINWEIS: *Bei* scalingup.com *können Sie ein ausführliches Bonuskapitel über die Vorbereitung und Durchführung einer Strategie-Tagung als Offsite-Meeting herunterladen – inklusive eines ausgefüllten Muster-OPSP. Deutsches Material finden Sie auf* scaleup.de.

Die JSJ Corporation hält Umfragen für die beste Methode, den OPSP zu vervollständigen. Immer wenn die Zeit für eine neue SWOT-Analyse gekommen ist, bittet JSJ seine Kunden um ein direktes Feedback, das später alle Planungen und Entscheidungen beeinflusst. Und um bei der Entwicklung seiner Talente alles richtig zu machen, befragt das Unternehmen auch seine Mitarbeiter.

CEO Jacobson sieht es als einen großen Vorteil für seinen Planungsprozess an, dass seine Mitarbeiter von Zeit zu Zeit einen Schritt vom Tagesgeschäft zurücktreten und sich neue Erkenntnisse verschaffen. JSJ schickt seine Führungsteams und Manager in der Regel jedes Frühjahr zu den Führungskräfte-Tagungen und im Herbst zu den Wachstums-Kongressen von *Fortune*. Die leitenden Manager erscheinen bereits eineinhalb Tage früher am Veranstaltungsort, um in aller Ruhe den OPSP zu überarbeiten. „Es erzeugt eine gewisse Disziplin, aus dem Alltagstrott auszusteigen und sich Zeit zum Nachdenken zu nehmen", sagt Jacobson.

Wir stellen kurz den Ablauf vor, wie bei JSJ eine Tagung zur Strategieplanung (vierteljährlich oder jährlich) vorbereitet wird. Es gibt vier Hauptaufgaben:

1. Manager auf allen Ebenen sammeln Feedback von Mitarbeitern und Kunden.
2. Das mittlere Management macht eine SWOT-Analyse und übermittelt eine Liste mit den 3 Top-Prioritäten.
3. Leitende Manager machen eine SWT-Analyse und übermitteln eine Liste mit ihren 3 Top-Prioritäten.
4. Alle versuchen, etwas zu lernen, und als Team zu wachsen.

Nichts kann dem kollektiven Gedächtnis eines Teams entspringen, das nicht zuerst dort hineingelegt wurde. JSJ entfacht das Denken seiner Teams durch die Lektüre und Management-Weiterbildung im Buchclub von Gazelles und durch Teilnahme an den Tagungen des *Fortune*-Magazins. Außerdem zapft es die gesammelten Berufserfahrungen seiner Mitarbeiter an.

Mitarbeiter- und Kunden-Feedback

Die erste Maßnahme zur Vorbereitung ist der Versand einer kurzen Umfrage an alle Mitarbeiter:

1. Welche Aktivität soll [Name des Unternehmens] deiner Ansicht nach **starten**?
2. Welche Aktivität soll [Name des Unternehmens] deiner Ansicht nach **stoppen**?
3. Welche Aktivität soll [Name des Unternehmens] deiner Ansicht nach **beibehalten**?

Diese Fragen sind offen genug formuliert, um Antworten in der Spanne von „Wir brauchen eine neue Mikrowelle im Pausenraum" bis hin zu „Wir müssen in den Bereich Robotertechnologie vordringen" einzubringen.

Dieselben drei Fragen sollten auch den Kunden gestellt werden. Bei tausenden von Kleinabnehmern könnte das über eine Zufalls-Stichprobe geschehen. Bei Business-to-Business-Kunden ist es vielleicht besser, wenn Kundenbetreuer sie direkt am Telefon befragen. Gehen Sie nach eigenem Ermessen vor, aber integrieren Sie unbedingt das Kundenfeedback in den Prozess.

Eine wöchentliche Routine des Sammelns und Auswertens von Rückmeldungen der Kunden und Angestellten erleichtert viele Entscheidungen, die im Planungsprozess getroffen werden müssen. Wir gehen auf die Details dieser fortlaufenden Routine im Kapitel „Zahlen, Daten, Fakten" ein.

SWT und SWOT

Wir stellen schon seit Jahrzehnten fest, dass marktführende Unternehmen am Ende hinter Start-ups zurückfallen, weil sie von ihrer eigenen Realität geblendet werden. Clayton M. Christensen, Professor an der Harvard Business School, nennt es das „Innovator-Dilemma" (s. sein Buch mit demselben Namen).

Warum also verpassen viele Leader die größten globalen Trends, von denen ihnen eine richtige Breitseite droht? Wir geben der Standard-SWOT-Analyse eine Mitschuld. Es ist höchste Zeit, diese Methode auf den neuesten Stand zu bringen.

Betriebs-/Branchenblindheit

Der SWOT-Prozess zwingt Führungskräfte beinahe per Definition dazu, nach innen zu schauen: sowohl auf die Herausforderungen für die Firma, als auch für die der Branche. Es entsteht, was wir Betriebsblindheit und Branchenblindheit nennen. Die traditionelle SWOT-Analyse hilft Managern, den Wald und die Bäume zu sehen – lässt sie aber oft vergessen, dass es noch eine Welt außerhalb des Waldes gibt. Mit diesem introspektiven Ansatz ist die SWOT-Analyse nicht das richtige Tool, um Trends in anderen Branchen und weit entfernten Märkten aufzuspüren. CEOs sollten diese Trends aber in ihre Pläne einbeziehen.

Wir wollen die SWOT-Analyse nicht komplett entsorgen. Sie hat immer noch ihren Platz im strategischen Planungsprozess. Sie ist ein exzellentes Tool, um Ideen zu sammeln oder Input von der mittleren Führungsebene zu erhalten, deren Aufmerksamkeit sich stark nach innen richtet und die näher am Tagesgeschäft des Unternehmens ist.

Besser SWT

Leitenden Managern empfehlen wir, die SWOT-Analyse durch die SWT zu ersetzen: ein aktueller Ansatz, der innere *Stärken* und *Schwächen* des Unternehmens identifiziert, und zugleich großen externen *Trends* außerhalb der eigenen Branche oder Region nachspürt.

Wie wir bereits mehrfach erwähnten: der *strategische Planungsprozess* umfasst zwei verschiedene Aktivitäten: *strategisches* Denken und *Planung* der Umsetzung. Strategisches Denken kommt oft mit ein paar großformatigen Ideen daher. Die Umsetzungsplanung findet heraus, wie die Ideen Wirklichkeit werden können.

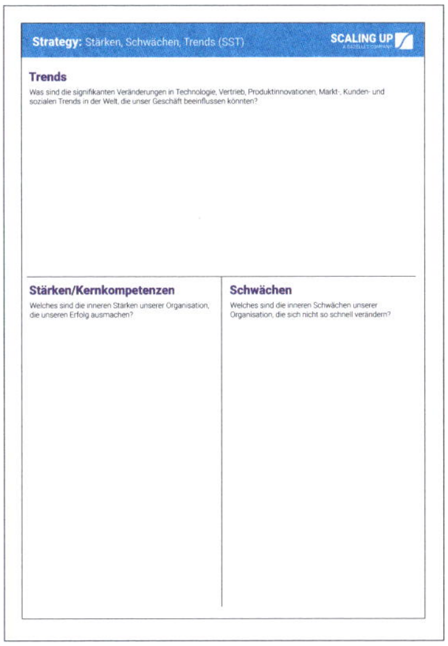
Strategy: Stärken, Schwächen, Trends (SST)

SCALING UP

Trends

Was sind die signifikanten Veränderungen in Technologie, Vertrieb, Produktinnovationen, Markt-, Kunden- und sozialen Trends in der Welt, die unser Geschäft beeinflussen könnten?

Stärken/Kernkompetenzen

Welches sind die inneren Stärken unserer Organisation, die unseren Erfolg ausmachen?

Schwächen

Welches sind die inneren Schwächen unserer Organisation, die sich nicht so schnell verändern?

Die traditionelle SWOT ist ein exzellentes Tool für die Umsetzungsplanung – Aufgabe des mittleren Managements – indem sie zu einer Liste von Erfolgen und Problemen führt. Für das leitende Management kann die SWOT aber eine Falle sein. Sie hat die Tendenz, Manager in operationale Fragen hineinzuziehen und sie von viel größeren globalen Kräften abzulenken, die wie der Blitz in das Unternehmen einschlagen können.

Daher sollten leitende Führungskräfte bei ihren strategischen Überlegungen die SWT-Analyse durchführen. Sie hilft ihnen beim Verständnis der nackten Tatsachen – den inneren Stärken und Schwächen des Unternehmens – aber auch der globalen Trends, welche die gesamte Branche überrollen können.

Schauen wir uns die Komponenten der SWT-Analyse einmal an.

Trends

Die Unternehmensführung muss nicht nur unmittelbare Chancen und Risiken abschätzen, die durch die SWOT-Analyse auftauchen, sondern weit darüber hinausgehen. Leader sollten auf große globale Trends achten – wie etwa signifikante Neuheiten in den Bereichen Technologie, Absatz, Produktinnovation, Märkte, sowie weltweite Entwicklungen im Bereich Kunden und Gesellschaft – die nicht nur das Unternehmen, sondern die gesamte Branche zu erschüttern drohen.

Vergessen Sie die Konkurrenz von nebenan. Gibt es vielleicht ein Unternehmen auf der anderen Seite des Globus, das Sie aus dem Geschäft drängen kann? Taucht eine neue Technologie in der Start-up-Szene auf, die über Nacht alle Unternehmen zu einem Wandel zwingt? Wie verändert Robotik unsere Arbeitswelt? Diese Art von Fragen muss das Strategie-Team erforschen.

Wählen Sie vier bis sechs Trends aus, die höchstwahrscheinlich Ihre Branche und Ihr Business erschüttern werden, und tragen Sie sie am unteren Rand des OPSP ein. Erinnern Sie sich noch an die weiter oben erwähnte doppelte Dynamik von Jim Collins? Die Trends sollen die rechte Seite des OPSP – Prozesse (Produktivitäts-Treiber) – verstärken.

Innere Stärken und Schwächen

Wie ein Individuum, so hat auch jede Organisation Stärken und Schwächen. Es geht weniger darum, sie groß zu ändern, als vielmehr darum, das Beste aus ihnen zu machen.

Verne leitete zum Beispiel den fünfjährigen strategischen Planungsprozess der Benjamin Franklin International School (BFIS), auf die seine Kinder gehen. Es gibt dort einen konstanten Mangel an großen Unternehmen und öffentlichen Einrichtungen, die sich als Investoren betätigen könnten. Die Schüler befinden sich in Barcelona oder Madrid – eine *inhärente Schwäche* der Schule, die nicht leicht zu beheben ist.

Umgekehrt sind die ansprechenden Standorte der Schule auch eine *inhärente Stärke*. Sie sorgen für ein konstant hohes Interesse der Familien von Silicon-Valley-Entrepreneuren, und BFIS florierte daher auch in Spaniens wirtschaftlich schwierigsten Zeiten.

Wie die Trends, so müssen auch die wichtigen inneren Stärken (Kernkompetenzen) und Schwächen identifiziert und am unteren Rand des OPSP aufgeführt werden. Durch ihre relative Langlebigkeit verstärken sie die linke Seite des OPSP – die „Bewahrung des Unternehmenskerns".

Auf allen Ebenen schürfen

Der Schlüssel zu einem wirksamen strategischen Planungsprozess liegt darin, Ideen aus allen Ebenen des Unternehmens an die Oberfläche zu befördern. Stellen Sie Ihren Mitarbeitern und Kunden die Frage, was das Unternehmen starten/stoppen/beibehalten soll. Fordern Sie von mittleren Führungskräften die Standard-SWOT-Analyse an, und lassen Sie sie drei Top-Prioritäten für das Quartal oder das Geschäftsjahr bestimmen.

Verlangen Sie von leitenden Managern, mit der SWT-Analyse mehr in die Tiefe und Breite zu gehen. Durch fundiertes Wissen um die großen Trends, und einen Plan für den Umgang mit ihnen, bleiben Sie an der Spitze des Wettbewerbs und erkennen rechtzeitig, ob neue Rivalen Ihnen das Wasser abgraben wollen. Eine der Fragen, die Amazons Gründer Jeff Bezos seinem Team jede Woche stellt, ist: „Welche neuen Konkurrenten sind in den letzten sieben Tagen auf den Markt gedrängt?"

Noch einmal: Besuchen Sie *scalingup.com* (deutsche Versionen auf *scaleup.de*) und laden Sie sich einen umfassenden Schritt-für-Schritt-Leitfaden zur Vorbereitung und Durchführung eines strategischen Planungsprozesses herunter – zusammen mit einem Muster-OPSP.

SCALING UP
EXECUTION

EXECUTION EINFÜHRUNG

SCHLÜSSELFRAGE: *Funktionieren alle Prozesse ohne Probleme und erbringen sie eine branchenführende Profitabilität?*

Die größte Investition in eine E-Commerce-Firma in der kanadischen Geschichte fand im Jahr 2014 bei der Übernahme von Coastal.com (einem Optikerunternehmen) durch Essilor International (einem der weltweit größten Hersteller von optischen Linsen) statt. Das Volumen betrug 430 Millionen Kanadische Dollar. Roger Hardy, der Gründer und CEO von Coastal.com, führt diesen überragenden Erfolg auf die disziplinierte Umsetzung der Rockefeller Habits zurück.

Ein Beispiel: An den täglichen Huddles des Führungsteams nahmen auch einige Industrielle aus Deutschland teil und beobachteten, wie die Manager von Coastal.com aufstanden und ihre Entscheidenden Kennzahlen referierten. Es gab kurze Diskussionen über sich bietende Chancen, offene Fragen, Erfolge, Probleme und Risiken. „Unsere Gäste waren überwältigt von unserer innerbetrieblichen Effizienz und unserem Branchenwissen", bemerkt Hardy.

Hardys Team führte auch den Net Promoter Score (NPS) ein, um aus den über 2 Millionen Kunden den Anteil derjenigen herauszufinden, die das Unternehmen weiterempfohlen – gegenüber denjenigen, die unzufrieden waren und von einem speziellen Team kontaktiert werden sollten. Diese Gespräche mit kritischen Kunden wurden während des wöchentlichen Huddles ausgewertet. Hardy und sein Führungsteam erhielten dadurch ein systematisches Verständnis für den Markt und konnten ihre Prozesse kontinuierlich verbessern. Eine Veränderung, die wir im Kapitel „Zahlen, Daten, Fakten" vorstellen werden, führte zu 60% Umsatzwachstum in einem Marktsegment. Erst kürzlich begann Coastal.com, die innovativen Ideen seiner Belegschaft in einem firmeneigenen Wettbewerb (ähnlich der US-Reality-Show „*Shark Tank*") anzuzapfen. Die Umsetzung dieser Ideen führte zu einem weiteren Umsatzplus von 15% im Jahr 2013.

Coastal.com hat eine so hervorragende Execution, weil das Unternehmen auf seine Kunden und Mitarbeiter hört, einen Meeting-Rhythmus einhält und neue Erkenntnisse diskutiert und schnell umsetzt. Und weil es sich auf einen Prozess verlässt, der auf Basis dieses Inputs Prioritäten setzt. Diese Exzellenz bei der Umsetzung von Maßnahmen begeistert die Kunden, beflügelt die Mitarbeiter, und liefert erstaunliche finanzielle Ergebnisse für die Shareholder.

Am Ende dieser Einführung stellen wir Ihnen die Rockefeller Habits Checklist™ vor. Nehmen Sie sich dafür ein paar Minuten Zeit. Es macht nichts, wenn Sie nicht gleich alle Punkte abhaken können. Das konnten auch Hardys Manager nicht, als sie an ihrem ersten Rockefeller Habits Workshop teilnahmen. „Ich bekam eine Blaupause, wie man ein Team erfolgreich führt. Die Habits sind ein Hauptgrund für unser Vertriebsvolumen von $200 Millionen und dafür, dass die ganze Firma orientiert bleibt und in die gleiche Richtung marschiert", sagt Hardy.

Hardy empfiehlt CEOs, die Checkliste alle drei Monate zu überprüfen. „Sie werden sie nicht in jedem Quartal optimieren können", sagt er. „Es ist ein kontinuierlicher Aufwand. Die Methode zwingt Sie jedoch, objektiv zu bleiben und Ihren Blick auf die toten Winkel zu richten. Wie ein Pilot beim Start wollen auch Sie nicht vergessen, das Fahrwerk einzufahren. Oft sind es gerade die offensichtlichsten Dinge, die am meisten Schaden verursachen. Eine Checkliste erinnert Sie daran, was zu tun ist."

Jim Collins und Morten T. Hansen bemerken in ihrem Buch *Great by Choice: Uncertainty, Chaos, and Luck — Why Some Thrive Despite Them All*[28]: „Größe ergibt sich nicht einfach aus den Umständen. Wie wir sehen, ist sie eher eine Folge von bewusst getroffenen Entscheidungen und von Disziplin." Dem können wir nur zustimmen und hoffen, dass Sie sich bewusst für die Umsetzung von Rockefellers 10 Grundsätzen entscheiden, die wir Ihnen in diesem Kapitel vorstellen.

Kapitelübersicht

Dieses Kapitel ist um die 10 Rockefeller Habits herum aufgebaut – unterteilt in drei für die Umsetzung wichtige Disziplinen (Routinen):

1. **Prioritäten:** Weniger ist mehr beim Herstellen von Fokus und Orientierung.
2. **Daten:** Qualitatives und quantitatives Feedback sorgt für Klarheit und Weitsicht.
3. **Meeting-Rhythmus:** Nehmen Sie sich die Zeit für bessere/schnellere Entscheidungen.

Das erste Kapitel, „Die Prioritäten", beleuchtet Rockefellers Grundsätze Nr. 1 und 2. Es betont die Bedeutung eines „gesunden Teams", das die brutalen Fakten aushält und die Art von konstruktiven Debatten führt, aus denen eine Top-Priorität hervorgeht, die von allen Beteiligten unterstützt wird. Dieses Kapitel behandelt auch einige wichtige Routinen rund um Rockefellers Grundsätze Nr. 4, 7 und 8, die bereits in früheren Kapiteln vorgestellt wurden.

Das zweite Kapitel, „ZDF – Zahlen, Daten, Fakten", beleuchtet Rockefellers Grundsätze Nr. 5, 6, 9 und 10, sowie die Bedeutung des Sammelns von quantitativen und qualitativen Daten, mit denen angemessene Entscheidungen getroffen werden können. Besonders das Führungsteam und das mittlere Management

[28] deutsche Übersetzung: *Oben bleiben. Immer*

sollten wöchentlich in Kontakt zu Kunden und Mitarbeitern treten (und ein Auge auf die Wettbewerber haben).

Das dritte Kapitel, „Der Meeting-Rhythmus", beleuchtet Rockefellers Grundsatz Nr. 3 – die Wichtigkeit einer Routine von täglichen, wöchentlichen, monatlichen, vierteljährlichen und jährlichen Meetings, in denen die zwangsläufigen kommunikativen Herausforderungen angegangen werden. Diese strukturierten Meetings verschaffen Ihren Teams ausreichend Zeit und Raum für Diskussionen und für wichtige Entscheidungen, durch die das Unternehmen skalieren kann.

Zwei One-Page Execution Tools werden in diesem Kapitel vorgestellt:

1. **Rockefeller Habits Checklist™**: 10 Grundsätze für die permanente Wiederholbarkeit Ihrer Execution-Ansätze
2. **Wer, Was, Wann (WWW)**: Kurze Zusammenfassung von Maßnahmen und Verantwortlichkeiten – die einzigen Notizen, die Sie sich während eines einstündigen oder längeren Meetings machen müssen

Ein großer Dank geht an Kevin Lawrence, der einen wichtigen Beitrag zu diesem Kapitel „Execution" leistete und bereits in der frühen Entstehungsphase des Buches mit uns zusammenarbeitete.

Execution: Rockefeller Habits Checklist™

SCALING UP
A GAZELLES COMPANY

1. Das Führungsteam ist gesund und marschiert in dieselbe Richtung.

- ☐ Führungskräfte achten gegenseitig ihre Unterschiede, Prioritäten und Führungsstile.
- ☐ Führungskräfte treffen sich regelmäßig (am besten wöchentlich), um über die Strategie und Verbesserungen nachzudenken.
- ☐ Führungskräfte bilden sich regelmäßig weiter (Executive Education) (monatlich).
- ☐ Führungskräfte führen aktiv und gerne konstruktive Debatten.

2. Alle im Unternehmen kennen und arbeiten aktiv an der wichtigsten Quartalspriorität, die das Unternehmen bestmöglich voranbringt.

- ☐ Die Entscheidende Kennzahl für ein erfolgreiches Quartal steht fest.
- ☐ 3-5 Prioritäten („Rocks"), welche diese Quartals-Kennzahl unterstützen, wurden identifiziert und nach Wichtigkeit sortiert.
- ☐ Das Quartals-Motto sowie Partys/Incentives (falls das Quartalsziel erfüllt wird) sind allen Mitarbeitern bekannt.
- ☐ Das Quartals-Motto/die Entscheidende Kennzahl werden im gesamten Unternehmen kommuniziert und wöchentliche Fortschritte visualisiert.

3. Ein fester Kommunikations-Rhythmus ist verankert. Informationen fließen im gesamten Unternehmen schnell und präzise.

- ☐ Alle Mitarbeiter nehmen täglich an mindestens einem 15-minütigen Daily Huddle teil.
- ☐ Alle Teams haben ein wöchentliches Meeting.
- ☐ Das Management und mittlere Management trifft sich einmal pro Monat, um zu lernen, größere Probleme zu beheben und sich untereinander auszutauschen.
- ☐ Das Management und mittlere Management trifft sich einmal im Quartal und einmal pro Jahr außer Haus, um an den 4 Entscheidungen zu arbeiten.

4. Zu jedem Aspekt des Unternehmens ist eine bestimmte Person dafür verantwortlich (accountable), dass vereinbarte Ziele erreicht werden.

- ☐ Das „Function Accountability Chart" (FACe) wurde vervollständigt (richtige Leute, die die richtigen Dinge richtig machen).
- ☐ Jeder Zeile der G&V, Cash-Flow-Rechnung und Bilanz ist eine bestimmte Person zugeordnet.
- ☐ Jedem der 4-9 Prozesse im „Process Accountability Chart" (PACe) ist eine verantwortliche Person zugeordnet.
- ☐ Für alle 3-5-jährigen Vorstöße/Aktionen haben Sie einen entsprechenden Experten im Beirat, wenn keine interne Expertise vorhanden ist.

5. Mitarbeiterfeedback wird systematisch und kontinuierlich eingeholt, um Wachstumsbarrieren und Chancen zu erkennen.

- ☐ Jeder im oberen und mittleren Management führt mindestens mit einem Mitarbeiter pro Woche ein „Starten/Stoppen/Beibehalten"-Gespräch.
- ☐ Die Erkenntnisse aus den Mitarbeitergesprächen werden im wöchentlichen Führungskräfte-Meeting diskutiert.
- ☐ Mitarbeiterfeedbacks zu Wachstumsbarrieren und Chancen werden wöchentlich gesammelt.
- ☐ Ein Team aus dem mittleren Management trägt die Prozessverantwortung für die Implementierung der Hinweise aus dem Mitarbeiterfeedback zu Wachstumsbarrieren und Chancen.

6. Die systematisierte Analyse von Kundenfeedbacks erfolgt so häufig und präzise wie die Buchhaltungsprozesse.

- ☐ Das obere und mittlere Management führt mit mindestens einem Kunden pro Woche ein 4Q-Gespräch.
- ☐ Die Erkenntnisse aus den Kundengesprächen werden im wöchentlichen Führungskräfte-Meeting diskutiert.
- ☐ Alle Mitarbeiter sind in die Erhebung von Kundendaten eingebunden.
- ☐ Ein Team aus dem mittleren Management trägt die Prozessverantwortung für die Implementierung der Hinweise aus den Kundenfeedbacks.

7. Allen ist klar „wie wir ticken", welche Einstellung wir haben bzw. welche Haltung erwartet wird – und leben diese.

- ☐ Um eine klare Orientierung zu geben, wissen alle im Unternehmen „wie wir ticken" und was der Unternehmenszweck ist.
- ☐ Das obere und mittlere Management bezieht sich bei Lob und Kritik immer auf die Core Values und den Unternehmenszweck.
- ☐ HR-Prozesse und -Maßnahmen orientieren sich an den Core Values und dem Unternehmenszweck (Einstellungsverfahren, Orientierung, Beurteilung, Anerkennung, etc.).
- ☐ Jedes Quartal werden Maßnahmen identifiziert und umgesetzt, die die Core Values und den Unternehmenszweck stärken.

8. Mitarbeiter können die wichtigsten Komponenten der Unternehmensstrategie korrekt wiedergeben.

- ☐ Großes, verwegenes Ziel (BHAG®) – Fortschritte werden gemessen und visualisiert.
- ☐ Zielkunde(n) können mit höchstens 25 Worten beschrieben werden.
- ☐ 3 Nutzenversprechen – sowie das Wochenergebnis der entsprechenden Kennzahlen zu den Nutzenversprechen.
- ☐ Elevator Pitch – eine einheitliche und überzeugende Antwort auf die Frage „Was tut Ihr Unternehmen?".

9. Alle Mitarbeiter können anhand von Kennziffern darlegen, ob sie einen guten Tag/eine gute Woche hatten oder nicht (siebte Spalte des OPSP).

- ☐ 1 bis 2 Leistungsindikatoren (KPIs) werden wöchentlich für jede Funktion/Person ausgewertet.
- ☐ Jeder Mitarbeiter hat 1 Entscheidende Kennzahl zu erfüllen, die sich am Quartalsziel des Unternehmens orientiert (Horizont aufzeigen).
- ☐ Alle Mitarbeiter/Teams haben pro Quartal 3-5 Prioritäten/Rocks, die in direktem Zusammenhang mit den Prioritäten des Unternehmens stehen.
- ☐ Jeder im oberen und mittleren Management verfügt über einen Coach (oder Peer-Coach), der ihn/sie zu persönlicher Entwicklung ermutigt/anhält.

10. Fortschritt und Performance des Unternehmens sind für jeden gut sichtbar.

- ☐ Ein „Situation Room" wird für wöchentliche Meetings eingerichtet (physisch oder virtuell).
- ☐ Core Values, Unternehmenszweck und Prioritäten werden im gesamten Unternehmen kommuniziert.
- ☐ Überall befinden sich Scoreboards und dokumentieren den aktuellen Fortschritt bei KPIs und Entscheidenden Kennzahlen.
- ☐ Es existiert ein System zum Messen und Managen der Prioritäten und KPIs auf allen Ebenen.

BHAG ist eine eingetragene Marke von Jim Collins und Jerry Porras.

Ganzseitige Vorlage des Tools zum Download auf *scalingup.com,* die deutsche Version finden Sie auf *scaleup.de.*

Execution: Wer, Was, Wann (Aktionsplan)

SCALING UP
A GAZELLES COMPANY

Wer	**Was** Was ist konkret der erste nächste Schritt, um das Thema zu lösen? Welchen Zustand haben wir, wenn der Punkt gelöst ist?	**Wann**

Ganzseitige Vorlage des Tools zum Download auf *scalingup.com,* die deutsche Version finden Sie auf *scaleup.de*.

DIE PRIORITÄTEN
Fokus, Ziellinien und Fun

EXECUTIVE SUMMARY: *„Die Hauptsache ist, dass die Hauptsache die Hauptsache bleibt", bemerkte einmal der kürzlich verstorbene Stephen R. Covey, Autor von* The 7 Habits of Highly Effective People: Powerful Lessons in Personal Change[29]. *Menschen oder Unternehmen mit zu vielen Prioritäten haben gar keine Prioritäten und drohen, im Leerlauf zu fahren und nichts von Bedeutung zu erreichen. Die klare Fokussierung auf eine einzelne Priorität – heute, diese Woche, in diesem Quartal, dieses Jahr, in dieser Dekade – schafft dagegen Klarheit und gibt dem ganzen Unternehmen Kraft. In diesem Kapitel werden wir sehr stark darum werben, dass Sie und Ihr Unternehmen fokussiert bleiben. Wir zeigen Ihnen, wie Sie Ihre Priorität in ein einprägsames Motto kleiden, sie durch ein Fälligkeitsdatum erreichen – oder wenigstens deutlichen Fortschritt machen – und beim Zieleinlauf eine kleine Erfolgsfeier als Incentive veranstalten, und damit das Energielevel und Engagement Ihres Teams anheben.*

Als Gene Browne sein Müllabfuhr-Unternehmen The City Bin Co. im Jahr 1997 in Galway (Irland) gründete, hatte er keine Ahnung, wie man einen Müllwagen fährt – und er weiß es bis heute nicht. Tatsächlich glaubt er, dass dies einer der Schlüssel zum Erfolg in seinem Business war.

Indem er sich von den LKWs fernhielt und stattdessen auf die Steuerung der Firma konzentrierte, konnte er das Unternehmen auf 31 Millionen Dollar Jahresumsatz, 145 Mitarbeiter und die 3-fache Profitabilität im Jahr 2017 gegenüber 2013 skalieren – und gleichzeitig einen erfolgreichen Turnaround für sein 1.000-Mann-Unternehmen in vier Ländern des Nahen Ostens leiten und managen. The City Bin Co. arbeitet heute auf das große verwegene Ziel (BHAG®) hin, bis 2020 eine Million zahlende Kunden zu haben. Das ist die langfristige „Hauptsache".

Im Jahr 2011 zeichnete sich für CEO Mark Zuckerberg ab, dass „Facebooks oberste Priorität die Entwicklung einer Mobile-Strategie war", stellte das *Fortune* Magazin 2013 in einem Artikel fest. Der leitende Redakteur Jessi Hempel schrieb: „Er war verrückt danach. Im Dezember 2011 strukturierte er das Unternehmen so um, dass in allen Produktentwicklungs-Teams Mobile-Ingenieure saßen. Im Juni 2012 eröffnete er Facebooks jährliche Betriebsversammlung mit der Erklärung, dass es die dringlichste Priorität war, ein mobiles Unternehmen zu werden." Jede Übernahme, jede Stellenbesetzung und jedes Software-Entwicklungs-

[29] deutsche Übersetzung: *Die 7 Wege zur Effektivität. Prinzipien für persönlichen und beruflichen Erfolg*

projekt hatte sich in den folgenden 18 Monaten an einem Ziel zu orientieren: mobil zu werden. Und im April 2013 hatte Facebook sein Ziel erreicht. In den darauffolgenden Monaten erreichte man Werbeeinnahmen, die alle Erwartungen überstiegen, und deren Anteil am Gesamtumsatz bereits im vierten Quartal 2013 bei 50% lag. Dieser erstaunliche Umschwung – Facebooks „Top-Hauptinitiative/Top-Priorität" – rettete das Unternehmen.

Gegen Ende des Jahres 2010 hatte Jim Tobin, der Vorsitzende von Ignite Social Media, „einen Stein im Schuh". Sein 28-köpfiges Team sprach nicht auf das soeben implementierte Projektmanagement-System an. Im letzten Monat des Jahres schrieb er auf das Whiteboard im Aufenthaltsraum: „Überfällig: 241, Nicht zugeordnet: 728" und datierte die Kennzahlen auf den „01.12.". Nach einer E-Mail an sein Team, in der er jeden aufforderte, beide Zahlen bis zum 31.12. auf null herunter zu bringen, stellte er erstaunt fest, dass die überfälligen Aufgaben sich innerhalb von 24 Stunden um 25% auf 193, und die nicht zugeordneten sich sogar um mehr als die Hälfte auf 353 reduziert hatten. Am Ende des Monats standen beide Zahlen bei null. Das Team war nun bereit für 2011. Dies war das kurzfristige „Top-Thema" für das Unternehmen, das inzwischen auf 110 Mitarbeiter angewachsen ist.

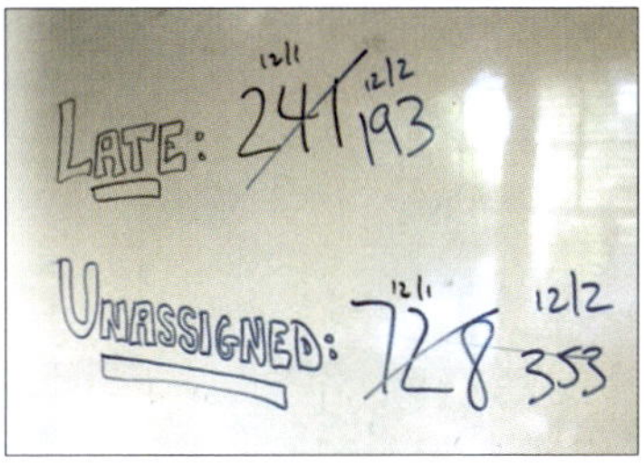

Vor einigen Jahrzehnten bat der CEO von Bethlehem Steel, Charles Schwab, den Management-Berater Ivy Lee um Rat. Er wollte erfahren, wie man mehr Aufgaben erledigen konnte. Nach dieser berühmten Anekdote bat Lee Schwab daraufhin, seine sechs wichtigsten Aufgaben für den nächsten Arbeitstag niederzuschreiben und zu priorisieren. Dann forderte er Schwab auf, bei Aufgabe #1 zu starten, und nicht eher zu Aufgabe #2 überzugehen, bevor die erste erledigt war. „Mach dir keine Sorgen, wenn du bis Feierabend nur zwei oder drei schaffst, oder gar nur eine. Du arbeitest jetzt an deinen wichtigsten Aufgaben, und die anderen können warten." Lee ermutigte Schwab, seinen Ansatz mit den Managern zu teilen, den Erfolg zu beurteilen und „mir einen Scheck in Höhe von was auch immer du für angemessen hältst" auszustellen. Zwei Wochen später erhielt Lee einen Scheck über $25.000 – ein fürstliches Salär zu jener Zeit – inklusive einem Begleitschreiben, in dem Schwab mitteilte, dass es sich um die profitabelste Lektion seines Lebens handele. Diese Prioritäten-Liste war Schwabs tägliche „Hauptsache".

Wie die oben genannten Beispiele verdeutlichen, können Prioritäten heute genauso leicht gesetzt werden wie vor 100 Jahren, und sie sind genauso wichtig – kurzfristig wie langfristig. Wie Konfuzius einst sagte: „Wer zwei Hasen gleichzeitig fangen will, fängt gar keinen." Ausschlaggebend ist, eine

Abfolge von Top-Prioritäten festzulegen, durch die jeder fokussiert und auf Kurs bleibt.

Das ganze Buch hindurch haben wir die Festlegung von Prioritäten betont (dazu gehört auch die Auswahl, auf welche der 4 Entscheidungen man sich zuerst konzentriert und welches Feld auf dem FACe-Chart als nächstes aktualisiert werden muss). Auch im One-Page Strategic Plan (OPSP) gibt es eine Abfolge von Top-Prioritäten:

1. Sinn und Zweck: das **eine** Wort/die Idee/die Ansprache, die das Business antreibt
2. BHAG®: das **eine** 10-25-jährige Ziel des Unternehmens
3. Profit pro X: der **eine** übergreifende KPI, der die Umsatzmaschine (Economic Engine) des Unternehmens repräsentiert
4. Nutzenversprechen: das **eine** wichtigste, messbare Versprechen der Marke (von insg. drei)
5. Die Entscheidende Kennzahl: der **eine** Haupttreiber für das laufende Jahr oder Quartal

Im Kapitel „Der Meeting-Rhythmus" setzen wir diesen Schwerpunkt auf den Prioritäten fort. Teams werden dazu angehalten, (i) sich jeweils ein Top-Thema vorzunehmen, das beim wöchentlichen Meeting diskutiert und gelöst wird, (ii) ein großes Problem oder eine große Chance im monatlichen Management-Meeting zu besprechen. Auf diese Weise lassen sich hunderte von Entscheidungen und Aktivitäten bewältigen, ohne das Team zu überfordern oder abzulenken. Der Aufstieg zum Everest ist nur möglich, wenn man einen Schritt nach dem anderen macht. Dasselbe gilt für das Wachstum eines Unternehmens.

Rockefeller Habits Checklist™ – Rockefellers 10 Grundsätze

In diesem Kapitel „Execution" werden wir die 10 Grundsätze der Rockefeller Habits Checklist™ behandeln. Blättern Sie zurück zur Einführung in das Kapitel und sehen Sie die Liste nochmals durch. Machen Sie einen Haken neben jedem Grundsatz, von dem Sie glauben, dass er in Ihrem Unternehmen bereits umgesetzt wurde (wenn auch noch nicht perfekt). Oder laden Sie sich eine Kopie der Rockefeller Habits Checklist™ bei *scalingup.com* herunter (deutsche Version auf *scaleup.de*) und haken Sie die Punkte ab.

Execution: Rockefeller Habits Checklist™ SCALING UP

1. Das Führungsteam ist gesund und marschiert in dieselbe Richtung.
- ☐ Führungskräfte achten gegenseitig ihre Unterschiede, Prioritäten und Führungsstile.
- ☐ Führungskräfte treffen sich regelmäßig (am besten wöchentlich), um über die Strategie und Verbesserungen nachzudenken.
- ☐ Führungskräfte bilden sich regelmäßig weiter (Executive Education) (monatlich).
- ☐ Führungskräfte führen aktiv und gerne konstruktive Debatten.

2. Alle im Unternehmen kennen und arbeiten aktiv an der wichtigsten Quartalspriorität, die das Unternehmen bestmöglich voranbringt.
- ☐ Die Entscheidende Kennzahl für ein erfolgreiches Quartal steht fest.
- ☐ 3-5 Prioritäten („Rocks"), welche diese Quartals-Kennzahl unterstützen, wurden identifiziert und nach Wichtigkeit sortiert.
- ☐ Das Quartals-Motto sowie Partys/Incentives (falls das Quartalsziel erfüllt wird) sind allen Mitarbeitern bekannt.
- ☐ Das Quartals-Motto/die Entscheidende Kennzahl werden im gesamten Unternehmen kommuniziert und wöchentliche Fortschritte visualisiert.

3. Ein fester Kommunikations-Rhythmus ist verankert. Informationen fließen im gesamten Unternehmen schnell und präzise.
- ☐ Alle Mitarbeiter nehmen täglich an mindestens einem 15-minütigen Daily Huddle teil.
- ☐ Alle Teams haben ein wöchentliches Meeting.
- ☐ Das Management und mittlere Management trifft sich einmal pro Monat, um zu lernen, größere Probleme zu beheben und sich untereinander auszutauschen.
- ☐ Das Management und mittlere Management trifft sich einmal im Quartal und einmal pro Jahr außer Haus, um an den 4 Entscheidungen zu arbeiten.

4. Zu jedem Aspekt des Unternehmens ist eine bestimmte Person dafür verantwortlich (accountable), dass vereinbarte Ziele erreicht werden.
- ☐ Das „Function Accountability Chart" (FACe) wurde vervollständigt (richtige Leute, die die richtigen Dinge richtig machen).
- ☐ Jeder Zeile der G&V, Cash-Flow-Rechnung und Bilanz ist eine bestimmte Person zugeordnet.
- ☐ Jedem der 4-9 Prozesse im „Process Accountability Chart" (PACe) ist eine verantwortliche Person zugeordnet.
- ☐ Für alle 3-5-jährigen Vorstöße/Aktionen haben Sie einen entsprechenden Experten im Beirat, wenn keine interne Expertise vorhanden ist.

5. Mitarbeiterfeedback wird systematisch und kontinuierlich eingeholt, um Wachstumsbarrieren und Chancen zu erkennen.
- ☐ Jeder im oberen und mittleren Management führt mindestens mit einem Mitarbeiter pro Woche ein „Starten/Stoppen/Beibehalten"-Gespräch.
- ☐ Die Erkenntnisse aus den Mitarbeitergesprächen werden im wöchentlichen Führungskräfte-Meeting diskutiert.
- ☐ Mitarbeiterfeedbacks zu Wachstumsbarrieren und Chancen werden wöchentlich gesammelt.
- ☐ Ein Team aus dem mittleren Management trägt die Prozessverantwortung für die Implementierung der Hinweise aus dem Mitarbeiterfeedback zu Wachstumsbarrieren und Chancen.

6. Die systematisierte Analyse von Kundenfeedbacks erfolgt so häufig und präzise wie die Buchhaltungsprozesse.
- ☐ Das obere und mittlere Management führt mit mindestens einem Kunden pro Woche ein 4Q-Gespräch.
- ☐ Die Erkenntnisse aus den Kundengesprächen werden im wöchentlichen Führungskräfte-Meeting diskutiert.
- ☐ Alle Mitarbeiter sind in die Erhebung von Kundendaten eingebunden.
- ☐ Ein Team aus dem mittleren Management trägt die Prozessverantwortung für die Implementierung der Hinweise aus den Kundenfeedbacks.

7. Allen ist klar „wie wir ticken", welche Einstellung wir haben bzw. welche Haltung erwartet wird – und leben diese.
- ☐ Um eine klare Orientierung zu geben, wissen alle im Unternehmen „wie wir ticken" und was der Unternehmenszweck ist.
- ☐ Das obere und mittlere Management bezieht sich bei Lob und Kritik immer auf die Core Values und den Unternehmenszweck.
- ☐ HR-Prozesse und -Maßnahmen orientieren sich an den Core Values und dem Unternehmenszweck (Einstellungsverfahren, Orientierung, Beurteilung, Anerkennung, etc.).
- ☐ Jedes Quartal werden Maßnahmen identifiziert und umgesetzt, die die Core Values und den Unternehmenszweck stärken.

8. Mitarbeiter können die wichtigsten Komponenten der Unternehmensstrategie korrekt wiedergeben.
- ☐ Großes, verwegenes Ziel (BHAG®) – Fortschritte werden gemessen und visualisiert.
- ☐ Zielkunde(n) können mit höchstens 25 Worten beschrieben werden.
- ☐ 3 Nutzenversprechen – sowie das Wochenergebnis der entsprechenden Kennzahlen zu den Nutzenversprechen.
- ☐ Elevator Pitch – eine einheitliche und überzeugende Antwort auf die Frage „Was tut Ihr Unternehmen?".

9. Alle Mitarbeiter können anhand von Kennziffern darlegen, ob sie einen guten Tag/eine gute Woche hatten oder nicht (siebte Spalte des OPSP).
- ☐ 1 bis 2 Leistungsindikatoren (KPIs) werden wöchentlich für jede Funktion/Person ausgewertet.
- ☐ Jeder Mitarbeiter hat 1 Entscheidende Kennzahl zu erfüllen, die sich am Quartalsziel des Unternehmens orientiert (Horizont aufzeigen).
- ☐ Alle Mitarbeiter/Teams haben pro Quartal 3-5 Prioritäten/Rocks, die in direktem Zusammenhang mit den Prioritäten des Unternehmens stehen.
- ☐ Jeder im oberen und mittleren Management verfügt über einen Coach (oder Peer-Coach), der ihn/sie zu persönlicher Entwicklung ermutigt/anhält.

10. Fortschritt und Performance des Unternehmens sind für jeden gut sichtbar.
- ☐ Ein „Situation Room" wird für wöchentliche Meetings eingerichtet (physisch oder virtuell).
- ☐ Core Values, Unternehmenszweck und Prioritäten werden im gesamten Unternehmen kommuniziert.
- ☐ Überall befinden sich Scoreboards und dokumentieren den aktuellen Fortschritt bei KPIs und Entscheidenden Kennzahlen.
- ☐ Es existiert ein System zum Messen und Managen der Prioritäten und KPIs auf allen Ebenen.

BHAG ist eine eingetragene Marke von Jim Collins und Jerry Porras.

Nach dem ersten Ausfüllen der Checklist stellen Manager oft diese beiden Fragen:

1. Wie konnten wir so viele Jahre überleben/Erfolg haben, ohne einen einzigen Punkt auf der Checklist abzuhaken?
2. Gibt es für die Grundsätze eine vorgeschriebene Reihenfolge?

Wir antworten auf die erste Frage, indem wir die Führungsteams daran erinnern, dass es sich um eine Execution-Checkliste handelt. Für den Aufbau einer langlebigen Organisation ist es nicht unbedingt notwendig, diese Grundsätze umzusetzen. Es bedeutet einfach, dass Sie eine Menge Zeit und Geld haben liegen lassen. Wenn Sie über eine Killer-Strategie verfügen und/oder eine heroische Belegschaft, die 18 Stunden pro Tag und acht Tage die Woche arbeitet, dann gleichen diese Mitarbeiter Fehler wieder aus, die durch eine schlechte Umsetzung und einen Mangel an Disziplin verursacht wurden.

Um die zweite Frage zu beantworten: Sie können nichts von dem, was wir in diesem Buch vorstellen, umsetzen, so lange Rockefellers Grundsatz Nr. 1 fehlt: „Das Führungsteam funktioniert und marschiert in dieselbe Richtung". Die Reihenfolge der übrigen Grundsätze spielt keine große Rolle. Nehmen Sie sich lediglich einen oder zwei pro Quartal vor, je nachdem wovon Sie sich den schnellsten Erfolg versprechen – genau so, wie Sie es bei einem Kreuzworträtsel machen würden. Innerhalb von 24 bis 36 Monaten haben Sie dann alle 10 Grundsätze durchgearbeitet.

Rockefellers Grundsatz Nr. 1 – das gesunde Führungsteam

1. Das Führungsteam ist gesund und marschiert in dieselbe Richtung.
- ☐ Führungskräfte achten gegenseitig ihre Unterschiede, Prioritäten und Führungsstile.
- ☐ Führungskräfte treffen sich regelmäßig (am besten wöchentlich), um über die Strategie und Verbesserungen nachzudenken.
- ☐ Führungskräfte bilden sich regelmäßig weiter (Executive Education) (monatlich).
- ☐ Führungskräfte führen aktiv und gerne konstruktive Debatten.

Patrick M. Lencionis Bestseller *The Five Dysfunctions of a Team: A Leadership Fable* behandelt die 5 Symptome, die die Funktionsfähigkeit Ihres Führungsteams beeinträchtigen können: Fehlendes Vertrauen, Furcht vor Konflikten, Mangel an Engagement, Vermeidung von Verantwortung und Unaufmerksamkeit gegenüber Ergebnissen. Wenn sich eins oder mehrere dieser Gebrechen diagnostizieren lassen, behandeln Sie es zuerst, bevor Sie sich anderen Aspekten der Umsetzung widmen. Wir empfehlen dringend den Kauf von Lencionis erschwinglichem „Arztkoffer fürs Team". Lassen Sie Ihr Führungsteam seinen Assessment- und Trainingsprozess absolvieren, um das Niveau von Vertrauen, Debattierfreudigkeit, Engagement, Verantwortungs- und Ergebnisbewusstsein zu heben. Auch gesunde Teams können durch diesen Prozess noch viel lernen. Die Minimalanforderung sollte sein: verlangen Sie von allen Führungskräften und Managern, sein Buch einmal pro Jahr zu lesen. Es ist ein kleines Buch und die regelmäßige Auffrischung schützt vor neuen Problemen innerhalb des Teams, während das Unternehmen skaliert.

„Der Grundsatz Nr. 1 ist der wichtigste und oberste."

Viele von Rockefellers Grundsätzen verstärken Gewohnheiten, durch die das Team gesund bleibt, wie zum Beispiel sich zu Beginn eines wöchentlichen oder monatlichen Meetings ein paar Minuten über persönliche und fachliche Neuigkeiten zu unterhalten (lesen Sie mehr dazu im Kapitel „Der Meeting-Rhythmus"). Weitere Maßnahmen, die das Vertrauen innerhalb des Teams stärken:

- Auswertung von Persönlichkeiten und Führungsstilen, durch die alle Teammitglieder die Unterschiede zu schätzen lernen
- Gemeinsame Mahlzeiten und Gespräche bei Offsite-Meetings und den monatlichen Management-Runden
- Gemeinsame Lernerlebnisse

Sobald das Team gesund ist, kann es die harte Arbeit des Setzens von Prioritäten erfolgreich angehen.

Rockefellers Grundsatz Nr. 2 – Die Top-Priorität

2. Alle im Unternehmen kennen und arbeiten aktiv an der wichtigsten Quartalspriorität, die das Unternehmen bestmöglich voranbringt.

- ☐ Die Entscheidende Kennzahl für ein erfolgreiches Quartal steht fest.
- ☐ 3-5 Prioritäten („Rocks"), welche diese Quartals-Kennzahl unterstützen, wurden identifiziert und nach Wichtigkeit sortiert.
- ☐ Das Quartals-Motto sowie Partys/Incentives (falls das Quartalsziel erfüllt wird) sind allen Mitarbeitern bekannt.
- ☐ Das Quartals-Motto/die Entscheidende Kennzahl werden im gesamten Unternehmen kommuniziert und wöchentliche Fortschritte visualisiert.

Um unsere Methodik etwas zu vereinfachen, gibt es zwei Haupt-Entscheidungen zur unternehmerischen Vision: das BHAG® (Everest) und den ganz präzise und weise gewählten nächsten Schritt in Richtung BHAG (das ist die Quartalspriorität/der „Rock" sowie die Top-Prioritäten und ggf. Hauptvorstöße für das kommende Jahr). Alles was dazwischen passiert, unterliegt immer einer Vielzahl von Veränderungen und ist ein „WAG" („wide-angle guess" – also reine

Spekulation). Das BHAG®, abgeleitet aus Ihrer Strategie, stellt die langfristige Hauptpriorität dar und verankert das *strategische Denken* in der unternehmerischen Vision. Die vierteljährliche oder jährliche Entscheidende Kennzahl ist die kurzfristige Hauptpriorität und verankert die Seite der *Umsetzungsplanung*.

Rockefellers Grundsatz Nr. 2 beginnt mit der Identifizierung dieser Entscheidenden Kennzahl, die durch Jack Stacks Buch *The Great Game of Business: The Only Sensible Way to Run a Company* eingeführt und populär wurde. Ihre Kennzahlen sind alle mehr oder weniger entscheidend. Reservieren Sie dennoch den Begriff „Entscheidende Kennzahl" für Ihre messbare Top-Priorität – auch wenn andere Zahlen eine ähnliche Bedeutung haben.

Um die Entscheidende Kennzahl herauszufiltern, stellen Sie sich die hunderte von wichtigen zu erledigenden Dinge wie eine lange Reihe von Dominosteinen vor. Finden Sie den Haupt-Domino: die eine Maßnahme, die – erfolgreich umgesetzt – alle anderen Ziele leichter erreichen lässt. Oder finden Sie das Hemmnis – den Engpass oder Flaschenhals – und gehen Sie es zuerst an. Wenn Sie mehr über die Auswahl dieses entscheidenden Hemmnisses herausfinden möchten, lesen Sie mein absolutes Lieblings-Businessbuch mit dem Titel *The Goal*[30] vom kürzlich verstorbenen Eli Goldratt. Beim Scaling Up geht es immer um die Beseitigung von Hindernissen – sowohl für das Unternehmen, als auch für dessen Kunden.

Bei ProService Hawaii, einem HR-Unternehmen aus Honolulu, gab der Vorsitzende Ben Godsey für das Geschäftsjahr 2014 eine Entscheidende Kennzahl vor: 600 Kundenempfehlungen. Das war ein äußerst ambitioniertes Ziel. Die Firma, die jährlich $120 Millionen Umsatz erzielt, hatte zuvor weniger als 200 Empfehlungen pro Jahr bekommen. Und das trotz ihres Schwerpunkts auf der Entwicklung einer großartigen Servicekultur und innovativer Produkte, wofür ein Net Promoter Score (NPS) von konstant über 70% (wie bei Apple) ein Beleg ist.

Nachdem Godseys Team darüber gesprochen hatte, wie positiv sich eine größere Zahl an Empfehlungen von zufriedenen Kunden auswirken würde, entwarf das Unternehmen ein Jahres-Motto rund um diesen Plan. Es setzte das ambitionierte Ziel, 600 Empfehlungen von Kunden innerhalb von 12 Monaten zu erhalten – drei Mal mehr als je erreicht wurde. Und natürlich erfüllte das Unternehmen sein Ziel bereits ein paar Wochen früher – das gesamte Team feierte den Erfolg mit einem Ausflug nach Waikoloa Beach.

Nicht nur wurden die Leads verdreifacht. Durch Konzentration auf diese eine messbare Priorität konnten auch ein paar andere Dominos umgestoßen werden. „Wir haben die Kundenempfehlungen jetzt bei weitem zu unserem größten Wachstumstreiber gemacht – dadurch sehen unsere Kunden auch die Qualität. Alles durch das Erreichen eines Ziels, das wir immer als zu ambitioniert einge-

[30] deutsche Übersetzung: *Das Ziel: Ein Roman über Prozessoptimierung*

schätzt haben“, sagt Godsey. „Noch wichtiger: den Fokus auf Empfehlungen konnten wir in unsere Kultur einbetten und dadurch unsere Servicementalität stärken.“ Kunden und Belegschaft verstehen, dass das Erreichen von mehr Empfehlungen im Prozess des Wachstums dabei hilft, in die Verbesserung des Services und der Produkte zu investieren, und neue Projekte einzubringen, die wiederum gut für die Mitarbeiterentwicklung sind. „Wir nennen das unsere Aufwärtsspirale des Wachstums“, sagt Godsey.

Überlegen Sie also auch: was ist der wichtigste und messbare Engpass, den Sie in Ihrem Business im kommenden Jahr überwinden/kontrollieren müssen? Finden Sie es heraus. Geben Sie Ihrem Team dann die Gelegenheit, als Incentive eine Gold-, Silber- oder Bronzemedaille zu gewinnen (analog dazu „Absolut Grün“, „Grün“ und „Rot“ am unteren Ende von Spalte 4 des OPSP). ProService Hawaii hat bei seinen Mottos normalerweise ein dreistufiges System der Zielerreichung. Doch diesmal, bei der Jagd nach Kundenempfehlungen, „gab es keine roten und grünen Ziele mehr“, bemerkt Godsey. „Wir haben eine einzige hohe Hürde gelegt (Absolut Grün): die Entscheidende Kennzahl von 600 Empfehlungen zu schaffen. Es war wie eine Reise zum Mond und zurück: entweder schaffen wir das, indem wir alle gemeinsam auf dieses eine Ziel hinarbeiten (wie Apollo 13), oder wir gehen bei dem Versuch drauf.“

Godseys Team hat einige Erfahrung mit Zielvorgaben und war daher bereit für diese Alles-oder-nichts-Herausforderung. Wenn solche Zielvorgaben oder KPIs (Key Performance Indicators) für Sie noch Neuland sind, sollten Sie Ihrem Team einigen Spielraum lassen und mit einem dreistufigen Ziel beginnen. Um das Beispiel von ProService zu verwenden: wir empfehlen 200 Leads als Minimalziel (Rot), mit einer Grillparty auf dem Firmenparkplatz als Incentive, 400 Leads als Normalziel (Grün), mit einer Strandparty in der Nähe, und 600 Leads als ambitioniertes Ziel (Absolut Grün), mit einem Firmenausflug nach Hawaii.

Quartals-Mottos

Das Quartals-Motto ist ein lustiger Wahlspruch, den Sie im internen Marketing verwenden können, um alle Beteiligten auf Ihre Entscheidende Kennzahl auszurichten.

HINWEIS: *Vor allem wenn der Prozess noch neu für sie ist, möchten wir Teams dazu ermutigen, mit ein paar Probe-Mottos zu beginnen, die nicht länger als ein Quartal gelten. Es braucht ein paar Durchgänge, um die Auswahl und Festlegung von Entscheidenden Kennzahlen zu meistern.*

Gene Browne dachte während er mit The City Bin Co. wuchs, dass er die Ideen aus *Mastering the Rockefeller Habits* bereits verstanden hatte. Doch als Irlands Wirtschaft 2009 von der globalen Wirtschaftskrise hart getroffen wurde, entschied er, noch etwas tiefer in die Materie einzusteigen. „Irland befand sich in einer tiefen Depression", erinnert er sich. „Ich dachte, wir könnten etwas Neues gebrauchen. Wir mussten uns selbst aus dem Sumpf ziehen."

In jenem Jahr flog er mit seinem Führungsteam nach Orlando (Florida) für einen zweitägigen „Mastering the Rockefeller Habits" Workshop. Dort begriff er, dass er sich nicht ausreichend auf Quartals-Mottos konzentriert hatte, um seiner stetig wachsenden Belegschaft eine Orientierung zu geben. „Es handelte sich um Dinge, die wir bereits umzusetzen glaubten. Aber dem war gar nicht so", sagt Browne.

Als Browne und sein Team nach Irland zurückkehrten, entschieden sie, die Quartals-Mottos absolut in den Vordergrund zu rücken. Jedes Viertaljahr stellen sie sich die Frage: Welche eine wichtigste Aufgabe in unserem Business muss in den nächsten 90 Tagen von allen im Unternehmen angegangen werden? Dann bestimmen sie einen „Champion", der eine Präsentation vorbereitet. Zu seiner Unterstützung hat das Unternehmen eine Reihe von Praxis-Richtlinien – best practices – für Quartals-Mottos zusammengestellt. Ein Designer aus der Software-Abteilung erstellt ein lustiges visuelles Motto, um das sich alle Beschäftigten scharen. Jeder Mitarbeiter kann der Champion sein, der das Motto auswählen darf – aber Browne und sein Hauptgeschäftsführer haben das letzte Wort.

Die Präsentation findet einmal pro Quartal in einem einstündigen Meeting mit allen Angestellten von The City Bin Co. statt. Zu jedem Motto listet das Unternehmen eine Reihe kleiner „Rocks" (Spalte 5 des OPSP) auf, die gestemmt werden müssen, wenn das große Ziel der nächsten 13 Wochen erreicht werden soll. So konzentrieren sich alle auf die Umsetzung. Die Mitarbeiter diskutieren das Motto zwar nicht während der Daily Huddles, in denen es mehr um das Tagesgeschäft geht, aber ein zusätzliches 30-minütiges Meeting pro Woche zu den Fortschritten beim Quartals-Motto ist fest eingeplant. Mitarbeiter werden besonders dazu ermutigt, die Verantwortung für einen der „Rocks" in ihrem Arbeitsbereich zu übernehmen. Die Geschäftsführer und Finanzmanager des Unternehmens nutzen Kennzahlen, um den Fortschritt hinsichtlich der ausgegebenen Ziele zu messen. „Das hat unser Unternehmen transformiert", sagt Browne.

Hier sind einige Beispiele für Quartals-Mottos bei The City Bin Co.:

Saving Mrs. Ryan

Da der Preisdruck in seiner Branche besonders hoch ist, stellte Browne im ersten Quartal 2014 das Motto „Saving Mrs. Ryan" vor. Angelehnt an das militärische

Thema des Films „*Saving Private Ryan*“, konzentrierte sich die 90-tägige Kampagne darauf, 10.000 einzelne neue Kunden zu gewinnen – Hausfrauen, die auch als „Mrs. Ryan“ bezeichnet wurden (Das „Wer“ des Unternehmens). Das Deckblatt der Präsentation zeigte die Silhouette eines Soldaten, flankiert von zwei der firmeneigenen Mülltonnen. „Bei unseren Konkurrenten standen Vertragsverlängerungen an, und wir wollten 10.000 neue Mrs. Ryans an Bord holen“, sagt Browne. „Wir wollten diese Mrs. Ryans vor einer ‚Sowjet-Ära des Kundenservices‘ bei unseren Wettbewerbern bewahren. Also schickten wir ein Team von Spezialkräften von Tür zu Tür, um sie zu retten.“

Riesige Poster im Hauptbüro des Unternehmens und im Lager erinnerten alle Mitarbeiter an das Quartals-Motto. In diesem Fall hingen „Saving Mrs. Ryan“ Poster an den Arbeitsplätzen, die so aussahen wie das Tom-Hanks-Filmplakat. Auf einer Tafel im Großraumbüro wurde die Anzahl der unterschriebenen Verträge vermerkt, und so der tägliche Fortschritt für das gesamte Unternehmen sichtbar gemacht. In den wöchentlichen Meetings gab es detailliertere Updates, bei denen die leitenden Manager eine Folie mit dem Fortschritt bei den Unterzielen (oder „Rocks“) zeigten – in der grünen Tarnanstrichfarbe und der typischen Schriftart des US-Militärs. The City Bin Co. zahlte Boni an besonders erfolgreiche Mitarbeiter aus, die das Unternehmen näher ans Ziel brachten und das Momentum aufrechterhielten. „Das ist viel besser, als bis zum Ende abzuwarten“, sagt Browne.

Um sein Team dazu zu motivieren, die Ziele noch zu übertreffen, legt The City Bin Co. manchmal einen absolut grünen Benchmark oberhalb und jenseits des Ziels für ein laufendes Motto fest. Beim „Saving Mrs. Ryan“ Motto entschied man sich für das ambitionierte Ziel, 12.000 Mrs. Ryans zu retten.

Mit 40 fängt das Leben an

Die Mottos bei The City Bin Co. variieren je nach den Hindernissen, mit denen das Unternehmen im jeweiligen Quartal konfrontiert ist. Während man in der Rezession versuchte, die Profitabilität zu steigern, startete das Unternehmen von August bis Oktober 2011 die Kampagne „Mit 40 fängt das Leben an“ – mit dem Cover-Bild eines Spielautomaten in Las Vegas, der den Jackpot geknackt hatte. Dahinter stand die Idee, die monatlichen Einnahmen des Unternehmens um €40.000 zu steigern, entweder durch jährliche Einsparungen oder durch wiederkehrende Umsätze. Mitarbeiter sollten Ideen einreichen, wie man das Firmenbudget erweitern oder zurechtstutzen konnte.

Es handelte sich um ein relativ unbeschwertes Motto, doch Browne wusste, dass ein Erfolg für das langfristige Überleben des Unternehmens notwendig war. „Die Wirtschaft war derart geschrumpft, dass viele irische Firmen dichtmachten“, sagt Browne. „‚Mit 40 fängt das Leben an‘ sollte bedeuten: wenn wir es bis zu dieser magischen Zahl schaffen, können wir den ökonomischen Sturm überstehen.“ Das Unternehmen erreichte schließlich sein Ziel.

180 to One

Ein weiteres fröhliches, wettorientiertes Motto hieß „180 to One“ und bestand darin, dass sich jeder von Brownes 60 Angestellten im ersten Quartal 2012 einen Tag pro Monat seinen Job mit einem anderen Mitarbeiter teilte (60 Beschäftigte x 3 Tage Stellenteilung = 180). So sollte bei ganz The City Bin Co. der Kundenservice verbessert werden. „Wir wollten, dass unsere Leute über den eigenen Tellerrand schauten und eine Wertschätzung für die Arbeit der anderen Abteilungen entwickelten“, sagt Browne. Das bedeutete, dass die Leute aus der Buchhaltungsabteilung im Call-Center arbeiten, die Call-Center-Agents auf den Müllwagen mitfuhren und die Müllmänner in der Buchhaltung saßen.

Kundenservice und Zusammenhalt der Belegschaft verbesserten sich merklich. Ein Müllwagenfahrer wusste nun, welche Beschwerden von Kunden drohten, wenn eine Mülltonne vergessen wurde. „Es gab eine große Veränderung in der Unternehmenskultur“, sagt Browne. „Wenn Sie unsere Leute heute fragen, worum es bei The City Bin Co. hauptsächlich geht, werden sie antworten: ‚Kundenservice‘.“ Am Ende des Quartals feierte das Unternehmen seine Zielerreichung und den Sieg über alle Wahrscheinlichkeiten und lud das ganze Team zu einem Hunderennen ein.

Wirf es weg

Einige Mottos zielten auch auf Effizienzsteigerungen ab. Ein Motto, das im zweiten Quartal 2012 an die Reihe kam, hieß „Bin it“ („Wirf es weg“). Es forderte die Mitarbeiter auf, Karteikarten mit Listen von überflüssigen Praktiken und unnötigen Aufgaben abzugeben, die sie nicht mehr erledigen wollten – alles was Zeit, Geld, Energie oder Platz kostete, ohne zu Resultaten zu führen. „Leute wie ich aus dem oberen Management verlangen von Mitarbeitern, Aufgaben zu erledigen und laden ihnen immer mehr auf“, sagt Browne. „Zu selten nehmen wir ihnen Arbeit ab." Oft scheuen sich die Mitarbeiter, das laut auszusprechen oder von Vorgesetzten eine Begründung für eine Aufgabe einzufordern, auch wenn sie offensichtlich unnötig ist.

Browne erinnert sich lebhaft an ein Beispiel, wieviel Zeit auf diese Art vergeudet werden konnte, als er einmal ein Teammitglied bat, alle Neukundenaufträge – die während einer dreimonatigen Marketingkampagne überwacht werden sollten – in einer Tabelle zu sammeln. Drei Jahre später, in einem beiläufigen Gespräch, erwähnte der Mitarbeiter, dass sie die Tabelle immer noch verwendeten.

„Ihr macht das immer noch?" fragte Browne erstaunt. „Ich habe mir die in den letzten zweieinhalb Jahren nicht einmal angesehen."

Um seine Mitarbeiter dazu zu inspirieren, das Deck von derartigen Projekten zu säubern und sich auf die wichtigen Dinge zu konzentrieren, wurden über die Kampagne „Bin it" Preise ausgeschrieben – von Kinotickets bis hin zu einem Wochenendtrip – die jeder gewinnen konnte, der eine Aufgabe einreichte, die entsorgt werden konnte. Wie alle anderen Quartals-Mottos bei The City Bin Co. wurde auch dieses bei einer Auftakt-Party vorgestellt. Als das Ziel erreicht war, wurde mit einem Barbecue gefeiert. Und damit kein Mitarbeiter das Motto vergaß, gab es deckenhohe Poster in den Büros des Unternehmens, die sie an das Thema erinnerten: „Wirf es weg".

„Wir entsorgten in dem Quartal über 150 Aufgaben. Viele von ihnen banden mehrere Mitarbeiter gleichzeitig, daher waren die Auswirkungen gewaltig", sagt Browne. „Außerdem erhielt die Firmenkultur ein neues geflügeltes Wort und eine neue Philosophie."

Bin's Health

Nachdem das Unternehmen einen hohen Betrag in eine Marketing-Kampagne investiert hatte, wurde das Motto „Bin's Health" für Mai bis Juli 2013 vorgestellt. Die Präsentation des Mottos war eine Anspielung auf das Magazin *Men's Health* – mit David Beckham auf dem Cover, inklusive dem Logo von The City Bin Co. auf seinem T-Shirt. Das Unternehmen konnte auf eine erfolgreiche Kampagne zurückblicken, da es sich auf ein völlig neues Geschäftsfeld gewagt und dabei seinen Kundenstamm um 250% vergrößert hatte. „Dennoch, ab einem bestimmten Punkt fällt der Grenznutzen und man bekommt immer weniger für sein Geld", sagt Browne – es war wieder an der Zeit, „lean" zu werden. Die Motto-Präsentation unterstrich das Ziel der Einsparung von Ausgaben durch festgelegte Prozentsätze bei Gehältern, Fuhrpark, Werbung und Design, Anwaltsdiensten und anderen externen Dienstleistungen, Mietwagen und Deponiegebühren.

Bei diesem Motto verfehlte The City Bin Co. seine Ziele, machte auf dem Weg dahin aber dennoch große Fortschritte. „Nach einiger Zeit wurde uns klar, dass unsere Ziele wahrscheinlich etwas zu ambitioniert gewesen waren", sagt Browne. Das Unternehmen veranstaltete zwar eine Kick-off-Party und eine Abschlussfeier, verteilte diesmal aber keine Preise wie bei den vorherigen Mottos.

HINWEIS: *Bei The City Bin Co. werden immer Entscheidende Kennzahlen und Quartals-Mottos festgelegt, die sich im Wechsel auf die People-Seite („180 to One", „Saving Mrs. Ryan") und auf die Prozess-Seite des Business konzentrieren („Mit 40 fängt das Leben an", „Bin it", „Bin's Health"). Auch Sie sollten so ein Gleichgewicht anstreben, wenn Sie Ihre Top-Prioritäten planen.*

Belohnungen und Incentives: ja oder nein?

Was passiert, wenn Sie mitten in einem Quartals- oder Jahres-Motto stecken und merken, dass Sie die Entscheidende Kennzahl – vielleicht deutlich – verfehlen werden? Passen Sie sich im laufenden Prozess an? Senken Sie die Zielvorgabe?

Wenn das Unternehmen am Ziel vorbei schießt, haben Sie drei Möglichkeiten:

1. Wiederholen Sie dieselbe Kennzahl im nächsten Quartal, wenn dieses Ziel für das Unternehmen immer noch wichtig ist. Wir kennen das aus Fällen, bei denen Qualitäts-Scores oder bestimmte Punktzahlen im Kundenservice erreicht werden müssen.
2. Gehen Sie zu einer anderen Kennzahl über, wenn Sie merken, dass durch das aktuelle Ziel genügend Momentum erzeugt wurde. So bewegt sich das Unternehmen zumindest weiter in die richtige Richtung.
3. Machen Sie eine Ursachenanalyse, um herauszufinden, warum Ihr Unternehmen die Kennzahl nicht erreicht hat. Suchen Sie sich einen Grund aus, den Sie im nächsten Quartal beseitigen möchten. Zum Beispiel richtete sich das Motto „180 to One" bei The City Bin Co. an einen innerbetrieblichen Prozess. Browne spürte, dass die Teammitglieder einen Schritt zurücktreten und mehr Empathie für die Situation der Kollegen gewinnen mussten. Nur so würden sie an einem Strang ziehen, sobald das nächste Ziel ausgeschrieben wurde.

Wie ein Fluss vom Mount Everest in Richtung Meer fließt, so muss auch Ihr Unternehmen fortwährend um Hindernisse herumnavigieren und manchmal einen Umweg machen (oder pausieren). Einer der Gründe, warum wir Unternehmen, die diesen Prozess noch nicht so gut kennen, eher zu Quartals-Mottos als zu Jahres-Mottos raten ist, dass Teams zu Beginn durchaus häufig ihre Ziele verfehlen. Sie sollten die Ziele aber nicht verändern. Es kann inspirierend sein, ein hoch gestecktes Ziel beizubehalten und zu sehen, ob das Team es in den letzten Tagen doch noch schafft.

In keinem Fall sollten die Gehälter darunter leiden, dass vom Management-Team zu aggressive Ziele vorgegeben oder die Mitarbeiter nicht richtig vorbereitet wurden. Wählen Sie daher Feiern und Incentives aus, die einfach nur Spaß machen.

Und die Vorgabe von drei möglichen Zielen – Absolut Grün, Grün und Rot – erhöht die Chance, dass das Team eine Medaille gewinnt. Auch wenn das Minimalziel verfehlt wird, versammeln Sie das Team zu einem Event, bei dem Sie die Ergebnisse bekanntgeben. Einer unserer Kunden versprach z.B. ein Barbecue, bei dem das Management grillen würde, wenn das Team bestimmte Ziele bei der Mitarbeiterbindung erreichte. Je besser das Ergebnis, desto besser das Essen: bei einer Mitarbeiterbindung von 75% (Rot) gab es Hot Dogs und Hamburger. Bei 80% (Grün), wollte das Management Hühnchen und Rippchen servieren. Und Steak wurde für eine Zielerreichung von 85% versprochen (Absolut Grün). Falls das Team aber sein Minimalziel verfehlte, sollte es stattdessen eine einfache Gulaschsuppe geben.

Sobald das Unternehmen sich an die Verwendung von vierteljährlichen und jährlichen Mottos gewöhnt hat, können Sie höhere Incentives ansetzen. Bei Jack Stacks SRC Holding Corporation, einer Unternehmensgruppe mit über einer halben Milliarde Dollar Umsatz, sind etwa 15% der Mitarbeitergehälter an das Erreichen der Entscheidenden Kennzahl gekoppelt. Noch einmal, wir empfehlen Ihnen dringend, Stacks Buch *The Great Game of Business* zu lesen. Und machen Sie einen Ausflug mit dem Team nach Springfield (Missouri) und nehmen Sie an seinem zweitägigen „Get in the Game"-Workshop teil. Besonders CFOs und COOs können davon profitieren.

Kunden- und Mitarbeiterfeedback

Jack Harrington, CEO der Virtual Technology Corporation (VTC), hielt das erste vierteljährliche Offsite-Meeting ab, um die Entscheidende Kennzahl und das Motto festzulegen. Das Führungsteam hatte gerade ein phänomenales Quartal hinter sich gebracht und konzentrierte sich auf die Fortsetzung des

Umsatzwachstums. Ziel war es, im Folgequartal zusätzlich $6 Millionen Umsatz zu generieren.

Während der Vorbereitung auf das bevorstehende Strategie-Treffen, führte das Unternehmen eine Analyse der Stärken, Schwächen, Chancen und Risiken, sowie eine Management-Umfrage durch, um die drei Top-Prioritäten bestimmen zu können. Auch die Mitarbeiter wurden befragt. Dabei kam heraus, dass Teams sich große Sorgen machten, dass VTC bei laufenden Projekten versagen und seine herausragende Reputation riskieren könnte.

Zum Glück war das Führungsteam so „gesund", dass ein Teilnehmer des Strategie-Meetings das Wort ergriff und für den Standpunkt der Mitarbeiter argumentierte. Schließlich verlagerten Harrington und seine Manager ihren Schwerpunkt für das nächste Quartal auf die Rekrutierung, Einstellung und Einarbeitung von 16 schwer zu findenden Experten für Distributed Simulation. Dadurch sollte Druck vom bestehenden Team genommen und die Übernahme eines weiteren Business durch VTC vorbereitet werden. Das Unternehmen konnte seine Schwierigkeiten überwinden.

Man entschied sich für das Motto „Sweet Sixteen" (wer hätte gedacht, dass ein Haufen ITler sich für so etwas erwärmen würde!). VTC band alle 120 Mitarbeiter in den Prozess ein und versprach jedem einen Bonus, der einen dieser Spezialisten an Bord holen konnte. Mara Harrington, Jacks Ehefrau und Leiterin der Personalabteilung, war froh über die Hilfe. Am Ende wurde das Ziel sogar übertroffen und 20 dieser entscheidenden Mitarbeiter nahmen ihre Arbeit auf. Im nächsten Quartal folgte das Motto „Sechs-Millionen-Dollar-Mann" – basierend auf der beliebten TV-Serie der 70er Jahre (man spricht heute noch darüber, wie der Vertriebsvorstand Doug Greenlaw beim Kick-Off-Event wie Lee Majors in einem roten Overall erschien!) – bei dem die Mitarbeiter noch einmal aufs Gas traten und die Verkaufszahlen weiter steigerten.

Noch im gleichen Jahr wurde das Unternehmen von Raytheon für ein Vielfaches seines EBITDA übernommen – besonders deshalb, weil VTC beinahe alle hochqualifizierten Experten für Distributed Simulation in seinem Team hatte. Das Unternehmen kontrollierte einen Flaschenhals/Engpass der Branche! Im Kapitel „Strategy" haben wir bereits Harringtons weiteren Weg bei Raytheon erzählt, wie er milliardenschwere Abteilungen in diesem Konzern anführte.

WARNUNG: *Die Entscheidende Kennzahl kann – ebenso wie der Rest der Unternehmensstrategie – nicht von den Realitäten der Firma und des Marktes getrennt werden. Mitarbeiter und Kunden könnten denken, das Führungsteam habe etwas geraucht, wenn sie vom Berg herabsteigen und die Steintafeln mit den neuesten strategischen Geboten präsentieren, ohne dafür die notwendigen*

Vorarbeiten geleistet zu haben. Jack Stack empfiehlt dringend, die Entscheidende Kennzahl an einem branchenweiten Benchmark zu orientieren (z.B. „Wenn ein anderes Unternehmen 12 Lagerumschläge erreicht, warum schaffen wir das nicht auch?"). So denken die Mitarbeiter nicht, ihr Führungsteam würde sich die Ziele einfach ausdenken!

Mottos erarbeiten und feiern

Bei ProService wurde jedes Detail des Mottos mit den 600 Kundenempfehlungen von einer Gruppe einfacher Mitarbeiter erarbeitet. Zu deren Leistung zählte auch die Produktion eines „Happy"-Videos, mit dem das Erreichen des Ziels gefeiert werden sollte (suchen Sie bei YouTube nach „Happy ProService").

„Tatsächlich kam der Vorschlag aus dem Team: ‚Lasst uns ein lustiges Video drehen, mit dem wir unseren Erfolg feiern'", sagt Godsey, der Vorsitzende. „Sie begannen zu entwerfen und zu planen, und luden alle Kollegen ein, mitzumachen und forderten sie auf: ‚Zeigt uns, wie ihr zu ‚Happy' tanzt'. Verschiedene Teams führten eine Reihe unterschiedlicher Tänze auf. Und bum! Das Video wurde sogar noch besser."

Wie bei ProService sollten Sie die eigentliche Ausarbeitung des Mottos einem Team von Mitarbeitern (ohne Beteiligung des Managements) überlassen. Beinahe jedes Unternehmen hat Mitarbeiter, die am Computer Videos bearbeiten, Poster entwerfen oder anderes Material für Mottos herstellen können. Das Führungsteam kann keine weiteren Aufgaben gebrauchen, und für das Betriebsklima ist es auch am besten, wenn Mitarbeiter die Motto-Aktivitäten selbst in die Hand nehmen.

Stellen Sie bei der Feier nur eine Frage

Auf der anschließenden Feier sollten Sie die üblichen Reden der Führungskräfte streichen: „Dieser oder jener Erfolg wäre ohne die Hilfe von X oder Y nicht möglich gewesen, etc.". Stellen Sie stattdessen die machtvollste Frage, die eine Führungskraft stellen kann, wenn ihr Team irgendeine Aufgabe erfolgreich bewältigt hat: „Wie habt ihr das gemacht?" Gehen Sie nach vorne und sagen Sie: „Glückwunsch! Wir haben gesagt, wir würden X machen – und das haben wir geschafft!! Wie habt ihr das gemacht?" Dann suchen Sie sich jemanden aus, der zum Erreichen der Entscheidenden Kennzahl beigetragen hat, und lassen Sie ihn seine/ihre Geschichte erzählen. Dieser Hinweis wurde uns freundlicherweise von Aubrey C. Daniels zur Verfügung gestellt, Autor von *Bringing Out the Best in People: How to Apply the Astonishing Power of Positive Reinforcement* (ein Grundlagenbuch, das alle Business Leader lesen sollten). Übrigens: wenn Sie Kinder haben, ist das eine tolle

Frage, die Sie Ihren Kindern stellen können, wenn sie mit einer Erfolgsstory nach Hause kommen. Anstatt sie mit Lob zu überhäufen, sagen Sie einfach: „Glückwunsch! Und wie hast du das gemacht?" – dann lassen Sie sie ihre Geschichte erzählen.

Nichts sorgt so sehr für Momentum und Energie, wie das Erreichen bestimmter Ziele. Wenn Ihr Unternehmen durch harte Zeiten gegangen ist und Ihre Firmenkultur ein paar Blessuren abbekommen hat – setzen Sie sich ein paar kurzfristige Ziele, orientieren Sie alle Mitarbeiter an dem einen Ziel, spielen Sie auf Sieg, und holen Sie sich Ihr Selbstvertrauen zurück!!

Rockefellers Grundsätze Nr. 3, 4, 7 und 8

Rockefellers Grundsatz Nr. 3, der Meeting-Rhythmus, wird in einem eigenen Abschnitt am Ende dieses Kapitels behandelt.

Rockefellers Grundsätze Nr. 4, 7 und 8 wurden bereits ausführlich erläutert. Hier ist dennoch eine kurze Wiederholung:

Rockefellers Grundsatz Nr. 4 — *In jeder Einheit der Organisation trägt eine Person die Verantwortung für das Erreichen der gesetzten Ziele* – wurde im Kapitel „Die Leader" vorgestellt. Außerdem wird er kurz im Kapitel „Die Prioritäten" erwähnt, weil es dort in den Arbeitsblättern um Bestimmung der einen Person geht, die für die Funktionen, Ergebnisse und Prozesse des Unternehmens verantwortlich ist.

4. Zu jedem Aspekt des Unternehmens ist eine bestimmte Person dafür verantwortlich (accountable), dass vereinbarte Ziele erreicht werden.
- ☐ Das „Function Accountability Chart" (FACe) wurde vervollständigt (richtige Leute, die die richtigen Dinge richtig machen).
- ☐ Jeder Zeile der G&V, Cash-Flow-Rechnung und Bilanz ist eine bestimmte Person zugeordnet.
- ☐ Jedem der 4-9 Prozesse im „Process Accountability Chart" (PACe) ist eine verantwortliche Person zugeordnet.
- ☐ Für alle 3-5-jährigen Vorstöße/Aktionen haben Sie einen entsprechenden Experten im Beirat, wenn keine interne Expertise vorhanden ist.

Rockefellers Grundsatz Nr. 7 — *Core Values und Unternehmenszweck werden im Unternehmen „gelebt"* – wurde im Kapitel „Der Kern" behandelt. Es ist wichtig, dass Core Values und Unternehmenszweck bei allen Entscheidungen zu Einstellungen und Entlassungen Priorität haben – ebenso beim Verteilen von Lob oder konstruktiver Kritik. Von großer Bedeutung ist auch, dass das Führungsteam

7. Allen ist klar „wie wir ticken", welche Einstellung wir haben bzw. welche Haltung erwartet wird – und leben diese.
- ☐ Um eine klare Orientierung zu geben, wissen alle im Unternehmen „wie wir ticken" und was der Unternehmenszweck ist.
- ☐ Das obere und mittlere Management bezieht sich bei Lob und Kritik immer auf die Core Values und den Unternehmenszweck.
- ☐ HR-Prozesse und -Maßnahmen orientieren sich an den Core Values und dem Unternehmenszweck (Einstellungsverfahren, Orientierung, Beurteilung, Anerkennung, etc.).
- ☐ Jedes Quartal werden Maßnahmen identifiziert und umgesetzt, die die Core Values und den Unternehmenszweck stärken.

eine einzelne leidenschaftliche kurze Ansprache formuliert, die immer wiederholt werden kann und den höheren Sinn und Zweck des Unternehmens bestärkt.

Rockefellers Grundsatz Nr. 8 — *Mitarbeiter können die folgenden Hauptkomponenten der Unternehmensstrategie korrekt wiedergeben* – haben wir im Kapitel „Der One-Page Strategic Plan" vorgestellt. Im Kern zielt er auf die Notwendigkeit, dass alle Mitarbeiter die Schlüsselaspekte der Vision und der Strategie des Business verstehen, so wie sie im „Vision Summary" zusammengefasst sind. Es dient der Orientierung des Unternehmens, wenn alle Mitarbeiter auf die Frage „Was macht Ihr Unternehmen eigentlich?" denselben „Elevator Pitch" wiedergeben können.

8. Mitarbeiter können die wichtigsten Komponenten der Unternehmensstrategie korrekt wiedergeben.

- ☐ Großes, verwegenes Ziel (BHAG®) – Fortschritte werden gemessen und visualisiert.
- ☐ Zielkunde(n) können mit höchstens 25 Worten beschrieben werden.
- ☐ 3 Nutzenversprechen – sowie das Wochenergebnis der entsprechenden Kennzahlen zu den Nutzenversprechen.
- ☐ Elevator Pitch – eine einheitliche und überzeugende Antwort auf die Frage „Was tut Ihr Unternehmen?".

Im folgenden Kapitel „Zahlen, Daten, Fakten" widmen wir uns nun Rockefellers Grundsätzen Nr. 5, 6, 9 und 10.

10

ZDF: ZAHLEN, DATEN, FAKTEN

Vorhersagen treffen

EXECUTIVE SUMMARY: *Die wichtigste Aufgabe eines Leaders ist es, Vorhersagen zu treffen – behauptet jedenfalls der kürzlich verstorbene Businessberater W. Edwards Deming. Die Fähigkeit zur Voraussicht beruht auf Informationen – und zwar einer ganzen Menge Informationen. Big-Data-Analysen sind heute Standard und für Unternehmen jeder Größe leicht durchzuführen. Dennoch brauchen Führungskräfte auch die altmodischen, von Menschen gesammelten Datensätze, um ein gutes Bauchgefühl für den Markt und das Unternehmen zu bekommen und die richtigen Entscheidungen treffen zu können. Wöchentliche Gespräche mit Kunden und Mitarbeitern, sowie die darauffolgenden Diskussionen in Führungsrunden, sind außerordentlich wichtig. Und die Einbindung aller Mitarbeiter in die Sammlung von Informationen – unter der Anleitung eines Teams aus dem mittleren Management – verteilt die Arbeit auf mehrere Schultern, damit das Führungsteam nicht unter der Last begraben wird.*

Reed Hastings, der Mitgründer und CEO von Netflix Inc. und *Fortune* Business-Persönlichkeit des Jahres 2010, fiel nur ein Jahr nach seiner Auszeichnung in Ungnade. Er hatte die Einführung einer neuen Preispolitik vermasselt und den Spin-Off seines DVD-Bestellservice Qwikster abbrechen müssen, der die Kunden in Scharen vertrieb und den Aktienkurs bedrohlich senkte. Viele Insider behaupten, Hastings habe nicht mehr zugehört – weder seinem Team noch seinen Kunden – und das Ansehen von Netflix beschädigt, indem er mit dem Nutzenversprechen der Einfachheit gespielt hatte. Hastings selbst gestand seine Arroganz ein. Drei Wochen nach der Ankündigung der Einführung von Qwikster, teilte das Unternehmen aus der San Francisco Bay Area mit, dass es nun doch bei der einen einfachen Webseite und dem gemeinsamen Login für Filme und TV-Shows bleiben würde. Nur die Preiserhöhung für einen einzelnen DVD-Service wurde beibehalten.

Nicht einmal 30 Monate später war Reed Hastings schon wieder ein Star. Der Aktienkurs von Netflix hatte sich gegenüber dem Vorjahr verdoppelt und der CEO surfte auf einer Welle weltweiter Begeisterung für die Erfolgs-Serie *House of Cards* – die Serienpremiere wurde in den USA und 40 weiteren Ländern zum meistgestreamten Content. *Fortune* nannte das den besten Turnaround des

Jahres 2013. Hastings setzt weiterhin auf den Original-Content, der nur exklusiv auf seiner Plattform angeschaut werden kann. Wer weiß, ob Hastings Unternehmen den Angriffen der Konkurrenz standhalten wird. Aber er scheint ein gutes Händchen für Vorhersagen über die Vorlieben seiner globalen Kundschaft zu haben.

Big Data

Hastings Geheimwaffe sind Daten – und zwar eine Menge davon. Es waren Big-Data-Analysen, die ihm die Prognose erlaubten, dass eine Serie über Korruption in Regierungskreisen, mit Kevin Spacey als Star und David Fincher als Regisseur, eine sichere Wette sein würde. KISSmetrics zufolge – einem führenden Blog über Analytics, Marketing und Testing – ist dies die Liste einiger Informationen, die Netflix bei seinen 44 Millionen Abonnenten sammelt:

- Wann sie Pause, Zurück- oder Vorspulen drücken
- An welchen Wochentagen sie Content streamen
  (Netflix hat herausgefunden, dass die meisten Nutzer unter der Woche Serien und am Wochenende Filme anschauen)
- An welchen Tagen sie schauen
- Zu welcher Uhrzeit sie schauen
- Wo sie sich aufhalten (nach Postleitzahl)
- Welche Geräte sie zum Streaming benutzen
  (Nutzen sie Ihr Tablet für TV-Serien und ihren Roku für Filme? Nutzen sie das „Just for Kids"-Feature eher auf dem iPad? Und so weiter.)
- Wann sie Pause drücken oder das Streaming abbrechen
  (und ob Sie wiederkommen)
- Die Bewertung des Contents (über 4 Millionen Bewertungen täglich)
- Suchanfragen (um die 3 Millionen täglich)
- Browser- und Scroll-Verhalten

Die Art, wie Unternehmen Daten für ihre Entscheidungen nutzen – um Vorhersagen zu treffen – ist derzeit dem radikalsten Wandel der gesamten Wirtschaftsgeschichte unterworfen. Wenn Sie mehr über diese Transformation erfahren möchten, lesen Sie *Big Data: A Revolution That Will Transform How We Live, Work, and Think*[31] von Oxford-Professor Viktor Mayer-Schönberger und Kenneth Cukier, Datenredakteur beim *Economist*.

[31] deutsche Übersetzung: *Big Data: Die Revolution, die unser Leben verändern wird*

Informationen sammeln

Die Datenanalyse muss um das gute alte Sammeln der Informationen von Menschenhand erweitert werden. Trotz aller Big-Data-Rechnerkapazitäten, über die Wal-Mart Stores Inc. verfügt, schwärmen von Montag bis Donnerstag Teams vom Hauptsitz in Bentonville (Arkansas) in die Filialen aus, sammeln Informationen, machen sich ein eigenes Bild und bringen die Daten Donnerstagabends wieder in die Zentrale. Am Freitagmorgen berät die Geschäftsführung sowohl über die quantitativen Daten aus den Computern, als auch über die qualitativen Informationen aus den Umfragen unter Kunden und Mitarbeitern, und nicht zu vergessen über Testkäufe bei der Konkurrenz.

David Glass, früher CEO von Wal-Mart und heute Eigentümer und CEO des Baseball-Teams Kansas City Royals, hat diese Routine noch lebhaft vor Augen. „Wir entschieden [am Freitagmorgen], welche Korrekturmaßnahmen wir ergreifen wollten“, sagt er. „Und am Samstagmittag waren bereits alle Veränderungen durchgeführt. Die meisten unserer Wettbewerber erhielten Ihre Verkaufsergebnisse am Montag für die vorangegangene Woche. Bei uns lag das dann bereits 10 Tage zurück und wir hatten schon Anpassungen vorgenommen.“

Es ist dieses zyklische Prinzip des „Schnell lernen – schnell handeln“, durch das sich Wal-Mart an die Spitze der Konkurrenz setzen konnte. Und wie aus dem Beispiel deutlich wird, brauchen Sie keinen Vorsprung von Wochen oder gar Monaten. Es reichen 10 Tage – für einen Zeitraum von 50 Jahren… Diese Routine von Wal-Mart passt nicht nur zu großen Unternehmen. Die Angewohnheit, Informationen über Mitarbeiter, Kunden und die Konkurrenz zu sammeln, wurde bereits 1962 eingeführt – mit einem Meeting jeden Samstag um 6 Uhr morgens in Sam Waltons erster Filiale.

„Schnell lernen – schnell handeln.“

Zwei Erkenntnisse:

1. Leitende Angestellte müssen 80% der Woche das Ohr am Markt haben, entweder bildlich gesprochen oder wortwörtlich.
2. Die Routine muss ab dem ersten Tag stehen und durchgehalten werden – bis hin zu einem Umsatz von 500 Milliarden!

Geschwindigkeit ist der Schlüssel. Nachdem Jack Welch, Ex-CEO von General Electric, Wal-Mart besichtigt hatte (ja, Industrieunternehmen können etwas von Einzelhändlern lernen, und umgekehrt), führte er die „Quick Market Intelligence“ ein, die Jeff Immelt – der aktuelle CEO von GE – später fortsetzte. Dahinter verbirgt sich im Grunde das Prinzip, dass alle Vertriebsmitarbeiter bei GE täglich oder wöchentlich berichten müssen, was sie unterwegs von

Wettbewerbern und Kunden hören und von ihnen lernen. Das Unternehmen verteilt deren Erkenntnisse dann rasend schnell über die Teams.

HINWEIS: *Ein exzellenter Überblick über den „Wachstumsprozess" von GE findet sich in dem Interview (vollständiger Titel: „Growth as a Process") mit Jeffrey R. Immelt in der* Harvard Business Review *vom Juni 2006. Lesen Sie, wie GE ein Bewertungssystem (Rot, Gelb, Grün) nutzt, mit dem Net Promoter Score die Kundenzufriedenheit misst, seine Prozesse mit Lean und Six-Sigma-Techniken verschlankt, und durch Work-Out-Sitzungen Mitarbeiterfeedback sammelt. Das Interview enthält eine tour de force durch viele bewährte Methoden, die einen starken Bezug zu den Ideen in diesem Buch haben.*

Tonnenweise Daten

Gazelles Wachstums-Tools enthalten eine Vielzahl von Feldern, in denen Sie Leistungsindikatoren (KPIs) und Ergebnisse eintragen sollen. Wir beginnen mit den Funktionen und Prozessen, die das Business antreiben, regen dann zum Setzen von Zielen an, entwickeln messbare Nutzenversprechen und wählen auf dem One-Page Strategic Plan Entscheidende Kennzahlen aus – inklusive KPIs sowohl für die People-, als auch die Prozess-Seite des Business, damit das Führungsteam ein ausgewogenes Bild von der Performance erhält. Die Herausforderung besteht in der Auswahl der richtigen Zahlen/KPIs – das heißt solche, die messen, was den Kunden wichtig ist, und genug Erkenntnisse liefern, mit denen das Führungsteam und alle Mitarbeiter Probleme und Gelegenheiten erkennen und rechtzeitig auf sie reagieren können.

Dennoch zeichnen ausschließlich quantitative Zahlen nur ein unvollständiges Bild. Qualitative Erkenntnisse aus Gesprächen mit Marktteilnehmern und Beobachtungen des Verhaltens von Kunden und Konkurrenten vervollständigen es und führen zu klugen Entscheidungen. Weitere wichtige Beiträge können von Beratern, Experten und der Öffentlichkeit kommen. Die Verarbeitung aller dieser Informationen in Computern und in unseren Gehirnen, sowie ein regelmäßiger gesunder gegenseitiger Austausch, helfen dabei, selbstbewusst und zuversichtlich Entscheidungen zu treffen – egal ob es um Stellenbesetzungen, Produkte, Marketing, oder etwas anderes geht.

Indem sie solchen Prozessen und Gewohnheiten folgten, konnten Roger Hardy und sein Team bei Coastal.com (wir haben sie in der Einführung dieses Kapitels vorgestellt) ihr Unternehmen skalieren – bis hinauf zu einem Börsenwert von einer halben Milliarde US-Dollar. Im Folgenden finden Sie nun detaillierte Empfehlungen und Beispiele von Wachstumsunternehmen, die diese wöchentlichen Gewohnheiten anwenden, um Informationen zu sammeln – quantitative und qualitative – und dadurch die wichtigen Führungskompetenzen wie Prognosen, Delegieren und Wiederholung zu verstärken.

WARNUNG: *Wenn regelmäßige Gespräche mit Kunden und Mitarbeitern so ein machtvolles Werkzeug sind, warum ergreifen so wenige Führungskräfte diese Chance? Das liegt daran, dass es ermüdend sein kann. Sie hören wieder und wieder die gleichen Themen und Probleme und müssen sich bei vollem Terminkalender die Zeit für Gespräche nehmen, die ihrem Business scheinbar nichts nützen. Doch bedenken Sie, dass es für ein funktionierendes Geschäftsmodell nur eine oder zwei Kernideen braucht. Bleiben Sie daher am Ball, genießen Sie den menschlichen Aspekt dieser Unterhaltungen und freuen Sie sich auf den Moment, in dem Ihnen ein Licht aufgeht... Das wird passieren!!*

Schauen wir uns zunächst im Detail an, wie man Input von Mitarbeitern sammelt: Rockefellers Grundsatz Nr. 5.

Rockefellers Grundsatz Nr.5: Input von Mitarbeitern sammeln

5. Mitarbeiterfeedback wird systematisch und kontinuierlich eingeholt, um Wachstumsbarrieren und Chancen zu erkennen.

- ☐ Jeder im oberen und mittleren Management führt mindestens mit einem Mitarbeiter pro Woche ein „Starten/Stoppen/Beibehalten"-Gespräch.
- ☐ Die Erkenntnisse aus den Mitarbeitergesprächen werden im wöchentlichen Führungskräfte-Meeting diskutiert.
- ☐ Mitarbeiterfeedbacks zu Wachstumsbarrieren und Chancen werden wöchentlich gesammelt.
- ☐ Ein Team aus dem mittleren Management trägt die Prozessverantwortung für die Implementierung der Hinweise aus dem Mitarbeiterfeedback zu Wachstumsbarrieren und Chancen.

Haben Sie schon einmal die vielen Ventilatoren von Big Ass in Flughäfen und Kaufhäusern überall auf der Welt bemerkt? Big Ass Solutions, eine rapide wachsende Firma aus Kentucky, schoss von $34 Millionen Umsatz im Jahr 2009 auf $115 Millionen im Jahr 2013. Die Mitarbeiterbindung beträgt sagenhafte 93% – gegenüber einem US-Durchschnitt von nur 63%. Carey Smith, der Gründer und Chief Big Ass (heute ist das sein Titel!), hat eine ganze Reihe von Initiativen gestartet. Neben dem Angebot von Top-Vergünstigungen – darunter ein eigenes Gesundheitszentrum, bezuschusste Mittags-Caterings und eine Gamezone (Hm? Silicon Valley oder Kentucky?) – laden Smith und seine Top-Manager jede Woche ein halbes Dutzend Angestellte in die besten Restaurants der Gegend ein. Gibt es einen besseren Weg, auf den neuesten Gerüchte-Stand zu kommen, Ideen aufzugreifen, und ein bisschen Unternehmens-DNA im Team zu übertragen?

Spielen Sie mit allen Spielfiguren

Schon Sam Walton erkannte im Jahre 1962 den Mehrwert von wöchentlichen Meetings mit seinen Angestellten, um ihre Ideen für eine Verbesserung des Business zu nutzen. Zu jener Zeit eine ziemlich fortschrittliche Haltung. Ohne formale Routine, durch die Teammitglieder ihre Ansichten teilen können, riskieren Sie aber, dass die Ideen am Ende jedes Arbeitstages durch die Tür verschwinden. Schlimmer noch: Ihre Mitarbeiter verpassen eine Gelegenheit, etwas zum Business beizutragen und sich gut dabei zu fühlen.

Wir empfehlen *allen Geschäftsführern (und dem mittleren Management) mindestens einmal pro Woche mit mindestens einem Mitarbeiter ein „Starten/Stoppen/Beibehalten"*-Gespräch zu führen. Auch wenn Sie viele Ihrer Mitarbeiter auf dem Flur treffen und nebenher ein paar Gespräche führen – es ist nicht dasselbe wie eine regelmäßige, konzentrierte 15- bis 45-minütige Unterhaltung zwecks Sammlung von Feedback und Ideen. Suchen Sie sich bevorzugt Mitarbeiter mit direktem Kundenkontakt und neue Angestellte aus, da diese noch unbefangen auf das Unternehmen schauen und Dinge bemerken, die langjährige Veteranen schon längst als selbstverständlich hinnehmen.

Hier sind die drei einfachen Fragen, die wir Ihnen für solche Gespräche empfehlen möchten:

- *Welche Aktivitäten sollten wir **starten**?*
- *Welche Aktivitäten sollten wir **stoppen**?*
- *Was sollten wir unbedingt **beibehalten**?*

Führungskräfte sollten den Antworten auf die Frage, was unterlassen werden sollte, besondere Beachtung schenken. Wie wir bereits im Kapitel „Das Team" erläutert haben, geht es hier um Dinge, die leicht die Motivation der Mitarbeiter zerstören können.

HINWEIS: *Manch einer erkennt in diesen Fragen vielleicht eine gewisse Ähnlichkeit zum Zyklus „Schöpfung – Bewahrung – Zerstörung" aus der hinduistischen Mythologie.*

TIPP: *In einigen Unternehmenskulturen fühlen sich solche Gespräche vielleicht erst einmal komisch an. Wundern Sie sich nicht, wenn das Gespräch mit einem etwas peinlichen Smalltalk beginnt. Wichtiger ist es, dass Sie Ihre Mitarbeiter am Ende daran erinnern, dass die Chance auf das nächste Einzel-Gespräch vielleicht erst in einigen Monaten besteht. Fragen Sie erneut, ob ihnen noch Aktivitäten einfallen, die in der Firma gestartet, gestoppt oder beibehalten werden sollen. Normalerweise öffnen sich Ihre Mitarbeiter spätestens an diesem Punkt.*

Lunch mit Markitforce

Gründer und Chief Engagement Officer Alan Higgins beschäftigt sich stark mit der Unternehmenskultur bei Markitforce – einem Unternehmen aus Sydney, das Kampagnen zur Auftragserfüllung entwirft und Dienstleistungen im Bereich Warendepots, Vertrieb und Account-Management im Lagerwesen anbietet. Er lädt jede Woche einen Mitarbeiter zum Lunch ein, um mehr über ihn zu erfahren. Vor dem Essen bittet er den Mitarbeiter, einige Fragen zu beantworten: Was für Aktivitäten sollte Markitforce starten, was sollte es bleiben lassen und was beibehalten? Was mag der Mitarbeiter an seinem Job und was nicht? Wie lauten seine Ziele im Leben – sowohl beruflich, als auch privat? „Ich rate ihnen immer, diese Dinge aufzuschreiben. Wenn Wünsche aufgeschrieben werden, gehen sie in Erfüllung. Alles fügt sich", sagt Higgins. „Das ist ziemlich wirkungsvoll. Außerdem ist es meine Aufgabe als Vorgesetzter, ihnen bei der Abarbeitung ihrer Listen zu helfen."

Diskussionen beim wöchentlichen Management-Meeting

Anstatt detaillierte Reports zu schreiben, für die niemand Zeit hat, stellt Higgins seine Erkenntnisse aus den Mitarbeitergesprächen im wöchentlichen Meeting des Führungsteams vor. 10 Minuten sind für eine Präsentation der Mitarbeiterfeedbacks vorgesehen (Erläuterung im Kapitel „Der Meeting-Rhythmus"). Alle beteiligten Manager erhalten dadurch ein besseres Gefühl für die aktuellen Herausforderungen des Business.

Wenn Sie auf konkrete „Start"- oder „Stopp"-Ideen ohnehin reagieren möchten, warum betten Sie sie nicht in ein formales internes Vorschlagswesen ein? Lassen Sie auch Informationen aus den Daily Huddles über die „Schlaglöcher" einfließen. Zu diesem Punkt mehr im folgenden Kapitel.

Fortlaufendes Feedback

Sammeln Sie jede Woche Informationen von Mitarbeitern über Barrieren und Chancen. Um Wildwuchs zu vermeiden, führen Sie ein paar Richtlinien ein. Bitten Sie Mitarbeiter, Vorschläge einzureichen, die:

1. Den Umsatz steigern.
2. Kosten einsparen.
3. Vereinfachungen/Verbesserungen für Kunden oder Mitarbeiter bringen.

Zu den Wegen, wie man die Ideen der Mitarbeiter anzapfen kann, gehört auch die erstmals 1948 angewandte „15-Prozent-Regel" von 3M, die Mitarbeitern eine bestimmte Anzahl von (bezahlten) Stunden für die Arbeit an Projekten ihrer Wahl erlaubt. Google, Apple und andere Unternehmen haben heute ähnliche Richtlinien. Die Firma Atlassian aus Sydney gewährt ihren Mitarbeitern an so genannten „ShipIt“-Tagen 24 Stunden für die Entwicklung von Produktinnovationen. Jimmy Calano, der Career Track Inc. zum weltweit größten Unternehmen für Tagesseminare machte und es an den Kabelkonzern TCI verkaufte, setzte sein so genanntes „3I“-Programm um.

Einmal im Monat musste jeder Manager (Calano hatte damals 40) drei Ideen zu (i) Umsatzsteigerung, (ii) Kostenreduzierung oder (iii) irgendeiner anderen Verbesserung einreichen. Am Sonntag vor dem monatlichen Management-Meeting ging Calano schon morgens die 120 Ideen durch und schrieb detaillierte Erwiderungen, insbesondere auf Konzepte, für deren Umsetzung noch mehr Vorbereitung nötig war. Er wählte dann die 20 Top-Vorschläge des Monats aus und gab sie auf dem Meeting bekannt. Jeder Gewinner erhielt zum Spaß einen frisch gedruckten $20-Schein.

Durch das „3I“-Programm erhielt Calano wirkliche Einblicke in die Wissenslücken unter seinen einfachen Mitarbeitern und mittleren Managern, und er fühlte sich bei der Beantwortung ihrer Vorschläge mehr als einmal wie ein Lehrer vor einer Schulklasse. Calano konnte belegen, dass die Verbesserungen durch diese Ideen Millionen Dollar wert waren. Ebenso wichtig war der Effekt, dass die Manager für die drei Ideen gezwungen waren, mit Mitarbeitern und Kunden zu reden.

Löcher stopfen

Das Sammeln von Feedback und Ideen der Mitarbeiter kann negativ auf das Unternehmen zurückfallen, wenn das Management den Empfehlungen nicht folgt und die Löcher auch stopft. Lassen Sie die Mitarbeiter zumindest wissen, wann eine Idee in der Zukunft umgesetzt werden kann.

Das größte Hindernis besteht darin, ausreichend Zeit zu finden. Das Führungsteam kann eigentlich keine weiteren Aufgaben gebrauchen. Daher empfehlen wir, *die Reaktion auf das Mitarbeiterfeedback zu allen Hindernissen und Chancen einem Team aus dem mittleren Management zu übertragen*. Dies stellt auch eine hervorragende Möglichkeit dar, Ihre Nachwuchs-Führungskräfte zu entwickeln, indem sie auf Vorschläge reagieren und funktionsübergreifend an der Umsetzung arbeiten müssen.

Und so wie Sie wahrscheinlich die Zahl der Tage verfolgen, bis wann Sie Ihre Lieferanten bezahlen müssen (Verbindlichkeiten) oder selbst von Ihren Kunden bezahlt werden (Forderungen), empfehlen wir Ihnen, auch die Zahl der Tage zu messen, bis wann die Ideen der Mitarbeiter umgesetzt wurden. Lassen Sie das verantwortliche Team aus der mittleren Führungsebene einen „Vorschlagswesen-Report" führen, der misst, wie viele Ideen bereits 30, 60 oder 90 Tage überfällig sind.

Schließlich: gehen Sie transparent mit Ihren Mitarbeitern um. Setzen Sie ein Portal im Intranet auf, in dem alle Vorschläge (unbearbeitet) aufgelistet und Fortschritte bei der Umsetzung bekannt gegeben werden. Oder schreiben Sie die Vorschläge einfach auf ein großes Whiteboard im Aufenthaltsraum und löschen Sie die Punkte erst, wenn sie abgearbeitet wurden. Wenn Sie einen internen Newsletter haben, veröffentlichen Sie dort Status-Updates.

WARNUNG: *Jegliche Vorschläge, die einzelne Mitarbeiter auf negative Weise herausstellen würden, dürfen natürlich nicht öffentlich verbreitet werden.*

Rockefellers Grundsatz Nr. 6: Input von Kunden sammeln

6. Die systematisierte Analyse von Kundenfeedbacks erfolgt so häufig und präzise wie die Buchhaltungsprozesse.

- ☐ Das obere und mittlere Management führt mit mindestens einem Kunden pro Woche ein 4Q-Gespräch.
- ☐ Die Erkenntnisse aus den Kundengesprächen werden im wöchentlichen Führungskräfte-Meeting diskutiert.
- ☐ Alle Mitarbeiter sind in die Erhebung von Kundendaten eingebunden.
- ☐ Ein Team aus dem mittleren Management trägt die Prozessverantwortung für die Implementierung der Hinweise aus den Kundenfeedbacks.

Sanjeev Mohanty war Stand 2014 der CEO von Indiens erfolgreichster internationaler Modemarke. Benetton India Private Ltd. hatte seinen Konkurrenten Levi's auf Platz 1 abgelöst. Mohanty führt das rapide Wachstum und den Erfolg des Unternehmens auf die tägliche intensive Kommunikation mit den mehr als 5 Millionen Kunden zurück. Nach der Durchführung eines ersten „Rockefeller Habits/ Scaling Up" Workshops wurde ein Prozess implementiert, der Kunden über Schilder in den Filialen dazu auffordert, ihr Feedback via E-Mail einzureichen.

Für die meisten Einzelhändler ist die Behauptung, auf Kundenbeschwerden und Verbesserungsvorschläge zu hören, ein bloßes Lippenbekenntnis. Mohanty dagegen erhält automatisch eine Kopie jeder Eingabe und beantwortet einige von ihnen direkt (sein Team kümmert sich um den Rest). Wenn der Kunde eine Telefonnummer mitteilt, ruft er ihn zurück. Dies erzeugt eine überwiegend positive, gar enthusiastische Mund-zu-Mund-Propaganda für Benetton India. Mohanty und sein Team haben schon viele Anregungen aus diesem Austausch mitgenommen und insbesondere in die innovativen Produktlinien des Unternehmens einfließen lassen, wodurch sich sowohl der Umsatz als auch die Marke selbst rapide skalieren ließen.

HINWEIS: *Levi Strauss rekrutierte Mohanty und 2017 wurde er zum Geschäftsführer & SVP Südasien, Mittlerer Osten & Nordafrika ernannt!*

Ein paar Straßen weiter sitzt die 4.200 Mitarbeiter starke QuEST Global Engineering Pvt. Ltd. Das Unternehmen aus Bangalore sicherte sich dank seines hohen Aufwands bei den Kundenfeedbacks einen Fünfjahresvertrag mit einem Volumen von $50 Millionen. QuEST hatte sich gegen die Konkurrenz von 2.000 anderen Anbietern durchgesetzt und es in die Runde der letzten Zwei geschafft. Ajay Prabhu, der COO, machte dann den entscheidenden Schritt zum Erfolg – direkt auf der anderen Straßenseite, im Marriott Hotel. Jeden Tag trafen sich Prabhu und ein Vizevorstand dort mit Angestellten aller Ebenen des potentiellen Kunden. Sie wollten das Vertragsangebot von QuEST in Echtzeit verbessern.

„Wir sammelten wirklich alle möglichen Eventualitäten und lernten, welche Details vielleicht gegen uns sprachen", meint Prabhu. „Als wir schließlich das fertige Angebot abgaben, stellten sich die vielen Gespräche mit dem Kunden als unser Game Changer heraus. Der Kunde konnte sehen, dass wir ihm und allen Details Aufmerksamkeit schenkten. Und wir konnten schnelle Entscheidungen treffen, während unser Mitbewerber – eine viel größere Firma – durch mehrere Instanzen und Ebenen des Managements gehen musste, bis aus der Zentrale eine Antwort kam. In unserem Fall standen die Entscheider direkt neben unseren Gesprächspartnern. Es war, als wären wir zusammen im Zeltlager."

QuEST befragt seine Kunden auch unmittelbar nach dem Abschluss eines Projekts. Wenn das Ergebnis nicht zufriedenstellend war, wird eine detaillierte Fehleranalyse erstellt. Aber Prabhu merkt auch an: „Obwohl die Zufriedenheit der Kunden wichtig ist, muss es auch ein Gleichgewicht geben." QuEST nutzt einen Ansatz mit einer dreifachen Scorecard, um die Zufriedenheit sowohl der Kunden, als auch der Mitarbeiter und des Unternehmens selbst zu messen. Die ersten beiden, Kunden (C-Sat) und Mitarbeiter (E-Sat), werden am Branchen-Benchmark gemessen. Der dritte – die Zufriedenheit bei QuEST selbst (Q-Sat), wird für die Evaluierung neuer Projekte verwendet. „Wir nehmen keine Projekte an, bevor sie nicht der „QuEST Satisfaction" genügen. Es muss sich um einen Kunden handeln, den wir effizienter und profitabler machen können. Und er muss in unsere Strategie passen", sagt Prabhu.

Gespräche mit Kunden

Wir bitten alle Geschäftsführer und mittleren Manager inständig darum, ein 4-Fragen-Gespräch (4Q) mit mindestens einem Endkunden pro Woche zu führen. Insbesondere in Business-to-Business-Szenarien müssen Sie unter Umständen

Ihre Vertriebswege und Einkäufer (nach Absprache) umgehen und direkt mit denen sprechen, die von Ihren Produkten und Services profitieren.

Die 4Q beziehen sich auf die vier Fragen, die unserer Meinung nach jede Führungskraft ihren Kunden persönlich stellen sollte (nicht per Umfrage):

1. Wie geht es Ihnen?
2. Was ist los in Ihrer Branche/Umgebung?
3. Was sagen unsere Konkurrenten?
4. Wie geht es uns?

Der Trick besteht darin, Kunden über ihr Lieblingsthema sprechen zu lassen: sich selbst!! Die erste Frage gibt Ihnen ein Gefühl für die aktuelle Situation des Kunden: Wo liegen die Schmerzpunkte? Wo die Prioritäten für das nächste Jahr?

Und für B2B-Vertriebsmitarbeiter: finden Sie heraus, an was der Bonus dieser Person gekoppelt ist. Sie müssen nicht die genaue Höhe kennen. Sie sollten nur klar machen, dass Ihre Produkte und Services dieser Person bei ihren eigenen Zielen behilflich sein können.

Die zweite Frage liefert Erkenntnisse über Branchentrends im Allgemeinen. Was sind die neusten Veränderungen oder Technologien? Wer kauft gerade wen in der Branche auf? Und wenn Sie mit Kunden sprechen: worin bestehen ihre Gedanken und Gefühle? Worüber sprechen sie und ihre Bekannten?

Die dritte Frage ist vielleicht die wichtigste, denn durch sie können Sie Ihre eigenen Vorurteile beseitigen. Genau diese Frage lieferte Coastal.com die Erkenntnis, dass sie die eigenen Preise besser nicht nach unten korrigieren sollten, um wadenbissige Billiganbieter auszuschalten. Als Hardys Führungsteam seine Kunden rundheraus nach deren Meinung über die Konkurrenz fragte, brach stattdessen ein Lobgesang auf Coastal.com und seine schnellen Reaktionszeiten bei Anrufen und im Kundenservice aus.

Erst wenn Sie Ihren Kunden diese drei Fragen gestellt haben, sollten Sie nach der Reaktion auf Ihr Angebot fragen, wenn nicht bereits geschehen. Erinnern Sie sich: dieser Anruf gilt den Kunden, nicht Ihnen!

In einer Business-to-Business-Umgebung lassen Sie alle Manager Kontakt mit ihren jeweiligen Ansprechpartnern bei den Kunden aufnehmen (z.B. sollte Ihr CFO mit dem CFO des Kunden sprechen). Durch den Austausch mit anderen Spezialisten in ihrem Fachgebiet werden sie Erkenntnisse gewinnen, die anderen verborgen bleiben.

Betrachten Sie diese Maßnahmen als Investition in die Kundenbindung. In schnell wachsenden Firmen ist das Team häufig so sehr mit der Jagd auf neue Chancen beschäftigt, dass sich die Bestandskunden vernachlässigt fühlen. Wenn Unternehmen dazu in der Lage wären, alle Kunden zu halten, die sie durch Vernachlässigung verlieren, hätten sie die Hälfte ihres Wachstums bereits in trockenen Tüchern.

Der Einsatz von Social Media

Coastal.com hatte gerade eine zweitägige Planungsrunde hinter sich und rang um Ideen für weiteres Wachstum. Also entschieden Hardy und sein Managementteam, jeden Freitag 30 bis 40 Kunden anzurufen und um Feedback zu bitten. Zu Hardys Erstaunen kam immer wieder dasselbe Thema auf: die Besteller wollten ihre Kontaktlinsen noch am Folgetag geliefert bekommen. „Geschwindigkeit ist halt ein Teil dieses Business, und wir haben die Botschaft unserer Kunden verstanden", sagt Hardy. Wenn Kunden neue Linsen bestellen, haben sie ihren Vorrat meist schon aufgezehrt. „Wir begannen mit den Overnight-Lieferungen, und unsere Verkäufe stiegen in einem wichtigen Segment um 60%", freut sich Hardy.

Heutzutage muss Hardy bei den Umfragen feststellen, dass die Kunden mehr Zeit auf Social Media verbringen und manchmal schwer über das Telefon zu erreichen sind. „Wir waren an einem Punkt, an dem wir 40 Nachrichten hinterließen und kein Feedback bekamen. Es war vollkommen unproduktiv", sagt er. Jetzt nutzt Coastal.com SurveyMonkey, um direkt nach einem Kauf mit Hilfe des NPS Feedback zu erhalten. Das Unternehmen verlässt sich auch auf Kommentare bei Facebook, die Kunden dort leicht und schnell hinterlassen können. „Wir versuchen heute, die Engpässe aus Kommentaren auf Social-Media-Plattformen herauszufiltern", sagt Hardy.

Diskussionen beim wöchentlichen Meeting

Teilen Sie Ihre Erfahrungen aus den Kundengesprächen beim wöchentlichen Huddle des Führungsteams. Behindern Sie den Prozess nicht durch einen Stapel schriftlicher Gutachten.

Fred Reichheld, Gründer der globalen Beratungsfirma Bain & Co., fand mit seinem Team irgendwann heraus, dass es in beinahe jeder Branche ein Unternehmen gab, dessen Umsatzwachstum 2,5 Mal größer war als das seiner Wettbewerber. Also ging man daran, herauszufinden, was diese Unternehmen anders machten. In den „guten" Unternehmen wurde in den wöchentlichen Meetings der Führungsebene keinerlei Zeit auf die Auswertung von Kundenfeedbacks verwendet. Die Namen von Kunden tauchten in der Runde nur auf, wenn es schlimme Krisen gab. (Denken Sie an Ihre eigenen wöchentlichen Meetings!).

In den „herausragenden" Unternehmen dagegen – die wie Enterprise Rent-A-Car viel schneller wuchsen – wurde etwa 20% der verfügbaren Zeit in Meetings über das Feedback von Kunden gesprochen.

Alle Mitarbeiter einbinden (insbesondere Vertriebsmitarbeiter)

Der Wettbewerber, der über das beste Marktwissen verfügt, und es einsetzt, gewinnt. Die Geschäftsmodelle der am schnellsten wachsenden Unternehmen dieses Jahrhunderts – Facebook, Google, Amazon, Booking.com und Netflix – beruhen auf der Fähigkeit, mehr Input von Kunden auswerten zu können als jeder andere. Mit Hilfe ausgefeilter Algorithmen werden Zusammenhänge im Nutzerverhalten entdeckt und so ein Großteil der Erkenntnisse abgeleitet. Große Datenmengen ergeben sich auch aus Anreizen für die Kunden, online Kommentare und Ratings für unzählige Produkte und Services zu hinterlassen. Wir leben in einer Zeit, in der die Menschen das Vertrauen in große Organisationen verloren haben. Stattdessen wenden sie sich an die „Crowd", die ihnen bei der Suche nach einem Arzt oder Urlaubsort helfen soll.

Appletree Answers, die wir im Kapitel „People" vorgestellt haben, setzte auf seinem CRM eine Software-Applikation namens Idea Flash auf, um in Echtzeit Vorschläge von seinen Call-Center-Agenten zu sammeln. In diesem Programm notieren die Agenten Ideen und Probleme der Kunden während des Gesprächs und fügen ihre eigenen Vorschläge und Beobachtungen hinzu. Die Daten werden in einer zentralen Datenbank gespeichert, damit die wertvollen Einblicke nicht verloren gehen. In den ersten 90 Tagen (als „Idea Flash" das Quartals-Motto bei Appletree war) reichten die Mitarbeiter über 8.800 Ideen ein. Seitdem konnte sich das Unternehmen pro Quartal auf etwa 3.000 bis 5.000 Vorschläge verlassen. Eine einzige dieser übermittelten Ideen hatte für einen Kunden einen Monatsgewinn von $17.000 zum Ergebnis. Das heißt es, Kundenfeedback in Kundenservice zu verwandeln.

Es ist besonders wichtig, all Ihre Vertriebsmitarbeiter, Auslieferer und selbständigen Vertreter (auf all Ihren Vertriebswegen) zu ermuntern, Informationen über den Markt zusammenzutragen und zu berichten. Machen Sie es zur Regel, dass Ihnen diese Personen einmal täglich aufs Band sprechen und ein dreiminütiges Update Ihrer Ergebnisse hinterlassen müssen. (Vertriebsmitarbeiter mögen es, über Erfolge zu sprechen.) Bitten Sie sie auch darum, Feedback von Kunden und über Konkurrenten zu integrieren, und über Hindernisse und Barrieren zu sprechen. Versuchen Sie es erst gar nicht mit geschriebenen Berichten, das wird nicht funktionieren. (Das einzige Schriftstück sollte dasjenige sein, dass Sie ihnen für den Fall eines ausbleibenden Feedback-Anrufs androhen!) Die meisten internetbasierten Telefonsysteme können Sprachnachrichten in Textnachrichten konvertieren. So erhalten Sie die Berichte Ihrer Vertriebsmitarbeiter, ohne stundenlang einem Anrufbeantworter zuhören zu müssen.

Noch mehr Schlupflöcher stopfen

Wie beim Mitarbeiterfeedback sollten Sie auch hier *einem Team aus der mittleren Führungsebene die Verantwortung übertragen, alle Schlupflöcher beim Kundenfeedback zu stopfen*. Das Team berichtet normalerweise an den Manager, der im FACe Chart für die Funktion der Kundenbetreuung verantwortlich ist. Sie finden das FACe Chart im Kapitel „People“.

Net Promoter Scores maximal ausnutzen

Wir erwähnten den NPS in diesem Buch bereits mehrfach als unsere bevorzugte Methode, um die Kundenzufriedenheit und das Kundenengagement zu messen. Durch Fred Reichhelds Bücher *The Ultimate Question: Driving Good Profits and True Growth*[32] und die aktuelle überarbeitete und ergänzte Auflage *The Ultimate Question 2.0: How Net Promoter Companies Thrive in a Customer-Driven World*[33] wurde dieses System sehr populär. Kurz gesagt besteht die Idee darin, dass zufriedene Kunden sich auch passiv verhalten, mit Ihnen Geschäfte machen, aber nicht besonders engagiert sind. Für Wachs-

tumsunternehmen sind engagierte Kunden – die so begeistert sind, dass sie Mund-zu-Mund-Propaganda für Sie machen – entscheidend für ein profitables Wachstum. Der NPS misst den Nettoanteil der Kunden, die aktiv Werbung für Ihr Unternehmen machen in Prozent. Apple, Enterprise Rent-A-Car und hunderte weiterer unserer Kunden nutzen ihn für ihr Unternehmen.

Gung Ho! Pizza aus Peking nutzt den NPS für die Messung der Kundenzufriedenheit und koppelt das Ergebnis jeden Monat direkt an die Gehälter der Mitarbeiter – neben den vier Nutzenversprechen und einem Sales-Ziel.

[32] deutsche Übersetzung: : *Die ultimative Frage. Mit dem Net Promoter Score zu loyalen Kunden und profitablem Wachstum*

[33] deutsche Übersetzung: *Die ultimative Frage 2.0: Wie Unternehmen mit dem Net Promoter System kundenorientierter und erfolgreicher sind*

Jeden Tag senden die Filialen über ihren Lieferdienst zwei Fragebögen an zufällig ausgewählte Kunden, insgesamt kommt man auf 60 Umfragen pro Monat. Um es einfach zu machen, werden nur vier Fragen gestellt, darunter die NPS-Frage „Würden Sie uns Ihren Freunden empfehlen?“ Es gibt auch ein Feld, in dem der Kunde seine Telefonnummer hinterlassen kann. Dann ruft ihn das Team von Gung Ho! an, um ihn nach Verbesserungsmöglichkeiten zu fragen.

Rockefellers Grundsatz Nr. 9: KPIs für jeden

9. Alle Mitarbeiter können anhand von Kennziffern darlegen, ob sie einen guten Tag/eine gute Woche hatten oder nicht (siebte Spalte des OPSP).

- ☐ 1 bis 2 Leistungsindikatoren (KPIs) werden wöchentlich für jede Funktion/Person ausgewertet.
- ☐ Jeder Mitarbeiter hat 1 Entscheidende Kennzahl zu erfüllen, die sich am Quartalsziel des Unternehmens orientiert (Horizont aufzeigen).
- ☐ Alle Mitarbeiter/Teams haben pro Quartal 3-5 Prioritäten/Rocks, die in direktem Zusammenhang mit den Prioritäten des Unternehmens stehen.
- ☐ Jeder im oberen und mittleren Management verfügt über einen Coach (oder Peer-Coach), der ihn/sie zu persönlicher Entwicklung ermutigt/anhält.

Dieser Grundsatz steht in direktem Zusammenhang mit Spalte 7 des One-Page Strategic Plans, den wir im Kapitel „Strategy“ behandelt haben. Es ist wichtig, einen klaren Plan für das Unternehmen im nächsten Quartal aufzustellen. Aber auch jedes Team und jede Person braucht individuelle vierteljährliche Ziele, die zu diesem Plan beitragen. Dadurch wird ein „Horizont“ aufgezeigt, wie wir im Kapitel „People“ besprochen haben, durch den jeder Mitarbeiter sich mit der Vision und Richtung des Unternehmens verbunden fühlt.

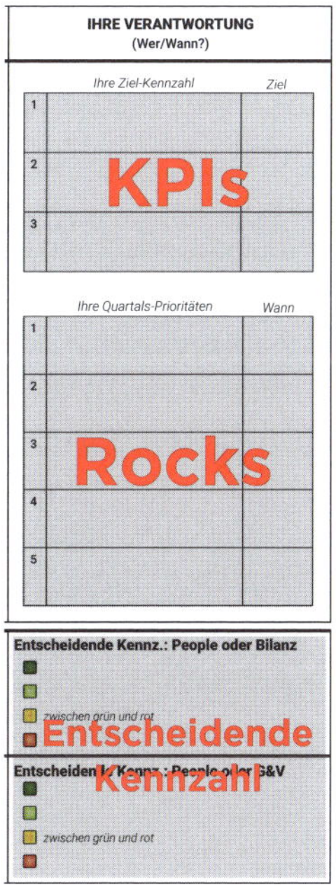

Hatte ich einen guten Tag oder eine gute Woche?

Jedes Teammitglied, vom erfahrenen Manager bis hin zum Sachbearbeiter, muss die Frage „Hatte ich einen guten Tag oder eine gute Woche?“ sachlich beantworten können. Der Schlüssel: Jede Person sollte *pro Woche über einen oder zwei KPIs* Bericht erstatten.

Shine Lawyers aus Australien hat fünf messbare Ziele. Alle Mitarbeiter des Unternehmens haben die gleichen Ziele, nur ihre jeweiligen KPIs ändern sich abhängig von Ihrer Position. „Wir erhalten so maximale Orientierung“, verrät der leitende Geschäftsführer Simon Morrison. „Und egal welches Büro Sie betreten – überall sehen Sie die fünf Ziele.“ Shine erstellt eine Strategie-Karte für jedes der fünf Ziele und ihre entsprechenden KPIs. „Wir haben früher

30 verschiedene Berichte an unsere Manager verschickt. Das hier ist eine schön kompakte Art, die Ziele aller Beteiligten durch dasselbe Management-Tool auszuwerten", fügt er hinzu.

Einige Unternehmen nutzen ein Whiteboard, das täglich oder wöchentlich aktualisiert (und in Meetings diskutiert) wird. Andere drucken Tabellen als Charts aus und hängen sie an die Wand. Wieder andere haben Dashboard-Systeme wie Align, um automatisch Livedaten zu generieren. Sie werden nur dann erfolgreich sein, wenn jedes Teammitglied in Ihrem Unternehmen die Informationen sieht und wöchentlich auf Basis seiner KPIs Anpassungen vornimmt oder Entscheidungen trifft.

Die angesehensten Leader einiger der größten Unternehmen tun dasselbe. Ein Artikel von Keith Naughton in der *Bloomberg Businessweek* mit dem Titel „The Happiest Man in Detroit" handelt vom früheren CEO bei Ford Motor Alan Mulally und seinen wöchentlichen 2½-stündigen Überprüfungen des Geschäftsmodells mit seinen 15 Top-Managern. In diesen Meetings mussten Mulallys direkte Untergebene „mehr als 300 Charts aufstellen, jedes davon mit dem Farbcode Rot, Gelb, Grün ausgestattet, um Probleme, Warnungen und Fortschritte anzuzeigen". Es gab kein sicheres Versteck vor den Daten, so lange Mulally da war. Es drückte es so aus: „Ein Geheimnis lässt sich nicht managen. Wenn Sie das jede Woche tun, können Sie sich nicht mehr verstecken." Offensichtlich erzählten diese Charts die Wahrheit und durch ihre rigorose Disziplin leiteten Mulally und das Führungsteam Veränderungen ein, die mit Sicherheit zu Gewinnen führten.

Eine Entscheidende Kennzahl und 3 bis 5 „Rocks"

Alle haben viel zu tun. Die Magie des Scaling Up Prozesses liegt darin, jedem Mitarbeiter alle 90 Tage ein zusätzliches Ziel zu geben, das mit dem Fokus des gesamten Unternehmens verbunden ist (d.h. *jeder Mitarbeiter erhält als Zielhorizont eine Entscheidende Kennzahl, die mit der Entscheidenden Kennzahl des Unternehmens zusammenhängt*). Wenn Sie 10 Mitarbeiter haben, können Sie 10 zusätzliche Herausforderungen bewältigen. Wenn Sie 1.000 Mitarbeiter haben, sogar noch mehr.

Wie das Unternehmen brauchen auch alle Mitarbeiter oder Teams eine Handvoll Prioritäten (genannt „Rocks"), durch die sie ihre Entscheidende Kennzahl erreichen (d.h. *jede Person/jedes Team sollte drei bis fünf „Rocks" haben, die mit denen der Firma zusammenhängen*).

Die AmRest Holdings SE, ein internationaler Restaurant-Betreiber aus Polen, verwendet quer durchs Unternehmen ein Scorecard-System namens „Disciplined Operating System" (DOS+). Da die Scorecards in den One-Page Strategic Plan

(OPSP) integriert sind, erhält jeder Mitarbeiter einen Eindruck davon, wie das Unternehmen bei seinen KPIs in Bezug auf Finanzen, Personal und Kunden dasteht. Das DOS startet immer am 2. eines Monats auf Restaurantebene und wird dann weitergereicht zur Regionsebene, Gebietsebene, zum Markenvorstand und zum Abteilungsleiter, bevor die Scorecards etwa am 7. Jedes Monats schließlich beim Mitgründer und Vorsitzenden Henry McGovern ankommen. Sie können sich diese Scorecards auf *scalingup.com* ansehen, die deutsche Version finden Sie auf *scaleup.de.*

Peer Coaching

Alle Manager und das mittlere Management sollten einen Coach (oder Peer Coach) haben, der sie zu Verhaltensänderungen anhält. Wir ermutigen Unternehmen dazu, sich einen externen Coach (idealerweise einen Scaling-Up-zertifizierten Coach) ins Haus zu holen, um die vierteljährlichen und jährlichen Planungssitzungen zu leiten und einmal pro Monat vor Ort die Fortschritte zu begutachten.

Jeder sollte auch innerhalb des Unternehmens einen Peer Coach finden. Auf der Basis von Spalte 7 Ihres eigenen OPSP und der Entscheidungen, die Sie im eigenen One-Page Personal Plan (siehe Kapitel „Die Leader") getroffen haben, suchen Sie sich fünf Verhaltensweisen oder Aktivitäten aus, die Sie starten oder stoppen müssen, und berichten Ihre Fortschritte an Ihren Peer Coach. Für weitere Informationen suchen Sie im Internet nach „Marshall Goldsmith peer coach". Sie werden ein kostenloses Dokument finden, das den Prozess genauer erläutert. Auf *scalingup.com* gibt es dazu auch einen Link.

Rockefellers Grundsatz Nr. 10: Überall Scoreboards

10. Fortschritt und Performance des Unternehmens sind für jeden gut sichtbar.

- ☐ Ein „Situation Room" wird für wöchentliche Meetings eingerichtet (physisch oder virtuell).
- ☐ Core Values, Unternehmenszweck und Prioritäten werden im gesamten Unternehmen kommuniziert.
- ☐ Überall befinden sich Scoreboards und dokumentieren den aktuellen Fortschritt bei KPIs und Entscheidenden Kennzahlen.
- ☐ Es existiert ein System zum Messen und Managen der Prioritäten und KPIs auf allen Ebenen.

Sportvergleiche in Business-Büchern sind nicht ganz unser Stil. Im Sport trainieren die Teams 90% der Zeit und spielen etwa 10%. Im Business ist es genau umgekehrt: Wenn wir Glück haben, kommen wir auf 10% Management-Training und Personalentwicklung.

Dennoch können wir uns alle eine Scheibe von Sporteinrichtungen abschneiden. Sogar wenn Sie auf der VIP-Tribüne eines Stadions sitzen und kaum etwas vom Geschehen auf dem Feld sehen – was Sie immer im Blick haben ist die Anzeigetafel. Und heutzutage, wo alles mobil geworden ist und die Fans von Sportteams Ihre Mannschaft in Echtzeit über mobile Scoreboards verfolgen können, sollte das eigentlich auch der Standard sein, wie Unternehmen ihre Performance überwachen.

Hier ist ein Bild des digitalen Scoreboards von RedBalloon, dem australischen Onlineanbieter für Abenteuer-Geschenke. In dem Unternehmen gibt es mehrere dieser gut sichtbaren und stets aktuellen Boards. Uns gefällt, dass es aussieht wie ein altmodisches Papierchart, obwohl es über einen großen Flachbildschirm flimmert.

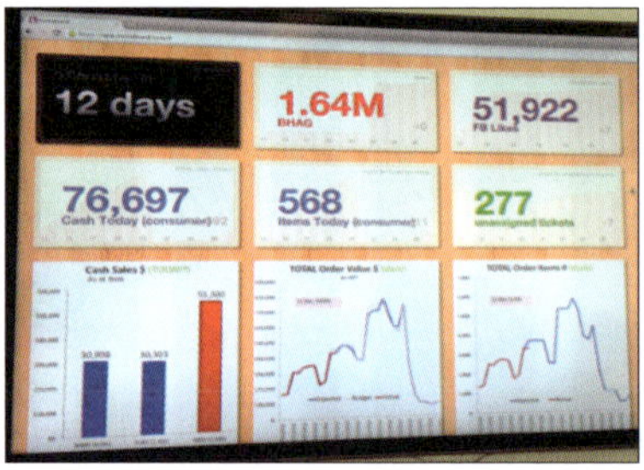

Sie sollten zumindest Ihre Kennzahlen, Ziele und Pläne groß und gut sichtbar hervorheben. Am besten dort, wo Sie Ihre verschiedenen wöchentlichen Meetings abhalten (*d.h. etablieren Sie ein „Lagezentrum" für wöchentliche Meetings, egal ob physisch oder virtuell. Im Falle eines virtuellen Meetings ist das „Lagezentrum" dann ein bestimmter Konferenzraum Ihrer Telefonanlage*).

Hier sehen Sie, wie der Meeting-Raum bei The Miner Corporation aussieht, einem Dienstleister für die Großlager- und Materialmanagemententbranche aus Texas. Darin befindet sich auch ein überlebensgroßer Ausdruck des OPSP.

Stellen Sie sicher, dass *Core Values, Unternehmenszweck und Prioritäten im gesamten Unternehmen sichtbar* sind. Bei Ezypay, Australiens größtem Dienstleister für Zahlungsabwicklungen, stehen die Core Values an den Wänden – manchmal vom Boden bis unter die Decke –, auch im Konferenzraum des Vorstands.

Um die täglichen Meetings an seinem Hauptsitz zu verbessern, richtete Gung Ho! Pizza ein „Lagezentrum" ein, das alle Hauptelemente der Unternehmenskultur, des Unternehmenszwecks sowie die KPIs für jeden sichtbar macht.

Außerdem sind dieselben Hauptelemente aus dem Lagezentrum – unter anderem der OPSP – auch an den Rückwänden aller Büros gut sichtbar angebracht, bis hinunter zu den Verkaufsräumen.

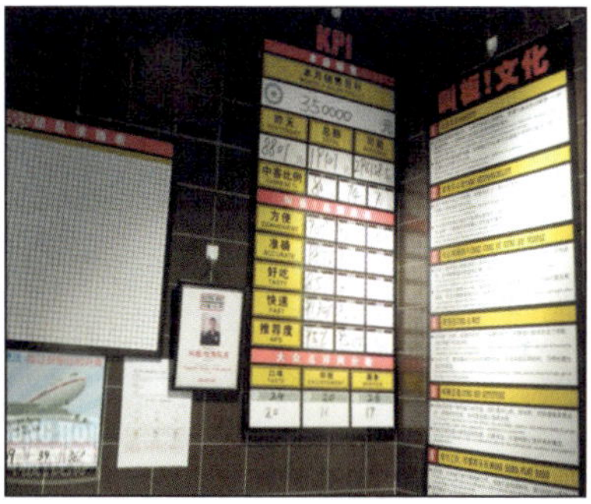

Jade Gray und John O'Loghlen, die Gründer von Gung Ho! Pizza, haben ein Franchise-Modell aufgebaut. Dass alle Mitarbeiter in den Läden dieselben Informationen sehen wie die Mitarbeiter in der Zentrale, spielt eine entscheidende Rolle für das Engagement. „Wir haben zahlreiche Filialen, und die Mitarbeiter kommen nicht so oft in die Hauptniederlassung", sagt Gray. „Jede Person, von der Reinigungskraft bis zum Manager, schaut zu Beginn der täglichen Meetings an die Wände [ihrer jeweiligen Filiale]. So sind alle auf demselben Stand. Ich kann in irgendeine Filiale kommen und mit einer Reinigungskraft sprechen. In neun von zehn Fällen kann mir diese Person den Unternehmenszweck und die dahinter stehende Bedeutung erklären, und warum wir überhaupt existieren. Jeden auf dasselbe Ziel auszurichten ist das Wichtigste, was ich von dieser Methode lernen konnte."

Methoden für verantwortungsvolle Führung

Ab einem bestimmten Punkt, an dem das Unternehmen auf mehr als 50 Mitarbeiter und mehrere Standorte angewachsen ist, kann die Verfolgung all dieser abgestuften Prioritäten, Zahlen/KPIs und Informationen ein Albtraum in Excel werden. Und weil eine wachsende Firma ihre Buchhaltungs-, CRM- und operativen Systeme kontinuierlich verbessern muss, ist es so wichtig, *ein System für die Überwachung und das Management der verschiedenen Prioritäten und KPIs zu haben.*

Es gibt verschiedene Angebote von Software-as-a-service, die Sie Ihren OPSP online aktualisieren und alle KPIs und Prioritäten online überwachen lassen – inklusive Verfolgung via Smartphone oder Tablet. Gazelles bietet Ihnen herausragende Software an – eine davon ist Alignwithgazelles.com, mit der Sie Ihren OPSP online aktualisieren und alle KPIs und Prioritäten überwachen können, die sich aus einem disziplinierten Execution-Prozess ergeben – natürlich über Ihr Smartphone oder Tablet.

Die Bündelung all dieser wichtigen Informationen an einem Ort lässt Sie Ihr Business nicht nur viel effizienter führen, sondern verschafft Ihrem Team auch eine viel größere Transparenz und bessere Orientierung an den von Ihnen gesetzten Zielen.

Das Hauptziel besteht darin, die Inhalte aller Wachstums-Tools stets präsent zu haben, wie die Punktzahlen Ihres Lieblingssportlers oder Ihres Lieblingsteams.

Im letzten Abschnitt des Kapitels „Execution" zeigen wir Ihnen eine Reihe von Meeting-Rhythmen, durch die Ihre Mitarbeiter in eine Routine kommen, in der alle Inhalte, Daten und Kennzahlen diskutiert und debattiert, und Entscheidungen getroffen werden.

11

DER MEETING-RHYTHMUS
Pulsschlag des Unternehmens

EXECUTIVE SUMMARY: *Wenn Sie schneller laufen, geht auch der Puls nach oben. Herzstück der Team-Performance ist ein etablierter Rhythmus von täglichen, wöchentlichen, monatlichen, vierteljährlichen und jährlichen Meetings. Diese Besprechungen bringen Fokus und Orientierung, sowie die Möglichkeit, Probleme schneller zu lösen und Zeit zu sparen. Durch Meetings bewältigen Sie auch die Top-Herausforderung bei der Zusammenarbeit mit anderen Menschen: Kommunikation. In diesem Kapitel beschreiben wir spezielle Tagesordnungen und geben Empfehlungen, wer an den Besprechungen teilnehmen soll. Das monatliche Meeting ist eine entscheidende Routine für die Entwicklung von mittleren Führungskräften zu Mini-CEOs, damit sie das Business führen (Execution) und die Geschäftsleitung sich ganz auf die Strategie konzentrieren kann. Wir sehen uns auch den wichtigsten Stolperstein für effektive Meetings an: Allgemeinplätze.*

Was Verne bei der Lektüre von *Titan: The Life of John D. Rockefeller, Sr.*[34] von Ron Chernow besonders beeindruckte, war die mittägliche Routine des Magnaten. Jeden Tag – ohne Ausnahme – saß er mit seinen wichtigsten Leuten beim Mittagessen zusammen und unterhielt sich mit ihnen. Zu Beginn waren es nur Rockefeller selbst und die vier Mitgründer von Standard Oil. Doch als die Jahre verstrichen und das Unternehmen wuchs, nahmen auch Rockefellers neun Geschäftsführer an den Meetings teil. Und ja – sie fanden immer noch täglich statt.

Ein Jahrhundert später wiederholte Steve Jobs das Ritual und traf sich beinahe täglich mit Apples Design-Genie Jonathan Ive zum Lunch. Der über 80-jährige Investor T. Boone Pickens schwört auf eine Routine von Strategie-Meetings, darunter ein tägliches Arbeitsfrühstück mit seinem Team, um aus $2,7 Millionen Milliarden zu machen.

Bewusst oder unbewusst verstehen diese Leader die wörtliche Bedeutung von „Company“: das Brot teilen. Indem sie ihr Team jeden Tag zu einem gemeinsamen Essen versammeln, stärken sie die persönlichen und beruflichen Beziehungen. Gerüstet für den neuen Tag, können sie dann hinausgehen und die Branche erobern – oder was auch immer gerade das Ziel ist. Macht es einen Unterschied, ob die Meetings täglich stattfinden? Ohne Zweifel hätten Rockefeller und Jobs ein lautes „Ja!“ gerufen.

[34] deutsche Übersetzung: : *John D. Rockefeller. Die Karriere des Wirtschafts-Titanen*

Und die Vorteile? „Wir kennen uns alle sehr gut", beschreibt der 85-jährige Pickens sein Team in einem Interview anlässlich seiner Auszeichnung als CEO des Jahres durch *D CEOs*. „Wir können uns nicht viele Fehler leisten, und wir machen auch kaum welche". Regelmäßige Kommunikation und gemeinsames Essen (Brot teilen) leisten dazu ihren Beitrag.

Gute Musik vs. Lärm

Erfolgreiche Wachstumsunternehmen sind wie große Jazzbands. Während Jazz auf Improvisation beruht und es Ähnlichkeiten zum Entrepreneurship gibt, sorgt die zugrundeliegende Struktur dafür, dass sogar Musiker, die sich noch nie getroffen haben, zusammen eine Jam Session veranstalten können. Dazu sind vier Dinge notwendig:

1. **Fähige Musiker versammeln**: sie spielen verschiedene Instrumente und erschaffen einen unverkennbaren Sound.
2. **Die Regeln beachten**: Alle Jazzmusiker müssen ein paar Grundlagen beherrschen (den Kern).
3. **Denselben Song spielen:** Dies ist die musikalische Entsprechung des One-Page Strategic Plans (OPSP).
4. **Denselben Beat halten**: Was der Schlagzeuger für die Band ist, ist der Meeting-Rhythmus für das Unternehmen (Orientierung).

Diese Struktur erlaubt eine permanente und endlose Improvisation jedes Musikers, und das macht den Jazz so einzigartig und kraftvoll. Stellen Sie sich vor, wenn alle Mitglieder Ihres Teams ihre Rollen selbständig und mutig ausfüllen würden – auf eine Art und Weise, die mit der Unternehmenskultur und den Zielen im Einklang steht.

Jazz zu spielen ist nicht einfach. Herausragende Jazzbands lassen es nur so aussehen. Dasselbe gilt für herausragende Unternehmen. Außergewöhnliche Firmen erschaffen etwas wirklich Schönes, der Rest macht nur eine Menge Lärm.

Die Kapitel „People" und „Strategy" behandeln im übertragenen Sinne die ersten drei Merkmale aus dem obigen Jazzband-Beispiel: A-Player versammeln, sich auf den Kern verlassen, und an einem Strang ziehen (mit dem OPSP). Im aktuellen Kapitel geht es um den unverzichtbaren Rhythmus des Unternehmens. Ein Kommunikations-Rhythmus, der dem Unternehmen Orientierung gibt – ein gleichmäßiges Tag-Tag-Tag-Tag-Woche, Tag-Tag-Tag-Tag-Woche, Tag-Tag-Tag-Tag-Woche, Tag-Tag-Tag-Tag-Monat. (Wir ersparen Ihnen den Rhythmus eines ganzen Jahres!)

Regelmäßige Meetings fungieren als Platzhalter im Kalender. Weil die Vorbereitung von Meetings oft aufwändiger ist als deren Durchführung, verringert eine gute Vorabplanung die Probleme. Die meisten Dinge können bis zum Daily Huddle oder dem wöchentlichen Treffen warten. Größere Themen, bei denen alle für ein paar Stunden im selben Raum zusammensitzen, werden im monatlichen Management-Meeting besprochen.

In den erfolgreichsten globalen Unternehmen ist der Kalender des CEOs für 200 und mehr Tage im Voraus verplant. Gewinnen Sie einen Einblick in diese Meeting-Rhythmen in Kapitel 11 des Buches *Managing Up: How to Forge an Effective Relationship With Those Above You* von Rosanne Badowski. Sie ist Jack Welchs langjährige Assistentin und wir möchten dieses Buch allen Assistenten der Geschäftsführung ans Herz legen. Welch, der frühere CEO von General Electric, plante seinen Kalender für ein Jahr im Voraus, inklusive des einen Tages pro Monat, an dem er in Crotonville – dem Schulungszentrum des Unternehmens – lehrte und lernte.

Wie das obige Diagramm zeigt, sollte der Meeting-Rhythmus nicht mehr als 10% einer normalen Arbeitswoche (40, 50 oder 60 Stunden) der leitenden Manager beanspruchen. Ähnliches gilt für mittlere Führungskräfte (5-7%) oder einfache Angestellte (3%). Natürlich gibt es noch andere Besprechungen – mit Kunden, Lieferanten, Investoren, etc. (aus diesem Grund saß Welch in so vielen Runden) – aber dieser tägliche, wöchentliche, monatliche, vierteljährliche und jährliche Rhythmus von Meetings reicht aus, um das Business zu leiten.

Weitere regelmäßige Meetings

Viele Unternehmen haben vierteljährliche und jährliche Meetings. In unserer Methode liegt die Hauptaufgabe dieser Besprechungen darin, die Wachstums-Tools inklusive OPSP auf den neuesten Stand zu bringen.

Weitere regelmäßige Gewohnheiten lassen die Ziele leichter erreichen. Daher sind die täglichen, wöchentlichen und monatlichen Meetings entscheidend.

Sie treiben die Zielvorgaben voran, die in den weniger häufigen Meetings festgelegt wurden. Jede Besprechung baut auf der vorherigen auf. Außerdem brauchen Teams regelmäßige Huddles von Angesicht zu Angesicht, um neue Chancen, strategische Bedenken und Engstellen direkt besprechen zu können, sobald sie sich zeigen. Wie viele Stunden wird es dauern, eine Serie von Zielvorgaben für das kommende Jahr zu beschließen, wenn man erst beim jährlichen Meeting über die Bewegung des Marktes und taktische Probleme im Alltag redet?

Hochfrequentes Management

Je schneller Sie wachsen, desto schneller muss Ihr Meeting-Puls schlagen. Generell können Sie bei einem jährlichen Wachstum von unter 15% aus strategischen Gesichtspunkten von Jahr zu Jahr planen. Wenn Sie um 20% bis 100% pro Jahr wachsen, betrachten Sie jedes *Quartal* so, als wäre es ein ganzes Jahr. Das bedeutet, dass Sie Ihre Strategie unter Umständen alle 90 Tage anpassen müssen. Wenn Sie zur Elite gehören und Ihren Umsatz von Jahr zu Jahr verdoppeln, sind das Ihre „Hundejahre" und Sie sollten jeden *Monat* wie ein ganzes Jahr betrachten. Weitere Gedanken zu diesem hochfrequenten Management-Stil finden Sie in dem bahnbrechenden Buch *Competing on Internet Time: Lessons From Netscape and Its Battle With Microsoft* von Michael A. Cusumano und David B. Yoffie.

Ein Beispiel zur Veranschaulichung

Bevor wir uns den Besonderheiten der Meeting-Rhythmen zuwenden, lassen Sie uns eine Lanze für mehr Kommunikation in Unternehmen brechen. Dazu müssen wir ein wenig in der Zeit zurückgehen. Es wird geschätzt, dass der Mensch seit etwa 200.000 Jahren auf der Erde existiert, die Sprache seit etwa 100.000 Jahren, die Schriftsprache seit etwas über 5.000 Jahren und Computer seit weniger als 50 Jahren.

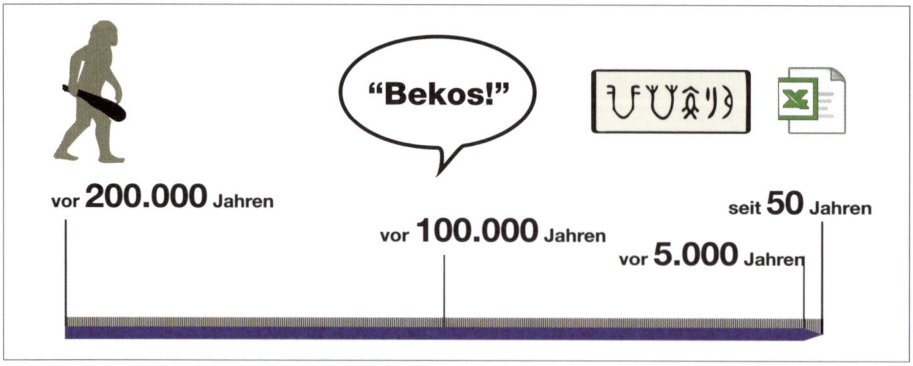

„Bekos", phrygisch für „Brot", soll einer durch Herodot überlieferten Legende zufolge das erste Wort der menschlichen Ursprache gewesen sein.

Zwei Dinge waren entscheidend für das Überleben des Menschen. Eins ist das Wiedererkennen von Mustern – die wichtigste kognitive Fähigkeit, die zu extremen Erfolgen in beinahe jedem Bereich führt. Das andere ist das Gehör. Man kann die Beute hören, lange bevor man sie sehen, berühren oder gar schmecken kann (oder sie uns schmeckt!). Geschichten, Informationen und sogar Zahlen hören zu können, steht in viel engerer Verbindung mit unserer Fähigkeit zur Mustererkennung als das bloße Starren auf eine Excel-Datei.

Auf der anderen Seite zeigen Hirnstrommessungen, dass wir unsere Probleme artikulieren müssen. Während wir sprechen, leuchtet der präfrontale Cortex unseres Gehirns – die Quelle unserer kognitiven Kraft – hell wie ein Weihnachtsbaum. Es ist diese Kraft, die Mitglieder von CEO-Organisationen wie der Young Presidents Organization, der Entrepreneurs Organization, Vistage und anderer auf ihren monatlichen Foren erleben (vertrauliche Meetings von acht bis zehn Führungskräften, die dort über beliebige Themen reden dürfen. Neunzig Prozent des Nutzens für die Teilnehmer liegt darin, ihre größeren Herausforderungen und Chancen artikulieren zu können.

Walk-and-Talks

Sogenannte „Walk-and-Talks" wurden zu einer beliebten Problemlösungsstrategie von Steve Jobs. Die Wirksamkeit dieser einfachen Routine lässt sich wissenschaftlich belegen. Sie beruht auf denselben Mechanismen wie Eye Movement Desensitization and Reprocessing (EMDR) – einer neuen Therapie für Menschen, die unter Traumata, Angstzuständen, Panik, belastenden Erinnerungen, posttraumatischem Stress und vielen anderen emotionalen Problemen leiden. Die Therapie besteht aus einer simultanen Stimulation beider Gehirnhälften durch wiederholte Augenbewegungen von links nach rechts. (Sie können denselben Mechanismus beobachten, wenn Sie unter Stress mit den Beinen auf und ab wippen). Spaziergänge haben nachweislich einen ähnlich beruhigenden Effekt, der das Gehirn von einem erregten Beta-Zustand in einen fokussierten, ruhigeren Alpha-Zustand bringt. Kombinieren Sie Spaziergänge mit Gesprächen – etwas, das Jobs und Rockefeller häufig taten – und Sie erhalten ein machtvolles kognitives Tool.

Seit der Etablierung von Textnachrichten ist das Sprechen etwas aus der Mode gekommen. Es kehrt aber zurück in Gestalt von Technologien wie Siri und Cortana, die uns wieder in Gespräche (und Zuhören) verwickeln – etwas, das unser Gehirn liebt!

Drei gewichtige Vorteile regelmäßiger Meetings

Die zwei Hauptargumente, die immer wieder gegen regelmäßige Meetings vorgebracht werden, insbesondere gegen das Daily Huddle:

1. Wir haben keine Zeit dafür.
2. Wir sehen uns doch ohnehin täglich.

Zu dem Argument mit der Zeit: Wenn die Meetings sich an Ihrer Agenda orientieren, sparen Sie Zeit. Wenn Sie zur Beantwortung einer Kundenanfrage die Meinung eines Kollegen brauchen, müssen Sie dem Anrufer nicht sagen: „Ich gehe meinen Kollegen suchen und rufe Sie heute noch zurück." Sie können stattdessen einen exakten Zeitpunkt angeben, weil Sie die Antwort sicher nach dem täglichen (oder wöchentlichen) Meeting haben werden. Außerdem: wenn es nicht mehr dem Zufall überlassen ist, wen Sie auf dem Flur treffen, müssen Sie nicht immer wieder dieselben Unterhaltungen führen. Denn alle treffen sich beim täglichen Meeting und der Austausch von Informationen läuft schnell und präzise.

Und zum zweiten Argument: Sich im Treppenhaus über den Weg zu laufen ersetzt noch keine hoch konzentrierten Diskussionen im Team. Außerdem sorgen die zufälligen Begegnungen oft für unnötige Unterbrechungen. Ihnen entgehen dadurch auch die drei schlagkräftigsten Tools, mit denen Führungskräfte ihre Team-Performance erhöhen können:

1. **Gruppenzwang**
2. **Kollektive Intelligenz**
3. **Klare Kommunikation**

Diese Vorteile gehen verloren, wenn Führungskräfte auf wöchentliche Meetings zugunsten von Einzelgesprächen verzichten. Wenn es in diesen individuellen Gesprächen nicht um ein Coaching geht, bestehen die Inhalte oft aus persönlichen Kleinigkeiten („Du weißt, wogegen ich hier ankämpfen muss. …") – dadurch verharrt der Vorgesetzte stets in der Rolle des Bösewichts.

Meetings in der Gruppe entlasten Vorgesetzte dagegen von Druck und schaffen dafür einen Gruppendruck, der nebenbei die Arbeitsergebnisse verbessert. Was für eine Verschwendung, wenn ein leistungsstarkes Team von Managern oder mittleren Führungskräften sich nicht die 15 Minuten täglich oder die eine Stunde pro Woche Zeit nimmt, um sich auf kollektive Intelligenz und deren Möglichkeiten zu konzentrieren. Und schließlich erhalten während eines Team-Meetings alle dieselben Informationen. Sie müssen sich nicht in Einzel- oder zufälligen Flurgesprächen drei, vier Mal wiederholen.

Schauen wir uns nun die spezifischen Meetings und Agenden zur Verbesserung der Orientierung und der Kommunikation etwas genauer an — Rockefellers Grundsatz Nr. 3.

Rockefellers Grundsatz Nr. 3: Der Meeting-Rhythmus

3. Ein fester Kommunikations-Rhythmus ist verankert. Informationen fließen im gesamten Unternehmen schnell und präzise.
- ☐ Alle Mitarbeiter nehmen täglich an mindestens einem 15-minütigen Daily Huddle teil.
- ☐ Alle Teams haben ein wöchentliches Meeting.
- ☐ Das Management und mittlere Management trifft sich einmal pro Monat, um zu lernen, größere Probleme zu beheben und sich untereinander auszutauschen.
- ☐ Das Management und mittlere Management trifft sich einmal im Quartal und einmal pro Jahr außer Haus, um an den 4 Entscheidungen zu arbeiten.

Dieser Rhythmus von Meetings soll Informationen rund um die Prioritäten und die kennzahlenbasierte Strategie ins gesamte Unternehmen hineintragen. Genauer:

1. **Das Daily Huddle**. Ein 5- bis 15-minütiges Meeting zur Erörterung taktischer Fragen und aktueller Informationen. Verhindert kleinere Pannen und sorgt für die schnelle Adaption an unvorhergesehene Chancen. Normalerweise erspart ein Daily Huddle jedem Beteiligten etwa eine Stunde an unnötigen E-Mails und ungeplanten Arbeitsunterbrechungen. Tauchen darüber hinaus Fragen auf, werden sie in den wöchentlichen Meetings thematisiert.
2. **Das wöchentliche Meeting**. Eine 60- bis 90-minütige Diskussion zur Erörterung des Fortschritts bei den Quartals-Prioritäten. Um die kollektive Intelligenz des Teams anzuzapfen, werden ein oder zwei Hauptthemen durchgenommen. Dieses Meeting bietet auch eine Gelegenheit, über die unter der Woche gesammelten Informationen von Kunden, Mitarbeitern und Wettbewerbern zu diskutieren. Tauchen einzelne Fragen besonders häufig auf, werden sie für die monatlichen Meetings vorgemerkt.
3. **Das monatliche Management-Meeting**. Ein halber bis ganzer Tag, an dem sich alle leitenden, mittleren und unteren Führungskräfte versammeln, um voneinander zu lernen und gemeinsam an ein bis zwei großen Themen zu arbeiten, die mehrere Stunden kollektiven Aufwands erfordern. Dient auch dem Transfer von Unternehmenswissen (Values, unternehmerische Ansätze) von der oberen zur mittleren Führungsebene.
4. **Das vierteljährliche und jährliche Planungstreffen**. Bei diesem ein- bis dreitägigen Offsite-Meeting, aktualisieren Führungskräfte die Wachstums-Tools und entscheiden über das nächste Quartals- und/oder Jahres-Motto. Einmal pro Quartal gibt das Führungsteam allen Mitarbeitern in einem 45-minütigen Meeting ein Update über die neuen Pläne.

HINWEIS: *Werten Sie den obigen Meeting-Rhythmus einmal in umgekehrter Reihenfolge aus und schauen Sie, wie die kleineren Meetings Kontext und Kontinuität durch die größeren, strategischeren Planungssitzungen erhalten. Genauer:*

- *Das jährliche Meeting legt die strategische Richtung und die Prioritäten für das Jahr und darüber hinaus fest.*
- *Das vierteljährliche Meeting bricht diese längerfristigen Prioritäten in handliche Prioritäten für das Tagesgeschäft auf.*
- *Das monatliche Meeting behandelt die größeren Fragen oder Chancen, die rund um die Strategie sichtbar werden.*
- *Das wöchentliche Meeting hält die Aufmerksamkeit bei den Prioritäten hoch und treibt Diskussionen über das Feedback von Kunden, Mitarbeitern und Wettbewerbern an. Diese wiederum fließen in den vierteljährlichen und jährlichen Planungsprozess ein.*
- *Das Daily Huddle überwacht den Fortschritt und deckt Schwachstellen auf, welche die Umsetzung der Strategie behindern.*

Wir werfen nun einen detaillierteren Blick auf diese Meetings und untersuchen ihre Struktur, ihr Timing und ihre Agenda. Wir überlegen uns auch, warum diese Meetings so selten funktionieren und wie man Stolperfallen umgehen kann.

Das Daily Huddle

Als Verne in Mastering the Rockefeller Habits das Daily Huddle als absolute Notwendigkeit bezeichnete, lag das daran, dass nur wenige Unternehmen diese wichtige Routine bereits einsetzten. Heute haben Zehntausende von Unternehmen rund um den Globus entdeckt, wie sie sich durch die Einführung dieses simplen Meeting-Rhythmus mehr Freiheit verschaffen und eine bessere Umsetzung erhalten. Man hat sogar den Einzug der Daily Huddles in Verfahren wie das iterative agile Softwareentwicklungs-System namens Scrum gesehen.

In einigen Kulturen ist es wegen der starken Tradition der „Gesichtswahrung" schwer, die nackten Tatsachen offen auszusprechen (z.B. die oben genannten Schwachstellen in den Daily Huddles). Mit Hilfe unserer Partner-Coaches in Asien, sowie der Vorarbeit durch wegweisende Firmen wie Ammex Corp. in Shanghai, gehört das Daily Huddle

Ammex CEO Fred Crosettos daily huddle with his senior team.

nun auch dort zum Standard in Unternehmen, die den Scale-up-Prozess ernsthaft schneller und einfacher machen möchten.

Woran scheitern tägliche und andere Meetings?

Wenn das Daily Huddle so wirksam ist, warum fangen Unternehmen damit an und halten es nicht durch? Mit einem Wort: Allgemeinplätze! Wenn Teams ihre Geschichte erzählen und Informationen teilen, müssen sie unbedingt konkret werden. Wir müssen Namen, Zahlen, Daten, Probleme und Sorgen hören, wenn unser Gehirn die für den Erfolg dieses Prozesses notwendigen Assoziationen herstellen soll. Wenn zum Beispiel ein Kollege fragt: „Was liegt morgen an?", wäre eine Antwort wie „Ich habe ein Meeting mit einem Kunden" zu vage. Konkreter und sinnvoller wäre „Ich treffe mich um 10 Uhr mit dem CEO von Acme, Bob Smith, um einen ‚Mastering the Rockefeller Habits Workshop für 60 Personen Mitte November in Cincinnati vorzubereiten". Diese Details, die in wenigen zusätzlichen Sekunden erläutert werden können, lassen Ihr Team die artikulierten Fakten mit den Informationen in ihren Köpfen abgleichen:

- „Acme gibt es noch und es hat seinen Sitz in Cincinnati – ich dachte Columbus."
- „Bob ist immer noch CEO von Acme."
- „Ich überlege, an dem Meeting um 10 Uhr teilzunehmen."
- „Sind 60 Teilnehmer korrekt? Ich dachte, wir hätten uns auf 80 verständigt."
- „Ist der Termin Mitte November realistisch, bei all unseren anderen Verpflichtungen?"

Zeit — Legen Sie das Daily Huddle auf eine ungewöhnliche Uhrzeit wie 8:08 Uhr oder 16:16 Uhr. Die Leute erscheinen so eher pünktlich, als wenn Sie den Termin zur Viertel- oder halben Stunde ansetzen. Und beginnen Sie das Meeting pünktlich, egal ob alle anwesend sind. Sie haben nicht viel Zeit zu verlieren und es ist wichtig, dies von Anfang an klar zu machen. Beenden Sie das Meeting auch pünktlich und lassen Sie es nicht länger als 15 Minuten dauern – sonst lehnen Ihre Leute diese Routine ab. Wir empfehlen, in den ersten Wochen einen Wecker zu stellen und das Meeting minutengenau zu beenden, auch wenn die Agenda noch nicht abgearbeitet ist. Das Team lernt so, zum Punkt zu kommen und alle Fragen zügig abzuhaken. Planen Sie etwa eine Minute pro Person ein, so dass ein Daily Huddle für ein achtköpfiges Team etwa acht Minuten dauert. Und die Tageszeit? Spielt eigentlich keine Rolle. Wählen Sie einen Zeitpunkt, der am besten in die täglichen Abläufe passt.

Ort – Halten Sie das Meeting ab, wo Sie wollen, aber am besten im Stehen. So bleibt es kurz und bündig. Eine Versammlung im Büro des Teamleiters macht es noch einfacher. Wenn nötig, richten Sie eine Konferenzschaltung für alle Teilnehmer ein. Es gibt nichts Schlimmeres, als wenn sich Tag für Tag Leute um einen Lautsprecher tummeln. Wir würden auch von Videokonferenzen *abraten*, die das Ganze nur aufwändiger und technisch komplexer machen. Die Ausnahme stellen festgelegte Betriebsabläufe dar, die täglich besprochen werden. Das Unternehmen RS Software verwendet Telefonkonferenzen für tägliche Kurzmeetings seiner Büros in Kolkata (Indien) und Milpitas (Kalifornien) – über 12½ Zeitzonen hinweg.

Teilnehmer – Die allgemeine Regel lautet, eher wenige Meetings für mehr Leute zu machen als umgekehrt. Das gilt auch dann, wenn meistens nur 10 bis 15 Teilnehmer diskutieren. Bei Microsoft gibt es während der Arbeit an neuen Software-Releases Meetings mit bis zu 60 Developern, von denen aber nur 20 in einem Konferenzraum sitzen und der Rest über das Videokonferenz-Tool Skype for Business teilnimmt. In der Ritz-Carlton-Zentrale gibt es täglich 10-minütige Mannschaftsaufstellungen mit rund 80 Leuten, die alle Neuigkeiten aus den Niederlassungen von Boston bis Bali erfahren. Zugleich nehmen alle 35.000 Beschäftigten von Ritz-Carlton in ihren jeweiligen Hotels an irgendeiner Form von täglichen Huddles teil. (Über diese Mannschaftsaufstellungen wurde schon eine Menge geschrieben. Es lohnt sich, online dazu nach weiteren Informationen zu suchen). Im Allgemeinen nimmt jeder einfache Angestellte pro Tag an einem Daily Huddle teil, und alle Manager an zwei: eines mit ihren direkten Untergebenen und eines mit ihren Kollegen und eigenen Vorgesetzten.

TIPP: *Daily Huddles sorgen dafür, dass Projekte zwischen Unternehmen/Lieferanten/Kunden im Zeitplan bleiben und das Budget nicht sprengen. Nehmen wir an, Sie arbeiten mit einem IT-Serviceprovider an der Installation eines neuen CRM-Systems oder mit einer Baufirma an einem neuen Gebäude. Wählen Sie einen Mitarbeiter aus, der als Schnittstelle zu einem Verantwortlichen Ihres Projektpartners fungiert und die unten angegebenen Agenda-Punkte durchgeht. Das hält den Kommunikationsfluss aufrecht und garantiert Ihrem Projekt mehr Aufmerksamkeit und Zugkraft.*

WARNUNG: *Einer unserer Kunden führte Daily Huddles ein, die mit einem halben Dutzend Projekten in Zusammenhang standen. Folgendes Problem tauchte auf: In den Projektteams saßen oft die gleichen Leute, so dass sie täglich in drei bis fünf Daily Huddles saßen, was einfach nicht funktioniert. Die Lösung war ein übergreifendes Daily Huddle, an dem alle Teammitglieder der verschiedenen Projekte teilnehmen. Nur die Projektleiter berichten über Fortschritte (sechs Projekte werden in sechs Minuten behandelt) und die Teammitglieder organisieren sich danach für den Rest der 15-minütigen Meetings in spontanen Arbeitsgruppen* *selbst, um die wichtigsten Themen zu besprechen. Durch diese Versammlung erhielten alle eine hübsche 15-minütige Pause vom Arbeitsalltag sowie eine feste Zeit und einen festen Ort, um sich gegenseitig auf den neuesten Stand zu bringen.*

Leitung des Meetings – Wählen Sie jemanden, der von Natur aus strukturiert und diszipliniert ist (das ist vielleicht nicht der CEO) und de Meetings im Zeitplan halten kann. Der Leiter sollte eine Stoppuhr verwenden, damit kein Thema des Meetings unter den Tisch fällt. Diese Person hat auch die verantwortungsvolle Aufgabe, immer dann zu intervenieren („Klärt das bitte später"), wenn die Teilnehmer auf ein Nebenthema kommen, dass nicht die Aufmerksamkeit aller verlangt.

Die Agenda – Die Agenda sollte jeden Tag dieselbe sein, und nur drei Punkte umfassen – mit jeweils maximal fünf Minuten:

1. Was liegt an (in den nächsten 24 Stunden)?
2. Was sind die täglichen Zahlen/KPIs?
   (alle Unternehmen sollten ein paar haben.)
3. Wo werden wir blockiert (aufgehalten)?

Einige Teams werden die Ergebnisse vom Vortag besprechen wollen. Das Ritz-Carlton und Towne Park – ein Hotel-Parkservice aus Maryland – überprüfen während der Daily Huddles nur einen Schwerpunkt des Tages. Stopfen Sie nicht zu viel in ein Daily Huddle hinein. Sonst überschreitet es die 15-Minuten-Grenze und die Teilnehmer werden das Meeting ablehnen.

WARNUNG: *Vermeiden Sie Kontrollen, ob jemand dies oder jenes am Vortag erledigt hat. Das Team könnte meinen, Sie würden Mikromanagement betreiben. Vereinfacht ausgedrückt: nach vorne blicken ist gutes Management – zurückblicken ist Mikromanagement.*

Weitere Erläuterungen zur Agenda:

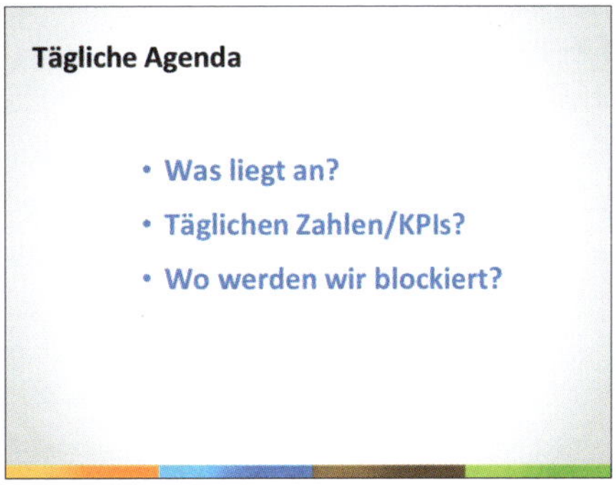

Was liegt an? – In den ersten fünf Minuten teilen alle Anwesenden kurz und *konkret* mit (jeweils bis zu 30 Sekunden), was in den nächsten 24 Stunden (bis zum nächsten Huddle) anliegt. Die Idee dahinter ist, dass die Teilnehmer Konflikte, sich überschneidende Agenda-Punkte und verpasste Chancen sofort selbst erkennen. Diese kurzen Ansprachen sollten sich um

Hauptaktivitäten, Meetings, Entscheidungen, etc. drehen – es sollten KEINE Kurzreferate über den Kalender eines Teilnehmers sein. Die Teammitglieder brauchen beim Huddle am Montag keine Informationen über das Vertriebs-Meeting am Dienstagmorgen – es sei denn ungewöhnliche oder entscheidende Ereignisse liegen an.

Tägliche Zahlen/KPIs – In den folgenden fünf Minuten geht es um die Formulierung der täglich im Unternehmen zu überprüfenden Zahlen/KPIs: Webseiten-Klicks, offene Stellen, eingegangene Bewerbungen, Vertriebszahlen vom Vortag, Cash, Arbeitsunfälle, Anzahl der eingesetzten Berater, etc. Erinnern Sie sich: Sie suchen nach Mustern und Trends. Da es im Allgemeinen sechs Datenpunkte benötigt, um einen Trend zu bestimmen, werden Sie dafür Monate brauchen, wenn die Auswertung nur alle 30 Tage stattfindet. Durch tägliche Meetings können Sie mit der Konkurrenz und Ihren eigenen Ansprüchen mithalten. Wir wissen, dass Sie diese Daten wahrscheinlich in geschriebener Form erhalten. Dennoch bietet ein mündlicher Vortrag gewisse Vorteile: die referierende Person kann auf ihren Instinkt hören und die Zuhörer können sich die Fakten besser merken. Je mehr Sinne angesprochen werden, desto besser kann Ihr Team Trends und Muster erkennen.

Blockaden – Das ist der wichtigste Punkt auf der Agenda. Sie möchten, dass die Teilnehmer Barrieren und Bedenken vortragen, die sie in den nächsten 24 Stunden von einem optimalen Arbeitsergebnis abhalten könnten (d.h. Welche Steine haben sie im Schuh? Worüber denken sie beim Einschlafen nach, was macht ihnen Sorgen? Gibt es Probleme mit einem Teammitglied?). Die nackten Tatsachen müssen ans Licht und der Leiter des Meetings muss Muster erkennen, wo das Team feststeckt, um die zugrundeliegenden Ursachen zu beseitigen.

Es gibt eine Reihe von Gründen, warum wir diesen letzten Teil der Agenda als so wichtig empfinden. Erstens: es liegt eine gewisse Kraft in der öffentlichen Äußerung von Sorgen, Widerständen und Bedenken. Das ist der erste Schritt zur Lösung des Problems, denn so lange sich der Mund nicht öffnet, bleibt das Gehirn unbeteiligt. Zweitens: Sie möchten die Energie des Teams auf die Überwindung von Barrieren lenken.

HINWEIS: *Die Teammitglieder sollten ihre „Barrieren" offen aussprechen, auch wenn sie denken, dass kein Anwesender ihnen dabei helfen kann. Die Verbalisierung führt manchmal doch zu Hilfe aus einer völlig unerwarteten Richtung.*

WARNUNG: *Wann immer ein Teilnehmer zwei Tage in Folge kein Hindernis benennt, können Sie wetten, dass ein größeres Problem dahinter lauert. Eifrige, produktive Menschen, die wirklich ein Ziel verfolgen, stecken regelmäßig irgendwie fest. Die Einzigen, die niemals auf Barrieren stoßen, sind diejenigen, die überhaupt nichts tun, oder aber so sehr feststecken, dass sie die Hindernisse gar nicht mehr bemerken! Daher: locken Sie die „Alles ist gut"-Leute aus der Reserve!*

WARNUNG: *So wichtig sie auch sind – Diskussionen über Engpässe sollten nicht in Richtung Problemlösung abdriften. Es ist völlig okay, wenn die Reaktion auf ein Hindernis lautet: „Ruf doch X oder Y an", oder „Ich kümmere mich darum" (wenn diese Person das Problem verursacht). Alles Weitere sollte jedoch draußen weiterbesprochen werden. Erinnern wir uns: das tägliche Meeting muss so kurz wie möglich sein.*

Das wöchentliche Meeting

Wenn die Daily Huddles gut laufen, wird unmittelbar eine ganze Reihe von Problemen gelöst, die ansonsten das wöchentliche Meeting blockieren würden. Wir wollen im wöchentlichen Meeting nicht über kleine Kurskorrekturen grübeln. Diese Dinge sollten bereits im und nach dem Daily Huddle geklärt werden. Wir möchten auch nicht Dutzende von Themen behandeln, die sich im Laufe der Woche angesammelt haben. Der Sinn des wöchentlichen Meetings ist vielmehr, dass sich alle voll auf die Top-Priorität konzentrieren – und die größeren Meilensteine (Rocks) auf dem Weg dahin. Wir möchten für 30 bis 60 Minuten die kollektive Intelligenz des Teams zu einem oder zwei wichtigen Themen anzapfen. So kann das Team hochgerechnet 50 bis 100 wichtige Aufgaben pro Jahr lösen.

TIPP: *Verteilt Ihr Unternehmen die Meetings über die ganze Woche, weil man lieber nicht zu viel in einen einzigen Tag stopfen will? Wenn dem so ist, erwägen Sie doch für einen Moment das Gegenteil. Suchen Sie sich einen Morgen oder Nachmittag aus, und halten Sie ALLE operativen und projektbezogenen Meetings hintereinander ab. Dadurch geraten alle in ein Meeting-Flow und die entsprechende Geisteshaltung. Die leitenden Manager haben den Rest der Woche Zeit für ihre Visiten bei Kunden und Lieferanten. Wir haben diese Idee von Rick Kay und seinem Team bei OTG Software übernommen.*

Kay startete das Software-Unternehmen mit drei Kollegen im Jahre 1992 und es wurde in den 90er Jahren schnell größer. 2000 ging es an die Börse und 2002 wurde es für $403 Millionen an Legato Systems verkauft. Kay und sein Team blieben auch unter Legato Systems am Steuer, bis auch dieses Unternehmen ein Jahr später für $1,4 Milliarden an EMC verkauft wurde.

Kays wöchentlicher Meeting-Rhythmus begann montags um 7 Uhr morgens bei einem Arbeitsfrühstück mit den drei leitenden Geschäftsführern, mit denen er die Firma gemeinsam gegründet hatte. Das war Kays „Council"-Meeting. Die Vierergruppe verbrachte eine Menge Zeit mit Diskussionen über die Herausforderungen und Chancen des wachsenden Unternehmens.

Um 8 Uhr stieß der Rest des Führungsteams – darunter Kays Assistent Andy Cleary – für ein einstündiges Meeting der vollständigen Geschäftsführung hinzu. Am Ende fasste Cleary zusammen, „Wer Was Wann" zu tun hatte. Es waren sehr handlungsorientierte Meetings, bei denen es um die Lösung von entscheidenden Fragen und um Entscheidungen ging – nicht um einschläfernde Referate.

Wir veranschaulichen Ihnen nun die wirkliche Meeting-Innovation, die wir seitdem an Tausende von Firmen weitergegeben haben. Während die meisten Unternehmen ihre operativen Meetings über die ganze Woche verteilen, konzentrierte Kays Team sie alle an einem Morgen. Von 9 Uhr bis mittags saß das gesamte achtköpfige Führungsteam in einer Reihe von operativen Besprechungen. Die komplette Agenda sah so aus:

7 Uhr - 8 Uhr: Arbeitsfrühstück

8 Uhr - 9 Uhr: Geschäftsführung

9 Uhr - 10 Uhr: Vertrieb und Marketing

10 Uhr - 11 Uhr: Softwareentwicklung

11 Uhr - 12 Uhr: Rechnungswesen und Finanzen

Dies gestattete der mittleren und unteren Führungsebene einen direkten Zugang zur gesamten Geschäftsleitung des Unternehmens. (Als Verne kurz vor und nach dem Börsengang mit OTG Software arbeitete, hatte das Unternehmen ungefähr 400 Mitarbeiter.)

Stellen Sie sich diese freigesetzte Energie vor, Dutzende von Problemen an Ort und Stelle zu lösen. Wenn eine Pressemitteilung einer Zustimmung bedurfte, waren alle (darunter CFO, Vertriebsvorstand sowie die Chefs der Softwareentwicklung und des Marketings) anwesend, konnten den Text durchlesen und innerhalb von Minuten entscheiden. Es wurden nicht tagelang E-Mails herumgeschickt und wertvolle Zeit vergeudet. Wenn der Vertriebsbereich ein Problem mit dem CRM-System hatte, war der Leiter der IT vor Ort. Wenn die Entwicklungsabteilung einen zusätzlichen Programmierer brauchte, waren die Personalleiter sowie der CFO da, um das Budget freizugeben und den Prozess direkt zu starten.

Kay hatte eine Regel: Es wurden keine großen Files per E-Mail verschickt (oder Links zu Webseiten wie „Wenn du Zeit hast, schau dir bitte diese Updates der Software-Schnittstelle an"). Stattdessen gab das Unternehmen den Teams in den Meetings Zeit, eine Webseite zu überprüfen oder einen Vertrag durchzulesen – genauso wie Jeff Bezos es bei Amazons wöchentlichen Meetings gestattet. Das erzeugte eine dynamische, synchrone Art der Problemlösung für alle Beteiligten, und Kay saß daneben und drängte zu Entscheidungen, anstatt die Lösung auf ein Folge-Meeting zu verschieben. Und am Ende jedes operativen Meetings fasste

Kays Assistent wiederum zusammen, „Wer Was Wann“ zu tun hatte. Das ganze Unternehmen war sich über die operativen Prioritäten für die Woche im Klaren.

Mittags, wenn sich alle zum Lunch oder in einigen Fällen zum Flughafen begaben, war klar, dass man sich für den Rest der Woche mit keinem weiteren Management-Meeting (außer der täglichen telefonischen Rückmeldung) beschäftigen musste. Dieser Meeting-Rhythmus führte an einem halben Tag zu mehr Entscheidungen und mehr wirklich erledigter Arbeit, als in den meisten Führungsteams in Wochen oder Monaten erreicht wird. Und obwohl kein Kunde an diesen Montagmorgen zur Führungsmannschaft von OTG durchkam, war es sehr wohl leichter, sie während der gesamten Restwoche zu erreichen. Wir empfehlen Ihnen dringend, dieses Verfahren zu übernehmen. Kommen Sie für mehrere Stunden pro Woche in diesen Flow und arbeiten Sie – Projekt um Projekt, Funktion um Funktion – konzentriert an Ihrem Business. Danach sind Sie für die Woche durch, bis auf das tägliche 15-minütige Update.

Auch die eintägigen monatlichen Meetings hielt OTG an Montagen ab und verband so die wöchentlichen und monatlichen Aktivitäten. Das gleiche galt für die vierteljährlichen und jährlichen Meetings, von denen jedes ebenfalls einen Montag beanspruchte. Der Montag war Meeting-Tag bei OTG – so wie bei FedEx und Wal-Mart der Freitag.

Der Zeitplan – Setzen Sie das Meeting immer zur selben Zeit an, in jeder Woche. Reservieren Sie 30 Minuten für einfache Mitarbeiter, 60 bis 90 Minuten für die mittlere und oberste Führungsebene. Weil sich das Team von Gazelles über 12½ Zeitzonen erstreckt – von Hyderabad (Indien) bis Portland (Oregon) – halten wir unsere Meetings an Montagen via Konferenzschaltung ab. Es funktioniert.

Schauen wir uns die empfohlene Agenda für ein wöchentliches Team-Meeting an:

Die Agenda

Fünf Minuten: Gute Neuigkeiten. Beginnen Sie jedes wöchentliche Meeting mit fünf Minuten an guten persönlichen oder beruflichen Neuigkeiten. Die Bekanntgabe von positiven Nachrichten aus der Firma schafft einen guten Einstieg ins Meeting und generiert ein Momentum – gute Nachrichten erzeugen gute Nachrichten.

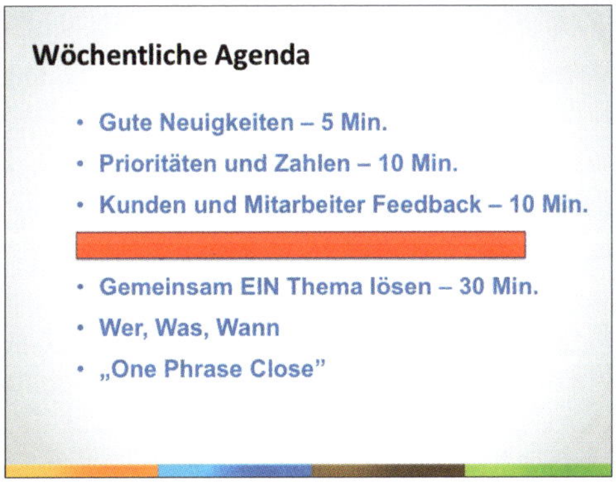

Die persönlichen Neuigkeiten halten das Team auf der menschlichen Ebene zusammen, jeder kann seine Dankbarkeit ausdrücken. Gewöhnlich finden sich auch immer einige gute Lacher. Gelächter löst Spannungen, bringt das Gehirn in einen besseren Alpha-Status und bereitet das Team auf die wichtigen Themen und Entscheidungen der Woche vor. Diese bedeutende Routine dient auch als mentaler Gesundheitscheck. Wenn jemand mehrere Wochen lang nichts Positives berichten konnte, sollte sein Vorgesetzter sich unter vier Augen erkundigen, ob alles in Ordnung ist.

10 Minuten: Die Prioritäten. Überprüfen Sie den Status der roten, gelben und grünen Prioritäten (oder „Absolut Grün", „Grün" und „Rot" – wie im Kapitel „Die Prioritäten" besprochen) und diskutieren Sie Probleme beim Fortschritt. Gehen Sie auch alle Zahlen durch, die nicht in den Daily Huddles thematisiert wurden.

10 Minuten: Feedback der Kunden und Mitarbeiter. Verwenden Sie diese Zeit auf eine Überprüfung aller konkreten Rückmeldungen von Kunden und Beschäftigten. Welche Probleme tauchen immer wieder auf? Was hört man so von den Kunden?

HINWEIS: *Ziehen Sie gedanklich eine Linie. Die ersten 25 Minuten sind geistige Aufwärmübungen und sie liefern genug interne und externe Informationen, aus denen das Team Muster und Trends für die Performance des Unternehmens erkennen kann. Die nächsten 35 bis 65 Minuten soll das Team seine kollektive Intelligenz einsetzen und wichtige Entscheidungen treffen.*

30 bis 60 Minuten: Ein oder zwei Themen. Lenken Sie die ungeteilte Aufmerksamkeit und kollektive Intelligenz des Teams auf ein oder zwei entscheidende Themen. Orientieren Sie sich bei der Themenauswahl an den Mustern und Trends aus den Daily Huddles, am Fortschritt bei Prioritäten/Motto, dem Feedback von Mitarbeitern und Kunden, oder an Chancen und Herausforderungen. Wenn das Unternehmen über die potentielle Zusammenarbeit mit einem Partner sprechen muss, setzen Sie das auf die Tagesordnung. Wenn ein wichtiges Ereignis und einige Entscheidungen anstehen, geben Sie denen Priorität. Bei Gazelles kann Verne die Themen manchmal bereits weit im Voraus planen. Ein anderes Mal schickt er die Agenda erst am Vorabend per Mail, oder das Thema taucht erst während des Meetings auf. Wenn Sie ein paar Prioritäten für das Quartal haben, erlaubt Ihnen das wöchentliche Meeting ein paar Überprüfungen während des laufenden Quartals.

Wer, Was, Wann (WWW). Nehmen Sie sich ein paar Minuten Zeit und notieren Sie „Wer gesagt hat, Was er Wann erledigen möchte". Schicken Sie die Notizen per E-Mail an alle Teilnehmer.

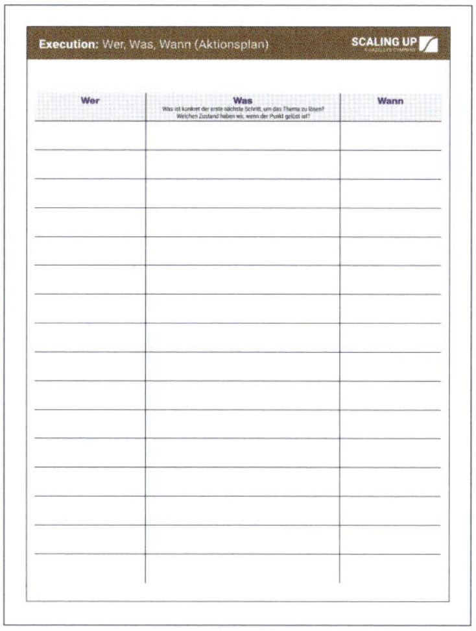
Execution: Wer, Was, Wann (Aktionsplan) SCALING UP

Wer	Was Was ist konkret der erste nächste Schritt, um das Thema zu lösen? Welchen Zustand haben wir, wenn der Punkt gelöst ist?	Wann

Kurzes Schlusswort. Beenden Sie Ihr wöchentliches Meeting, indem Sie jeden Teilnehmer bitten, die Runde in einem Wort oder Satz zusammenzufassen. Das setzt einen formalen Schlusspunkt unter das Meeting und stellt sicher, dass jeder Einzelne zumindest kurz das Wort ergreifen konnte. Außerdem erhalten Sie einen guten Überblick über die Gedanken und Gefühle Ihrer Leute. Wenn Sie den Eindruck haben, dass es noch offene Fragen oder ungelöste Konflikte gibt, können Sie darauf eingehen.

TIPP: *Es wäre ideal, wenn die wöchentlichen Meetings vor dem Mittagessen (wie bei OTG) oder zur Happy Hour enden, damit die Führungskräfte sich noch einmal in einer informellen Runde über die Themen des Meetings unterhalten können. Häufig werden hier die wirklich guten Entscheidungen getroffen.*

TIPP: *Für alle, die an irgendeiner Art von Manager-Foren teilnehmen: das wöchentliche Meeting hat einiges von einem Mini-Forum, mit formalem Check-In, Hauptthema, Agenda, Diskussionen und kurzem Schlusswort.*

Wöchentlicher CEO-One-Pager

Viele CEOs verschicken auch einen wöchentlichen One-Pager an alle Mitarbeiter, in dem sie den aktuellen Status der Top-Priorität und andere wichtige Entwicklungen innerhalb der Firma und der Branche präsentieren. Die Mitarbeiter möchten ab und zu etwas von ihrem Top-Leader hören und wissen es zu schätzen, durch diese Art Report in Interna eingebunden zu werden.

Das monatliche Management-Meeting

Man kann eine herausragende Firma von einer guten unterscheiden, indem man sich lediglich ein paar Minuten in den Geschäftsräumen aufhält. In guten Firmen wirkt das Führungsteam gestresst und überlastet durch den Druck von immer steigenden Erwartungen, wohingegen der Rest der Mannschaft den Herausforderungen der Firma ziemlich gleichgültig gegenüber steht.

In herausragenden Firmen trifft man auf das genaue Gegenteil: ein ausgeruhtes, relaxtes Führungsteam, während die übrige Belegschaft sich mit Feuereifer um die ständig steigenden Chancen des Business kümmert. Wir übertreiben hier vielleicht etwas, aber nicht zu sehr.

Wenn das Führungsteam die DNA des Unternehmens – also Wissen und Values für optimale Entscheidungen – nicht an alle Mitarbeiter weitergibt, wird die Leitungsebene irgendwann von den stetig steigenden Anforderungen des wachsenden Unternehmens erschlagen.

Die Weitergabe der DNA erfordert eine simple Routine: ein gut strukturiertes, eintägiges monatliches Management-Meeting, an dem jeder teilnimmt, der im Unternehmen eine Führungsposition innehat. Dies sollte ein Tag des Lernens, Teilens und Problemlösens sein – nicht ein Tag einschläfernder Reports und Vorträge. Verpassen Sie die Chance dieser Meetings, wird das Business der mittleren Führungsebene über den Kopf wachsen. Und wenige Dinge sind so schmerzhaft zu beobachten wie ein Unternehmen, das seine loyalsten Köpfe im Regen stehen lässt.

Lektionen aus Indien

Die Notwendigkeit, ein mittleres Management aufzubauen, wird nirgendwo deutlicher als in Indien. Und das war auch die entscheidende Herausforderung für Ashiana Housing Ltd., ein Unternehmen aus Neu-Delhi mit 480 Beschäftigten (plus 2.500 freien Mitarbeitern), das 2010 als eines von 39, und 2011 als eines von 35 indischen Unternehmen auf der *Forbes*-Liste „Asiens 200 beste Unternehmen unter einer Milliarde" landete. Als Verne zum ersten Mal den geschäftsführenden Direktor Vishal Gupta und seine beiden Brüder traf, die das vom Vater gegründete Wohnungsbauunternehmen leiteten, waren sie völlig ausgelaugt von diesem ständig wachsenden Business mit fünf Großprojekten in Nordindien. Umgekehrt schienen die mittleren Führungskräfte entspannt und sich der Herausforderungen nicht wirklich bewusst.

7% der Manager-Gehälter

Um das Problem in den Griff zu bekommen, empfahlen wir die Einführung eines monatlichen Management-Meetings, bei dem alle 70 Manager aus allen Teilen Indiens für einen Tag voneinander lernen und das Unternehmen weiterentwickeln sollten. Angesichts der Infrastruktur und des problematischen indischen Verkehrswesens konnte sich Gupta nur schwer vorstellen, wie er das gesamte obere und mittlere Management für einen Tag nach Delhi holen sollte. Außerdem – waren die Führungskräfte in den laufenden Projekten nicht unentbehrlich, angesichts des Wachstums der Firma und der Menge an Arbeit? (Rick Kay von OTG Software hatte die gleiche Sorge, als Verne ihm das Verfahren für seine 40 mittleren Führungskräfte in allen Ecken der USA vorschlug.)

Schließlich war da noch die Sorge um die Kosten eines solchen Meetings. Man ging von durchschnittlichen Kosten von 5% aller Management-Gehälter aus, um ein Jahr lang die ganztägigen monatlichen Meetings abzuhalten. Ashiana Housing endete schließlich sogar bei 7%. Doch bereits die ersten paar monatlichen Meetings erzeugten so handfeste Ergebnisse, dass sie die Management-Meetings der nächsten 10 Jahre aufwogen. Drei entscheidende Ergebnisse des ersten Jahres waren:

1. **Verdreifachung des Umsatzes.** Während des ersten monatlichen Meetings ging das Team ein Riesenproblem an: die Umwandlungsraten im Vertrieb. Der Immobilienmarkt hatte sich 2009 sogar in Indien merklich abgekühlt, und das Unternehmen musste irgendwie an Käufer kommen. Die Herausforderung lag nicht darin, genug Interessenten für die Objekte zu finden. Es war die Umwandlung der Interessenten in zahlende Kunden.

   Nachdem sich die 70 Führungskräfte ein paar Stunden über das Thema unterhalten hatten, kamen sie auf die großartige Idee, einen „Wow-Faktor" an jedem Standort zu schaffen. Dazu mussten sich die Bau- und die Wartungsteams koordinieren. Außerdem wurde entschieden, das Wachpersonal ein Kundenservice-Training absolvieren zu lassen und die Anzahl der Schilder zu erhöhen, die potentielle Kunden in die Verkaufs- und Mietbüros leiten. Alle diese Aktivitäten konnten sofort umgesetzt werden, weil das gesamte mittlere Management in den Prozess eingebunden war.

   Das Ergebnis? Die monatlichen Verkäufe verdoppelten sich bis Jahresende und sind seitdem nicht wieder gefallen.

2. **Riesige Zeitersparnis.** Ein Teil der monatlichen Management-Meetings bei Ashiana sind so genannte „Show and Tell"-Präsentationen, in denen die Bau- und Wartungsteams ein best-practice-Verfahren aus dem Vormonat präsentieren. Einmal hatte das neue Bauteam in Pune einen Weg gefunden, Küchen in sechs bis sieben Tagen weniger und zu etwas niedrigeren Kosten einzubauen.

   Umgehend führten auch die Bauteams an vier anderen Standorten diese Praxis ein. Um eine Woche verkürzte Bauzeiten verbessern den Cash-Flow und befeuern den Vertrieb – ein großer Vorteil, der dem Unternehmen enorme Returns on Investment beschert.

3. **Überwundene Barrieren.** Wenn alle 70 Manager in einem Raum versammelt sind, stärkt das die Beziehungen quer über Funktionen und betriebliche Prozesse hinweg. Zum Beispiel versteht die Buchhaltung nun die Probleme der Wartungsteams besser. Außerdem erzeugt eine Runde von 70 Personen einiges an positivem Gruppenzwang, wenn die Manager zu

Beginn des Meetings am Freitagabend „ihre Kennzahl" vorstellen. Heute haben 100% der 70 Manager einen Leistungsindikator, der definitiv anzeigt, ob sie einen erfolgreichen Monat hatten.

Innerhalb nur eines Jahres übernahmen die 70 mittleren Führungskräfte vollständig die Tagesgeschäfte des Unternehmens. Dies wurde ermöglicht durch die formellen und informellen Trainings während dieser Meetings. Und dadurch erhielten die drei Brüder mehr Freiraum, sich auf die Marktaktivitäten zu konzentrieren, die Ashiana Housing an der Spitze der Wettbewerbs halten, wie beispielsweise den Neuerwerb von Grundstücken.

Vier Jahre später (zum Zeitpunkt des Erscheinens dieses Buches) werden die monatlichen Meetings immer noch abgehalten. Die mittleren Führungskräfte agieren als Mini-CEOs, und die drei Brüder sind entspannter als je zuvor und schmieden Pläne für die Zukunft. Aus der Performance-Perspektive ist der Börsenwert von Ashiana Housing im selben Zeitraum um 250% gewachsen, während die direkten Wettbewerber stagnierten.

Sehen Sie sich zur Veranschaulichung hier die vollständige Agenda der monatlichen Management-Meetings bei Ashiana an:

Meeting Agenda von Ashiana Housing

Freitag

18:30 – 20:30 Uhr: Nach einer Runde mit persönlichen und betrieblichen Neuigkeiten stellen die Manager „ihre Kennzahl" vor. Außerdem besprechen die Eigentümer – die drei Brüder – Mission, Vision und Values des Unternehmens und bringen das Team auf den neuesten Stand bei den Hauptzielen für das laufende Jahr.

20:30 Uhr – offen: Abendliches Buffet und Getränke dienen dem sozialen Austausch. Die zuvor mitgeteilten persönlichen Neuigkeiten der Manager bieten Anlass zu Gesprächen und knüpfen ein Band zwischen den Teammitgliedern.

Samstag

08:00 Uhr – 10:00 Uhr: Alle Manager präsentieren ihre Themen aus dem Vormonat, das Führungsteam fahndet derweil nach Mustern und Trends. Der Hauptvorteil aus Sicht der Eigentümer ist, dass die Manager eine Chance erhalten, ihre Herausforderungen klar und deutlich zu äußern. Oft können Kollegen in späteren persönlichen Gesprächen spontan konstruktive Lösungen anbieten.

10:30 Uhr – 12:30 Uhr: Nach einer Kaffeepause erhält das Team zwei Stunden lang Training. Unter den Themen der Vergangenheit waren Delegieren, E-Mail-

Etikette, Gesundheitstraining für Manager, etc. Vishal Gupta, einer der Brüder, hat daraufhin 5 Kilogramm abgenommen.

13:30 Uhr – 14:00 Uhr: Nach dem Mittagessen halten zwei Manager je eine 15-minütige „Show and Tell"-Präsentation, trainieren so Ihre Vortragsfähigkeiten und erhalten die Gelegenheit, best practices mit den anderen zu teilen.

14:00 Uhr – 17:00 Uhr: Das Team kümmert sich kollektiv um ein oder zwei große Probleme wie z.B. den Vertrieb. Geschäftsführer erhalten dadurch einen Einblick in die Ideen des mittleren Managements und passen ihre Branchenkenntnisse sowie ihre Entscheidungsansätze an. Um das Meeting abzuschließen, findet eine Runde mit Schlussworten statt, in der alle Beteiligten ein Fazit des Management-Meetings ziehen.

Monatliches Town Hall Meeting

Zusätzlich zum wöchentlichen CEO-One-Pager veranstalten viele Top-Leader auch monatliche Town Hall Meetings, bei denen sie ein paar wichtige Ankündigungen machen und den Mitarbeitern dann die Gelegenheit zu Fragen und Raum zur Diskussion wichtiger Themen geben.

WARNUNG: *Einer der größten Fehler, den ein CEO – im Sinne von Transparenz und Offenheit – machen kann, ist die Ankündigung von wichtigen Änderungen und Informationen vor der gesamten Belegschaft, ohne zuvor die mittleren Führungskräfte und Supervisoren zu unterrichten. Wenn einfache Mitarbeiter Änderungen hören, laufen sie unverzüglich zu ihren Vorgesetzten, um mehr Details zu erfahren: „Inwiefern betrifft das mich und meine Arbeit?" Wenn diese Vorgesetzten nicht Bescheid wissen, bringt der CEO sie in eine dumme Situation. Sie haben keine andere Wahl, als zu antworten „Ich weiß es nicht. Ich höre das selbst zum ersten Mal." Informieren Sie also zuerst ALLE Führungskräfte und bilden Sie ein undurchdringliches Spalier von Verbündeten für die Änderungen, die Sie vorhaben.*

Vierteljährliche und jährliche Meetings

Die primäre Agenda für diese ein- bis dreitägigen Offsite-Meeting besteht darin, die Wachstums-Tools zu überarbeiten und zu aktualisieren. Fragen, Schwerpunkte und Agenda der vierteljährlichen und jährlichen Meetings gehen direkt aus diesen Wachstums-Tools hervor. Gehen Sie auf *scaleup.de* und laden Sie sich ein Bonuskapitel über die Vorbereitung und Organisation dieser Meetings herunter.

SCALING UP CASH

CASH EINFÜHRUNG

SCHLÜSSELFRAGE: *Verfügen Sie über konstante Cash-Quellen – idealerweise intern generiert – um das Wachstum Ihres Business voranzutreiben?*

Wenn die Bereiche People, Strategy oder Execution nur halbwegs laufen, kommt man eine Weile zurecht. Ohne ausreichend Cash jedoch keinen Tag. Cash wird immer wichtiger, je größer das Business ist, denn „Wachstum verschlingt Cash". Sie müssen Wege finden, intern ausreichend Gewinne und Cash-Flow zu erzeugen, damit Sie sich für die Bewältigung des Wachstums nicht an Banken wenden müssen.

Der schnell wachsende Großhändler Costco Wholesale Corp. ist dafür ein gutes Beispiel. Es war ein mutiger Schritt, dass Mitgründer Jim Sinegal einen Mitgliedsbeitrag für alle Kunden einführte. Heute stehen diese Gebühren für 75% der Gewinne von Costco ($3 Milliarden der $4,04 Milliarden an Vorsteuereinnahmen im Jahr 2017). Mit dem Geld lassen sich alle neueröffneten Filialen finanzieren.

Gute Unternehmen haben absichtlich drei bis zehn Mal so viele Cash-Reserven als ihre Konkurrenten, wie Jim Collins und Morten T. Hansen in ihrem Buch *Great by Choice: Uncertainty, Chaos, and Luck — Why Some Thrive Despite Them All*[35] zeigen. So navigieren Wachstumsunternehmen durch jeden Sturm, und aus diesem Grund verfügte Bill Gates von Anfang an, dass bei Microsoft immer der Gegenwert der Betriebsausgaben eines Jahres in Bankguthaben hinterlegt ist. Diese Lektion hat auch Scaling Up gelernt, seit dem Unternehmen in Folge des 11. Septembers das Geld ausging. Wenn Sie einmal die Erfahrung gemacht haben, Ihre Mitarbeitergehälter nicht mehr zahlen zu können, wollen Sie das nie wieder erleben.

Kapitelübersicht

Im ersten Kapitel, „Das Cash", konzentrieren wir uns auf eine dramatische Verbesserung Ihres Cash-Umschlagszyklus (Cash Conversion Cycle). Dazu gehören Beispiele einiger praktischer und kreativer Ideen zur internen Generierung von Liquidität.

Das zweite Kapitel, „Das Rechnungswesen", verdeutlicht die unterschätzte Funktion des Rechnungswesens für Ihr Business und zeigt, wie es das Unternehmen bei der Generierung von angemesseneren Umsätzen und Gewinnen unterstützen kann. Dieses Kapitel haben wir zusammen mit Greg Crabtree geschrieben, dem Autor von *Simple Numbers, Straight Talk, Big Profits! 4 Keys to Unlock Your Business Potential,* und darin kommen einige wichtige Leistungsindikatoren

[35] deutsche Übersetzung: *Oben bleiben. Immer*

(KPIs) vor – darunter das sehr aufschlussreiche Arbeitseffektivitätsverhältnis – mit denen bessere Entscheidungen und höhere Profitabilität erreicht werden.

Das dritte Kapitel, „Power of ONE (1%)", stellt Ihnen die Fallstudie eines scheinbar gesunden $24-Millionen-Unternehmens vor, das schließlich „pleite wuchs". Dieses Kapitel wurde gemeinsam mit Alan Miltz und seinem Team erarbeitet, den Entwicklern der führenden Banken-Software zur Evaluierung der finanziellen Gesundheit von Unternehmen. Das Kapitel zeigt Ihnen, welche 7 finanziellen Hebel Managern zur Verfügung stehen. „The Power of One (1%)" bezieht sich auf den Vorteil für den Cash-Flow, den eine 1-prozentige Änderung an einem der 7 Hebel hat.

Zwei One-Page Cash Tools werden in diesem Kapitel vorgestellt:

1. **Cash Acceleration Strategies (CASh):** eine Liste mit spezifischen Strategien zur Erhöhung des Cash-Flows

2. **The Power of One (1%):** ein Art, die Auswirkungen von Änderungen bei den 7 finanziellen Hebeln auf die Cash-Reserven zu berechnen

Cash: Cash-Optimierungs-Strategien

	Durchlauf-zeiten reduzieren	Fehler eleminieren	Verbes-serung Business modell
A Möglichkeiten zur Optimierung des Vertriebsprozesses			
1			
2			
3			
4			
5			
B Möglichkeiten zur Optimierung der Leistungserstellung und des Lagerumschlags			
1			
2			
3			
4			
5			
C Möglichkeiten zur Optimierung des Auslieferungsablaufs			
1			
2			
3			
4			
5			
D Möglichkeiten zur Optimierung der Rechnungsstellung und des Zahlungseingangs			
1			
2			
3			
4			
5			

Ganzseitige Vorlage des Tools zum Download auf *scalingup.com,* die deutsche Version finden Sie auf *scaleup.de.*

Cash: Die Macht der kleinen Schritte

SCALING UP
A GAZELLES COMPANY

Ihr Power of One	**Net Cash Flow €**	**EBIT €**
Ihr aktueller Stand		

Ihr Power of One	**Geplante Änderungen**	**Einfluss auf Cash-Flow €**	**Einfluss auf EBIT €**
Preiserhöhung %	%		
Umsatzsteigerung %	%		
Reduzierung des Wareneinsatzes %	%		
Reduzierung der Gemeinkosten %	%		
Reduzierung Zahlungsziel Debitoren in	day(s)		
Reduzierung Lagerdauer in	day(s)		
Erhöhung Zahlungsziel Kreditoren in	day(s)		
Ihr Power of One Effekt			

Ihr Power of One	**Net Cash Flow €**	**EBIT €**
Ihr **(angepasster)** aktueller Stand		

Ganzseitige Vorlage des Tools zum Download auf *scalingup.com,* die deutsche Version finden Sie auf *scaleup.de.*

12

DAS CASH
Beschleunigung für den Cash-Flow

EXECUTIVE SUMMARY: *Cash ist der Sauerstoff für Ihr Wachstum. Und der Cash-Umschlagszyklus (Cash Conversion Cycle, CCC) ist der entscheidende Leistungsindikator (KPI) – Ausdruck für die Zeit, die jeder auf Mieten, Betriebsmittel, Gehälter, Inventar, Marketing, etc. aufgewendete Dollar, Euro oder Yen braucht, um einmal durch Ihr Geschäftsmodell zu laufen und als Erlös wieder in Ihrer Tasche zu landen. In diesem Kapitel zeigen wir Ihnen verschiedene Beispiele, wie Unternehmen ihren CCC dramatisch verbessern können, indem sie das One-Page Cash Acceleration Tool (CASh) anwenden. Durch die eigenständige Finanzierung ihres Wachstums mit intern generiertem Cash lösen sie sich aus dem Klammergriff der Banken und/oder Investoren. Sie sollten bei jedem vierteljährlichen Planungs-Meeting über Wege nachdenken, den Cash-Flow zu verbessern und thematisch ähnliche Quartals-Prioritäten ausgeben. Eine konstante Verbesserung des Cash-Flows Ihres Unternehmens – und ein besseres Verständnis dafür, wie Cash Ihr Business antreibt – ist ein wirkungsvolles Mittel, Ihr Unternehmen als Ganzes zu verbessern.*

Als Michael Dell das rapide Wachstum seines Unternehmens vorantrieb, erreichte er Mitte der 90er Jahre einen Punkt, an dem ihm das Geld ausging. Er war „pleite gewachsen", wie so viele Unternehmen, die schnell skalieren. Dann machte er Tom Meredith zum neuen CFO. Meredith rechnete für Dell Inc. einen Cash-Umschlagszyklus (CCC) von 63 Tagen aus. Das bedeutete: es dauerte 63 Tage, bis ein von Dell in irgendeinem Bereich investierter Dollar als Cash wieder in der Bilanz (auf dem Bankkonto) auftauchte.

Indem alle 90 Tage eine neue Strategie oder Initiative zur Verbesserung des Cash eingeführt wurde, sank der CCC innerhalb von 10 Jahren auf minus 21 Tage. Das hieß, das Unternehmen erhielt einen Dollar bereits 21 Tage bevor es ihn irgendwo investierte. Als Dell immer schneller wuchs, generierte das Unternehmen immer mehr Cash, statt es zu verbrauchen. Aus diesem Grund hatte der Gründer und CEO am Ende genug davon, um das Unternehmen wieder in Privatbesitz zu überführen.

In diesem Kapitel untersuchen wir Strategien, mit denen sich Ihr Cash-Flow durch Verbesserungen des CCC beschleunigen lässt.

Cash-Umschlagszyklus (CCC)

Nicht jedes Business kann einen negativen CCC haben, aber Sie können Dells Beispiel als Inspiration für die eigenen Bemühungen nehmen. Es geht nur darum, den richtigen Weg zu finden. Zum Beispiel erstellte Catapult Systems LLC, ein auf Microsoft spezialisiertes IT-Beratungsunternehmen aus Austin (Texas), seine Rechnungen in einem 30-Tageszyklus. Die Mitarbeiter jedoch wurden zweimal pro Monat bezahlt, was laut Gründer und Vorstand Sam Goodner zu „einer furchtbaren Cash-Flow-Situation" führte. In der Folge ging er einfach dazu über, seinen Kunden zweimal pro Monat eine Rechnung auszustellen, nachdem er festgestellt hatte, dass 90% von ihnen mit der Änderung einverstanden waren. Er konnte den Cash-Flow unmittelbar verdoppeln.

Um den Cash-Umschlagszyklus anzugehen, beginnen Sie am besten mit der Lektüre von „How Fast Can Your Company Afford to Grow?" – einem Artikel von Neil C. Churchill und John W. Mullins in der *Harvard Business Review*. Darin erhält Ihr Team die Formel zu Berechnung des Gesamt-CCC Ihres Unternehmens und es werden viele der finanziellen Hebel besprochen, die wir im letzten Abschnitt dieses Kapitels „Cash" behandeln.

HINWEIS: *Gerade als dieses Buch in den Druck ging, veröffentlichte John Mullins ein neues Buch, das von Verne empfohlen wird:* The Customer-Funded Business: Start, Finance, or Grow Your Company with Your Customers' Cash. *Der Titel sagt alles! Lesen Sie es, um einen tieferen Einblick in die Cash-Seite Ihres Business zu erhalten und Wege zu finden, wie bei Costco das Wachstum durch die Kunden finanzieren zu lassen.*

Cash Acceleration Strategies (CASh)

Wir haben ein One-Page Tool als Brainstorming-Grundlage für Teams geschaffen, die nach Wegen zur Verbesserung des Cash-Umschlagszyklus suchen: Cash Acceleration Strategies, oder „CASh". Der CCC wird hier in vier Hauptkomponenten aufgeteilt:

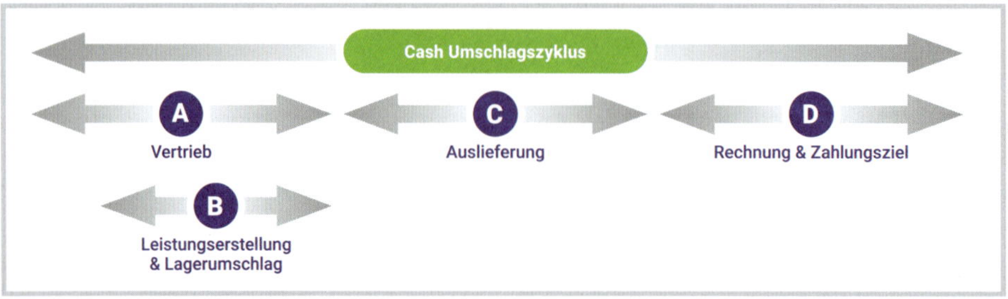

In fast allen Unternehmen gibt es diese Komponenten in irgendeiner Form. Sogar Serviceunternehmen, die nicht voll ausgelastet sind, haben eine Art Inventar. Unterschiede bestehen vor allem in der Abfolge der Komponenten, indem sich einige Zyklen mit anderen überlappen oder in einer anderen Reihenfolge stehen. Wenn Ihr Geschäftsmodell zum Beispiel – wie bei Dell –auf Vorauszahlungen des vollen Betrags beruht, dann steht der Zahlungs- und Rechnungszyklus zeitlich nach dem Vertriebszyklus, aber vor dem Herstellungs- und dem Lieferzyklus. (Mit anderen Worten: Dell verkauft zunächst einen Computer und hält erst danach eigene Artikel vor.)

Wir möchten Management-Teams ermutigen, jeden Monat mindestens eine Stunde nach Wegen zu suchen, diese Komponenten des Cash-Zyklus zu verbessern. Es ist eine wirksame Übung für das erweiterte mittlere Management während der monatlichen Management-Meetings. Alle erhalten éin besseres Verständnis für den Cash-Flow im Unternehmen und wie jede Funktion/Stelle ihren Beitrag zur Optimierung leisten kann.

Einige Möglichkeiten:

- Zunächst: sagen Sie nicht mehr „So ist das halt in unserer Branche".
- Werten Sie alles verfügbare Cash TÄGLICH aus, inklusive einer kurzen Erklärung, warum es sich in den letzten 24 Stunden verändert hat. Vergleichen Sie es wöchentlich mit Ihren Debitoren- und Kreditorenkonten. Sie werden eine Menge über Ihr Business lernen, wenn Sie auf täglicher Basis beobachten, wie das Cash durchs Unternehmen fließt.
- Wenn Sie frühere Fälligkeitstermine vereinbaren wollen: fragen Sie nach! Kleinere Firmen stellen oft fest, dass große Unternehmen (und Behörden!!) deutlich schneller oder gar im Voraus zahlen, wenn sie einfach öfter fragen, fragen, fragen, fragen und fragen.
- Geben Sie Kunden, die immer rechtzeitig oder im Voraus bezahlen, etwas zurück.
- Verschicken Sie Ihre Rechnungen schneller. Schaffen Sie eine zusätzliche Stelle in der Buchhaltung nur für die Überprüfung der Rechnungsstellung und für Zahlungserinnerungen.
- Verschicken Sie fünf Tage *vor* der Frist eine Zahlungserinnerung in freundlichem Ton. Viele Kunden sind schlecht organisiert und wissen die Erinnerungen sogar zu schätzen, was in schnelleren Zahlungen resultiert.
- Bei wiederkehrenden Rechnungen ist es auch Usus, sich vom Kunden eine Einzugsermächtigung geben zu lassen, um die rechtzeitige Zahlung zu automatisieren.

- Versuchen Sie zu verstehen, warum Kunden verspätet zahlen. Vielleicht sind sie mit Ihrem Produkt oder Service unzufrieden. Oder eine Rechnung weist wiederholt Fehler auf oder ist nicht mit dem automatisierten Abrechnungssystem des Kunden kompatibel.
- Versuchen Sie, die Zahlungszyklen jedes Kunden zu verstehen und stimmen Sie Ihre Rechnungen darauf ab.
- Zahlen Sie möglichst viele Ihrer Aufwendungen erst zum Fälligkeitsdatum.
- Helfen Sie Ihren Kunden dabei, den eigenen Cash-Flow zu verbessern, damit sie rechtzeitiger zahlen. Bieten Sie ihnen zum Beispiel Leasing-Optionen an.
- Verkürzen Sie die Lieferzyklen Ihrer Produkte oder Services. Alle haben laufende Arbeiten bzw. unfertige Erzeugnisse. Je schneller Sie Projekte abschließen, desto schneller werden Sie bezahlt.
- Bieten Sie so hochwertige Produkte oder Services an, dass Sie einen Verhandlungsspielraum haben, wenn Kunden zu früheren Zahlungen bewegt werden sollen.
- Erinnern Sie sich: Verbesserungen von Margen und Gewinnen verbessern den Cash-Flow.

HINWEIS: *Lassen Sie sich wie Verne einen täglichen Cash-Report von ihrem CFO geben. Der CFO sollte die Quellen und Beträge aller eingehenden und ausgehenden Cash-Bestände während der letzten 24 Stunden zusammenfassen – neben einer Schätzung des Cash-Flows für den kommenden Monat. So haben Sie das Thema immer vor Augen und können schnell reagieren – innerhalb von Tagen, nicht Monaten – falls etwas in die falsche Richtung läuft. Die tägliche Überwachung der Quellen von ein- und ausgehendem Cash gewährt auch einen realen Einblick in das Finanzierungsmodell Ihres Unternehmens.*

Beinahe alle diese Ideen lassen sich in drei allgemeine Kategorien einsortieren, in denen sich Verbesserungen realisieren lassen:

1. Zyklen verkürzen.
2. Fehler eliminieren.
3. Geschäftsmodell verändern.

Um Sie zu weiteren Ideen anzuregen, wie Sie den Cash-Flow verbessern können, hier ein paar Vorschläge für jede Kategorie.

Zyklus-Zeiten verkürzen

Jede Verkürzung von Prozess- und Durchlaufzeiten in Ihrem Unternehmen (z.B. Senkung der Dauer eines vollen Zyklus von Kaufinteresse bis zum Geschäftsabschluss) hilft Ihrem CCC. Daher sind wir so große Fans von Toyotas Lean-Methode für alle Aspekte des Business. Mit ihrem Fokus auf der Eliminierung von Zeitverschwendung ist sie ein ideales Tool, um Prozesse zu verbessern, die Produktivität der Mitarbeiter zu erhöhen und den Cash-Flow zu optimieren.

Widmen Sie Ihre Aufmerksamkeit besonders dem Vertriebsprozess. Sie investieren vielleicht eine Menge Geld und Zeit in die Akquise neuer Kunden. Mit den Verhandlungstechniken von Victoria Medvec (schauen Sie sich den exzellenten Online-Kurs „High Stakes Negotiation" auf *scalingup.com* an) konnte ein Unternehmen wie Goldman Sachs seine Vertriebszyklen von Monaten auf Wochen und von Wochen auf Tage verkürzen. Je schneller Sie ein Geschäft zum Abschluss bringen, desto schneller fließt das Cash – und Sie lassen potentielle Konkurrenten hinter sich.

In der Fertigung bei Dell schaffte ein Produktionsmitarbeiter (zu Zeiten, als Dell noch Fabriken betrieb) den Zusammenbau eines Computers innerhalb von Minuten, und das Unternehmen hielt nur Lagerbestände für wenige Tage auf Vorrat. Dieser schnelle Lagerumschlag und die Geschwindigkeit des Produktionsprozesses trugen erheblich zum erstaunlichen CCC des Unternehmens bei.

Da viele Buchhaltungsabteilungen unterbesetzt sind, gibt es oft Zeitverzögerungen beim Versand von Rechnungen und bei der Abrechnung. Catapult Systems verschickt nicht nur seine Rechnungen zweimal pro Monat, um den Cash-Flow zu verbessern, sondern sammelt Gelder auch schneller als die meisten Firmen ein. Vorsitzender Goodner meint dazu: „Unsere verantwortliche Person in der Buchhaltung arbeitet daran, ein persönliches Vertrauensverhältnis zu den Kreditoren-Teams bei unseren Kunden aufzubauen. Sie ist die charmanteste, entwaffnendste, am wenigsten bedrohliche, sympathischste Person, die Sie sich vorstellen können. Fünf Tage vor Ablauf der Frist beginnt sie mit Anrufen in der Buchhaltung unserer Kunden und erkundigt sich, ob alles in Ordnung ist. Sie weist immer darauf hin, wie großartig unser Projekt läuft. Sie hinterlässt ihre Nummer für den Fall dass Probleme auftauchen und sagt Dinge wie: ‚Ich freue mich wirklich auf Ihren Scheck nächste Woche'." Und wenn der Scheck sich verspätet, übernimmt am folgenden Tag ein Inkasso-Spezialist bei Catapult Systems den nächsten Anruf beim Kunden.

Auf diesen Ansatz führt Goodner die „unglaublich guten Ergebnisse" des Unternehmens beim Eintreiben offener Rechnungen zurück – einfach „weil wir häufig nachfragen“ sagt er. Und wenn das in Ihrer Branche oder Ihrem Land verpönt ist (oder als illegal gilt):

Ein anderes Beispiel ist ein Unternehmen aus Australien, das günstige Lottoscheine an die Buchhaltung seiner Kunden verschickt – als Dankeschön für rechtzeitig beglichene Rechnungen. Die Rechnungen dieses Unternehmens rutschen dann immer auf magische Art und Weise ganz nach oben im Stapel. Bereits eine Grußkarte, die sich mit ein paar warmen Worten an die Buchhalter richtet, kann diesen Effekt erzielen. Entscheidend ist es, jemanden zu haben, der sich wirklich um diese Menschen kümmert.

Sie sollten außerdem ein explizites Fälligkeitsdatum auf der Rechnung vermerken („31. Mai“ zum Beispiel), nicht nur das übliche „zahlbar in 30 Tagen“. Oft muss ein hochrangiger Mitarbeiter in der Organisation Ihres Kunden die Rechnungen gegenzeichnen, und manchmal starten die 30 Tage erst, wenn die Unterschrift da ist. Bei einem konkreten Fälligkeitsdatum, auch wenn die Unterschrift des Vorgesetzten erst am vorletzten Tag vorliegt, wird die Buchhaltungsabteilung Ihres Kunden die Rechnung zum angegebenen Datum begleichen.

Stellen Sie alle Prozesse im Unternehmen auf den Prüfstand – Vertrieb, Produktion, Servicelieferungen, Rechnungen, Inkasso – und finden Sie Wege, sie zu beschleunigen und Cash schneller durch das Business laufen zu lassen.

Fehler eliminieren

Nichts erbost Kunden mehr als Fehler. Das ist der Hauptgrund für verspätete Zahlungen. Unvollständige Bestellungen, Fehler in Rechnungen und verpasste Fristen sind nicht nur kostspielig, sondern halten auch genau die Prozesse auf, die Sie beschleunigen wollten. Der Cash-Flow leidet darunter.

Adam Sproule, Gründer von Salisbury Landscaping aus Alberta (Kanada), hat den Cash-Umschlagszyklus seines Unternehmens zu einer Kunstform gemacht. Durch seinen Ansatz konnte er den CCC in den letzten 20 Jahren kontinuierlich verbessern. Nicht nur wird bei Salisbury Landscaping eine Vorauszahlung als Kaution hinterlegt (der Rest ist sofort nach Abschluss des Projektes fällig), es wurden auch betriebliche Praktiken umgesetzt, mit denen Aufgaben schneller und reibungsloser als in der gesamten üblichen Branche erledigt werden können. Salisbury hat sich dadurch eine Reputation erworben, mit der sich Kautionen und Zahlungen leichter eintreiben lassen.

Gewerbetreibende im Landschaftsbau oder der Bauwirtschaft arbeiten normalerweise an drei Jobs gleichzeitig, und oft wundern sich die Kunden, was passiert und warum die Projekte noch nicht beendet wurden. „Das ist wirklich ein Hauptärgernis, wenn wir mit Leuten reden", sagt Sproule. Die Teams von Salisbury konzentrieren sich dagegen auf ein einziges Projekt und schließen es so schnell wie möglich ab. „Wir arbeiten mit lebenden Pflanzen, daher muss alles schnell gehen", sagt Sproule. „Nicht nur bedeutet eine Verzögerung eine große Störung für unsere Kunden. Auch das Auftreten von Problemen wird umso wahrscheinlicher, je länger alles dauert."

Wenn die Crew den Projektort schon verlassen hat, macht jemand aus Sproules Team mit dem Kunden die Projektabnahme. „Auch wenn es nur ein paar kleinere Mängel gibt, notieren wir das", sagt Sproule, der auch darauf hinweist, dass seine Mitarbeiter von „Anpassungen" sprechen statt von „Fehlerbeseitigung", um eine negative Wirkung zu vermeiden.

„Im Anschluss machen wir eine Liste mit den Anpassungen. Weil wir sehr effizient arbeiten, vertrauen uns die Kunden. Wir erhalten oft schon direkt nach der Abnahme den vollen Betrag ausgezahlt, obwohl noch kleinere Korrekturarbeiten zu tun sind", sagt Sproule. Und damit aus Fehlern gelernt wird und die gleichen Fehler bei zukünftigen Projekten vermieden werden, sendet Salisbury dasselbe Team hinaus, das für die Mängel verantwortlich ist, um die Anpassungen möglichst schnell vorzunehmen.

Ein weiteres Beispiel: Die PPR Talent Management Group konnte durch größere Sorgfalt bei der Rechnungserstellung einen Betrag von einer Million Dollar pro Monat einsparen. Als Auftragnehmer von etwa Eintausend Kunden – meist Krankenhäuser mit unterschiedlichen Richtlinien und Zeiterfassungen – waren die Rechnungen alle verschieden und machten die Sache äußerst komplex. Wenn PPR Fehler auf den Rechnungen korrigieren musste, verzögerten die jeweiligen Kunden natürlich die Zahlung. Um dieses Problem zu lösen, schaffte das Unternehmen aus Florida eine zusätzliche Stelle – nicht nur, um bessere Beziehungen zu den Buchhaltungen der Kunden aufzubauen, sondern auch um die Rechnungen auf den Bedarf und die Vorgaben jedes einzelnen Kunden zuzuschneiden. CEO Dwight Cooper sagt dazu: „Als wir unseren Prozess änderten und richtig optimierten, stieg das Vertrauen unserer Kunden rasant an."

Dann kam die jüngste Rezession. Sie zog sich bis ins Jahr 2009 hin, und Cooper meint: „Wir haben unsere Liquidität vernachlässigt." Es war höchste Zeit, das gesamte Geschäftsmodell zu ändern, zumindest aus der Cash-Perspektive.

Geschäftsmodell verändern

PPR hatte kein Problem mit der Zahlungsmoral seiner Kunden. Es musste erst einmal die richtigen Voraussetzungen schaffen. PPR brauchte Cash, um weiter wachsen zu können, also bat das Unternehmen seine Kunden um Vorauszahlungen. „Wir waren positiv überrascht, als viele unserer Kunden einfach so zustimmten", mein Cooper.

Es gibt viele Möglichkeiten der Anpassung Ihres Geschäftsmodells, um Ihren CCC positiv zu beeinflussen. Die zwei mit den besten Ergebnissen sind: 1. Ihre Kunden das Business finanzieren zu lassen (wie Costco über Mitgliedsbeiträge) oder 2. Ihre Lieferanten das Business finanzieren zu lassen (wie Dell über sein Bestandsmanagement).

Wenn Sie neben Darlehen und Investoren weitere Cash-Quellen kennenlernen möchten, empfehlen wir Ihnen einen Artikel von Verne in *Fortune Small Business* mit dem Titel „Finding Money You Didn't Know You Had": *http://tiny.cc/finding-money*

Profitabilität steigern

Auch Benetton India spürte die Auswirkungen des Wirtschaftscrashs von 2009, daher begann das Unternehmen großangelegte Sparmaßnahmen. Sanjeev Mohanty, der CEO von Benetton India Private Ltd., bekam seine Lieferanten dazu, über eine Business-Software von Ariba online um Aufträge zu konkurrieren und zu bieten. „Zuerst waren alle sehr skeptisch und befürchteten Qualitätseinbußen", sagt er. Zudem hatten einige der Zulieferer bereits seit über einem Jahrzehnt Waren an Benetton geliefert. Die Benetton-Manager zögerten natürlich, ein gut funktionierendes System über den Haufen zu werfen.

Mohanty setzt sich aber durch, und die Einsparungen waren enorm. Zum Beispiel lud Benetton India sechs verschiedene Lieferanten – darunter den aktuellen Vertragspartner – ein, Gebote für einen Auftrag über Einkaufstaschen abzugeben. Die Zulieferer können Ariba nicht nur für ihre eigenen Gebote nutzen, sondern sie sehen auch die Gebote der Wettbewerber. Gewöhnlich dauert das Bieterverfahren einige Stunden, doch diese Runde war bereits nach 32 Minuten geschlossen. Die Manager hatten den Prozess live verfolgt. Benetton hatte ursprünglich 52 Cent pro Einkaufstasche bezahlt, und jetzt lag das letzte Gebot bei 34 Cent – eine Riesenersparnis. Überraschenderweise stammte das letzte Gebot vom aktuellen Vertragspartner – also erhielt Benetton India nicht nur einen günstigeren Preis, sondern auch die gewohnte Qualität. Heute müssen Mitarbeiter die Software Ariba für alle Produkte oder Services mit einem Wert von mehr als $10.000 verwenden. Vor kurzem hat Benetton India in einem Jahr $1,2 Millionen durch diesen Beschaffungsprozess eingespart.

Noch einmal: wenn Sie die Profitabilität steigern, verbessern Sie Ihr Cash – so lange keine Auswüchse beim Management in Ihrer Bilanz stehen (darüber sprechen wir in den nächsten zwei Kapiteln). Und für Einzelhändler wie MOM's Organic Market oder Benetton India, die für jede Transaktion Bar- oder Kreditkartenzahlungen erhalten, besteht der einzige wirkliche interne Finanzhebel in der GuV-Seite des Business.

Während der jüngsten Finanzkrise fürchteten MOM's CEO Scott Nash und sein Team, dass die Kreditlinien versiegen könnten, und konzentrierten sich auf die Verbesserung ihrer Produktivität (mit Schwerpunkten auf Preisen, Einkauf, etc.). Heute liegt die Profitabilität der Kette aus Washington vier Mal höher als der Branchendurchschnitt, und finanziert mit dem frei gewordenen Cash-Flow sein Wachstum. Goodner von Catapult Systems spürt Kosteneinsparungen auf, indem er alle sechs Monate mit einem seiner Buchhalter zusammensitzt und durchgeht, wie viel das Unternehmen für Waren und Dienstleistungen bezahlt. Ein gutes Verständnis für alle Ausgaben, einmaligen Kosten und wiederkehrenden Gebühren führt zu großen Einsparpotenzialen. „Ich könnte wahrscheinlich Zehntausende Dollar pro Jahr einsparen, ohne dass man im Unternehmen einen Unterschied bemerkt", sagt Goodner. Als er zum Beispiel realisierte, dass das Unternehmen in einer Niederlassung $600 pro Monat für die Lieferung von Wasserflaschen ausgab, entschied er sich zum Kauf eines professionellen Filtersystems – zu einem Zehntel der Kosten. „Wiederkehrende Kosten sind die wahren Killer", sagt Goodner. „Ich lasse mir immer noch alle wiederkehrenden Gebühren persönlich vorlegen und genehmige sie selbst."

Ausfüllen Ihres Cash Acceleration Strategies (CASh) Tools

1. Lesen Sie den Artikel „How Fast Can Your Company Afford to Grow?" von Neil C. Churchill und John W. Mullins in der *Harvard Business Review.*
2. Berechnen Sie Ihren aktuellen CCC in Tagen.
3. Berechnen Sie, wie viel Cash Sie für jeden zusätzlichen Tag im CCC benötigen.
4. Finden Sie mithilfe des CASh Tools Wege, den CCC sowie die 7 finanziellen Hebel aus dem letzten Abschnitt dieses Kapitels „Cash" zu optimieren. Stellen Sie sicher, dass Sie dabei alle drei Hauptkategorien abdecken: Zyklen verkürzen, Fehler eliminieren, Geschäftsmodell verändern.
5. Wählen Sie alle 90 Tage eine Initiative zur Cash-Verbesserung als eine Ihrer Quartals-Prioritäten („Rocks").

Stellen Sie sich vor, Sie verbessern Ihren CCC um 30 Tage (und Sie haben ein $30-Millionen-Business). Nun haben Sie also $2,5 Millionen mehr Geld auf Ihrem Konto, und Sie können:

1. Ihren Betriebsmittelkredit tilgen.
2. Eine Dividende an Ihre Shareholder ausgeben.
3. In ein neues Projekt investieren, das Ihre Wachstumspläne abstützt.
4. Auf dem Geld sitzen bleiben, bis Sie die perfekte Gelegenheit gefunden haben.
5. Das Geld als Reserve für schlechte Zeiten zurückbehalten.

Das Tollste an einer Verbesserung des CCC ist, dass sie gewöhnlich zu einem schnelleren Puls im Unternehmen führt, was wiederum den Kunden zugutekommt. Sie verbessert auch die Kenntnisse Ihrer Manager, da ihnen die Auswirkungen ihrer Entscheidungen auf den Cash-Flow klarer werden. Und mit mehr Cash bei der Bank können alle weiterhin ruhig schlafen, während das Business skaliert. Diese Routine verschafft Ihnen wirkliche Freiheit, Nachhaltigkeit und Durchhaltevermögen.

13

DAS RECHNUNGSWESEN

Profitabilität steigern

EXECUTIVE SUMMARY: *Greg Crabtrees sehr gut lesbares Buch* Simple Numbers, Straight Talk, Big Profits! 4 Keys to Unlock Your Business Potential *hat Wachstumsfirmen ein ganz neues Gebiet erschlossen. Es trifft bei CEOs einen Nerv und zeigt, dass Buchhalter ihnen bislang noch nicht die richtigen Daten geben, die sie für bessere Entscheidungen benötigen. Crabtrees Buch stellt die These auf, dass unsere Buchhalter im Laufe der Zeit zu bloßen Daten-Prozessoren wurden und die Fähigkeit verloren haben, ihre Informationen klar und einfach zu kommunizieren. Wir haben Greg Crabtree – CEO von Crabtree, Rowe & Berger PC – daher eingeladen, an diesem Kapitel mitzuarbeiten und einige seiner Einsichten zu teilen: Wie kann das Rechnungswesen Manager dabei unterstützen, Probleme zu erkennen, profitabel zu wachsen und Wertsteigerungen zu erzielen?*

Ein bestimmtes Serviceunternehmen, das in 14 harten Jahren auf $5 Millionen Umsatz gekommen war, erwirtschaftete kaum Gewinne und noch nicht einmal ein angemessenes Gehalt für den Eigentümer. Da kam Greg Crabtrees Rechnungswesen-Team ins Spiel und nutzte den „Simple Numbers"-Ansatz, um dem Eigentümer sein Business in einem neuen Licht erscheinen zu lassen. Zur entscheidenden Kennzahl wurde nicht der Umsatz erklärt, sondern der Rohertrag. Das Serviceunternehmen passte das Gehalt des Eigentümers auf marktübliche Konditionen an, um die Gewinne nicht überzubewerten. Crabtrees Team führte Techniken ein, mit denen die Arbeitseffizienz gemessen werden konnte. So war der Eigentümer in der Lage, seine Arbeitskosten unmittelbar auf Geschäftszyklen abzustimmen.

Ergebnis unter dem Strich: Crabtrees Auftraggeber wuchs in den folgenden fünf Jahren um $25 Millionen und erzielte 10% Gewinne (nach Abzug des Gehalts für den Eigentümer). Zwar mussten nun ein paar Steuern mehr bezahlt werden. Aber durch die gute Nachsteuerrendite konnten sich sowohl das Unternehmen als auch der Eigentümer vollkommen entschulden und die Cash-Reserven aufladen.

In diesem Kapitel sehen wir uns die verschiedenen Tools und Methoden an, mit denen Crabtree und sein Team diesem und hunderten weiteren Unternehmen geholfen haben, die Profitabilität dramatisch zu steigern. Der Prozess beginnt damit, dass dem Rechnungswesen in einem Business der höchste Wert beigemessen wird.

Das Rechnungswesen: Immer wieder unterschätzt

Wenn die größte Schwäche von Wachstumsfirmen das Marketing ist, dann kommt das Rechnungswesen auf Platz 2. Rechnungswesen wird fast immer unterschätzt. Es wird als notwendiges Übel angesehen, um die Steuerbehörden auf Abstand zu halten, Rechnungen zu stellen, Forderungen einzutreiben, Ausstände zu begleichen und monatliche Berichte zu erstellen – denen meist kaum Aufmerksamkeit zuteilwird, außer einem kurzen Blick ans Ende der GuV.

„Die zweitgrößte Schwäche von Wachstumsfirmen ist das Rechnungswesen."

Aus diesem Grund ist das Rechnungswesen auch so oft unterfinanziert. Wenn Entrepreneure über einen Extra-Dollar aus Gewinnen verfügen, dann investieren sie ihn entweder in die Produktion oder den Vertrieb. Das sind auch sicherlich gute Entscheidungen. Dennoch haben wir schon zu oft die Gewinne und das Cash sich innerhalb eines Jahres verdoppeln sehen, wenn nur ein wenig mehr Aufmerksamkeit und Ressourcen auf das Rechnungswesen verwendet werden (erinnern Sie sich: John D. Rockefeller war ausgebildeter Buchhalter).

Stellen Sie nur eine Person als Unterstützung oder Entlastung des CFOs ein, dann erhalten Sie unter anderem etwa dies:

1. Mehr Cash und besseres Cash-Flow-Management
2. Wasserfallgrafiken (werden gleich erläutert), durch die Sie genauere Informationen aus dem Rechnungswesen bekommen und bessere Entscheidungen treffen
3. Trendanalysen und Frühwarnsysteme für bessere Vorhersagen
4. Zwei kaufmännische Bücher – aus gutem Grund!

Wasserfallgrafiken

Eine Hauptaufgabe des Rechnungswesens ist die Aufspaltung der Finanzdaten eines Unternehmens in so kleine Teile wie möglich. So kann das Führungsteam den Rohertrag, die Gewinne und den Cash-Flow nach Kategorien auswerten: einzelne Kunden, Standorte, Produktlinien, Vertriebsmitarbeiter, etc. Die Buchhalter erstellen dafür eine Reihe von Wasserfallgrafiken (siehe Diagramm unten).

HINWEIS: *Die vertikale Achse misst zum Beispiel Rohertrag oder Gewinne in Prozent, während die horizontale Achse bestimmte Kunden, Standorte, Vertriebsmitarbeiter, Produktlinien, SKUs, etc. darstellt.*

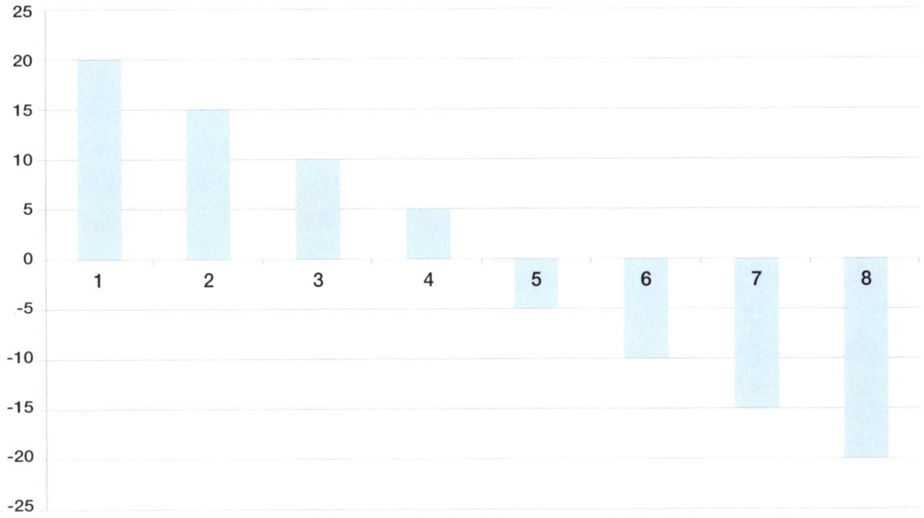

Das Führungsteam kann aus diesen Wasserfallgrafiken schnell herauslesen, ob das Unternehmen eine Menge Geld in einem bestimmten Bereich des Business verdient bzw. viel Geld in einem anderen Bereich verliert – mit dem Resultat einer nur mittelmäßigen Profitabilität. Es sind die wenig profitablen Bereiche des Business, die oft die meiste Zeit und Aufmerksamkeit des Managements auf sich ziehen. Spezialisten für Change Management wie Greg Brenneman, Vorsitzender der Private-Equity-Firma TurnWorks Inc. aus Houston, verlassen sich auf diese Art von Informationen, um dauerhaft unprofitable Prozesse zu eliminieren, z.B. unprofitable Strecken bei Continental Airlines, oder unprofitable Gerichte bei der Restaurantkette Quiznos.

„Was ist strategisch daran, viel Geld zu verlieren?“

Warum halten wir immer so lange an diesen Loser-Prozessen fest? „Aus strategischen Gründen“ lautet die Ausrede! Aber was ist strategisch daran, über einen langen Zeitraum viel Geld zu verlieren? Apple hätte leicht behaupten können, dass der Verkauf seiner verlustreichen Handheld-Sparte ein strategischer Schritt sei, doch erst Steve Jobs eliminierte die Produktlinie, als er zu Apple zurückkehrte. Wenn Sie derartige Verlustgeschäfte wirklich am Laufen halten müssen – Sie sollten das wenn überhaupt nur bei wenigen tun – dann verbuchen Sie sie in der Buchhaltung als Marketing-Ausgaben. Wenn Sie mehr über strategische Fehler dieser Art erfahren möchten, lesen Sie Brennemans Fallstudie zum Turnaround bei Continental Airlines in der *Harvard Business Review.*

Trendanalysen

Eine grundlegende Aufgabe von Leadern sind Vorhersagen – und um richtig zu liegen, brauchen sie regelmäßig sowohl quantitative Daten als auch qualitatives Feedback. Wie bereits erwähnt sind alle Daten älter als eine Woche bereits Geschichte und nicht mehr für die in unserer hochvernetzten, globalen Wirtschaft geforderten schnellen Entscheidungen zu gebrauchen.

Die Funktion des Rechnungswesens ist in dieser Hinsicht entscheidend. Sie sollte alle Arten von Reports und Grafiken bereitstellen, die dem Führungsteam helfen, in die Zukunft zu blicken. Zum Beispiel halfen wir dem CFO eines Lieferanten für Elektroartikel dabei, eine Reihe von Balkendiagrammen (anstatt der unübersichtlichen Excel-Tabellen) zu erstellen, die jede Woche den Vertrieb für verschiedene Produktlinien und einige Hauptkunden kontrollierten. Verkäufe aus diesen Bereichen steuerten 80% zum Umsatz der Firma bei. Nach einigen Monaten sah das Unternehmen, dass einer der Kunden schrittweise seine Bestellmenge reduzierte. Das war offenbar ein Frühwarnsignal für ein bestehendes Problem und es alarmierte den entsprechenden Kundenbetreuer, etwas schneller als gewöhnlich nachzuhaken. Weil die Führungskräfte nun wöchentlich visuelle Informationen erhielten (und nicht mehr monatlich oder vierteljährlich), wurde das Unternehmen schneller darin, Trends zu erkennen und auf sie zu reagieren, wie etwa Änderungen bei der Beliebtheit von Produkten.

Maps

Wohin sind all die Karten mit Reißzwecken verschwunden, die früher in jedem Vertriebs- und Marketingbüro zu sehen waren – auch in den Büros der CEOs? Wir wünschten, Unternehmen würden sie heute noch verwenden. Auf diese Weise abgebildete Informationen lassen Muster erkennen, die einem sonst entgehen. Zum Beispiel trugen wir eine Datenbank von Gazelles gegen Städte auf, in denen wir Partner-Coaches haben – und konnten sofort Lücken in unserer Abdeckung erkennen.

Barrett Ersek verwendete für sein Rasenpflege-Unternehmen eine Reihe von Karten sowie die Google Maps, um zu erkennen, wo er seine Services verkaufte (basierend auf Umwandlungsraten) und wo er Bitten um Rückruf erhielt. Er bildete auch die Standorte der Kunden von Firmen, die er eventuell aufkaufen wollte, auf Karten mit seinen existierenden Kunden ab. So konnte er den Wert einer potentiellen Übernahme besser abschätzen. Zum Beispiel, ob die Kunden dieser Firma in bestimmten Stadtvierteln wohnten, was ihm effiziente Touren erlauben würde.

Schauen Sie, wie viele Excel-Tabellen Sie durch Google Maps-Karten ersetzen können.

Zwei kaufmännische Bücher

Ein Set kaufmännischer Bücher wird benötigt, um den Rechnungslegungs-Standards und den Vorschriften der Steuerbehörden zu genügen. Dennoch, Entscheidungen ausschließlich auf Grundlage dieser Regeln sollten Sie nur selten treffen. Computer-Hardware und -Software kann zum Beispiel aus steuerlichen Gründen über mehrere Jahre abgeschrieben werden. Michael Dell wollte aber, dass seine Geschäftsbereiche nur solche Lösungen umsetzten, die sich möglichst schnell auszahlten. Daher wurden im internen Rechnungswesen alle Ausgaben für Technologie als Kosten eines Geschäftsbereichs in seiner entsprechenden GuV geführt.

Wir ermutigen alle CFOs, die mehr über dieses Thema erfahren möchten, den Klassiker *Intellectual Capital: The New Wealth of Organizations* von Thomas A. Stewart zu lesen. Beachten Sie insbesondere den umfangreichen Anhang, in dem er spezifische Rechnungslegungs-Regeln vorstellt, die besser in eine informationsbasierte Ökonomie passen als in die produktionsorientierte Wirtschaft, aus der die meisten unserer heute noch gültigen Rechnungslegungs-Standards hervorgingen. Sie können zum Beispiel Software über mehrere Jahre abschreiben, müssen aber die Ausgaben für Mitarbeitertraining und -Entwicklung in demselben Quartal verbuchen. Stewart hält dem entgegen, dass, wenn eine Ausgabe zu Recht über einen längeren Zeitraum abgeschrieben werden sollte, dies wohl die Bildung sei. Was Ihr Team heute lernt, wird für viele Jahre Auswirkungen auf das Unternehmen haben.

Entscheidend ist, dass Sie über die Praktiken und Regeln entscheiden, nach denen das Unternehmen geführt werden soll – und die Abteilung Rechnungswesen sollte ihre Bücher darauf abstimmen. Verwenden Sie das Buch von Stewart als Leitfaden, um ein modernes Unternehmen des 21. Jahrhunderts aufzubauen.

Simple Numbers

Greg Crabtree hatte sich angesichts seiner Vorbehalte im Bereich des Rechnungswesens immer ein bisschen als Sonderling gefühlt. Daher ging er seinen eigenen Weg, um den Zahlen wieder zu Einfachheit, Klarheit und Wucht zu verhelfen. Das führte zu einem Prozess namens „Simple Numbers" (Einfache Zahlen), den er im gleichnamigen Buch präsentierte. Sein Ansatz basiert auf vier Schlüsseln zur Führung eines erfolgreichen Business:

1. Beseitigen Sie Verzerrungen.
2. Setzen Sie angemessene Gewinn-Ziele.
3. Setzen Sie die Arbeitseffizienz ein, um die Profitabilität zu steigern.
4. Verstehen Sie die 4 Kräfte des Cash-Flows.

Wir werden uns die ersten drei Punkte nun detailliert ansehen. Punkt 4, Crabtrees Überlegungen zu Alan Miltz' Ansatz, wird im nächsten Kapitel behandelt.

Verzerrungen beseitigen

Wenn ein Unternehmen weniger als $20 Millionen Umsatz pro Jahr erwirtschaftet, können die Kompensationen und Ausschüttungen an die Eigentümer das wahre Bild der Profitabilität verzerren. Das passierte dem Unternehmen in dem Beispiel zu Beginn dieses Kapitels. (Kurze Nebenbemerkung für Mitarbeiter, die dieses Buch lesen: Inhaber von Unternehmen zahlen sich gewöhnlich viel weniger aus, als Sie sich vorstellen, insbesondere in den Anfangszeiten, wo Gewinne lieber reinvestiert werden.)

Ein exzellentes Beispiel für diese Verzerrungen war ein Kunde mit zwei gleichberechtigten Eigentümern. Als Crabtree zum ersten Mal in ihre Bücher schaute, prahlten sie dort mit etwa 25% Profitabilität. Als er jedoch einige Ausschüttungen im Hinblick auf branchenübliche Gehälter für die Eigentümer umklassifizierte, lag der wahre Gewinn bei 3%! Was dann passierte, ist genau der Gedankensprung, den Crabtree sehen möchte. Die Geschäftsinhaber ließen sich auf diese viel genauere Kalkulation der Profitabilität ein, und im nächsten Jahr erhielten sie ihre marktüblichen Gehälter UND machten 20% Gewinn – ein Szenario, das uns wieder und wieder begegnet.

Rohertrag je Dollar oder Euro

Die nächste größere Verzerrung droht bei den Umsätzen. Umsätze sind eigentlich eine Nichtigkeit (und die schwächste Kennzahl) in einer GuV. Konzentrieren Sie sich stattdessen auf eine etwas umdefinierte Version des Rohertrags. Crabtree berechnet den Rohertrag als Umsatz minus alle direkten Kosten (ohne die Arbeitskosten). Diese Definition von Rohertrag hat eine viel größere ökonomische Aussagekraft für Ihr Business.

Dies müssen insbesondere Unternehmen verstehen, die Subunternehmen beschäftigen, hohe Materialkosten haben oder als Zulieferer mit niedrigen Margen operieren. Es ist schlicht unmöglich, einen $4 Millionen schweren Lieferanten – der 10% Kommission auf alle Verkäufe erhält – oder ein Bauunternehmen für maßgeschneiderte Eigenheime – mit hohen Materialkosten und weiteren Zulieferfirmen – mit einem $4 Millionen großen Serviceunternehmen zu vergleichen. Im Wesentlichen sind direkte Kosten (abzüglich Arbeitskosten), die aus den Umsätzen gestemmt werden, reine Durchgangs-Posten. Sie wollen sie natürlich zum besten Preis einkaufen; doch sie können sie nicht so weit im Preis senken, dass dadurch irgendwelche Löcher im Geschäftsmodell gestopft würden. Das gleiche gilt für Arbeitsvermittler und professionelle Personalfirmen, wo der Umsatz mehr oder weniger gleich der Summe aller Gehaltszahlungen ist. Die Nettoerträge, die ihnen für den laufenden Betrieb bleiben, stellen nur einen Bruchteil dieser Summe dar.

In dem Beispiel von einem Serviceunternehmen weiter oben wurde der Rohertrag je Dollar zur neuen Haupt-Messgröße, und ersetzte darin den Umsatz. Das Unternehmen konnte so neue Chancen verwirklichen und damit den höchsten Rohertrag je Dollar an Arbeitskosten erwirtschaften: ein wichtiger Schritt vom break-even hin zu einer Profitabilität von 10%.

Anstatt sich von Umsatzzahlen blenden zu lassen, sollten Sie interne Gespräche in Richtung Rohertrag lenken – der wirklich wichtigen Kennzahl im Business. (Mit Außenstehenden können Sie natürlich weiter über Umsätze reden.) Und beachten Sie: Der Fokus liegt nicht so sehr auf Rohertragsmarge, als vielmehr auf Rohertrag je Dollar/Euro.

Die Power des Rohertrags

Dem Rohertrag wird nicht genügend Respekt gezollt. Es ist schlimm genug, dass er in der Mitte der GuV eingeklemmt ist und häufig überlesen wird. Dabei handelt es sich um DIE wichtigste Kennzahl eines effektiven Vertriebsteams, einer ausdifferenzierten Strategie und wirklichen Wachstums. Wenn ein Unternehmen skaliert, verlangt der Markt bessere Preise (z.B. fragt Ihr größter Kunde plötzlich nach Rabatten). Wenn Sie dies noch mit der Komplexität und den steigenden Kosten in einem gewachsenen Unternehmen kombinieren, lassen sich häufig um 3% - 4% sinkende Margen beobachten – zum Beispiel von 55,4% auf 51,8%. Auf der Ebene eines $10 Millionen oder $100 Millionen schweren Unternehmens fehlen dann $300.000 bzw. $3 Millionen für Investitionen in die Infrastruktur, Gehalt für einen leitenden Manager oder für Profitabilitätssteigerungen.

Es gibt zwei Möglichkeiten, Ihre Roherträge zu steigern. Die erste besteht darin, Ihre Strategie so zu verfeinern, dass ausreichend Differenzierung und Einzigartigkeit bestehen bleiben, die Ihre gleichbleibend hohen Preise rechtfertigen (siehe Kapitel „Die 7 Facetten der Strategie"). Dies erfordert sowohl Vertriebspersonal, das diese Alleinstellungsmerkmale verkaufen kann, als auch ein gutes Marketing, dass die Vertriebler mit allem Nötigen ausstattet und auf die richtigen Kunden fokussiert. Unter diesen Voraussetzungen können Sie tatsächlich Ihren Rohertrag um ein paar Prozentpunkte mit dem Umsatz wachsen sehen. Ein gutes Argument für Hyperspezialisierung.

Es gibt natürlich einige schlichtweg brutal Märkte – besonders für Produkte oder Services mit sehr niedrigen Margen. In diesem Fall könnten Sie eine Gelegenheit für Wachstum verpassen, wenn Sie sich zu sehr auf die Rohertragsmarge in Prozent konzentrieren. Ihre einzige Option besteht dann darin, den Rohertrag je Dollar/Euro anzuheben. Bringen Sie so viel Cash ein, wie Sie können, und berücksichtigen Sie, dass Sie gegebenenfalls die Fixkosten hochfahren müssen.

Wenn Sie den für Ihre Kunden akzeptablen Höchstpreis am Markt ablesen können, müssen Sie einerseits Ihre Kosten im Griff haben und andererseits einen Gewinnaufschlag machen. Das nennt man eine „kostengeleitete Preisstrategie".

WARNUNG: *Da der Rohertrag je Dollar/Euro die Vertriebs-Performance viel besser misst, sollten Sie niemals Vertriebsprovisionen an den Umsatz knüpfen, es sei denn, der Preis Ihrer verkauften Produkte variiert überhaupt nicht von Abschluss zu Abschluss. Sonst zahlen Sie Provisionen auf Umsatzbasis und überlassen Ihrem Vertriebspersonal die Preisgestaltung!*

Angemessene Gewinn-Ziele setzen

Nun, da wir die beiden wichtigsten Verzerrungen beseitigt haben, können wir ein wahres Gewinn-Ziel vorgeben. Die erste Entscheidung ist zu definieren, ob wir den Gewinn als Prozentanteil vom Umsatz oder vom Rohertrag messen wollen. Die Faustregel lautet: liegt ihre Rohertragsmarge unter 40%, sollten Sie die Gewinne auf den Rohertrag beziehen, damit Sie eine gute Vergleichsbasis mit anderen Branchen haben. Unternehmen mit niedrigen Margen müssen größere Mengen verkaufen, um erfolgreich zu sein. Wenn zum Beispiel ein Generaldienstleister in der Größenordnung von $20 Millionen im Durchschnitt 2,5% Gewinn vom Umsatz macht (was ein gutes Ergebnis für ein Unternehmen in dieser Branche ist), läge das Verhältnis der Gewinne zu den Roherträgen – angesichts all der oben erwähnten durchlaufenden Kosten – bei 18%. Der Grund, warum solche Unternehmen mit derartigen scheinbar niedrigen Gewinnmargen relativ zum Umsatz überleben können, ist, dass sie typischerweise Material und Kosten für Subunternehmer nicht direkt finanzieren müssen. Stattdessen sind hier die Kosten für Material in die Projektkalkulation integriert und diese Unternehmen bezahlen ihre Subunternehmer erst, wenn sie selbst Geld erhalten haben.

Mit dieser Anpassung der Definition von Gewinnen in Prozentanteilen (d.h. relativ zum Rohertrag vs. Umsatz, je nach Branche) – und mit den beseitigten Verzerrungen – lassen sich Unternehmen aus verschiedenen Branchen besser vergleichen. Lesen Sie hier, was Crabtrees Wirtschaftsprüfungs-Unternehmen herausgefunden hat:

- Bei 5% Gewinnen vor Steuern braucht Ihr Business lebenserhaltende Maßnahmen.
- Bei 10% Gewinnen vor Steuern läuft das Business, hat aber ungenutzte Potenziale.

„Bei 15% Gewinn vor Steuern ist ein Business in sehr gutem Zustand."

- Bei 15% Gewinnen vor Steuern ist das Business in sehr gutem Zustand.
- Alles über 15% sagt Ihnen: nutzen Sie die Gelegenheit, so lange sie sich noch bietet. Der Markt wird schon merken was abläuft, Konkurrenz wird auftauchen und am Ende werden Sie auf ein gesundes Maß zurechtgestutzt.

Ja, es gibt immer Ausnahmen. Aber nicht so viele, wie Sie vielleicht denken, wenn Sie die oben gennannten Anpassungen vornehmen und Ihre relative Profitabilität in diesem neuen Licht betrachten.

Arbeitseffizienz einsetzen, um die Profitabilität zu steigern

Nun können wir uns dem Haupttreiber der Profitabilität zuwenden: der Arbeitseffizienz – eine Kennzahl für die Produktivität jedes Dollars/Euros, den wir auf Arbeitskosten verwenden. Beachten Sie, dass wir nicht über die Gesamt-Arbeitskosten sprechen, sondern nur über die Produktivität eines Dollars/Euros an den Arbeitskosten. Statt die Arbeitskosten als Prozentsatz von irgendetwas (Umsatz, Rohertrag, etc.) zu definieren, wollen wir Arbeit als etwas betrachten, dass Sie zu Ihrem Vorteil nutzen und eine Hebelwirkung applizieren können. Sie müssen nur den Faktor kennen (z.B. für jeden $1, den Sie aufwenden, erhalten Sie $3 zurück). Die Theorie lautet: so lange Ihre Belegschaft (sei es Vertriebspersonal, Programmierer oder Kundenberater) nach dem richtigen Faktor funktioniert, besteht der einzige Engpass darin, genug geeignete Leute für das Wachstum zu finden.

Der Schlüssel liegt darin, den richtigen Faktor für jedes der drei großen Segmente der Arbeitseffizienz in der unten angegebenen Liste zu kennen. Die drei Segmente, auf die wir uns konzentrieren, sind:

- **Direkte Arbeitseffizienz:** Rohertrag geteilt durch direkte Arbeitskosten
- **Arbeitseffizienz des Vertriebs:** Deckungsbeitrag geteilt durch die Arbeitskosten für den Vertrieb
- **Arbeitseffizienz des Managements:** Deckungsbeitrag geteilt durch die Arbeitskosten für das Management

Ein paar Bemerkungen zu häufig auftauchenden Fragen:

- Der Deckungsbeitrag wird definiert als Rohertrag minus direkte Arbeitskosten. Viele Buchhalter nennen das den Bruttoverdienst, doch dadurch werden Arbeitskosten mit anderen Kosten vermischt und die Arbeitsproduktivität verschleiert.
- Finden Sie heraus, welche Mitarbeiter in welchen Korb gehören: Beginnen Sie mit direkten Arbeitskosten und bestimmen Sie, welche Mitarbeiter 50% ihrer Zeit oder mehr auf die Herstellung der Produkte oder die Erbringung der Dienstleistungen Ihres Unternehmens verwenden. Alle anderen Arbeitskosten gehen in den Korb „Arbeitskosten für das Management". Wenn Sie ein Vertriebsteam haben (wie im Beispiel unten), betrachten Sie diese Mitarbeiter noch einmal separat.
- Vermeiden Sie, eine Position/Mitarbeiter zwischen verschiedenen Gruppen/Körben aufzuteilen.
- Fügen Sie keine Arbeitgeberbeiträge zur Sozialversicherung, Steuern oder Sonderbezüge hinzu. Addieren Sie nur die Mitarbeitergehälter und die Provisionen, um die Berechnung einfach zu halten.
- Hier der Grund, warum Deckungsbeiträge für das Management und den Vertrieb genutzt werden: Mitarbeiter, die Sie als direkte Arbeitskosten einordnen, sind nur für Arbeit verantwortlich, die sie vom Unternehmen zugewiesen bekommen – daher werden sie gegen den Rohertrag gemessen. Aber Management und Vertrieb werden an einem höheren Standard gemessen. Wir verlangen von unseren leitenden Angestellten, Rohertrag, Arbeitsleistungen und Vertrieb zu managen. Wir verlangen vom Sales-Team eine Umsatzsteigerung.

In der Fallstudie unten zeigen wir, wie ein Unternehmen profitabel wachsen kann. Unser Hauptärgernis ist es, wenn Unternehmensleitungen denken, sie könnten unabhängig vom Gewinn wachsen. Das ist einfach nur verrückt. Es sei denn, Sie sind ein mit Risikokapital finanziertes Unternehmen in einem völlig neuen Markt. Allen anderen empfehlen wir, im laufenden Betrieb profitabel zu werden. Beweisen Sie, dass 15% Profitabilität erreicht werden können (je nach angepasster „Simple Number"). Stellen Sie neue Mitarbeiter ein und fallen zurück auf 10%. Wachsen Sie im Anschluss wieder auf 15%. Und von vorne.

Arbeitseffektivitätsverhältnis (Labour Efficiency Ratio, LER) – Ein Beispiel

Schauen wir uns ein Unternehmen an, das $450.000 monatlichen Umsatz erwirtschaftet, bei einem Gewinn von 4,4% (alle Finanzzahlen auf Seite 281). Die Eigentümer wollen zwar irgendwann verkaufen, aber derzeit braucht das Business lebenserhaltende Maßnahmen, wenn man unsere Definition von gesunden Profiten als Maßstab nimmt. Unser Rezept war es, die Kosten des Unternehmens so lange konstant zu halten, bis es $492.195 monatlichen Umsatz erwirtschaftete. Beachten Sie, dass wir nur die Kosten konstant halten wollten. Wir sagten nicht, dass das Unternehmen nicht einzelne Mitarbeiter austauschen konnte. Die Arbeitskosten waren zwar in jedem Segment in Ordnung, allerdings befanden sich nicht die richtigen Mitarbeiter auf den richtigen Positionen. Die Lösung war eigentlich einfach – nur die Umsetzung schwer: Die Manager mussten dem Team bezüglich der Produktivität reinen Wein einschenken, was einige schwierige Gespräche nach sich zog.

Es ist erstaunlich, wie viele Unternehmen auf diesen simplen zielgerichteten Mechanismus anspringen, wenn sie ihn einmal ausprobieren. Zuerst die Profitabilität auf 10% anheben. Dann im Team umsehen, ob jemand müde oder frustriert ist. Die Chancen stehen gut, dass Sie niemanden finden werden, denn Ihre Mitarbeiter sind voller Energie, weil sie auf ein Ziel hinarbeiten. Passen Sie ggf. Ihren Kurs an, und zielen Sie dann auf 15% Profitabilität.

Wenn Sie zum ersten Mal 15% erzielen, können Sie die Arbeitskosten etwas anheben, je nachdem in welchem Bereich Sie eine gewisse Abnutzung erkennen – was höchstwahrscheinlich der Fall sein wird. Höhere Arbeitskosten heißt Lohnerhöhungen oder Boni oder Rekrutierung neuer Mitarbeiter. Die Arbeitseffizienz bleibt völlig unbeeindruckt davon, wie Sie Ihr Geld einsetzen – ob auf mehr Mitarbeiter oder auf Lohnerhöhungen. Halten Sie nur die Arbeitseffizienz-Quote konstant.

Beschränken Sie die Anhebung Ihrer Arbeitskosten derart, dass Sie nicht wieder unter die 10% Gewinnmarge fallen. Aus diesem Grund sagen wir auch: „10% sind der neue break-even". Wenn Sie erst einmal in die Belegschaft investiert haben und die Profitabilität abfällt, halten Sie die Arbeitskosten konstant und wachsen Sie zurück auf 15% Gewinn. Wiederholen Sie den Zyklus.

„10% sind der neue break-even."

Wenn Sie beobachten, wie die Arbeitseffizienz-Quote sich auf jeder Profitabilitäts-Stufe verändert, entwickeln Sie ein eigenes Gespür für die Funktionsweise Ihres Geschäftsmodells. Sie wissen auf einmal, wann

Sie heiß laufen und neue Leute brauchen oder wann Sie überbesetzt sind und andere Anpassungen vornehmen müssen.

Hier ist ein Überblick über das Ergebnis bei dem Unternehmen aus unserem Beispiel:

- **Direkte Arbeitseffizienz:** Immer wenn die Gewinne auf 15% stiegen, betrug die Quote 4,25. Die direkte Arbeitseffizienz stabilisiert sich typischerweise als erste auf einem niedrigeren Niveau.
- **Vertriebs-Arbeitseffizienz:** Als das Unternehmen zum ersten Mal die 15% Profitabilität erreichte, stieg die Quote auf 8,29. Beim zweiten Mal (wieder 15% Profitabilität) ging die Quote auf 7,38 leicht zurück. In Gesprächen mit dem Vertriebsteam versuchte man herauszufinden, ob man besser Neueinstellungen machen oder Incentives auszahlen sollte, sobald das Unternehmen wieder bei 8,29 stünde. Das Sales-Team wollte hier schnelle Anpassungen herausverhandeln, doch wir überzeugten das Führungsteam, bis zum Erreichen der Quote von 8,29 zu warten.
- **Management-Arbeitseffizienz:** Das Team muss sehr vorsichtig sein bei zusätzlichen Arbeitskosten für das Management. Besonders ist darauf zu achten, dass jede Führungskraft zur Produktivität des Managements beiträgt (d.h. hilft, den Deckungsbeitrag zu erhöhen).

HINWEIS: *Der typische frustrierte Entrepreneur möchte instinktiv alle Positionen so schnell wie möglich besetzen. Das ist aber ein hochriskanter Schritt, wenn nicht ausreichend Kapital zur Verfügung steht, um die Verluste aufzufangen, bis die Gehälter wieder durch den Absatz gedeckt werden. Sie sollten es insbesondere dann langsam angehen, wenn Sie hochbezahlte leitende Manager ins Team holen. Einer nach dem anderen, lautet die Devise. Warten Sie, bis Sie mit der neuen Führungskraft profitabel geworden sind. Wenn das Business groß genug ist, und das Führungsteam komplett, verbessert sich die Arbeitseffizienz-Quote im Management parallel zum Umsatzwachstum. An diesem Punkt brauchen Sie nur Personal zur Unterstützung der Manager.*

In diesem Fallbeispiel konnten die Manager einzelne Gruppen von Arbeitskosten isolieren, die für bestimmte Einzelposten des Gesamt-Rohertrags verantwortlich sind. Wann immer es einen Rückgang gab, stutzte das Unternehmen die nicht so profitablen Teams zurecht, oder stufte einige seiner produktiven Vollzeitkräfte auf eine Viertagewoche herunter. Unterschätzen Sie nicht, wie viele Ihrer Mitarbeiter gerne auf einen Arbeitstag verzichten würden. Starbucks setzt seine Vollzeitbeschäftigten in der Regel für 30 Stunden pro Woche ein, erhöht die Zeit aber auf bis zu 40 Stunden, wenn der Bedarf besteht. Dadurch erhält das Unternehmen 20% mehr personelle Flexibilität, ohne Überstunden zahlen zu müssen. Derweil wird Starbucks von seinen Mitarbeitern regelmäßig als Top-Arbeitgeber bewertet.

	Aktuelle mtl. Gewinne	Schritt #1 10% Profitabilität	Schritt #2 15% Profitabilität	Schritt #3 Zurück zu 10% Profitabilität	Schritt #4 Zurück zu 15% Profitabilität
Umsatz	450.000	492.195	534.383	534.383	587.822
Direkte Kosten ohne Personalkosten	130.000	142.195	154.383	154.383	169.822
Rohertrag in Dollar/Euro	320.000	350.000	380.000	380.000	418.000
Rohertragsmarge	*71,1%*	*71,1%*	*71,1%*	*71,1%*	*71,1%*
Direkte Personalkosten	90.000	90.000	90.000	98.333	98.333
Deckungsbeitrag	230.000	260.000	290.000	281.667	319.667
Personalkosten Management	75.000	75.000	75.000	83.333	83.333
Personalkosten Vertrieb	35.000	35.000	35.000	43.333	43.333
Sonstige operative Kosten	100.000	100.000	100.000	101.667	105.000
Gewinne vor Steuern	20.000	50.000	80.000	53.333	88.000
Gewinne vor Steuern in % des Umsatzes	4,44%	10,16%	14,97%	9,98%	14,97%
Deckungsbeitrag in % des Umsatzes	51,11%	52,82%	54,27%	52,71%	54,38%
Sonstige operative Kosten in % des Umsatzes	22,22%	20,32%	18,71%	19,03%	17,86%
Arbeitseffektivitätsverhältnisse:					
Direkte Personalkosten	$3,56	$3,89	$4,22	$3,86	$4,25
Personalkosten Vertrieb	$6,57	$7,43	$8,29	$6,50	$7,38
Personalkosten Management	$3,07	$3,47	$3,87	$3,38	$3,84

Die 4 Kräfte des Cash-Flows verstehen

Wenn sich ein Unternehmen auf dem Weg zu 15% Profitabilität befindet (wie in der „Simple Numbers"-Methode definiert), treten zusätzliche Herausforderungen beim Cash-Flow auf. Wir sagen „zusätzlich", weil wir immer, wenn uns das Management ein Cash-Flow-Problem meldet, zuerst die Profitabilität in Ordnung bringen – es sei denn, das Unternehmen ist pleite und benötigt unmittelbar eine Geldspritze, um seine Gehälter zahlen zu können.

Wie bereits im letzten Kapitel erwähnt, können Sie den Cash-Flow verbessern, indem Sie günstige Bedingungen mit Kunden und Lieferanten vereinbaren. Sollten Sie einmal wirklich verzweifelt sein, kann es vorkommen, dass Sie an Ihrer Marge schrauben müssen – aber dann bitte ausschließlich über Sonderangebote.

Kraft Nr. 1: Steuern

Sie sollten während des gesamten Jahres wissen, wie viel Steuern Sie schulden, um später Überraschungen zu vermeiden. Und widerstehen Sie der Versuchung, $1 auszugeben um 40 Cents Steuern zu sparen, mit der schlechten Begründung: „Hey, die Regierung übernimmt doch sowieso 40% der Anschaffungskosten für einen Computer [oder was die Firma anschaffen möchte].“ Crabtree glaubt nicht daran, den wenigen verfügbaren Steuersparmöglichkeiten hinterherzulaufen. Buchhalter würden ihren Arbeitgebern viel besser dienen, wenn Sie betonten, dass wirkliche Werte nur durch Gewinn nach Steuern geschaffen werden.

Wenn Sie überhaupt keine Steuern zahlen, haben Sie entweder keine Werte geschaffen oder geschummelt – beide Szenarien sind nicht gerade ein Ruhmesblatt. Kommen wir kurz auf das Serviceunternehmen mit 25 Millionen Umsatz zurück. Crabtree sorgte dafür, dass in jedem Quartal genug Geld für Steuerforderungen beiseitegelegt wurde, damit das Management-Team nicht mit bösen Überraschungen rechnen musste.

Kraft Nr. 2: Verbindlichkeiten managen

Schulden sind generell nicht Ihr Freund. Wenn Sie nicht gut verwaltet werden, können Schulden Ihr Business versklaven und an der Entfaltung seines vollen Potenzials hindern. Haben Sie Ihre Steuerrücklagen zur Seite geschafft, eliminieren Sie Verbindlichkeiten bei Ihren Kreditgebern und halten Sie Zahlungsfristen ein. Kreditlinien sind wie Kokslinien für Unternehmen, denn es ist viel einfacher mit ihnen Cash-Flow-Probleme zu lösen, als die harten Entscheidungen für eine bessere Profitabilität zu treffen.

Wenn Sie eine Kontokorrent-Linie zum Ausgleich saisonaler Schwankungen sowie ihr Debitorenmanagement brauchen, empfehlen wir, die Linie nur dann zu beanspruchen, wenn Sie tatsächlich profitabel sind. Falls Sie Geld verlieren, sollten Sie vor einer Kreditaufnahme die grundlegenden Probleme lösen. Banken wissen auch, dass ein verlustreiches Unternehmen letztlich nicht genug Geld zur Tilgung haben wird.

Mit befristeten Krediten können Sie die Kosten für langfristige Aktivposten aufteilen. Wenn die Frist der jeweiligen Kreditlinie erreicht ist, sollten Sie die Verbindlichkeiten so schnell wie möglich begleichen, wenn dadurch nicht langfristige zweckgebundene Investitionen finanziert werden. Gehen Sie nicht in die Falle, aus Gründen der Steuerersparnis Investitionen am Jahresende über neue Schulden zu stemmen. Das rächt sich langfristig, wenn die Investition nicht entscheidend zu einer Verbesserung der Profitabilität beiträgt.

Kraft Nr. 3: Core-Capital-Ziel

Das Core-Capital-Ziel ist erreicht, wenn Sie über Cash im Wert von zwei Monaten operativer Kosten verfügen, nachdem Sie Geld für Steuerschulden beiseitegelegt haben und unter der Voraussetzung, dass keine Kredite zum Core Capital beisteuern. Unserer Ansicht nach gilt jedes Unternehmen, das dieses Kriterium erfüllt, als vollständig kapitalisiert und kann seine Gewinne in das weitere Wachstum oder in Ausschüttungen an Shareholder investieren. Wenn Unternehmenseigentümer Gewinne einfahren, bevor die Schulden beglichen sind, riskieren Sie für Ihr Unternehmen eine gefährliche Unterkapitalisierung. Viele Wachstumsunternehmen haben dieses Problem.

„Schulden sind generell nicht Ihr Freund."

Die Definition von zwei Monaten operativer Kosten beinhaltet alle normalen operativen Ausgaben, auf die keine Zahlungsziele bestehen. Als Faustregel gilt: die einzigen Kosten, die herausgerechnet werden können, sind die Kosten für verkaufte Waren und Dienstleistungen, da Sie normalerweise Zahlungsziele von 30 oder mehr Tagen erhalten.

Das Core-Capital-Ziel zu erreichen gehört zu den lohnenswertesten Errungenschaften unserer Auftraggeber. Es verändert ihr Denken. Es verbessert ihre Profitabilität. Sie sind nicht so knapp bei Kasse, dass sie ihre Margen aufgeben müssen. Sie haben genug Durchhaltevermögen, um schlechte Quartale zu überstehen. Die meisten möchten nie wieder etwas mit Kreditschulden zu tun haben.

In unserem Fallbeispiel veränderte sich bei dem Unternehmen mit ursprünglich $450.000 Umsatz pro Monat die Haltung gegenüber Krediten: vom Ruhekissen hin zur Sicherungsreserve im Wert von drei Monaten operativer Kosten. Die Eigentümer waren überrascht, dass sie das Ziel in nur 18 Monaten erreichten, nachdem erst einmal ihre Profitabilität in Ordnung war.

Kraft Nr. 4: Gewinne einfahren durch Dividenden

Wenn Sie genug Geld für Steuernachzahlungen reserviert haben, Ihre Kredite abgelöst und Ihr Core Capital-Ziel erreicht haben, können Sie ruhigen Gewissens Ihre Gewinne nach Steuern an Shareholder oder in Form von Boni an Ihre Mitarbeiter auszahlen. Sie haben nun ein profitables, Cash-Flow generierendes Business aufgebaut – die beste aller Welten. Das Unternehmen ist wertvoller als weniger profitable Wettbewerber. Sie besitzen einen wunderbaren, leistungsstarken Vermögenswert, den Sie vielleicht lieber behalten wollen als zu verkaufen.

Hier ist der oft übersehene Clou der Sache: Wenn Sie ein Business mit 10% Gewinn führen, das sein Core-Capital-Ziel erreicht hat, dann erzielt Ihr Business ein BIS ZU an 50% Eigenkapitalrendite PRO JAHR! Das ist das wahre Geheimnis des Vermögensaufbaus durch inhabergeführte Unternehmen.

Im Fallbeispiel hatten die Eigentümer zunächst darüber nachgedacht, ihr Business zu verkaufen, sobald es eine bestimmte Größe erreicht hatte. Nun wollten sie es behalten, da es eine großartige jährliche Kapitalrendite generierte und deutlich im Wert gestiegen war. Es braucht schon einen netten Anreiz zum Verkauf eines Vermögenswertes, der eine jährliche Rendite von 50% oder mehr erbringt.

„Halten Sie es einfach, halten Sie das Wachstum, und wachsen Sie profitabel" ist Crabtrees Motto! Wir sind absolut seiner Meinung. Wichtig ist, einen besseren Zugriff auf ein paar entscheidende Kennzahlen zu bekommen und Ihre Zahlen so anzupassen, dass Sie ein realistisches Bild Ihrer wahren Profitabilität erhalten. Lassen Sie uns nun einen genaueren Blick auf die Cash-Seite des Business werfen.

POWER OF ONE
Die 7 entscheidenden Finanzhebel

EXECUTIVE SUMMARY: *Die Ergebnisrechnung erfährt häufig mehr Aufmerksamkeit als die Kapitalflussrechnung. Wenn der Kapitalflussrechnung ein wenig mehr Beachtung geschenkt wird und 7 entscheidende Finanzhebel optimiert werden (siehe Ende dieses Kapitels), kann ein Unternehmen deutlich schneller durch intern generiertes Cash wachsen als durch Aufnahme von Krediten oder anderem externen Kapital. Dieses Kapitel wurde vom Team bei Cash Flow Story – Alan Miltz, Joss Milner und Nathan Keating – mitverfasst. Es widmet sich dem Beispiel eines $42 Millionen schweren, scheinbar gesunden Unternehmens, das sich auf ein Cash-Desaster zubewegt, sowie den Schritten, die es zur Bewältigung der Situation unternahm. Sie lernen die von Miltz und seinem Team „Power of One" genannte Methode kennen, mit der Sie Ihren Cash-Flow verbessern und eine Cash-Flow-Kultur innerhalb des Unternehmens etablieren können. „Power of One" bezieht sich auf den Vorteil für den Cash-Flow, den eine 1-prozentige Änderung an einem der 7 Hebel bewirkt. Miltz und seine Kollegen entwickelten eine günstige Online-Software –* www.cashflowstory.com *– die alle Berechnungen durchführt, mit denen Ihr Team den operativen Cash-Flow verdoppeln und so nachts wieder besser schlafen kann. Durch nichts altert ein Unternehmen so schnell wie durch die Knappheit an Cash!*

TIPP: *Wenn Sie keine Zahlen mögen, lesen Sie die ersten paar Seiten des Kapitels und springen Sie dann ans Ende zum Abschnitt „Power of One und die 7 Hebel" ab Seite 300.*

Gary's Furniture, gegründet im Jahr 2001, importiert und produziert hochwertige Möbel. In den vergangenen 15 Jahren wuchs das Business von einem Start-up zu einem etablierten Unternehmen heran, mit einem Umsatz von $42 Millionen. Sein Kundenstamm wächst kontinuierlich – ebenso wie seine geografische Reichweite. Das Unternehmen hat in den letzten 10 Jahren durchweg Gewinne gemacht. Gary ist ein Mitglied eines lokalen CEO-Forums. Wenn er dort gefragt wird, wie er seine Zufriedenheit mit der Performance seines Unternehmens einschätzt, antwortet er immer: 10 von 10!

Gary hatte keine Ahnung, als seine Bank aus heiterem Himmel ein Meeting an ihrem Hauptsitz ansetzte, kurz nachdem er seine aktuellen Finanzberichte übermittelt hatte. Was Gary noch nicht wusste: er war dabei „pleite zu wachsen". (Ja! Lesen Sie das noch einmal!)

Gewinne vs. Cash

Was ist wichtiger, Gewinn oder Cash? Wenn Sie ein Wachstumsbusiness haben, ist es Cash. Aus diesem Grund konnte Amazon lange Zeit florieren, obwohl es sich nahe des break-even befand, oder wie in jüngster Zeit sogar Verluste schrieb. Amazons Geschäftsmodell generiert erhebliche Mengen Cash – über $$ 8,8 Milliarden im Jahr 2017 – das wiederum sein Wachstum beflügelt.

„Gary hatte keine Ahnung, dass er ‚pleite wuchs'."

Die folgende Fallstudie verdeutlicht, wie eine gute Gewinn- und Verlustrechnung versteckte Cash-Flow-Probleme verdecken kann, die sich mit dem Wachstum des Business immer weiter verschlimmern. Gary wusste das nicht. Die Finanzierung des Unternehmens wuchs ihm über den Kopf – er wuchs pleite – weil er die entscheidende Bedeutung des Cash nicht verstand. In einer solchen Situation beginnt die Kapitalflucht der Investoren (außer Sie können dauerhaft „emotionales Geld" einsammeln – also von Fans und Freunden), und der Untergang des Unternehmens nimmt Fahrt auf.

Es ist unerlässlich, Ihr Business aus der Sicht von Bankern und Investoren betrachten zu können, damit Sie nicht von deren scheinbar mangelnden Wertschätzung für Ihr stark wachsendes Unternehmen frustriert werden. Miltz und sein Team haben eine Software entwickelt, die von Banken aus aller Welt zur Überprüfung der Kreditwürdigkeit von Unternehmen eingesetzt wird. Schließlich boten Sie die Software auch den Geschäftsführern von Unternehmen an. Lesen Sie diese Fallstudie komplett durch und erfahren Sie, mit welchen 7 Hebeln Sie einen dramatisch besseren Cash-Flow erreichen und wieder ruhig schlafen können.

Die gefürchtete „Krankenhaus-Abteilung"

Gary machte sich also auf den Weg zur Bank. Es hätte sich auch um ein Meeting mit einem Angel Investor, einer Private-Equity-Firma oder einem potentiellen Käufer handeln können – alle hätten sein Business durch dieselbe Finanz-Brille betrachtet wie Garys Banker.

Als Gary in den Konferenzraum gebeten wurde, saßen ihm gegenüber nicht nur seine persönliche Ansprechpartnerin bei der Bank und ihr Assistent, sondern auch der Bereichsleiter und zwei weitere Herren in Anzügen. Gary wurden den beiden neuen Teilnehmern vorgestellt, es waren Leute aus der Kreditabteilung der Bank.

Das Duo erklärte Gary, dass ihre Abteilung von der Bank für die Zusammenarbeit mit Kunden zuständig war, die als hohes Risiko galten. Jede Bank hat so ein Team. Es gibt unterschiedliche Bezeichnungen, manchmal heißen sie „Asset Management“, „Kredit-Restrukturierung“ oder „Besondere Unternehmens-Leistungen“. Wir nennen sie die „Krankenhaus-Abteilung“.

Diese Leute haben den härtesten Job in der Bank. Sie sind verantwortlich für eine schnelle Analyse, ob der Kunde die bestmögliche Kapitalanlage für die Bank darstellt, relativ zum Risiko des Totalausfalls. Wenn nicht, haben sie die Aufgabe, so schnell wie möglich so viel Kaptal wie möglich für die Bank zu retten. Weil diese Banker den ursprünglichen Vertrag nicht aufgesetzt, und nur eine sehr entfernte Beziehung zum Kunden haben, können sie relativ leicht harte Entscheidungen treffen und sie erwarten nur eingeschränkte Konsequenzen für die persönliche Karriere, wenn die Bank durch einen Ausstieg aus dem Investment Verluste macht.

„Diese Banker waren Idioten und hatten keine Ahnung von seinem Business.“

Gary war total geschockt. Wie konnte seine Bank ihn als hohes Risiko bewerten? Hatten die Banker seine jüngsten Finanzdaten nicht gesehen? An diesem Punkt hatte Gary nur einen Gedanken: Diese Banker waren Idioten, und sie verstanden offensichtlich sein Business nicht. Gary klinkte sich kurz aus dem Meeting aus, und spielte im Geiste seine nächsten möglichen Schritte durch. Er verpasste das meiste der Unterhaltung, in der die Banker erklärten, wie sie seine Zinssätze erhöhen und seinen Zugang zu weiteren Kreditlinien einschränken würden. Gary war aschfahl.

Direkt nach dem Meeting rief Gary seinen Buchhalter an und sein Buchhalter rief uns an. Wir trafen uns am nächsten Tag in Garys Büro und fanden ihn immer noch in Verweigerungshaltung vor, fluchend und pöbelnd gegen die Frechheit der Bank, seine Zinsen zu erhöhen.

Wir verwenden ein geflügeltes Wort für die meisten Kunden, die wir zum ersten Mal treffen: „Unternehmen sprechen Spanisch, Banken (und Investoren) sprechen Portugiesisch. Für Uneingeweihte klingen beide Sprachen gleich, sie sind aber eigentlich total verschieden“. Das war genau Garys Situation: Er und seine Banker sprachen eine andere Sprache, doch er konnte den Unterschied nicht sehen.

Die Zahlen

Gary zeigte uns eine Kopie seiner Finanzen aus den letzten zwei Jahren, wie auf der rechten Seite dargestellt. Sehen Sie genau hin.

Auf den ersten Blick sieht das Business gesund aus. Dennoch – es steht vor einem Problem, das 80% bis 90% aller Unternehmen haben, die wir aufsuchen:

unzureichender Cash-Flow. Unternehmen handeln gewinnorientiert. In Garys Fall schaute er sich Umsätze und Gewinne an, die deutlich anstiegen, und fühlte sich großartig.

Gewinne und Verluste	2012	2013
Umsatz	**35.000.000**	**42.000.000**
Rohertrag	10.500.000	13.020.000
Gemeinkosten	6.751.140	8.401.150
EBIT	**3.748.860**	**4.618.850**
Zinsen	1.165.900	1.363.480
Steuern	930.280	1.172.348
Nettogewinn	**1.652.680**	**2.083.022**
Abschreibungen	**(820.000)**	**(933.000)**

Bilanz	2012	2013
Forderungen aus L+L	6.712.330	8.630.137
Inventar	10.336.960	14.291.507
Umlaufvermögen	**17.049.290**	**22.921.644**
Anlagevermögen	8.500.000	9.500.000
Gesamtvermögen	**25.549.290**	**32.421.644**
Verbindlichkeiten aus L+L	4.028.550	5.557.808
sonstige kfr. Verbindlichkeiten	5.019.740	7.279.813
Kurzfristige Verbindlichkeiten	**9.048.290**	**12.837.621**
Langfristige Verbindlichkeiten	9.000.000	10.000.000
Gesamt-Verbindlichkeiten	**18.048.290**	**22.837.621**
Stammkapital	2.001.000	2.001.000
Gewinnrücklagen	5.500.000	7.583.022
Bilanzsumme	**25.549.290**	**32.421.643**

Es gibt aber ein altes Sprichwort: „Revenue is vanity, profit is sanity, and cash flow is king." („Umsatz ist nichts, Gewinne sind etwas, aber Cash ist alles!"). Sie bezahlen keine Rechnungen oder Lieferanten aus Gewinnen. Sie können Ihrem Partner diesen Urlaub oder jenes schöne Auto nur kaufen, wenn Sie über ausreichend monatliches Cash verfügen. So lange Unternehmen nicht ernsthaft Ihre Geldmittel kontrollieren und ausweiten – neben dem Profit – geraten sie immer wieder in Schieflage.

Was ist Cash-Flow?

Die einzigen unbestreitbaren Tatsachen in jedem Finanzbericht sind die Zahlen, die sich auf Cash beziehen. Ihr Gewinn ist eine Meinungsäußerung und Daten können manipuliert werden, um ein bestimmtes Ergebnis zu erzeugen (Greg Crabtrees „Simple Numbers" aus dem vorigen Kapitel helfen, derartige Manipulationen aufzudecken). Ihre Bilanz ist zum großen Teil ebenfalls eine Meinungsäußerung. Bewertungen lassen sich abändern, um ein gewünschtes Resultat zu erzeugen. Nur Ihr Cash und Ihre Verbindlichkeiten sind Fakt. Banken erkennen das und ziehen diese Zahlen zur Bewertung Ihrer Performance heran.

Unsere erste Frage an Gary war simple: „Wie hoch war euer Cash-Flow im Jahr 2013?“ Gary hatte keine Antwort darauf. (Sehen Sie sich noch einmal den Finanzbericht an. Können Sie die Antwort schnell berechnen?). Jeden Tag erstellen Unternehmen Finanzreports und präsentieren das Ergebnis ihrem Management-Team. Dennoch können nur ganz wenige von ihnen aus dem Stand eine solche Frage beantworten.

Cash-Flow ist ein Ausdruck, der in Unternehmen heute täglich benutzt wird: „Ich habe einen guten Cash-Flow“, „Ich brauche mehr Cash-Flow“, „Wir müssen unseren Cash-Flow verbessern“. Die meisten Geschäftsleute verwenden den Begriff, um eine generelle Verfügbarkeit von Geld zu beschreiben. Das bezieht sich aber auf eine beinahe ungreifbare Qualität des laufenden Betriebs. Für einen Banker hingegen hat Cash-Flow einen genau bestimmten Wert. Es ist eine Kennzahl, die die Kompetenz des Managements beschreibt. Und diese Kompetenz beginnt damit, dass Sie – der Eigentümer oder Geschäftsführer – die folgenden Informationen verstehen. Wenn nicht, werden die Geldhäuser und Geld-Verleiher immer im Vorteil sein. In den folgenden Abschnitten erhalten Sie einen exzellenten Überblick über alles, was Sie wissen müssen, um in Ihrem Business die Kontrolle zu behalten.

Zwei Arten von Cash

Ob Sie auf einem Berg von Cash sitzen, oder auf einem Berg von Schulden – lesen sie weiter. Diese Lektion passt für beide Fälle.

Cash-Flow ist der Wechsel von Guthaben und Schulden über einen bestimmten Zeitraum. Weil Gary von einem überzogenen Konto aus operierte (in der Bilanz als „kurzfristige Verbindlichkeiten“ gekennzeichnet), gibt es keine Einzelposition „Cash“ (d.h. er besaß bei der Bank kein eigenes Geld). Seine kurzfristigen Schulden stiegen 2013 von $5 Millionen auf $7,3 Millionen, und seine langfristigen Schulden stiegen von $9 Millionen auf $10 Millionen. Der Cash-Flow des Unternehmens für 2013 betrug minus $3,3 Millionen. Gary befand sich beim Cash im Rückwärtsgang.

Diese Information, als sie ihm so präsentiert wurde, war neu für Gary und überraschte ihn etwas.

Unternehmer wie Gary überlegen sich jeden Tag, wie sie Geld für das Wachstum ihres Business ausgeben können. Manchmal jedoch geben sie tatsächlich hartverdientes Geld aus, um vom Management verursachte Verschwendung auszubügeln. (Lesen Sie das noch einmal.) Musste Gary wirklich $3,3 Millionen frischen Geldes von der Bank in das Wachstum seiner Umsätze von $35 Millionen auf

Netto-Verbindlichkeiten Beginn der Periode	
Kurzfristige Verbindlichkeiten	5.019.740
Langfristige Verbindlichkeiten	9.000.000
	14.019.740
Netto-Verbindlichkeiten Ende der Periode	
Kurzfristige Verbindlichkeiten	7.279.813
Langfristige Verbindlichkeiten	10.000.000
	17.279.813
Netto-Cash-Flow	**-3.260.073**

$42 Millionen oder in den Anstieg seiner Gewinne von $1,7 Millionen auf $2,1 Millionen stecken? Oder brauchte er diesen Anstieg von Kreditverbindlichkeiten nur, um ein schlechtes Management zu übertünchen? Diese Frage verdeutlicht die einzigen beiden Arten des Gebrauchs von Cash-Flow:

1. Cash wird in Wachstum investiert, oder
2. Cash finanziert ein verschwenderisches Management.

Dennoch sind zu wenige Wachstumsunternehmen in der Lage, ihre Geldverbrennung in so einem einfachen Diagramm darzustellen!

Finanziellen Erfolg messen

(Bereiten Sie sich darauf vor, dies drei Mal zu lesen und sich mit Ihrem CFO oder Buchhalter darüber zu unterhalten. Es folgen viele Details, aber das ist wichtig!)

Es gibt eine Reihe von Wegen, den finanziellen Erfolg zu messen – wir konzentrieren uns auf zwei:

1. Cash-Flow
2. Einnahmen

Wenn Buchhalter eine Bilanz vorbereiten, folgen sie gewöhnlich einem ziemlich standardisierten Schema:

Eigenkapital = Umlaufvermögen + Anlagevermögen (Werte die sich nicht im Berichtsjahr monetarisieren lassen) - Kurzfristige Verbindlichkeiten - Langfristige Verbindlichkeiten

oder

Eigenkapital = UV + AV - KV - LV

oder

Eigenkapital = Vermögen - Verbindlichkeiten

Und eine Bilanz wird immer die folgenden Positionen enthalten:

Eigenkapital		=	UV	AV	KV	LV
Stammkapital			Cash	Anlagevermögen	Verbindlichkeiten	Langfr. Verbindl.
Rücklagen			Forderungen	Investments	Kurzfr. Verbindl.	Sonstiges
Gewinnvortrag			Inventar	Immaterielle Güter	Rückstellungen	
			Sonstiges	Sonstiges	Sonstiges	

Banker haben mit diesem Schema jedoch ein grundlegendes Problem. Würden Sie nicht zustimmen, dass Eigenkapital eine Art von Finanzierung des Business ist? Ihre Bank stellt also die Finanzierung. Dann lässt sich argumentieren, dass wenn Sie die Finanzierung Ihres Business auf der einen Seite des Gleichheitszeichens darstellen, die andere Seite die Geldmaschine Ihres Business repräsentiert – seine laufenden Geschäfte und sein Nettobetriebsvermögen (Nettobetriebsvermögen = Eigenkapital + Nettoverbindlichkeiten; Nettoverbindlichkeiten = Kurzfristige Schulden + Langfristige Schulden - Liquide Finanzmittel).

Ihre Bilanz-Gleichung kann dann wie folgt umgeschrieben werden:

Eigenkapital	Net debt	=	UV	AV	KV	LV
Stammkapital	Cash ←			Anlagevermögen	Verbindlichkeiten	
Rücklagen	Kurzfr. Verbindl. ←		Forderungen	Investments		Sonstiges
Gewinnvortrag	Langfr. Verbindl. ←		Inventar	Immaterielle Güter	Rückstellungen	
			Sonstiges	Sonstiges	Sonstiges	

Net Debt = Kurzfristige Schulden + Langfristige Schulden – Liquide Finanzmittel

Eigenkapital + Netto-Verbindlichkeiten (Verbindlichkeiten-Kreditoren) = Nettobetriebsvermögen

oder

Eigenkapital + Netto-Verbindlichkeiten = Betriebsvermögen + sonstiges Vermögen (Betriebsvermögen = UV - kfr. Verbindlichkeiten)

oder

Mittelherkunft/Finanzierung = Mittelverwendung/Operations

Wenn wir das auf Garys Business anwenden, sehen wir folgendes:

Es verdeutlicht die Tatsache, dass die Bank annähernd $2 für jeden $1 von den Shareholdern in das Unternehmen hineinsteckt.

Die folgende Übersicht zeigt die Komponenten der Netto-Aktiva:

Eigenkapital	Net debt	=	UV	AV	KV	LV
9,6	17,3					
		Debitoren	8,6			
		Inventar	14,3			
		Anlagevermögen		9,5		
		Kreditoren			5,6	

Gary's Furniture hat von Shareholdern und der Bank $26,9 Millionen an Finanzierung erhalten. Umgekehrt hat das Management-Team entschieden, das Geld auszugeben, und zwar $8,6 Millionen an Kunden (Schuldner) in Form von Forderungen (Debitoren), $14,3 Millionen für Material (Inventar), und $9,5 Millionen für Sachanlagen. Gläubiger haben durch Zahlungsbedingungen ebenfalls beigetragen, und zwar mit $5,6 Millionen in Form von Verbindlichkeiten (Kreditoren).

Wie können wir also feststellen, ob Gary mit den $26,9 Millionen einen guten Job macht, die er für den Betrieb seines Unternehmens erhalten hat? Die laufenden Geschäfte sollten einen zufriedenstellenden Gewinn abwerfen.

Diese Nettokapitalrendite (NOA=Return on Net Capital) lässt sich wie folgt darstellen:

EBIT/ Nettobetriebsvermögen= Nettokapitalrendite NOA
(EBIT: earnings before interest and taxes)

Man kann sagen, dass es sich hier um die nützlichste Kennzahl handelt, mit der man die Effektivität des Managements messen kann. Die Kennzahl bringt sowohl die GuV-Seite des Business (EBIT), als auch die Bilanz zur Geltung.

Die berühmte DuPont-Formel teilt diese Kennzahl dann in zwei Bestandteile auf:

$$\frac{\text{EBIT}}{\text{Umsatz}} \times \frac{\text{Umsatz}}{\text{Nettobetriebsvermögen}} = \text{Eigenkapitalrendite}$$

Operative Effizienz und Effektivität im Vertrieb

Die Schönheit der DuPont-Formel liegt darin, dass sie sowohl die operative Effizienz des Unternehmens, als auch dessen Effektivität im Vertrieb misst. Das EBIT/Umsatz-Verhältnis ist ein Maß für die Effizienz der Gewinne und Verluste (d.h. wie viel Profit aus jedem $1 Umsatz generiert wird). Dieses Maß tätigt auch eine Aussage dazu, wie effizient Sie operieren und ob Sie aus Ihren Umsätzen den größtmöglichen Profit herausschlagen.

Umgekehrt ist das Verhältnis Umsatz/Netto-Aktiva ein Maß für die Effektivität der Bilanz, auch bekannt als Kapitalumschlag. Außerdem ist es ein Hauptindikator für die Wirksamkeit des Vertriebs – Sie erfahren, wie viel Umsatz das Unternehmen aus der kleinsten Menge an Kapital oder Investitionen erwirtschaften kann.

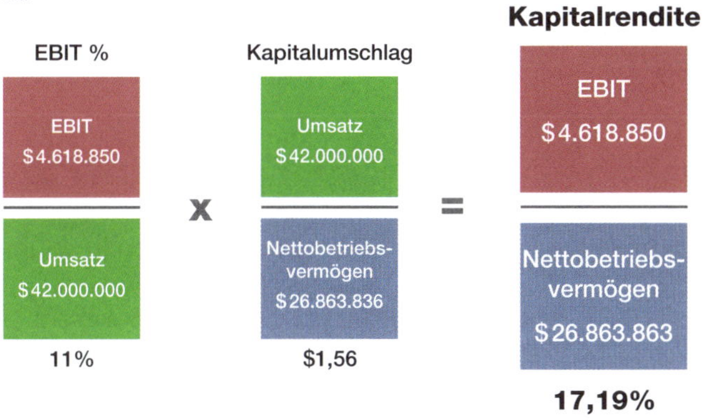

Die Berechnungen zeigen, dass Garys Business im Jahr 2013 eine Kapitalrendite von 17,19% produziert hat. Das entspricht nicht unserer Auffassung von einer guten Performance. Durch Aufteilung der Performance in Profitabilität und Kapitalumschlag sehen wir, dass Gary sehr hohe Gewinne einfährt. Alles über 10% ist ziemlich gut für ein Business wie das von Gary, geht man nach Greg Crabtrees Definition aus dem letzten Kapitel.

Doch Gary's Furniture leistet kaum etwas beim Kapitalumschlag. Von einem Unternehmen in Garys Branche sollte man zwischen $2 und $3 Umsatz pro Investition von $1 Netto-Aktiva erwarten. Gary schafft aber nur $1,56. Seine Bilanz schleppt zu viel unproduktives Kapital durch. Die meisten Unternehmen, mit denen wir es zu tun haben, schenken ihren Bilanzen nur selten Beachtung. Wie diese Gleichungen zeigen, verpassen Eigentümer und Geschäftsführer, die diese Informationen missachten, einen der wichtigsten Bestimmungsfaktoren, wie erfolgreich sie sind und wo ggf. Verbesserungsmöglichkeiten bestehen.

Mindest-Eigenkapitalrendite

Was ist eine gute Rendite? Nun, die Antwort ist relativ, denn sie hängt von den alternativen Anlagemöglichkeiten der Investoren ab. Um es dennoch einfach zu machen: mittelgroße Unternehmen sollten auf eine minimale Kapitalrendite von 30% abzielen. Wenn Sie das nicht erreichen, müssen Sie überlegen, ob Ihr EBIT – den Sie aus den Umsätzen generieren – ausreicht, oder ob das Business in Bezug auf das eingesetzte Kapital überhaupt genügend Umsätze erwirtschaftet. Falls nicht, sollten die Investoren (dazu gehören auch die Eigentümer!) ihr Geld lieber woanders anlegen.

„Mittelgroße Unternehmen sollten auf mindestens 30% Kapitalrendite zielen."

Eigenkapitalrendite

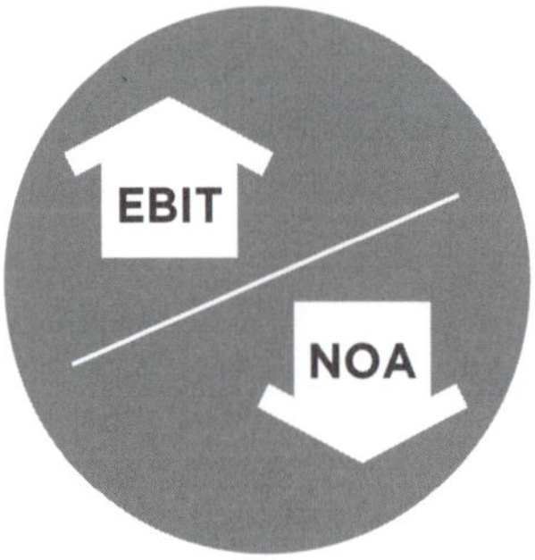

Als Unternehmer sollten Sie auch bedenken, dass Eigenkapital die teuerste Quelle der Finanzierung darstellt, und dass eine Fremdfinanzierung in der Regel billiger ist. Denken Sie noch einmal an Warnungen aus dem vorangegangenen Kapitel. Wie auch immer – um die Rendite zu verbessern ist es langfristig unerlässlich, dass das Management den EBIT schneller vergrößert als die Investitionen in Netto-Aktiva.

Rendite ist ein Spiegelbild Ihrer Strategie

Ihre Eigenkapitalrendite ist letztendlich ein Maß für den Erfolg Ihrer Strategie. Wenn sich Ihre Rendite nicht auf einem angemessenen Niveau befindet, gibt es für das Management fünf mögliche Optionen:

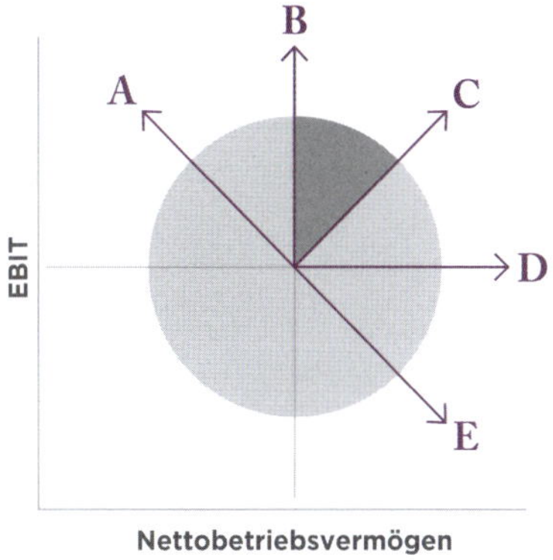

Wenn EBIT und Netto-Aktiva mit der gleichen Rate wachsen, bewegt sich Ihr Business entlang der Linie C (siehe rechts), und Sie können im Laufe der Zeit mit derselben Rendite rechnen.

Wenn Sie Ihren EBIT erhöhen und zugleich die Netto-Aktiva konstant halten, bewegen Sie sich entlang der Linie B – Ihre Rendite steigt. Wenn Sie den EBIT erhöhen und die Netto-Aktiva reduzieren, können Sie sogar noch einen größeren Anstieg der Rendite erwarten. Dennoch ist diese Option (Linie A) wahrscheinlich langfristig nicht nachhaltig und wird oft als dramatische Change-Strategie eingesetzt, um sich kurzfristige Erleichterung zu verschaffen.

Unternehmen können sich auch entscheiden, den EBIT zu belassen und nur die Netto-Aktiva zu erhöhen (Option D) oder den EBIT gar zu reduzieren und die Netto-Aktiva zu steigern (Option E). Beide Strategien werden für gewöhnlich während größeren Investitions-Runden gefahren, wenn Geld in neue Infrastruktur fließt und man für die Zukunft signifikante EBIT-Steigerungen erwarten darf.

Im Allgemeinen benötigen Unternehmen Strategien, die eine Performance zwischen B und C ergibt. Hier steigt der EBIT schneller als die Netto-Aktiva und im Ergebnis steigt auch die Rendite.

Die 4 Treiber

Bis hierhin haben wir gelernt, dass man den Erfolg anhand von Rendite-Kennzahlen messen kann. Doch als Manager können Sie die Rendite nicht direkt beeinflussen. Sie müssen andere Aspekte des Business verändern – die Treiber, wenn Sie so wollen – um bessere Renditen zu erzielen.

Wir unterscheiden 4 finanzielle Treiber. Sie sind in der untenstehenden Abbildung unter „Business-Perspektive" aufgelistet. Diese Treiber führen zu Analysen der Bank und der Investoren, die in der Abbildung unter „Bank-Perspektive" stehen. Wir schauen uns diese vier entscheidenden Finanz-Treiber nun aus der Business-Perspektive an.

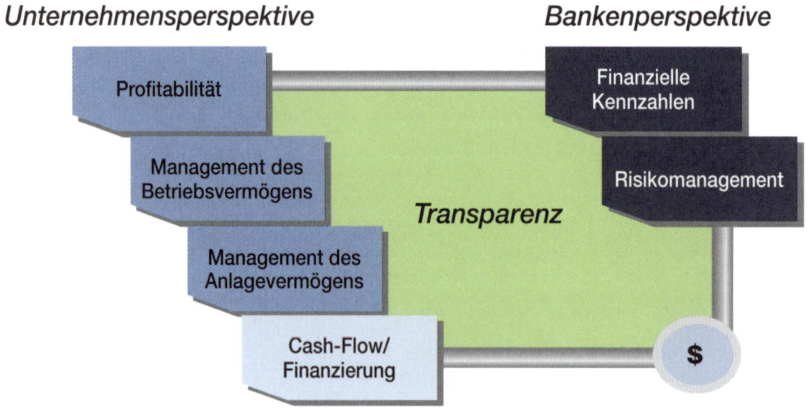

Treiber Nr. 1: Profitabilität

Die meisten Unternehmer sind auf Profitabilität fixiert und machen in diesem Punkt meist einen guten Job, so wie Gary. Wie Greg Crabtree im vorigen Kapitel bemerkte: der wichtigste Punkt bei der Verbesserung des Cash-Flow ist eine größere Profitabilität. Und mit Crabtrees „Simple Numbers" könnte Gary sogar noch mehr Erfolg haben (siehe Diagramm).

Profitabilität	30. Juni 2012	30. Juni 2013	Änderung
Umsatz	35.000.000	42.000.000	+7.000.000
Umsatzwachstum %	11,11	20,00	+8,89
Rohertragsmarge %	30,00	31,00	+1,00
Gemeinkosten %	19,29	20,00	+0,71
EBIT %	10,71	11,00	+0,29
EBIT	3.748.860	4.618.850	+869.990
Nettogewinn %	4,72	4,96	+0,24

Profitabilität Trends

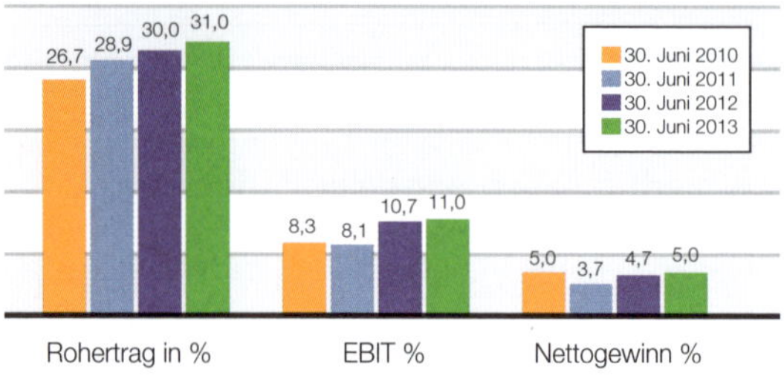

Treiber Nr. 2: Betriebsvermögen

Das Betriebsvermögen ist die Menge an Cash, die Ihr Business für seine laufenden Geschäfte benötigt, und es wird generell durch zwei Positionen des Umlaufvermögens aufgebraucht: Ihre Schuldner (Debitoren) und Ihr Inventar. Ihre Gläubiger werden einiges davon finanzieren – daher ziehen wir die Forderungen immer von den beiden anderen Zahlen ab, wenn wir die Höhe des Betriebsvermögen bestimmen. Die einzelnen Posten werden in Tagen gemessen.

Weil Ihr Betriebsvermögen Cash benötigt, berechnen Banken sehr oft eine weitere Kennzahl, genannt „working capital days". Diese Zahl misst den Umschlag des Betriebsvermögen in Tagen. Sie wird so berechnet: (Forderungen + Inventar – Verbindlichkeiten)/Verkäufe x 100. Hier sind Garys Zahlen:

Management des Betriebsvermögen	30. Juni 2012	30. Juni 2013	Änderung
Debitorenziel	70,00	75,00	+5,00
Lagerumschlag	154,00	180,00	+26,00
Kreditorenziel	60,02	70,00	+9,98
Working capital Umschlag	163,98	185,00	+21,02
Working capital %	37,20	41,34	+4,14
Marginaler Cash-Flow	-7,20	-10,34	-3,14
Current Ratio (Liquidität 3. Grades)	1,88	1,79	-0,09

Working Capital Days

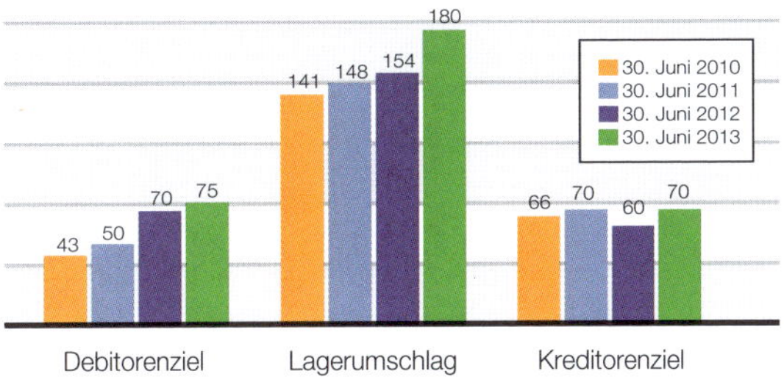

Treiber Nr. 3: Kennzahlen des Anlagevermögens

Zusammengefasst messen die Haupttreiber die Performance der übrigen Positionen einer Bilanz. Größtenteils werden die Ergebnisse von einem erfolgreichen aktiven Management und der Verbesserung der Treiber #1 und #2 angetrieben. Garys Resultate beim Treiber #3 finden Sie auf der rechten Seite:

Management des Anlagevermögens	30. Juni 2012	30. Juni 2013	Änderung
Kapitalumschlag	1,63	1,56	-0,07
Kapitalrendite %	17,42	17,19	-0,23
Gesamtkapitalrendite %	14,67	14,25	-0,42
Eigenkapitalrendite %	22,03	21,73	-0,30

Treiber Nr. 4: Cash-Flow/Finanzierung

Zum Schluss schauen wir uns noch die Cash-Performance an – etwas, das Banken und Investoren am meisten interessiert. Dieser Treiber kann die Wahrscheinlichkeit berechnen, nach der Sie Ihre Verbindlichkeiten zurückzahlen können! Garys Ergebnis steht rechts:

Cash-Flow/Finanzierung	30. Juni 2012	30. Juni 2013	Änderung
Nettoverbindlichkeiten	14.019.740	17.279.812	+3.260.072
Netto-Cash-Flow	-3.258.560	-3.260.072	-1.512
Verschuldungsgrad	1,87	1,80	-0,07
Zinsendeckung	3,22	3,39	+0,17
Operativer Cash-Flow	-162.380	275.761	+438.141

Marginaler Cash-Flow

Eine andere nützliche Kennzahl beim Cash-Flow ist der marginale Cash-Flow. Diese Kennzahl berechnet die Menge an Cash, die im Betriebsvermögen des Unternehmens gebunden ist und vergleicht sie mit der Menge an Cash, die das Unternehmen bei den Roherträgen generiert.

Beim Blick auf Garys Business sehen wir, dass es aus den $42 Millionen im Jahr 2013 erwirtschafteten Umsätzen einen Rohertrag von $13 Millionen generierte. Wir sehen außerdem, dass der Prozentsatz des Betriebsvermögen (Vermögen/Umsatz) als $17,4 Millionen dividiert durch $42 Millionen berechnet wurde.

Marginaler Cash Flow für den nächsten $1 aus Verkäufen

Rohertrag		**13.020.000/42.000.000**	**31%**
Forderungen	8.630.137		
Inventar	14.291.507		
Verbindlichkeiten	(5.557.808)		
Betriebsvermögen		**17.363.836/42.000.000**	**41%**

Das Problem: Pleite wachsen!

Wenn wir beide Kennzahlen als Cents von jedem Dollar/Euro Umsatz betrachten, stellt sich heraus, dass Garys Business einen Rohertrag von 31 Cents pro $1 Umsatz generiert. Wir sehen außerdem, dass sein Unternehmen ein Betriebsvermögengen von 41 Cents pro $1 Umsatz benötigt. Das heißt, für jeden $1 aus Verkäufen braucht das Unternehmen 10 Cents mehr Betriebsvermögengen als es tatsächlich an Roherträgen erwirtschaftet. Wir beobachten eine ähnliche

Beziehung zwischen Roherträgen und umlaufendem Kapital in rund 60% der Unternehmen, die wir beraten.

Im Ergebnis bedeutet das also: Gary verliert jedes Mal Cash, wenn er $1 an Produkten verkauft. Das ist es, was wir vorhin mit „pleite wachsen" meinten.

Um diesen Missstand zu beheben, konnte Gary zwischen zwei Strategien wählen:

1. Seine Roherträge zu steigern.
2. Sein Betriebsvermögen zu reduzieren.

Falls er das Verhältnis von Betriebsvermögen und der Profitabilität nicht änderte, würde sein Unternehmen nicht überleben. Garys Bank war sich des Problems absolut bewusst. Im Jahr 2013 war Garys Umsatz um $7 Millionen gewachsen – und die Bank hatte ihm sein Cash-Problem in Höhe von $700.000 finanziert. Nun, da die Bank keine weiteren Runden mehr erlauben würde, konnte Gary nicht auf dieselbe Art weitermachen.

Unsere letzte Cash-Flow-Kennzahl zeigt auf einfache Weise den Hauptunterschied zwischen Gewinnen und Cash-Flow.

Operativer Cash-Flow spiegelt die Auswirkung von Änderungen beim Umlaufvermögen auf Ihre Gewinne vor Zinsen, Steuern und Abschreibungen (EBITDA) über einen bestimmten Zeitraum wider. Banker nutzen diese Kennzahl, um Ihre Schuldendienstfähigkeit zu messen. Sie sollten sie selbst einsetzen, um Ihren Cash-Bestand zu erhöhen – für die Verwendung auf Wachstum, Ausschüttungen und andere Vorteile, die ein Business mit ausreichend Cash bietet.

Die folgende Tabelle verdeutlicht die Kalkulation:

Gewinn vs. Cash-Flow

Gewinn		Cash-Flow		Abweichung
Umsatz	42.000.000	Cash von Kunden	40.082.193	-1.917.807
Selbstkosten	28.980.000	Cash von Zulieferern	31.405.289	-2.425.289
Rohertrag	**13.020.000**	**Brutto-Cash-Gewinnmarge**	**8.676.904**	**-4.343.096**
Betriebskosten außer Abschreibungen	7.468.150	Betriebskosten außer Abschreibungen	7.468.150	–
EBITDA	**5.551.850**	**Operativer Cash-Flow**	**1.208.754**	**-4.343.096**

Wie Sie aus der Tabelle entnehmen können, gratulierte sich Garys Management-Team schon selbst für eine EBITDA-Performance von $5,6 Millionen im

Jahr 2013 – doch das Unternehmen verzeichnete gleichzeitig einen Cash-Abfluss vor Abschreibungen ($1,1 Millionen) von $4,3 Millionen.

Garys Banker machte nicht so sehr die schwache Cash-Flow-Performance selbst Sorgen. Sie waren alarmiert durch die Tatsache, dass Garys Team nicht einmal wusste, was vor sich ging.

Das darunterliegende Business war stark, und die Cash-Flow-Performance konnte mit ein paar wenigen kleinen Änderungen verbessert werden. Um das zu erreichen, mussten wir ausloten, welche finanziellen Änderungen in Betracht kamen. Dafür ist unser so genanntes „Power of One“ ein sehr nützliches Tool. Doch zunächst noch einmal zurück zur Bank.

Die Bank

Durch unsere Analysen konnten wir eine Reihe von Punkten anführen, die das Vertrauensverhältnis zur Bank belasteten – zu Garys Erstaunen:

1. Für jeden von den Shareholdern investierten $1 hatte die Bank $2 in das Unternehmen gesteckt.
2. In Garys Fall wirkte sich das Wachstum schädlich auf die Cash-Reserven aus. Je mehr Gary verkaufte, desto schlimmer wurde die Situation (seine Roherträge lagen bei 31%, während das Betriebsvermögen 41% betrug).
3. Gary besaß nicht ausreichend Cash, um seine Schulden bei der Bank zu begleichen. Sein operativer Cash-Bestand betrug im Jahr 2013 $1,2 Millionen – zugleich hatte er Steuern über $1,2 Millionen zu zahlen, seine Zinsen beliefen sich auf $1,4 Millionen und zusätzlich hatte er noch Sachanlagen im Wert von $1,4 Millionen gekauft.

Vielleicht waren Garys Banker doch keine so großen Idioten, wie er gedacht hatte!

„Garys Banker waren doch nicht die Idioten, für die er sie gehalten hatte!“

Power of One und die 7 Hebel

Manager können Anpassungen bei den 4 Treibern vornehmen, indem sie die 7 wichtigsten ihnen zur Verfügung stehenden finanziellen Hebel betätigen. So verbessern sich Cash und Renditen in ihrem Business:

1. **Preis**: Sie können die Preise für Ihre Güter und Dienstleistungen erhöhen.
2. **Menge**: Sie können mehr Einheiten zum gleichen Preis absetzen.
3. **Herstellungskosten/Direkte Kosten**: Sie können den Preis für Ihre Rohstoffe und direkten Arbeitskosten senken.
4. **Betriebsausgaben**: Sie können Ihre operativen Kosten senken.
5. **Forderungen**: Sie können Rückstände Ihrer Schuldner effizienter eintreiben.
6. **Lagerhaltung/Umlaufbestand (Work in progress, WIP)**: Sie können die Größe Ihres Lagerbestandes reduzieren.
7. **Verbindlichkeiten**: Sie können Zahlungen an Ihre Gläubiger verzögern.

Sie erkennen, wie Sie diese Tools für sich nutzen können, wenn Sie den entscheidenden Vorteil verstehen: bei jeder Änderung um 1% oder für die Dauer von 1 Tag für einen dieser Hebel vergrößern Sie Ihren Bestand an Cash. Wir nennen das die „Power of One". Einmal mit dieser Information ausgestattet, kann ihr Management anhand von Leistungsindikatoren (KPIs) rund um diese 7 Hebel einen Plan aufstellen, der sich auf bestimmte Cash- oder Rendite-Ziele konzentriert.

Bei der Berechnung von Garys Power of One kamen wir auf folgende Ergebnisse:

Der Einfluss von pauschalen Änderungen um 1% und 1 Tag

Ihr Power of One	Netto-Cash-Flow	EBIT
Ihre aktuelle Position	-3.260.073	4.618.850

Ihr Power of One	- 1,0 +	Reset	Einfluss auf Cash-Flow	Einfluss auf EBIT
Preiserhöhung %	- 1,0 +	%	333.699	420.000
Umsatzsteigerung %	- 1,0 +	%	-43.438	130.200
Senkung Wareneinsatz/COGS %	- 1,0 +	%	377.137	289.800
Senkung Fixkosten %	- 1,0 +	%	84.012	84.012
Reduzierung Zahlungsziel Debitoren	- 1,0 +	days	115.068	–
Reduzierung Lagerbestand in Tagen	- 1,0 +	days	79.397	–
Erhöhung Zahlungsziel Kreditoren	- 1,0 +	days	79.397	–
Ihr Power of One Einfluss			**1.025.272**	**924.012**

Ihr Power on One	Netto-Cash-Flow	EBIT
Ihre neue Position	-2.234.801	5.542.862

Diese Tabelle zeigt, dass Gary durch eine Verbesserung jedes Treibers um nur 1% oder 1 Tag einen positiven Impact auf seinen Cash-Flow von über $1 Million erzielen, und der EBIT sich um mehr als $900.000 verbessern würde. In der Realität ist es nicht sinnvoll, alle diese Treiber zu optimieren (zumindest nicht gleichzeitig). Hier sollte das Management spezifische Ziele vorgeben: Kombinationen und Bruchteile der Anpassungen um 1% und 1 Tag, die tatsächlich erreichbar sind.

In Garys Fall einigten wir uns auf die folgende Kombination:

Der Einfluss von Power of One

Ihr Power of One			Netto-Cash-Flow	EBIT
Ihre aktuelle Position			-3.260.073	4.618.850

Ihr Power of One	- 0,0 +	Reset	Einfluss auf Cash-Flow	Einfluss auf EBIT
Preiserhöhung %	- 1,0 +	%	333.699	420.000
Umsatzsteigerung %	- 0,0 +	%	0	0
Senkung Wareneinsatz/COGS %	- 0,0 +	%	0	0
Senkung Fixkosten %	- 2,0 +	%	168.023	168.023
Reduzierung Zahlungsziel Debitoren	- 5,0 +	days	575.342	–
Reduzierung Lagerbestand in Tagen	- 15,0 +	days	1.190.959	–
Erhöhung Zahlungsziel Kreditoren	- 0,0 +	days	0	–
Ihr Power of One Einfluss			**2.268.023**	**588.023**

Ihr Power on One			Netto-Cash-Flow	EBIT
Ihre neue Position			-992.050	5.206.873

Während die Auswirkungen auf den Gewinn nicht so groß waren, lag der eigentliche Wert für das Unternehmen in den Auswirkungen auf das Betriebsvermögen. Wenn die Ausstände um 5 Tage und die Lagerhaltungsdauer um 15 Tage reduziert werden konnten, würden mehr als $1,7 Millionen an zusätzlichem Cash zur Verfügung stehen, und das Unternehmen könnte damit seine Schulden reduzieren und das gute Verhältnis zur Bank wiederherstellen. Keine der beiden Kürzungen wurde als zu umfangreich betrachtet. Und insgesamt würden die Änderungen den negativen Cash-Flow von $3,3 Millionen auf unter $1 Million drücken – ein bedeutender Fortschritt.

Der nächste Schritt war es, diese Änderungen in eine formale KPI-Struktur zu übersetzen, über die das Unternehmen seine Fortschritte kontrollieren konnte. Die unteren beiden Tabellen wurden erstellt, mit guten (Grün), durchschnittlichen (Gelb) und schlechten (Rot) Ergebnissen in der rechten Spalte.

Das ideale Profil wurde entworfen, um das Management zu führen und eine simple Vergleichsbasis für die tatsächlichen Resultate zu liefern. Ergebnisspannen wurden festgelegt, so dass Garys Management eine monatliche tabellarische Auswertung machen konnte, wie das Unternehmen sich im Verhältnis zu den KPIs schlug.

1 – Profitabilität	Ideales Profil	Grün	Gelb	Rot
Verkäufe %	100			
Rohertrag %	30	>30	28-30	<28
Gemeinkosten %	20	<20	20-22	>22
EBIT %	10	>10	8-10	<8

2 – Working Capital	Ideales Profil	Grün	Gelb	Rot
Kreditoren-Tage	60	<60	60-70	>70
Umlaufbestand in Tagen	90	<90	90-100	>100
Debitoren-Tage*	60	–	–	–
Working capital %	22	<22	22-25	>25

* *Ihre Resultate (gut, durchschnittlich, schlecht) hängen von der Beziehung zu Ihren Lieferanten ab.*

Garys Eröffnungs-Ergebnis sehen Sie in den Tabellen 3 und 4 auf der nächsten Seite.

Da die Resultate über einen Farb-Code dargestellt wurden – mit grün (für gut), gelb (für durchschnittlich) und rot (für schlecht) – erhielt das Team eine schnelle visuelle Evaluierung seiner Performance. Je mehr Resultate grün waren, desto mehr Cash produzierte das Business. Je mehr rot und gelb zu sehen war, desto schlechter war die Cash-Performance.

Gary wurde geraten, dieses Programm quer durch alle Unternehmensbereiche auszurollen, damit jeder die Parameter für den Erfolg und den Fortschritt des Unternehmens kannte. Gary fokussierte sein Vertriebsteam auf Sales und Roherträge, zumal es die Verantwortung für Produktrabatte und Angebote hatte. Das Einkaufsteam suchte nach Produkten, die den Rohertrag steigern würden. Die Abteilungen Rechnungswesen und Personal achteten auf die operativen Kosten. Sowohl im Vertrieb als auch im Rechnungswesen beschäftigte man sich mit

3 – Profitabilität	Ideales Profil	Grün	Gelb	Rot
Verkäufe %	100			
Rohertrag %	30	31		
Gemeinkosten %	20		20	
EBIT %	10	11		

4 – Working Capital	Ideales Profil	Grün	Gelb	Rot
Kreditoren-Tage	60			75
Umlaufbestand in Tagen	90			180
Debitoren-Tage	60		(70)	
Working capital %	22			41

Forderungsmanagement. Die Lagerabteilung überwachte und reduzierte den Lagerbestand, und in der Buchhaltung achtete man auf die Daten zur Begleichung von Verbindlichkeiten.

Durch die gemeinsame Arbeit, ausgestattet mit einer klaren Definition für Erfolg – sowie Miltz's günstigem Online-Tool www.cashflowstory.com, brachte Garys Team den Cash-Flow des Unternehmens wieder in Ordnung. Das Unternehmen befindet sich heute in einer viel besseren Position gegenüber seinen Partnern in der Bank, die von dem rapiden Kurswechsel und der deutlichen Reduzierung der Schulden des Unternehmens sehr beeindruckt waren. Heute verwendet Gary zudem einen Standard-Report, um sein Board auf dem Laufenden zu halten. Es ist unter *scalingup.com* verfügbar (die deutsche Version finden Sie auf *scaleup.de*).

Wie schon zu Beginn des Kapitels erwähnt: Sie können mit halbwegs geeigneten Menschen (People), Strategien (Strategy) und Umsetzungen (Execution) einigermaßen über die Runden kommen – aber nicht, wenn Ihnen das Cash ausgeht. Alle Wachstumsunternehmen fahren hier und da mal in ein Schlagloch (oder einen Krater!). Ausreichend Cash zu haben ist da absolut entscheidend. Wir hoffen, dass Ihnen unsere Ideen, Tools und Techniken aus diesem Kapitel helfen, die harten Zeiten zu überstehen, gute Zeiten anbrechen zu lassen, und Ihr Business in ein richtiges Scale-up zu verwandeln.

NÄCHSTE SCHRITTE
5 Dinge, die Sie jetzt tun können

Danke, dass Sie *Scaling Up* lesen. Um Ihre Umsetzung gleich auf Touren zu bringen und direkt von den Ideen in diesem Buch zu profitieren, sind hier 5 Dinge, die Sie jetzt tun können:

1. **Lassen Sie Ihr gesamtes Management-Team (und andere Mitarbeiter) dieses Buch lesen und/oder machen Sie einen Workshop**. Vernes 2½-tägiger Scaling Up Kurs ist komplett online verfügbar (*www.growthinstitute.com*). So sprechen alle dieselbe Sprache und erhalten einen Eindruck von der anvisierten Umsetzung. Machen Sie dann die Auswertung der „4 Decisions". Diese können Sie bei uns unter *scaleup.de* auf deutscher Sprache anfordern. Entscheiden Sie, welchen der vier Handlungsbereiche – People, Strategy, Execution oder Cash – Sie als erstes optimieren möchten. Gehen Sie noch einmal zurück zum entsprechenden Kapitel, lesen Sie jeweils ein Kapitel pro Monat während des nächsten Quartals und setzen Sie die Inhalte um. Die Auswertung, eine Liste mit öffentlichen (und geschlossenen) Workshops, sowie Mengenrabatte auf unsere Bücher sind auf *scalingup.com*, oder *scaleup.de* für deutschsprachiges Material, verfügbar.
2. **Bilden Sie ein wöchentliches „Council"**. Versammeln Sie zusätzlich zu den wöchentlichen Management-Meetings ein paar Schlüsselfiguren, um Strategien sowie größere Chancen und Herausforderungen für das Unternehmen zu diskutieren. Gehen Sie zurück zu den Seiten 139-140 und lesen Sie sich die Details zu dieser entscheidenden wöchentlichen Routine (Gesprächsrunde) noch einmal durch. Konzentrieren Sie sich auf das Arbeitspapier „7 Facetten der Strategie", auf die Erstellung einer Liste mit „Influencern", sowie auf die Arbeit an den 4P oder 4E des Marketing.
3. **Führen Sie Quartals-Mottos ein**. Wählen Sie ein messbares Ziel aus, das auf einen Engpass im Unternehmen abzielt („ein Problem, das Sie nachts wach hält"), und fokussieren Sie das gesamte Unternehmen darauf. Sie müssen kein ausgefeiltes Motto entwickeln, wenn Sie zu wenig Zeit haben. Stellen Sie einfach an prominenter Stelle ein Whiteboard auf und beginnen Sie mit der Kontrolle der Fortschritte in Daily Huddles. Am Ende des Quartals halten Sie eine kleine Feier ab. Wählen Sie ein Ziel, das sowohl herausfordernd als auch machbar ist – damit das Team möglichst schnell auf den Erfolgs-Geschmack kommt.

4. **Beginnen Sie mit den Daily Huddles.** Als erstes sollten Sie ein Daily Huddle für das Führungsteam durchführen. Sobald diese Führungskräfte die Routine verinnerlicht haben, können Sie sie in ihren jeweiligen Teams etablieren. So kann dieser wichtige Kommunikations-Rhythmus kaskadenartig durchs gesamte Unternehmen laufen. Achten Sie während der Huddles auf Details, aber gehen Sie nicht in die Falle des „Problemlösens". Halten Sie die ersten Huddles möglichst kurz – 15 Minuten oder weniger.
5. **Planen Sie Ihre erste Quartals- oder Jahrestagung als Offsite-Meeting (am besten mit Unterstützung).** Legen Sie ein Datum für Ihre nächste strategische Planungsrunde fest und starten Sie die Vorbereitungen: Mitarbeiter- und Kundenumfragen, SWOT-Analysen vom mittleren Management sowie die SWT-Analyse durch das Top-Führungsteam. Am Tagungsort beginnen Sie mit der Arbeit an den verschiedenen One-Page Wachstums-Tools. Konzentrieren Sie sich zu Anfang auf die grundlegenden Entscheidungen auf dem Arbeitspapier „Vision Summary" (Prinzipien und Einstellungen/Core Values, Sinn und Zweck, Nutzenversprechen, BHAG® und Prioritäten). Suchen Sie sich einige Grundsätze von der Rockefeller Habits Checklist aus, die Sie als nächstes umsetzen möchten.

Ganz wichtig: entspannen Sie sich. Schon Tausende andere Unternehmen haben die Rockefellers Habits umgesetzt.

Ein Schritt nach dem anderen

Was auch immer Sie tun – laden Sie sich nicht zu viel auf einmal auf. Unser 4D Framework ist ein Schritt-für-Schritt-Prozess für die Arbeit an allen Aspekten des Business, ohne Einzelne zu überfordern. Es dauert gewöhnlich zwei bis drei Jahre, bis alle Tools, Techniken und Grundsätze ein Teil der Unternehmens-DNA geworden sind. Und weitere zwei bis drei Jahre bis zu wahrer Meisterschaft.

Es ist auch entscheidend, einen Verantwortlichen für die Gesamtumsetzung der „Rockefeller Habits/Scaling Up Methodik" zu bestimmen. Viele Gründer möchten diese Verantwortung an die Nr. 2 im Unternehmen vergeben. Verne hat eine Kolumne speziell für Entrepreneure verfasst, über das Thema „Finden Sie die richtige Nr. 2" („Hire the Right #2"). Sie können den Beitrag auf *scalingup.com* herunterladen.

Sie sind nicht allein – Coaching, Lernen und Technologie

Wir unterstützen und beschleunigen Ihre Umsetzung der Tools und gestalten den Prozess für Sie unterhaltsamer. Dazu haben wir ein Team auf sechs Kontinenten, das Ihnen eine Reihe von Services anbietet, darunter:

Coaching: Niemand hat je eine Top-Performance ohne einen Coach erreicht. Wenn Sie bei der Umsetzung der Tools Hilfe brauchen, erhalten Sie Zugang zu unseren Experten von zertifizierten Partner-Coaches, rund um den Globus! Ein Coach hilft Ihnen, die Umsetzung zu beschleunigen und nimmt dem Führungsteam Lasten ab, damit Sie noch früher erfolgreich Umsätze, Gewinne und den Cashflow steigern können. Gerne werten wir Ihr „4 D Assessment" in einem kostenlosen 30-minütigen Telefongespräch gemeinsam aus. Sie können uns jederzeit über unsere Website *scaleup.de* kontaktieren.

Lernen: Buchen Sie für Ihr Team einen ganztägigen öffentlichen oder geschlossenen Scaling Up Workshop. Sie können noch einen Schritt weiter gehen und ein Teammitglied das Zertifikat „Rockefeller Habits Master Practitioner" über unser Online-Lern- und Coaching-Programm erwerben lassen. Diese Person kann dann die Umsetzung der Rockefeller Habits in Ihrem Unternehmen unterstützen.

Zusätzlich bieten wir Ihnen eine Fülle von akkreditierten Kurz-Kursen – geleitet von Top-Business-Visionären – mit denen Sie und Ihr Management-Team sich kontinuierlich zu den Themen Leadership, Marketing, Vertrieb, Personal, etc. fortbilden und sich von Ihren Wettbewerbern abgrenzen können. Sie können alle diese Kurse bequem am Schreibtisch im Büro oder zu Hause absolvieren.

Technologie: Wir bieten online ein Management Accountability System namens Align als Software-as-a-Service (SaaS) an. Es hat heute bereits über 3.000 Benutzer. Das Tool haben wir für CEOs (oder COOs) für das Management von Prioritäten, Leistungsindikatoren und Verantwortlichkeiten entwickelt, die leicht zu einem Excel-Albtraum werden können, wenn Sie mehr als eine Handvoll Mitarbeiter steuern müssen (die vielleicht sogar über mehrere Standorte verteilt sind). Wir bieten eine weitere SaaS namens „Better Book Club" an. Ihre Mitarbeiter können darüber Literatur beziehen und sich kontinuierlich fortbilden, um das Gelernte später im Unternehmen anzuwenden.

Alle diese unterstützenden Services erbringen in der Regel einen 10-fachen Return on Investment. Informationen finden Sie auf *scalingup.com*. Für deutschsprachige Tools und Werkzeuge, kontaktieren Sie uns bitte über *scaleup.de*.

Wer hat Erfolg?

Als *Mastering the Rockefeller Habits* 2002 zum ersten Mal erschien, richtete Verne auf dem Campus des MIT das 10-jährige Jubiläum des von ihm gegründeten und geleiteten Executive-Programms „Birthing of Giants" aus. Dieses Führungskräfte-Programm war die Geburtsstunde für alle Inhalte dieses Buches. Während einer Fragestunde stellte ein ehemaliger Teilnehmer Verne eine entscheidende Frage: *„Sie haben über all die Jahre viele Unternehmensführer siegen und scheitern sehen. Ist Ihnen irgendetwas Besonderes an denen aufgefallen, die großen Erfolg hatten?"*

Vernes Antwort auf diese Frage hat sich seitdem nicht verändert. Erfolg haben jene, die folgende zwei Merkmale aufweisen:

- Einen unstillbaren Wissensdurst
- Eine unbeirrbare Ausrichtung auf die Tat

Gewinner und Erfolgreiche sind permanent auf der Suche nach Verbesserungsmöglichkeiten. Sie lehnen sich niemals zurück und lassen andere vorbeiziehen. Sie nutzen ihre Tools und Ressourcen, um Probleme zu attackieren und Pläne in die Tat umzusetzen.

Es ist so einfach. Sie wollen mit diesem Buch und in Ihrem Business gewinnen? Hören Sie niemals auf zu **lernen**. Hören Sie niemals auf zu **handeln**.

So arbeitest du mit dem Buch weiter

Die Worksheets in diesem Buch haben wir bei scale up grafisch und sprachlich weiterentwickelt. Wir haben heute ein iterativeres, agileres Strategieverständnis als zur Zeit, in der die Erstauflage dieses Buches erschienen ist.

Aus dem One-Page Strategic Plan hat sich ein flexibleres Tool, unser Growth Canvas, entwickelt. Den Growth Canvas verstehen wir nicht mehr als „Plan", sondern als Leinwand, die gleichzeitig Querbezüge zu anderen strategischen Modellen sichtbar macht.

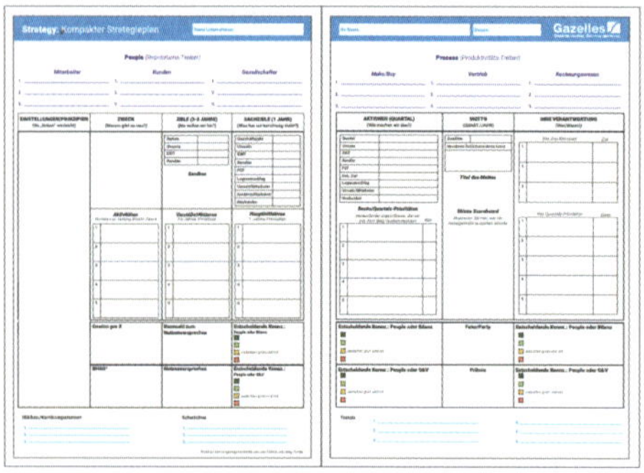

One-Page Strategic Plan (OPSP)

Growth Canvas

Unser Workbook mit den überarbeiteten Worksheets kannst du unter **http://scaleup.de/downloads** herunterladen.

Next Steps

Die scale up App

Die scale up App ist unsere neue digitale Lösung für Unternehmer:innen und Führungskräfte

:ntdecke das richtige Programm für die ;kalierung deines Unternehmens

ale up ist die einzige Methodik auf dem deutschen Markt, die dynamisch wachsenden ıternehmen ganzheitliche Werkzeuge bietet, um die entscheidenden Herausfor- ɛrungen des Unternehmenswachstums effizient und praxisorientiert zu handhaben. ir bieten zwei verschiedene Programme an:

Inhouse

Dein Unternehmen bekommt einen eigenen scale up Coach an die Seite, der das scale up Framework exklusiv und individuell auf die Firma und die Bedürfnisse optimiert einführt.

ΛasterClass

Λehrere Führungskräfteteams aus ɛrschiedenen Unternehmen teilen ɾfahrungen, tauschen sich geleitet aus und aben einen scale up Coach an der Seite.

Vir finden gemeinsam mit dir heraus, welches ²rogramm am besten zu den Herausforderungen leines Unternehmens passt.

Neugierig geworden?

www.scaleup.de

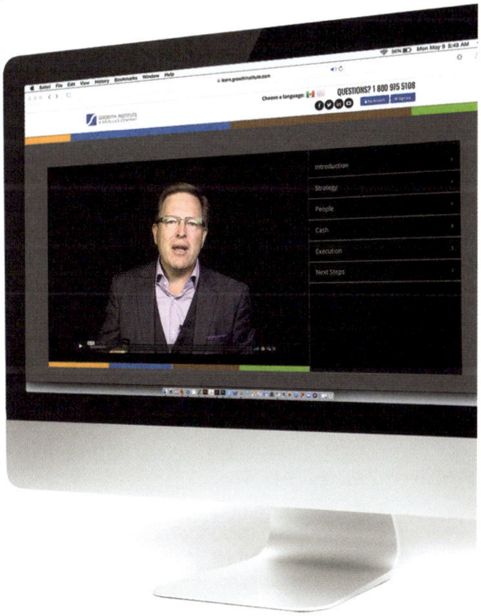

Alle Ressourcen aus *Scaling Up*

HINWEIS: *Einige Webseiten verlangen die Registrierung oder eine Gebühr für den Zugang zum vollständigen Beitrag.*

Antifragile: Things That Gain From Disorder (dt. *Antifragilität: Anleitung für eine Welt, die wir nicht verstehen)*, Nassim Nicholas Taleb, 5

The E-Myth Revisited, Michael E. Gerber, 5

The Lean Startup, Eric Ries, 5

„High-Impact Firms: Gazelles Revisited", Zoltan J. Acs, William Parsons und Spencer Tracy für die US Small Business Administration, 6

Willful Blindness: Why We Ignore the Obvious at Our Peril, Margaret Heffernan, 7

Multipliers: How the Best Leaders Make Everyone Smarter, Liz Wiseman mit Greg McKeown, 7, 97, 102

Good to Great: Why Some Companies Make the Leap... And Others Don't (dt.: Der Weg zu den Besten: die sieben Management-Prinzipien für dauerhaften Unternehmenserfolg), Jim Collins, 14, 140, 158

The Five Dysfunctions of a Team: A Leadership Fable (dt.: Die 5 Dysfunktionen eines Teams), Patrick M. Lencioni, 21, 97

Great by Choice: Uncertainty, Chaos, and Luck — Why Some Thrive Despite Them All (dt.: Oben bleiben. Immer), Jim Collins und Morten T. Hansen, 23, 43, 190, 253

„How Fast Can Your Company Afford to Grow?", Neil C. Churchill und John W. Mullins, *Harvard Business Review*, 24, 260, 267

„Businesses Worth Repeating", Verne Harnish, *Fortune*, 29

„Evolution and Revolution as Organizations Grow", Larry E. Greiner, *Harvard Business Review*, 34

Emergence: The Connected Lives of Ants, Brains, Cities, and Software, Steven Johnson, 37

Turn the Ship Around! A True Story of Turning Followers into Leaders, L. David Marquet, 38

Relationship Marketing: Successful Strategies for The Age of the Customer, Regis McKenna, 40

Confessions of a Pricing Man: How Pricing Affects Everything, Hermann Simon, 40

Buyer Personas: How to Gain Insight into your Customer's Expectations, Align your Marketing Strategies, and Win More Business, Adele Revella, 41

Crucial Conversations: Tools for Talking When Stakes Are High (dt.: *Heikle Gespräche: Worauf es ankommt, wenn viel auf dem Spiel steht*), Kerry Patterson, Joseph Grenny, Ron McMillan und Al Switzler, 47

The Billionaire Who Wasn't: How Chuck Feeney Secretly Made and Gave Away a Fortune, Conor O'Clery, 57

The Business of Happiness: 6 Secrets to Extraordinary Success in Life and Work, Ted Leonsis mit John Buckley, 58

The Soul of Money: Transforming Your Relationship With Money and Life (dt.: *Die Seele des Geldes: Verwandle deine Beziehung zum Geld und zum Leben*), Lynne Twist mit Teresa Barker, 60

KPI library/online resource/ServiceNow, 64

Key Performance Indicators: The 75 Measures Every Manager Needs to Know, Bernard Marr, 65

The Great Game of Business: The Only Sensible Way to Run a Company, Jack Stack, 66, 93, 199, 206

How the Mighty Fall, And Why Some Companies Never Give In, Jim Collins, 67

Lean-Implementierung, Online-Videointerview mit Guy Parsons, *scalingup.com*, 71

The Checklist Manifesto: How to Get Things Right, (dt.: *Checklist-Strategie: Wie Sie die Dinge in den Griff bekommen*), Atul Gawande, 75

„Secrets From Apple's Genius Bar: Full Loyalty, No Negativity", Yukari Iwatani Kane und Ian Sherr, *The Wall Street Journal*, 75

„How to Create Scorecards for Topgrading", Toby Jenkins, Bluewire Media Web Strategy Blog, 78

First, Break All the Rules: What the World's Greatest Managers Do Differently (dt.: *Erfolgreiche Führung gegen alle Regeln: Wie Sie wertvolle Mitarbeiter gewinnen, halten und fördern*), Marcus Buckingham und Curt Coffman, 80, 105

Change to Strange: Create a Great Organization by Building a Strange Workforce, Daniel M. Cable, 80

Bewerbungstests von Assess Systems und Vertriebstests von Objective Management Group (OMG), 85

Who: The A Method for Hiring, Geoff Smart und Randy Street, 85

Topgrading: The Proven Hiring and Promoting Method That Turbocharges Company Performance, Bradford D. Smart, 85

Online-Kurs Topgrading Certified Master Practitioner, *scalingup.com*, 85

Drive: The Surprising Truth About What Motivates Us (dt.: *Drive: Was Sie wirklich motiviert*), Daniel H. Pink, 90, 93

Peak: How Great Companies Get Their Mojo from Maslow, Chip Conley, 92

„How Netflix Reinvented HR", Patty McCord, *Harvard Business Review*, 94

Online-Auswertung „StrengthsFinder" von Gallup Strengths Center, 95

Now, Discover Your Strengths (dt.: *Entdecken Sie Ihre Stärken jetzt!*), Marcus Buckingham und Donald O. Clifton, 95

Trombone Player Wanted, 6-teilige DVD-Reihe, Marcus Buckingham, 96

The One Thing You Need to Know... About Great Managing, Great Leading, and Sustained Individual Success (dt.: *The One Thing – Worauf es ankommt. Über herausragendes Management, exzellente Führung und nachhaltigen Erfolg*), Marcus Buckingham, 96

Good Company: Business Success in the Worthiness Era, Laurie Bassi, Ed Frauenheim und Dan McMurrer, mit Larry Costello, 97

Uncommon Service: How to Win by Putting Customers at the Core of Your Business, Frances Frei und Anne Morriss, 99, 152-153

The New Rules of Marketing & PR: How to Use Social Media, Online Video, Mobile Applications, Blogs, News Releases, and Viral Marketing to Reach Buyers Directly (dt.: *Die neuen Marketing- und PR-Regeln im Social Web: Wie Sie mit Social Media und Content Marketing, Blogs, Pressemitteilungen und viralem Marketing Ihre Kunden erreichen*), David Meerman Scott, 101, 145

Outliers: Why People Are Successful, Video-Seminar, Malcolm Gladwell, *scalingup.com*, 101

The Happiness Advantage, Online-Video, Shawn Achor, 102

The Weekly Coaching Conversation: A Business Fable About Taking Your Game and Your Team to the Next Level, Brian Souza, 102, 105

Lean In: Women, Work, and the Will to Lead (dt.: *Lean In: Frauen und der Wille zum Erfolg*), Sheryl Sandberg, 103

Leadership and the One Minute Manager: Increasing Effectiveness Through Situational Leadership (dt.: *Der Minuten-Manager: Führungsstile. Wirkungsvolleres Management durch situationsbezogene Menschenführung*), Ken Blanchard, Patricia Zigarmi und Drea Zigarmi, 103-104

Help Them Grow or Watch Them Go: Career Conversations Employees Want, Beverly Kaye and Julie Winkle Giulioni, 105

Hidden Champions of the 21st Century (dt.: *Hidden Champions des 21. Jahrhunderts*), Hermann Simon, 110

Exponential Organizations: Why new organizations are ten times better, faster, and cheaper than yours (and what to do about it) (dt.: *Exponentielle Organisationen*), Salim Ismail, 110

„Building Your Company's Vision", James C. Collins and Jerry I. Porras, *Harvard Business Review*, 122, 124

„The Core Competence of the Corporation", C.K. Prahalad and Gary Hamel, *Harvard Business Review*, 127

Lords of Strategy: The Secret Intellectual History of the New Corporate World, Walter Kiechel III, 141

Google AdWords Keyword Planner, 145

Epic Content Marketing: How to Tell a Different Story, Break Through the Clutter, and Win More Customers by Marketing Less, Joe Pulizzi, 146

„Your Career Success Hinges on One Word: Do You Know It?", Verne Harnish, LinkedIn, 146

The Inside Advantage: The Strategy That Unlocks the Hidden Growth in Your Business, Robert H. Bloom und Dave Conti, 146-147

How Companies Win: Profiting From Demand-Driven Business Models No Matter What Business You're In, Rick Kash und David Calhoun, 147

„Turning Goals Into Results: The Power of Catalytic Mechanisms", Jim Collins, *Harvard Business Review*, 150-152

„What Is Strategy?", Michael E. Porter, *Harvard Business Review*, 153-155

Roar! Get Heard in the Sales and Marketing Jungle: A Business Fable, Kevin Daum mit Daniel A. Turner, 154

„The X-Factor", Verne Harnish, *Fortune*, 155-157

Built to Last: Successful Habits of Visionary Companies (dt.: *Immer erfolgreich: Die Strategien der Topunternehmen*), Jim Collins und Jerry I. Porras, 156

The 7 Habits of Highly Effective People: Powerful Lessons in Personal Change (dt.: *Die 7 Wege zur Effektivität. Prinzipien für persönlichen und beruflichen Erfolg*), Stephen R. Covey, 168, 194

The Balanced Scorecard: Translating Strategy Into Action, Robert S. Kaplan und David P. Norton, 179

The Innovator's Dilemma: The Revolutionary Book That Will Change the Way You Do Business, Clayton M. Christensen, 182

The Goal (dt.: *Das Ziel: Ein Roman über Prozessoptimierung*), Eliyahu M. Goldratt, 199

Workshop „Get in the Game", Jack Stack, 204

Bringing Out the Best in People: How to Apply the Astonishing Power of Positive Reinforcement, Aubrey C. Daniels, 206

Big Data: A Revolution That Will Transform How We Live, Work, and Think (dt.: *Big Data: Die Revolution, die unser Leben verändern wird)*, Viktor Mayer-Schönberger und Kenneth Cukier, 210

„Growth as a Process", Interview mit Jeffrey R. Immelt von Thomas A. Stewart, *Harvard Business Review*, 214

The Ultimate Question: Driving Good Profits and True Growth (dt.: *Die ultimative Frage. Mit dem Net Promoter Score zu loyalen Kunden und profitablem Wachstum*), Fred Reichheld, 224

The Ultimate Question 2.0: How Net Promoter Companies Thrive in a Customer-Driven World (dt.: *Die ultimative Frage 2.0: Wie Unternehmen mit dem Net Promoter System kundenorientierter und erfolgreicher sind*), Fred Reichheld, 224

„The Happiest Man in Detroit", Keith Naughton, *Bloomberg Businessweek, 226*

Titan: The Life of John D. Rockefeller, Sr. (dt.: *John D. Rockefeller. Die Karriere des Wirtschafts-Titanen*), Ron Chernow, 231

„CEO of the Year: T. Boone Pickens", Kerry Curry, *D CEO*, 232

Managing Up: How to Forge an Effective Relationship With Those Above You, Rosanne Badowski, 233

Competing on Internet Time: Lessons From Netscape and Its Battle With Microsoft, Michael A. Cusumano und David B. Yoffie, 234

Simple Numbers, Straight Talk, Big Profits! 4 Keys to Unlock Your Business Potential, Greg Crabtree mit Beverly Blair Harzog, 256, 269

The Customer-Funded Business: Start, Finance, or Grow Your Company With Your Customers' Cash, John Mullins, 260

„High Stakes Negotiation", Online-Kurs, Victoria Medvec, *scalingup.com*, 263

„Finding Money You Didn't Know You Had", Verne Harnish, *Fortune Small Business*, 266

„Right Away and All at Once: How We Saved Continental", Greg Brenneman, *Harvard Business Review*, 271

Microsoft MapPoint Software, 272

Intellectual Capital: The New Wealth of Organizations, Thomas A. Stewart, 273

„Hire the Right #2", Verne Harnish, *scalingup.com*, 307

Ein Index ausgewählter Begriffe, Personen, Unternehmen und Autoren aus *Scaling Up*

HINWEIS: *Wenn Begriffe und Themen mehrfach im Buch auftauchen, gibt dieser Index die wichtigsten Stellen an.*